Restaurant
운영 노하우

The Food Service Professional's Guide To :
Waiter & Waitress Training How to Develop Your
Staff For Maximum Service & Profit : 365 Secrets Revealed
by Lora Arduser

The Food Service Professional's Guide To :
Bar & Beverage Operation Ensuring Success &
Maximum Profit : 365 Secrets Revealed
by Chris Parry

The Food Service Professional's Guide To :
Successful Catering Managing The Catering
Operation for Maximum Profit : 365 Secrets Revealed
by Soni Bode

The Food Service Professional's Guide To :
Food Service Menus Pricing And Managing The Food
Service Menu For Maximum Profit : 365 Secrets Revealed
by Lora Arduser

Atlantic Publishing Group, Inc. Copyright © 2003
All rights reserved.
This Korean edition was published by Back-San Publishing Co. in 2010 by arrangement with
Columbine Communications & Publications through KCC(Korea Copyright Center Inc.), Seoul.

이 책은 (주)한국저작권센터(KCC)를 통한 저작권자와의 독점계약으로 백산출판사에서 출간되었습니다.
저작권법에 의해 한국 내에서 보호를 받는 저작물이므로 무단전재와 복제를 금합니다.

Restaurant
운영 노하우

로라 알듀서 · 크리스 패리 · 소니 보드 **저**
외식경영연구회 **역**

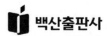

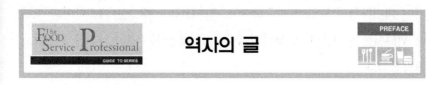

인간의 삶을 영위하는데 있어 음식만큼 중요한 것은 없으며 이는 생명의 근간을 이루고 있습니다. 우리의 삶이 고도로 첨단화되어도 인간은 음식을 섭취해야만 살아갈 수 있으므로, 음식은 예나 지금이나 시대의 변화와 상관없이 매우 중요합니다. 오늘날 경제성장과 핵가족화, 여성의 사회진출 증가 등으로 인해 현대인들의 음식문화가 급속하게 변화되어감에 따라 과거 가정 내의 문제만으로 여겨졌던 식생활이 이제는 사회·경제적인 쟁점으로 부상되고 있습니다. 이와 같은 사회변화로 인하여 새로운 음식 소비양식이 창출되었고, 이는 곧 외식산업(foodservice industry)이라고 하는 새로운 산업분야의 태동과 발전을 가져왔습니다.

국내 외식산업의 전체시장 규모는 50조 원을 넘어 괄목한 만한 성장을 보이며 국가경제발전에 기여하는 중요한 산업으로 자리매김하였으나, 아직까지도 다른 산업과 비교해 볼 때 여러 측면에서 미숙한 것이 사실입니다. 외식산업이 앞으로 성숙된 발전을 도모하기 위해서는 해결해야 할 많은 선결과제를 지니고 있으며, 외식산업을 둘러싼 환경의 불확실성과 국내·외의 빠른 변화는 우리 외식산업의 불안정한 현주소를 대변해 주고 있습니다. 국내 외식산업이 지금까지 보여준 양적인 성장에서 질적인 성숙으로의 발전을 도모하기 위해서는 급속한 환경변화에 대처할 수 있는 창조적인 패러다임의 도입이 필요하다고 생각합니다. 새로운 패러다임의 모색을 위해서는 무엇보다 이 분야의 전문가를 배출하는 것이 시급한 과제라고 생각합니다.

그간 외식분야 학계에 몸담고 대학에서 외식관련 강의를 하면서 항상 외식산업계의 독특한 산업성격과 현장적용 사례를 담은 교재의 필요성을 절감하였습니다. 그러던 중에 'The Food Service Professional'이라는 15권 단행본 책을 만나게 되었고, 이는 그동안의 학문적 갈증을 해결해 줄 수 있는 시원한 생명수로 역자들에게 다가와 바로 번역을 위한 작업에 들어갔습니다.

레스토랑 운영 노하우는 총 4장으로 구성되어 있으며, 레스토랑 종사원 훈련 부분은 고객들을 직접 상대해야 하는 웨이터 및 웨이트리스들을 훈련·교육시키기 위한 실질적인 전략을 소개하고 있습니다. 특히 레스토랑에서 고객들에게 전달하고자 하는 서비스의 품질을 유지시켜 고객을 재방문하도록 유도할 수 있는 서비스 방법과 다른 경쟁 레스토랑과 차별화된 서비스를 구사할 수 있는 방법 등을 위주로 다양한 서비스 전략 등으로 구성하였습니다.

바 운영 및 음료관리 부분에 있어서는 바의 디자인, 메뉴의 운영, 재고관리, 서빙 및 사업 확장 등 바 운영에 대한 전반적인 부분을 다루고 있어 독립적으로 바를 운영하고자 하는 사업가 또는 매장의 일부를 바로 운영하고자 하는 레스토랑 운영자에게 다양한 아이디어를 제공하고 있습니다.

캐이터링 운영 부분에서는 캐이터링 사업에 적합한 개인적 특성, 캐이터링 사업전개 방향, 계약서 작성, 인력 운영, 필요기기 요약, 위생을 고려한 메뉴 개발, 마케팅 및 예산 전략에 걸쳐 소규모 캐이터링 운영자가 고려해야 할 중요한 포인트들을 중심으로 설명되어 있습니다.

메뉴 부분에 있어서는 현재 레스토랑의 메뉴관리의 문제점을 지적하고 메뉴개발에서 고려해야 할 창의적 메뉴 계획, 가격관리, 구매 및 생산관리 등을 포함하여 단순히 고객에게 어필하는 메뉴의 개발이 아니라 이익을 창출할 수 있는 메뉴의 개발 및 관리에 도움이 되는 실질적 방법들을 소개하고 있습니다.

이 책은 외식경영에 대한 체계적인 이론을 외식산업 현장의 다양한 사례를 통해 이해하기 쉽도록 구성되었기에 외식관련 분야의 전문가뿐 아니라 외식산업 관련 전문분야 진출을 준비하는 학생들을 위한 교재로도 충분히 활용될 수 있다는 작은 바람으로 임하였습니다. 특별히 외식산업 현장에서 활용할 수 있는 전공서를 만들어보고자 뜻을 같이한 '외식경영 연구모임'의 교수들이 한마음으로 작업하여 오랜 기다림 끝에 이번에 출간하게 되어 더욱 의미가 새롭습니다.

이 책이 완성되기까지 필요한 자료를 제공해 준 외식업계 관계자 분들과 본 번역서가 나올 수 있도록 원본 'The Food Service Professional' 책을 소개해주신 (주)KCC의 홍미숙 대표님께 심심한 감사를 표합니다. 이 책의 기획부터 출판까지 전 과정을 꼼꼼하게 챙겨주신 백산출판사의 진욱상 대표님과 임직원분들에게도 진심으로 감사드립니다.

2010년 10월
역자 일동

1

레스토랑
운영 노하우

웨이터·웨이트리스
교육·훈련

한 직장인이 그의 친구에게 물었다 "오늘 점심 어땠어?" 친구가 대답하길 "음식은 괜찮았는데 서비스는 최악이었어!" 비록 짧은 대화지만 이러한 대화는 고객에게 있어 서비스가 레스토랑을 평가하는 데 얼마나 중요한 역할을 하는지 말해준다. 고객들이 당신의 레스토랑을 이렇게 평가하게 두어서는 안 된다는 것을 명심하자.

종사원들은 레스토랑의 가장 큰 재산 중의 하나로, 종사원은 레스토랑의 이익을 창출해 내는 데에 있어 커다란 영향을 미친다. 따라서 종사원을 적절한 방법으로 고용하고 이용하는 것은 매우 중요한 일이다.

모든 종사원이 레스토랑을 운영하는 팀의 한 구성원으로서 매우 중요한 역할을 하고 있는데, 특히 서비스 종사원(server) 역할을 담당하는 종사원은 레스토랑의 얼굴이라고 할 수 있을 만큼 중요하다. 고객이 레스토랑에서 식사를 할 때, 식사 중 약 90%의 시간을 서비스 종사원과 함께 한다고 해도 과언이 아니다. 레스토랑의 서비스가 고객의 기대에 얼마나 부응하느냐에 따라 단골고객이 되기도 하고, 그렇지 않기도 하다. 물론 일회성 고객이 이익을 내지 않는 것은 아니지만, 단골고객을 확보함으로써 그 레스토랑의 진정한 잠재적 이익을 키운다고 할 수 있다.

어떻게 하면 고객이 감동받을 수 있는 서비스를 제공할 수 있을까? 여기서는 서빙을 담당하고 있는 종사원들의 고용, 훈련, 동기부여 및 확보에 관한 기술을 알려줄 것이며, 이 기술을 바탕으로 모든 종사원 교육에 적용할 수 있을 것이다.

레스토랑 팀

레스토랑
운영
노하우

▣ 서비스 종사원과 타부분 종사원

레스토랑의 종사원은 가장 큰 재산이 될 수도 있고 가장 큰 부담이 될 수도 있다. 좋은 종사원은 잠재적으로 레스토랑 이익에 많은 영향을 줄 수 있지만 하루아침에 만들어지는 것은 아니다. 레스토랑의 소유주 또는 책임자는 역량 있는 종사원의 보유 유무에 많은 영향을 주게 된다. 이 책은 서비스 종사원들의 훈련에 초점을 맞추었지만, 레스토랑은 한 팀으로 구성되어 있으며 서비스 종사원들은 다른 파트 종사원의 도움 없이 역할을 수행할 수 없다는 점을 명심해야 한다.

▣ 홀

● 안내 종사원, 호스트/호스티스

안내 종사원들은 고객들이 레스토랑에 처음 접하게 되는 직원으로 레스토랑의 전체 분위기를 결정하는 데 큰 역할을 한다. 보통 호스트나 안내 종사원은 고객들에게 인사를 하고 자리를 안내한다. 만약 안내 종사원이 고객의 이름을 안다면, 서비스 종사원에게 이를 알려야 한다. 또한 안내 종사원은 그날의 특별 메뉴나 선택 메뉴에 대해서 고객에게 이야기할 수도 있으며, 고객이 레스토랑에서 좋은 경험을 할 수 있도록 항상 밝은 목소리로 대해야 한다. 이와 더불어 호스트나 안내 종사원은 레스토랑의 모든 종사원과 원활하게 의사소통을 해야 한다. 또한 레스토랑의 상황이나 잠재적인 문제 발생 여부에 대해서 꼼꼼히 살펴 갑자기 고객이 많이 왔을 때 주방종사원과 매니저에게 문제 발생 상황을 신속하게 알리고, 정신없이 일하는 버써(Busser)[1]들에게도 도움을 줄 수 있어야 한다.

- **바텐더**

음료 바(Bar)가 한가한 경우 바텐더는 다른 종사원이 매우 바쁠 때 필요한 물품을 채워 넣어 준다든지, 주방에서 접시에 장식하는 것을 돕는다든지, 컵을 씻는 등 도움을 주는 데 투입될 수 있다.

- **서비스 종사원**

서비스 종사원은 레스토랑에서 고객과 가장 밀접하게 상호작용을 하는 중요한 사람이다. 서비스 종사원은 고객의 서빙 및 레스토랑 내 다른 서비스 종사원이 도움이 필요하면 이를 도와줄 책임을 가지고 있다. 따라서 고객에게 완벽한 서비스를 제공하기 위하여 직무 순환제도(rotating buddy system)를 이용하여 서비스 종사원이 서로의 직무를 경험하고 이해하도록 해야 하며, 도움이 필요할 때는 서로 알아볼 수 있는 신호나 사인 등을 개발하도록 해야 한다.

- **버써(Busser)**

버써의 주요 임무는 테이블 세팅과 정리이다. 테이블을 깨끗이 닦고 실버웨어 및 글라스를 바른 위치에 세팅해야 하며, 초의 교환 및 그 외의 테이블에 필요한 다른 물품의 정리 및 장식을 올바르게 할 수 있어야 한다. 버써는 보통 훈련 중인 서비스 종사원 또는 레스토랑의 다른 업무

---

[1] 버써(Busser) : 테이블을 오가며 접시를 치우는 종사원

부문과의 교차 훈련을 하고 있는 종사원이 임무를 맡기도 한다. 버써 (Busser)는 보통 식기세척 담당직원이나 안내 종사원을 돕기도 한다.

▣ 주 방

● 주방 종사원

보통 주방장이 전체 외식산업의 종사원 중에서 가장 중요한 일원으로 간주된다. 그러나 전체적으로 볼 때, 외식산업에서 가장 중요한 것은 주방장 한 사람이 아니라 고객들에게 깊은 인상을 주고 다시 찾아오게 할 수 있게 만드는 팀 전체의 노력이라고 할 수 있다. 주방의 여러 기능을 담당하고 있는 종사원(예 : prep cook, salad prep, baker)을 지원해 주는 주방장은 음식을 만드는 역할뿐 아니라 주방팀을 이끌어 나가는 팀의 중심이라고 할 수 있다. 주방의 리더로서의 역할은 낭비요인의 근절, 비용의 효율적 관리 및 안전사고 예방 등을 들 수 있다. 따라서 주방팀(kitchen team)은 효율적 생산라인의 필수불가결한 존재임을 명심해야 한다.

● 식기세척 담당종사원

식기세척 담당종사원의 주요 업무는 식기를 깨끗이 닦아 보관장소에 안전하게 보관하고 쓰레기를 처리하는 것이다. 나머지 주방 종사원은 실버웨어와 유리잔을 분리하여 전달하고, 파손된 식기의 안전한 처리 또는 잔반 등을 처리해줌으로써 식기세척 담당종사원의 일을 도와줄 수 있을 것이다. 예상치 못한 상황을 대비하여 주방 종사원의 식기세척 업무에 대한 교차 훈련은 매우 바람직하다고 할 수 있다.

● 관리 및 행정

소유주, 관리자 또는 캐셔, 회계담당자, 구매담당자, 주차요원 등이 이 부문에 속한다. 특히 바쁜 시간에 관리자는 나머지 종사원들과 고객들이 신속하고 편하게 접근할 수 있도록 제자리를 지키고 있어야 하며 종사원들의 행동 모델이 되어야 한다. 관리자는 식당 내에서 필요로 하는 곳은 어디에라도 도움을 줄 수 있어야 한다. 유능한 관리자는 잘 훈련된 종사원으로 하여금 적정한 범위 내에서 관리자의 도움 없이 신속히 일을 처리할 수 있도록 권한을 위임한다. 또한 종사원들의 능력을 잘 파악하여 그들이 관심있어 하거나 능력이 인정되면 적절한 관리 임무(예 : 안전관리, 품질관리, 마케팅이나 판촉 등)를 맡기기도 한다. 유능한 관리자들의 특징 중 또 하나는 문제를 해결함에 있어서 다른 사람들의 의견을 십분 활용한다는 것이다. 특히 한 가지 주제에 대하여 의견이 분분할 때에는 왜 그러한 결정이 내려졌고, 어떤 이유로 그 결정에 따라주어야 하는지를 이해시켜 마찰없이 일을 진행할 수 있어야 한다.

▣ 기업사명문

기업사명문(Mission)은 경영하고 있는 외식업체에 대한 존재가치를 알려주며, 고객이 누구인지, 경제적 목적과 목표, 판매되는 제품과 판매시장에서 대하여 기술해 놓은 것이다. 그렇다면 기업사명문을 작성하는 방법에 대하여 알아보기로 한다.

• 기업사명문의 구성 요소

이 단계에서의 기업사명문은 그렇게 구체적일 필요는 없으나 경영하고자 하는 외식업소에 대한 나아갈 방향을 제시해 줄 수 있어야 한다. 다음과 같은 제목으로 외식업소에 대한 정보를 나열해 보자.

> ■ 목표 : 예 1) 15%의 이익을 창출한다.
>   예 2) 아침식사 제공을 위한 외식업체를 개점한다.

■ 가치 : 예) 질 좋은 음식을 적정한 가격에 제공한다.

■ 제품 : 예) 여러 형태의 요리

■ 중점 공략 고객 : 예) 경제적으로 여유가 있고 자녀가 없는 신세대 맞벌이 부부

■ 시장 : 예) 도시 중심지 또는 수도권

▣ 목표 설정

목표를 설정할 때에는 세심한 주의를 기울여야 한다. 모든 종사원들은 공동의 목적을 달성하기 위해 존재하므로 외식업체가 추구하고 있는 목적과 목표를 명확히 밝히고 모든 구성원들이 공유하도록 해야 한다. 목표를 설정할 때에는 다음과 같은 사항을 고려해야 한다.

● 목표의 정의

목표는 외식업체의 목적을 달성할 수 있도록 도와주는 행동 지침이라고 할 수 있다. 낭비요소나 비용의 절감, 서빙 효율의 극대화 등이 이에 포함된다.

● 구체적 진술

목표는 간단하면서도 명확한 언어로 기술되어야 한다.

● 현실적인 목표 수립

예를 들어, 인건비가 비용의 30%를 차지하고 있다면 목표를 한 달 안에 인건비를 15% 낮추는 것은 현실성이 없는 계획이다. 따라서 목표는 현실적으로 가능한 것을 고려하여 설정해야 한다.

● 측정 가능한 목표 수립

목표 수립 시에는 수치를 이용한 목표 설정을 통해 실제로 그 목표에

도달했는지 측정하여 성공 여부를 평가하는 것이 효과적이다. 예를 들어, 단순히 비용 절감을 목표로 세우는 것보다는 일정기간 안에 2% 비용 절감이라는 목표를 세우는 것이 훨씬 효과적이라고 할 수 있다.

• 종사원의 참여

모든 종사원들은 공통의 목적을 이루기 위해 존재하므로 목표 수립 시에는 종사원들을 참여시킬 뿐 아니라 개인별 목표도 정해 주어야 한다.

■ 리더로서의 관리자

외식업체의 소유주 또는 관리자는 종사원들로 이루어진 외식업체 팀의 리더가 되어야 한다. 성공적인 리더가 되기 위하여 고려할 몇 가지 사항을 살펴보자.

• 리더십의 자질

무엇이 좋은 리더를 만드는가? 당신이 외식업계의 초년병 시절일 때의 관리자들을 떠올려 보라. 누가 생각나며 왜 그 사람이 생각나는가? 아마도 종사원들로부터 존경받던 관리자, 종사원들에게 각별한 애정과 관심을 보여주었던 관리자, 궂은 일에도 몸을 사리지 않던 관리자들이 떠오를 것이다. 이러한 모든 특징들이 좋은 리더를 만드는 요소가 될 것이다.

• 솔선수범

한가한 시간에 종사원들이 모여앉아 잡담하거나 할 일 없이 있는 것을 보고 못마땅하게 생각하지만 말고 그들에게 원하는 것을 분명히 이야기하고 스스로 모범을 보여야 한다. 관리자가 고객들을 어떻게 대해야 하는지 명확히 보여주지 못한다면 종사원들이 원하는 대로 행동하는 것을 기대하기란 어려울 것이다.

● **바쁜 시간대의 매장 내 배회관리**

바쁜 시간일수록 매니저는 되도록이면 홀에 있도록 한다. 고객이 음식을 다 먹었으면 기다릴 것 없이 신속히 치우고, 컵이 비었다면 물을 채워주는 서비스 종사원들 만큼이나 매니저도 고객들에게 신경을 쓰고 있다는 것을 보여야 한다. 이러한 행동들은 서비스 종사원들에게 자극이 되고 좋은 모범이 된다.

● **자기 정체성 인지**

자신의 강점과 약점을 알고 강점은 부각시키고 약점은 최소화 할 수 있도록 노력해야 한다. 예를 들어, 본인의 계산 능력이 부족하다면 회계담당자를 고용하여 약점을 보완해야 한다. 약점이 보완되었다면 보완된 만큼 늘어난 시간을 매장에서 종사원과 고객에게 활용하도록 한다.

● **팀의 일원으로서의 종사원 지원**

누군가 자리를 비웠다면 그 사람의 역할을 해 줄 수 있어야 한다. 이러한 매니저의 노력에 종사원들은 명령을 받는다고 생각하기보다는 지원을 받는 것에 감사할 것이다.

● **종사원 개개인의 특성 인지**

종사원 개개인의 개성을 존중하되 조직의 목표에 맞는 행동을 할 수 있도록 유도해야 한다. 즉 개인별 필요사항을 파악하여 집중적으로 교육시키는 것이 필요하다.

● **공정성 유지**

모든 종사원들을 공평하게 대해야 한다. 즉 종사원들을 차별대우해서는 안되며, 어떠한 경우에라도 똑같은 기준을 가지고 처벌이나 포상을 해야 한다.

● 긍정적 행동의 강화

종사원에게 바라는 태도나 행동이 있다면 그 일을 잘 해냈을 때 칭찬이나 포상하는 것을 잊지 않도록 한다. 칭찬과 포상은 종사원들에게 더 나은 행동을 유도하는 좋은 동기가 된다. 잘못된 행동에 대해서 처벌을 일삼는 것보다는 바람직한 일을 했을 때 칭찬과 포상을 하는 것이 더욱 바람직하다.

● 종사원의 안목 넓히기

종사원들은 종종 사소한 일에 시간을 낭비하거나 한 가지 일에 집착하여 전체적 업무에 악영향을 끼치는 경우가 있다. 사실 당면한 문제에서 한 발짝 뒤로 물러서서 이 일이 전체적인 이익과 경영에 어떠한 영향을 줄 것인지 생각하는 것은 쉬운 일이 아니다. 따라서 어떻게 하는 것이 업소의 이익과 고객만족 모두를 충족시킬 수 있는지에 대해 확실히 이해시켜 주는 것이 중요하다.

● 격려

종사원과 관리자 간 또는 종사원 간의 의사소통이 원활히 이루어지도록 분위기를 조성하는 것이 중요하다. 관리자는 항상 종사원들에게 필요한 것이 무엇이며 어떤 일이 만족스러운지에 대하여 이야기할 것을 권장해야 한다. 종사원들이 필요로 하는 것을 이해함으로써, 관리자는 일하기가 훨씬 수월해질 것이다.

● 예스맨에 대한 경계

항상 "예"라고 대답하는 사람을 경계한다. 어떤 문제에 대하여 여러 가지 관점에서 창의적인 문제해결을 하기 위해서는 너무 같은 생각을 가진 사람들로 팀을 구성하는 것은 바람직하지 않은 방법이다. 반대 의견을 편하게 말할 수 있도록 분위기를 조성해야 하며 반대 의견에도 귀를 기울여야 한다. 예를 들어, 당신의 의견이 항상 옳은 것은 아니며 다른 의견도 들어봐야 한다는 것을 종사원들에게 강조하고 싶다면 다음과 같은 '예스맨'들을 경계해야 한다.

- 항상 매니저가 회의의 처음과 끝을 주도해 주기를 바란다.
- 매니저에게 다른 사람에게 보다 훨씬 격식을 갖춘 말투로 대한다.
- 의견을 물어보기 전까지는 회의 중간에 끼어드는 법이 없다.
- 매니저의 의견에 대해 반대의사를 보이지 않으며 어떠한 문제 제기도 하지 않는다.
- 매니저가 모든 것을 판단해 주기를 바란다.
- 매니저가 나서기 전까지 반대되는 의견에 대해서 서로 대립하지 않는다.

• 독창적인 해결책 찾기

회의석상에서 어떤 문제에 대한 해결책을 찾기 원한다면, 요점을 정확하고 간단히 말해야 한다. 해결해야 할 문제들은 종종 한 가지 해결책만 있는 것이 아니라 여러 가지 가능성이 있을 수 있다. 따라서 문제 해결을 위해서 종사원들로 하여금 그룹을 만들어 브레인스토밍(brainstorming)을 하게 하여 아이디어를 얻는 것도 좋은 방법 중의 하나이다. 이러한 회의에서 많은 아이디어를 얻고 지루하지 않게 하기 위해서는 같은 회의 중에 여러 번 그룹을 바꿔가며 구성해 보는 것도 좋은 방법이다. 이렇게 브레인스토밍을 통해 얻어진 여러 제안들은 마지막으로 논리적이고 독창적으로 정리해 본다.

• 갈등의 해결

갈등을 해결하는 일은 리더로서 결코 쉬운 일이 아니다. 하지만 충돌과 마찰이 항상 부정적인 것은 아니며 의외로 유용할 수 있다는 것을 염두에 두어야 한다. 업무 수행에 있어서 어떤 것들이 장애가 되는지 허심탄회하게 얘기할 수 있도록 유도해야 한다. 또한 이러한 의견을 이야기할 때에는 청취하는 자세도 매우 중요하며, 충돌이 예상되는 것을 대비하여 반대 의견을 이야기할 때 적정한 수준에서 예의를 지켜가며 하는 것이 필요하다.

▨ 팀워크

매니저가 외식업체에서 리더의 역할을 하고 있다 하더라도 모든 일을 혼자서 해낼 수는 없는 일이다. 혼자의 힘보다는 여러 동료의 도움으로 생산적인 환경을 만들 수 있으며, 특히 세심한 주의를 요하는 일이라면 더욱더 그러하다. 개개인으로서가 아니라 팀으로서 생각하고 일을 한다면 레스토랑의 이익을 높일 수 있는 응집력을 갖춘 환경을 창출해 낼 수 있다. 한마디로 팀워크의 형성은 생산성 증가, 바람직한 의사결정 유도, 인적 자원의 최대 활용, 재고의 효율적 활용 등 레스토랑 경영의 다방면에서 효과를 나타낼 수 있다. 수시로 일어날 수 있는 문제들의 신속한 해결, 순조로운 고객서비스, 또한 이를 통한 이익 창출 등은 팀워크 형성에 의해서 얻을 수 있는 이점들이다.

• 팀의 정의

팀이란 한결같은 서비스를 제공하기 위하여 유사한 업무끼리 또는 서로 필요로 하는 업무를 담당하는 인원들로 구성된 집단을 말한다. 보통 2~25(보통 10~15명이 이상적)명 정도로 관리 가능한 팀을 구성하게 되는데, 외식업소에서는 크게 홀(front-of-the-house : FOH)팀과 주방(back-of-the-house : BOH)팀으로 나눌 수 있다. 만약 규모가 큰 레스토랑을 운영하고 있다면 특정 직무를 담당하는 사람들끼리 팀을 구성하거나 일하는 시간에 따라 팀을 운영할 수도 있다.

● **팀 구성원의 특징**

　팀의 구성원들은 우선 팀의 역할 수행에 있어 동일한 목표와 책임을 가지고, 상호 보완적인 역할을 할 수 있어야 한다. 즉 성공적인 팀의 역할 수행을 위해서는 팀 구성원 각자가 팀과 팀워크에 대한 정의를 확실하게 인식하고 있어야 한다.

● **팀 리더의 선발**

　팀의 업무가 원활히 수행되기 위해서는 어느 정도의 권한을 가지고 팀을 책임지는 리더를 선출해야 한다. 팀 리더는 업무 수행이 가장 뛰어난 사람이 아니어도 무방하나 팀원들에게 동기부여를 할 수 있고, 훈련 기술과 책임감이 있어야 하며 팀원들이 마땅히 리더로서의 자격이 있다고 인정하는 사람이어야 한다. 팀의 리더를 정할 때에는 두 명 이상의 팀 리더를 선발하고 팀 리더의 부재시에도 다른 팀 리더에 의해서 팀이 원활히 업무에 임할 수 있도록 해야 한다.

● **팀 리더의 역할**

　팀 리더는 다방면에서 관리자의 역할을 하게 된다. 먼저 팀 리더는 팀 전체를 통솔하는 한편 팀원 개개인의 역할도 정확히 분담할 수 있어야 하고, 팀의 지도자로서 팀의 훈련을 담당한다. 또한 팀원들과의 다양한 의사소통을 할 수 있어야 하며 문제 해결에 있어서는 팀의 의견을 존중한 해결책을 제시할 수도 있어야 한다. 팀원들의 수행능력 측정 및 피드백, 다른 팀 리더들과의 연합, 의사소통과 팀원들의 책임완수로 인한 팀 업무 수행의 성공을 제시하는 것도 팀 리더로서 해야 할 일이다. 팀 리더는 관리상 발생할 수 있는 문제를 제기하거나 아이디어를 제공하는 대변인의 역할도 수행해야 한다.

- **팀 리더의 우선 교육**

  교육시에는 팀 리더를 먼저 교육시킨 다음 팀 리더로 하여금 팀원들을 교육시키도록 한다.

- **팀의 구성**

  팀의 구성을 원한다면 팀 구성에 적극적인 노력과 의지를 보여주어야 한다. 공통적이고 뚜렷한 목표의식을 계속해서 상기시키지 못한다면 팀은 쉽게 붕괴된다. 팀을 구성하기 위해서는 먼저 팀을 이루게 될 구성원들이 자연스럽게 서로를 알 수 있도록 환경을 조성하는 것이 중요하다. 예를 들면, 회식자리에서 팀원끼리 즉석 사진을 찍어 게시판에 붙여놓는 것은 서로 친근함을 느끼게 할 수 있는 좋은 방법이다. 팀 리더로서 팀원의 개인적 사항들(개인사항, 가족사항 등)을 스크랩하고 늘 업데이트 해 놓는 것도 한 가지 방법이다.

- **팀 안에서의 개인적 책임**

  만약 팀원 중 한 명이 자신이 맡은 일을 소홀히 한다면 팀 전체에 손해를 끼치게 되고, 팀의 신뢰도 손상되게 된다. 모범적인 행동에 대해서는 적절한 보상을 하되, 팀에 손해를 입히는 행동에 대해서도 모든 팀원이 용납할 수 있도록 제재가 가해져야 한다. 팀원에게 문제가 발생했을 때 단순히 '다음부터는 조심하세요'라는 말로 해결할 것이 아니라, 팀원이 왜 그런 문제를 가지게 되었는지 원인과 해결방법을 같이 강구해야 한다.

- **서비스 종사원의 완벽성 요구 자제**

  서비스 종사원에게 완벽하기만을 요구하면, 오히려 서비스 종사원들이 실수한 일을 공개하지 않고 숨기게 되는 경우가 있다. 이것은 팀뿐만 아니라 전체 조직을 손상시킬 수 있으므로 관리자는 이를 주의를 해야 한다.

- **팀의 다양성 인정**

  주방을 담당하는 팀은 각 팀원들의 일이 세분화되어 있고 전문적인 일이 많아 업무를 순환하기가 쉽지 않다. 반면 홀을 담당하는 팀원은 각자 맡은 임무가 있지만 고정된 것은 아니고 원활한 고객서비스를 위해서는 다른 팀원의 업무를 담당할 수도 있다. 따라서 종사원들은 자기가 속해 있는 팀은 물론 다른 팀의 성격이나 특징을 이해하고 책임이 무엇인지 인식하는 것이 매우 중요하다.

- **홀 종사원의 교차 훈련**

  업무 흐름에 있어 한 가지 업무가 마비되면 전체 고객서비스에 영향을 미칠 수 있다. 따라서 팀 리더는 팀원들에게 주업무 이외에 부수적 업무를 부여하여 업무 흐름이 끊기지 않도록 해야 한다. 예를 들면, 버디시스템(Buddy system)은 잘 활용하면 홀 종사원에게 자신의 일이 아니면 신경쓰지 않는 풍토를 없애주고 다른 팀원들의 부재를 잘 메울 수 있도록 도와준다. 즉 훈련을 받은 서비스 종사원이 잠시 자리를 비운 사이 훈련이 안된 팀원이 그 자리를 메운다면 지금까지 쌓아온 서비스의 명성에 큰 타격을 줄 수도 있을 것이다. 따라서 질적으로 우수한 서비스를 할 수 있도록 팀원의 훈련은 필수적이다.

- **팀워크 훈련**

  인터넷상에 팀워크 훈련을 도와줄 수 있는 국내외의 몇몇 사이트를 소개하고자 한다. 이 사이트들은 훈련을 위한 교육자료나 정보 등을 제공하고 있다.

  - www.kma.or.kr(한국능률협회)
  - www.eduman.com(한국훈련개발원)
  - www.team-power.co.kr(서울산업인재교육원)

■ 계 획

레스토랑이 예산범위 내에서 운영되고 예상대로의 수익을 내기 위해서는 무엇보다 인건비 관리를 철저히 해야 한다. 인건비 관리에 있어 가장 영향을 미치는 것은 인적자원 계획이다. 인적자원 계획시 고려할 점은 다음과 같다.

● 인건비 계산을 통한 인력 배치 계획 수립

교대근무 직원들의 인건비를 계산하여 적정성 여부를 평가한 후 인력을 배치한다. 인건비 계산 방법은 일단 근무조를 편성한 다음, (근무 직원별 노동시간×시간당 임금)을 계산하고 각 교대시간 동안의 판매액을 예상한다. 마지막으로 교대시간 동안의 판매액을 (근무 직원별×시간당 임금)으로 나누면 각 교대시간 동안의 인건비가 산출되며, 이 계산으로 인건비 비율을 계산할 수 있다. 이렇게 계산된 인건비 비율이 적절치 못하다면 인적 자원 계획은 수정되어야 한다.

● 팀 리더에 의한 팀 구성원의 계획 수립

팀 내에서의 상호작용은 협동심을 고취시키는 데 매우 좋은 방법이다. 팀 리더로 하여금 팀원들의 근무계획을 세우게 한다면 이러한 상호작용에 많은 도움을 주며 관리자의 부담도 줄어들게 된다. 주의할 것이 있다면 근무조 편성시 다음 근무조와 약간 겹치게 하여 일의 공백이 생기지 않게 해야 한다는 것이다. 팀 리더를 통해 인력계획을 세우게 하는 것은 관리자에게 종사원들의 휴가계획이나 비번인 날을 미리 알 수 있게 하여 철저한 대비를 하게끔 도와준다.

● 근무계획 시 고려할 점

관리자 또는 팀 리더가 근무계획을 세울 때 고려할 점은 다음과 같다.

■ 종사원이 일주일에 한 번은 쉴 수 있도록 계획한다.

■ 무리한 계획으로 인한 번아웃(burnout)[2]을 초래하지 않도록 한다.

■ 교대로 인한 공백을 줄이기 위해 교대시간을 약간 겹치게 계획을 세운다.

■ 한 근무조에 적어도 한 명의 팀 리더가 지휘하도록 한다.

• 인력계획 수립을 위한 소프트웨어

"Employee Schedule Partner"는 미국 내에서 사용되고 있는 인력계획용 소프트웨어 패키지 중의 하나이다. 이 프로그램은 간단하게 클릭만으로 종사원 계획을 세울 수 있다. 예를 들어, 결근한 직원의 빈자리를 채우기 위해 클릭을 하면 결근한 직원 대신 근무가 가능한 종사원들의 리스트와 전화번호를 볼 수 있다. 대부분 이와 같은 인력계획을 위한 소프트웨어들은 자동적으로 계획을 세워주며 업소에 맞게 직책을 입력할 수 있도록 되어 있고, 자동적으로 세운 계획이라도 인위적인 수정이 가능하도록 고안되어 있다. 또한 인력계획은 인건비 계산과도 연결되어 있어 예산관리를 쉽게 할 수 있도록 도와준다. 또한 과거에 세웠던 계획은 저장하여 참고자료로도 쓸 수 있으며 철저한 보안관리시스템으로 관계자만이 접근할 수 있도록 되어 있다.

• 출퇴근 기록시스템

예를 들어, 미국에서 개발된 "Employee Time Clock Partner"는 종사원 출퇴근 기록을 위한 소프트웨어 패키지로 레스토랑 출퇴근에 종사원의 직원 번호만 입력하면 자동으로 근무시간이 계산된다. 종사원들은 자신들의 출입 정보를 확인할 수 있으며, 수정은 매니저만 가능하도록 비밀번호가 설정되어 있다. 소프트웨어의 관리는 사번이나 비밀번호를 설정하

---

[2] burnout : 무리한 직무 수행으로 인해 직원이 극도로 피로한 상태

여 할 수 있도록 되어 있다.

▣ 관리자 교육의 우선 실시

일선 종사원을 훈련시키기 전에 관리자와 팀 리더에게 우선적으로 적절한 교육·훈련을 제공하는 것이 중요하다. 대부분의 외식업체에서는 일선에서 일하다가 차츰 승진되는 경우가 많기 때문에 관리자로서의 자질이 부족한 경우가 많다. 따라서 이들이 다른 종사원을 효과적으로 지휘·관리할 수 있도록 하기 위하여 교육·훈련은 필수적이다. 관리자의 교육·훈련 없이는 관리상 많은 문제점이 생길 것이며, 일의 진행에 있어서도 많은 허점이 드러나게 된다. 다음은 관리자 교육·훈련을 위한 몇 가지 제안들이다.

- **훈련 자료**

  책, 비디오, 포스터, 소프트웨어 등 다양한 교육자료들을 이용한다.

- **환대산업 경영과정**

  많은 대학교에서 외식업체를 위한 연수과정을 개설해 놓고 있으며, 이는 외식 관리 입문자에게 매우 유용한 과정이 될 것이다.

- **온라인 강의**

  현재 온라인을 이용한 외식관련 교육들이 증가하고 있는 추세이다. 다음과 같은 국내외 외식 경영관련 온라인 강의나 사이버대학들을 눈여겨 볼 만하다.

> ▪ 경희사이버대학교 호텔경영학과(www.khcu.ac.kr)
> ▪ 세종사이버대학교 호텔관광경영학부(www.cybersejong.ac.kr)
> ▪ 세계사이버대학교 관광호텔외식과(www.world.ac.kr)

- Cornell University School of Hotel Administration. 인력관리, 외식마케팅, 외식 회계관리(www.ecornell.com)
- The American Hotel and Lodging Educational Institute (www.eiahla.org/offsite.asp?loc=www.ahma.com)
- The Culinary Institute of America (www.ciaprochef.com)
- Atlantic Publishing. ServSafe® (www.atlantic-pub.com)

▣ 종사원 관리에서의 의사소통 역할

관리자와 서빙 종사원 간의 의사소통은 서빙 종사원과 고객 간의 의사소통만큼이나 매우 중요하다. 의사소통 시에는 다음과 같은 사항을 고려해야 한다.

● 경청

다른 사람의 이야기에 경청해야 할 때 다른 생각에 빠진 경험들이 많을 것이다. 이러한 일은 항상 일어날 수 있다. 그러나 관리자로서 종사원과 이야기할 때에는 열심히 듣고 있다는 것을 인지시키도록 해야 한다. 이야기 도중 고개를 끄덕인다든가 눈을 자주 맞추고 "아, 그렇군!", "음." 등의 간단한 동조를 보임으로써 그들의 이야기를 따라가고 있는 것을 보여주는 것이 좋다. 또한 이야기가 끝난 다음에는 들은 이야기를 요약하여 이야기함으로써 종사원의 의사가 명확히 전달되었음을 알려준다.

● 부정적 말의 자제

같은 말을 하는 데 있어서 단어의 선택은 매우 중요하며 듣는 사람에게도 많은 영향을 미칠 수 있다. 즉 강압적이고 명령적인 어조보다는 권유하는 말투가 훨씬 긍정적인 효과를 볼 수 있다. 예를 들면, "못해요"라는 말보다는 "아직 해 보지 않았는데요", "도대체 뭐가 문제야?" 보다는 "어떻게 하면 더 잘할 수 있을까?" 등 어휘의 선택은 매우 중요하다.

- **문화적 장애의 극복과 다양성의 인정**

  문화의 다양성에 대한 교육훈련을 원한다면 가까운 지역에 위치한 대학의 관련학과의 교수나 학생들로부터 도움을 받을 수 있을 것이다. 미국의 경우 HR Press의 웹사이트(www. hrpress-diversity.com)에서 정보를 얻을 수 있다.

- **소외된 종사원의 소속감 고취 방법**

  소외된 종사원이 있다면 어떻게 하면 그들이 팀원으로서 소속감을 느낄 수 있을지 생각해 보아야 한다. 소외된 종사원을 포용하기 위해서는 협동심을 발휘할 수 있는 단체 게임을 이용한다든지 의사결정에 모든 종사원을 참여시키는 것 등의 방법이 될 수 있다.

▣ 신뢰와 협동심 형성

식기세척 담당직원에게 그의 업무가 무엇인지 물어보았을 때 만약 그가 "내 임무는 접시를 닦는 일입니다." 하고 대답하면, 매니저는 종사원에 대해서 약간 신경을 썼다고 대답할 수 있고, "내 임무는 깨끗한 접시를 계속적으로 제공함으로써 우리 레스토랑이 원활하게 돌아갈 수 있도록 책임을 지고 있는 것입니다." 라고 대답했다면 그 매니저는 종사원을 포용하는데 성공했다고 할 수 있다. 각 조직에서 모든 사람은 각자의 필요성을 가지며 저마다 중요한 임무를 맡고 있다. 따라서 모든 종사원은 그 조직에서의 역할에 대해서 확실하게 인지하고 있어야 한다. 팀이 최상의 성과를 거두길 원한다면 신뢰를 형성하는 일이 필요하며, 이를 위해 다음과 같은 것을 알아야 한다.

• 신뢰의 수준

팀에서 작업을 할 때에는 3단계의 신뢰 수준이 존재하며 조직 내 신뢰 수준을 높게 유지할 수 있도록 협동심을 키워야 한다.

- 높음 : 나는 다른 사람들이 나의 공로를 가로채지 않을 것을 확신한다.
- 낮음 : 나는 내 몫이 다른 사람보다 적지 않은지 반드시 확인해야 한다.
- 없음 : 나는 다른 사람이 가져가기 전에 내가 먼저 이익을 챙겨야 한다.

• 신뢰를 키울 수 있는 방법

- 어느 정도는 사교적인 시간을 보내도록 해야 한다.
- 청소나 냅킨 접기 등 한 가지 일을 두 사람씩 할 수 있도록 한다.
- 어떤 문제나 이슈에 대해서 서로 토의하는 것을 장려하도록 하며 도움을 청하는 것은 언제든지 가능하다는 것을 알린다.
- 의사소통을 향상시키고 다른 종사원에 의한 비웃음이나 앙갚음에 대한 불안을 제거해야 한다.
- 감정을 표현할 수 있도록 여지를 주어야 한다 : "내 생각에는…", "내 느낌으로는…", "당신 생각은 어때요?"
- 도움이 되는 행동을 위해서 긍정적인 강화가 있어야 하며 신뢰를 형성할 수 있는 시간을 주어야 한다.

• 불신의 제거

팀원들이 다음과 같은 행동을 하도록 내버려두어서는 안 된다.

- 사람을 무시하는 행동
- 많은 사람들 앞에서 누군가를 당황하게 만드는 행동
- 확신을 가지지 못하는 행동
- 눈을 피하는 행동
- 일을 미루는 행동

> ■다른 사람 일을 방해하는 행동
> ■다른 사람의 일을 전혀 도와주지 않는 행동
> ■다른 사람의 일을 가로채는 행동
> ■약속을 이행하지 않는 것

• 도전에 의한 지도와 긍정적 강화

기대하고 있는 일에 대한 목표를 세우고 목표에 도달했을 때에는 종사원들에게 보상을 하도록 한다. 예를 들면, 점수판을 이용하여 '무사고 102일째', '2,453 손님 달성', '무결점 1,134 주문 완료' 등 목표에 도달하고 있음을 알려준다. 목표는 늘 바뀌어야 하지만 이루기 어려운 것은 피해야 한다. 이러한 목표는 종사원 자신을 위해서 세워졌다는 것을 상기할 수 있도록 해야 하며 그들에게 어떤 것이 기대되고 있는지 알아야 확신을 가질 수 있다.

• 탁월한 수행에 대한 인정과 보상

인정하는 자체가 긍정적인 강화가 될 수 있으며, 여기에는 반드시 보상이 필요한 것은 아니다. 적절한 때의 "잘했어요"라는 한마디가 때때로 금전적 보상과 맞먹는 힘을 발휘하지만 금전적 보상의 중요성도 간과해서는 안 된다. 따라서 보상받을 만한 일을 했을 때 제공할 수 있도록 극장입장권과 같은 상품들을 준비해 놓는 것이 좋다. 상품이 따로 준비되지 않은 경우에라도 칭찬할 만한 일이 생기면 즉시 칭찬해 줄 수 있도록 몇마디 준비를 하고 있어야 한다. 어떤 일에 대한 보상을 할 경우에는 성취한 일에 걸맞은 수준의 적절한 보상이 되도록 해야 하는 것도 잊지 말아야 한다. 아카데미상 시상식처럼 업장에 맞는 올해의 시상식을 개최하여 심사위원을 구성하여 여러 부분(예 : 올해의 도우미, 올해의 스마일상, 올해의 생산왕)에 상을 수여해 보는 것도 좋은 방법으로 직원뿐만 아니라 그의 가족들을 초청하여 같이 즐길 수 있는 자리를 마련하도록 한다.

● **판매에 따른 보상**

마지막 결과를 염두에 두고 일을 진행해야 한다. 의사를 전달할 때에는 되도록이면 자세하게 해야 한다. 예를 들면, 어떤 특정한 메뉴에 대하여 판매율을 높이고 싶다면 얼마 만큼을 높이고 싶은지 확실히 이야기해야 한다. 즉 하루에 몇 개, 한 교대에 몇 개, 그리고 한 사람이 몇 개씩을 팔아야 하는지 알려주어야 하며, 중요한 것은 이렇게 책정해 놓은 목표가 실현 가능한 것이라는 것을 확실히 해야 한다. 또한 이것은 '할당량'이 아니며 팀 전체를 위한 목표라는 것을 상기시켜야 한다. 즉 이것은 한 사람의 승리자를 만드는 것이 아니라 팀 전체가 승리하는 것이 되어야 한다는 것이다. 이와 같은 목표 설정은 상대적으로 뒤쳐진 종사원들에게 다시 최대의 수행력을 발휘하도록 하는 동기부여의 기회도 가져올 것이다. 따라서 모든 종사원들은 판매를 높이는 데 필요한 계획과 수행 및 성취된 목표에 따른 보상시스템에도 모두 참여시키도록 하여야 한다. 목표 성과에 따른 포상 방법으로는 금전적인 보상, 인정, 휴가, 원하는 작업에 참여, 승진, 자유시간, 개인적 발전, 오락시간이나 상장 수여 등을 들 수 있다.

▨ 비용이 들지 않는 동기부여 프로그램

종사원들에게 동기부여를 할 수 있는 가장 좋은 방법은 돈이라기보다는 공로 인정이다. 종사원들에게 사장이나 매니저가 그들의 노력에 얼마나 감사하고 있는지 알게 한다면 그다지 많은 돈을 쓰지 않아도, 아니 돈을 전혀 쓰지 않아도 될 것이다. 종사원의 탁월한 작업 수행에 대하여 보상하는 가장 좋은 방법은 무엇일까? 금전적 보상, 휴가, 승진, 포상이나 선물 등에 의한 공로 인정 등이 포함될 것이다. 다음은 공로 인정에 쓰일 수 있는 좋은 아이디어들이다.

- **공정한 보상**

  최선을 다하는 종사원이 가장 좋은 보상을 받아야 한다. 누구든 최선을 다하는 종사원은 가장 좋은 보상을 받을 것이라는 분위기를 만들어야 한다. 직업수행이 뛰어난 종사원에 대한 긍정적 강화는 더욱더 나은 작업 수행을 유도해 낸다.

- **'그런데…'라는 단어 사용 자제**

  종사원에게 충고를 하거나 등을 다독여 줄 때 '그런데…'라는 말은 쓰지 않는 것이 좋다. 종사원들은 '그런데…' 이전에 들은 긍정적인 말들은 모두 잊고 '그런데…' 이후에 나온 부정적인 말들을 기억하기가 쉽다.

- **일을 잘하는 종사원에게 관심 표현**

  매니저가 대부분의 시간을 작업 수행을 잘하는 종사원에게 신경쓰지 않고 수행력이 떨어지는 종사원들에게 신경을 쓰는 것은 바람직하지 못하다. 작업 수행이 뛰어나다 하더라도 관심을 받지 못하면 관심을 받기 위해서 자신이 가진 능력보다 일을 소홀히 할 수도 있기 때문이다. 따라서 중간 이상의 작업 수행도를 보이는 종사원들에게 관심을 가지고 그들의 성장과 발전을 칭찬하고 격려해 주어야 한다. 이렇게 하면 작업 수행도가 낮은 종사원들도 관심을 받기 위해서 더욱 열심히 직무에 임하고자 노력할 것이다.

- **불필요한 요인 제거**

  불필요한 닻을 끊을 줄 알아야 한다. 닻은 항해에 필요한 해양 용어로 배를 천천히 몰거나 멈추게 하는 장치이다. '닻을 끊어라'라는 원칙은 항해를 시작한 이래 유용하게 사용되고 있는데, 즉 최상의 조직이라도 불필요한 부담을 안고 있으면 조직이 활발히 움직일 수 없고 결국 손실을 끼치게 되며 종사원에게 막대한 비용이 들어가게 된다. 이럴 때에는 불필요한 닻은 끊어낼 줄 알아야 한다는 것이다.

● 현금 보상 자제

황당한 소리 같겠지만 다음과 같이 생각해 보면 이해가 갈 것이다. 현금을 이용한 보상은 곧장 월급 통장으로 가게 되며, 대부분의 종사원은 현금을 받았다는 사실을 동료들에게 알리지 않는다. 현금 대신 그 레스토랑에서 통용되는 상품권(다시 레스토랑으로 이익이 돌아오게 됨)이라든가 상패 등을 이용해 보도록 한다. 특히 상패는 종사원들이 볼 수 있도록 벽에 붙여 놓는다면 레스토랑이 작업 수행도가 높은 직원의 공로를 인정하고 있다는 사실을 종사원들이 늘 상기할 수 있을 것이다.

● 종사원의 도전정신 고취

아무리 작업 수행도가 최고인 종사원이라 할지라도 새로운 것에 대한 도전이 필요하다. 종사원이 늘 똑같은 일만 하도록 내버려두지 말아야 한다. 종사원에게 있어서 새로운 일에 대한 도전은 두 가지 효과를 얻을 수 있다. 첫 번째는 어려운 일을 해냈다는 자기만족과 확신을 키울 수 있고, 두 번째는 조직에 있어서도 미래의 리더를 키워내는 중요한 역할을 한다는 것이다.

● 목적을 명시한 금전적 보상

종사원들을 위한 유익한 인센티브 프로그램은 종사원 컴퓨터 구입비용을 보조해 주는 것이다. 이 보상방법은 하찮게 보이지만 세월이 지날수록 얻는 것이 더 많아질 것이다. 종사원들이 새로 구입한 자신의 컴퓨터를 사용하게 되면 자연스럽게 컴퓨터 교육이 될 것이고, 레스토랑이 자신에게 어떤 보상을 해줬는지 늘 상기하게 될 것이다. 즉 이와 같은 보상 프로그램은 종사원의 충성심과 수행력 향상을 동시에 얻을 수 있게 된다.

- **금전과 관련되지 않은 보상 프로그램의 개발**

  금전과 관련되지 않은 보상에는 다음과 같은 것들을 생각해 볼 수 있다.

  - 비용절감 제안서
  - 이달의 종사원
  - 초과 근무에 대한 보상
  - 교육 프로그램
  - 영화 관람권
  - 감사 편지/감사 e-mail
  - 지정 주차구역 할당
  - 무료 상품(예 : 레스토랑 로고가 새겨진 티셔츠 등)

- **금전관련 보상 프로그램**

  금전과 관련된 보상에는 다음과 같은 것들을 생각해 볼 수 있다.

  - 무료 저녁
  - 주유권, 오일 교환 상품권
  - 휴가
  - 각종 외부 상품권

- **안전관련 보상 프로그램**

  사고 발생시는 레스토랑에 비용 면에서 많은 손해를 끼친다는 것을 상기하여 안전 관련 위험요소의 확인 및 제거를 확실히 할 수 있는 안전 예방 프로그램을 진행한다.

- **충성 보상 프로그램**

  1년, 2년 근속 연수에 따른 보상 등

- **고객 평가에 의한 보상**

  예를 들어, 3명의 손님으로부터 칭찬을 받으면 근무시간을 네 시간 단축시켜 준다.

- **개인적 선물**

  손으로 직접 쓴 축하카드는 컴퓨터로 출력한 인쇄 글씨의 카드보다 훨씬 효과가 있고 종사원의 이름이 새겨진 상패 등도 효과가 있다.

- **비공식적 보상**

  비공식적 보상은 현장에서 즉각적으로 해주는 보상("On-the-spot" awards)을 의미한다. 이것은 투표나 상을 주기 위하여 위원회를 소집할 필요가 없다. 현장에서 보상이 필요한 경우 예를 들면, 소액의 보너스 지급, 휴식시간 제공 등을 보상할 수 있도록 매니저에게 권한을 부여한다면, 종사원들은 자신의 매니저가 어느 정도의 보상을 할 수 있는 권한이 있다는 것을 알기 때문에 보상 기회를 얻을 수 있도록 노력할 것이다.

- **격려를 통한 보상**

  이것은 전혀 돈이 들지 않는 보상이지만 보통 기대 이상의 결과를 가져온다. 따뜻한 격려나 칭찬은 간단하고 비공식적이지만 종사원에 대한 감사가 담겨있다. 예를 들면, 그날의 메뉴를 준비한 주방 종사원에게 "오늘 자네가 준비한 음식 정말 맛있었네."라고 한다면 이 한마디 말로 종사원은 진정한 직무 만족을 느낄 수 있을 것이다.

- **핀이나 뱃지를 이용한 보상**

  핀이나 뱃지 등 종사원이 자랑스럽게 달고 다닐 수 있는 장신구를 제공한다. 이달의 종사원, 업장의 최고사원, 최고 친절사원 등을 선정하여 버튼 등을 만들어주면 적은 비용으로도 높은 만족도를 느끼게 할 수 있다. 또한 그 종사원을 접하게 되는 많은 사람이나 고객들과도 상을 나눈다는 기쁨을 누릴 수 있다.

● 모임 활동

업장이 한가한 평일을 이용하여 사기진작의 날, 야외 파티, 바비큐의 날, 맥주 파티 등을 개최해 본다. 이러한 그룹 활동은 여러 가지 이점이 있다. 종사원들에게 사장이나 매니저가 그들에게 늘 관심을 가지고 있다는 것을 알릴 수 있으며, 종사원들과 사회적 교류가 이루어져 관리적 차원에서도 도움이 된다. 또한 무엇보다 관리자에게는 종사원들과 어울려 연결고리를 만들 수 있는 좋은 계기가 된다.

● 직원을 이용한 TV 광고

TV에서 맥도날드 직원이 선전에 나오는 것을 본적이 있을텐데, 그들은 실제로 맥도날드 직원들이다. 그들은 최고 작업 수행에 대한 보상의 일환으로 직원을 광고의 모델로 선정한 것이다.

● 많은 사람 앞에서 공로 인정

아무도 없는 곳에서의 공로 인정은 그리 오래 효력을 발휘할 수 없다. 되도록 많은 사람들이 보는 앞에서 종사원의 공로를 인정해 주는 것이 필요하다.

레스토랑
운영
노하우

2 서비스의 요소

▣ 불 평

'Food and Wine's Food in America 2002' 설문조사 결과, 고객들은 전체적인 레스토랑 경험에 있어서 서비스가 매우 중요한 부분임을 나타내고 있다. 설문 결과 손님들의 불만사항은 다음과 같이 조사되었다.

서비스 종사원이 보이지 않음 ·· 23%
무례한 서비스 종사원 ·· 13%
이유없이 돌아다니는 서비스 종사원 ································ 5%
주문 후 서빙까지의 긴 시간 ·· 5%

• 고객의 재방문 이유

음식의 맛은 고객들이 레스토랑을 선택하는 기준이 되지만, 다시 그 레스토랑을 찾는 이유는 좋은 서비스 때문이다. 좋은 서비스를 위해서는 많은 요소들이 작용하지만, 특히 종사원이 가지고 있는 레스토랑에 대한 콘셉트, 메뉴, 와인 등의 지식에서 비롯된다.

▣ 서비스 전달 시스템

좋은 서비스를 완성하기 위한 요소들을 정의하기 이전에 레스토랑이 제공하는 서비스가 어떤 것인지 먼저 알아야 한다. 다음은 서비스의 종류와 각각의 장단점을 나열한 것이다. 레스토랑에 맞는 서비스가 어떤 것인지 찾아보도록 한다.

- **프렌치 서비스**

  프렌치 서비스는 고객 테이블 옆에서 간이 테이블을 펼쳐놓고 완성된 음식들을 서빙하는 매우 격식을 갖춘 서비스이다. 이 서비스는 미국 레스토랑에서 크레이프 수제트[3](Crêpes Suzettes)나 바나나 포스터[4](Banana Foster) 등을 서빙할 때 사용한다. 프렌치 서비스를 위해서는 두 명의 종사원이 필요하다. 이 서비스는 특정 고객이 자신만을 위한 최상의 서비스를 제공받을 수 있는 반면, 고도의 기술을 가진 종사원이 필요하며 시간이 오래 걸린다는 단점이 있다. 레스토랑의 서비스를 한 차원 높이기 위해서 디저트나 샐러드의 서빙시 프렌치 서비스를 고려해 볼 만하다.

- **러시안 서비스**

  러시안 서비스도 프렌치 서비스와 마찬가지로 격식을 갖춘 서비스의 하나이다. 러시안 서비스가 프렌치 서비스와 다른 점은 음식이 일인분씩 담긴 접시에 서빙되는 것이 아니라 주방에서 준비된 음식을 서빙용 접시(platters)에 담아내온 후 고객에게 개별적으로 덜어주는 서빙방식이다. 또한 러시안 서비스는 한 명의 종사원으로 가능하다. 이 서비스는 프렌치 서비스보다는 빠르지만 서빙용 접시와 서빙기구를 갖추고 있어야 한다.

---

[3] Crêpes Suzettes는 전통적인 프랑스 디저트로 밀가루·달걀·우유를 섞어 얇게 부친 크레이프를 캐러멜소스, 오렌지 주스, 과일주인 그란 마니아 등으로 만든 소스에 넣고 끓인 다음 코앙트르를 끼얹고 불을 붙여 서빙함

[4] Banana Foster는 바나나와 바닐라 아이스크림에 버터, 흑설탕, 계피, 럼을 섞은 소스를 뿌리고 불을 붙여 서빙하는 미국 뉴올리언즈 지방에서 비롯된 후식

• 잉글리시 서비스

잉글리시 서비스는 음식이 주방에서 만들어져 서빙용 접시에 담은 다음 주빈 앞에 세팅하는 방식이다. 이 서비스 방식은 일반 레스토랑에서 보다는 특별한 자리의 정찬에 많이 이용된다. 주빈이 직접 접시에 음식을 담은 다음 서빙 직원에게 건네주면 직원이 다른 손님에게 음식을 전달하는 방식이다. 잉글리시 서비스는 많은 노력과 시간이 필요하지만, 때때로 특별한 상황에서 품격 높은 서비스가 필요할 때 이용할 수 있다.

• 아메리칸 서비스

아메리칸 서비스는 위의 세 가지 서비스보다는 격식을 차리지 않은 서비스로 대부분의 미국 레스토랑에서 사용하고 있는 방식이다. 음식은 주방에서 준비되고 개인 접시에 담겨 손님에게 바로 서빙된다.

• 뷔페

뷔페는 레스토랑의 긴 테이블 위에 차려져 있는 음식을 고객 스스로 접시에 담아먹는 일종의 셀프서비스 방식으로 보통 결혼식이나 개인적인 행사에 많이 이용한다. 빕스(VIPS)와 같은 몇몇 레스토랑에서는 뷔페를 그 레스토랑의 주요 서비스로 이용하기도 하며, 샐러드 바를 운영하는 레스토랑에서 많이 볼 수 있는 서비스이다.

• 카운터 서비스

카운터 서비스는 패스트푸드 레스토랑에서 흔히 볼 수 있는 서비스이다. 카운터 서비스의 가장 큰 장점은 서비스 속도이다. 그러나 이로 인해 고객에게 많은 관심을 기울이지 못하는 단점도 가지고 있다. 만약 지금의 레스토랑 서비스보다 좀더 빠른 서비스를 제공하여 이익을 올리고 싶다면 테이크아웃이나 배달 등의 서비스를 고려해 보는 것도 좋을 것이다.

▩ 서비스의 방향

관련 문헌에서도 음식이 고객의 어느 쪽으로 서빙 되어야 하는지에 대해서는 정확한 의견을 찾기가 어렵다. 그러나 일반적인 상식으로 통용되는 몇 가지는 서비스 종사원이 알고 있어야 한다. 그 중 한 가지는 남자 고객보다 여자 고객에게 먼저 서빙해야 하는 것이다. 다음은 서빙시 알아두어야 하는 몇 가지 상식이다.

• 애피타이저나 샐러드

애피타이저나 샐러드는 손님의 오른쪽에서 오른손으로 서빙한다. 애피타이저나 디저트를 위한 접시는 서빙 전에 테이블에 세팅된다.

• 수프

수프를 서빙하기 전에는 먼저 수프볼이 접시 위에 놓여 있는지 확인해야 한다. 좀더 분위기 있는 서비스를 원한다면 수프볼과 접시 사이에 레이스 종이를 깔도록 한다. 수프용 스푼은 수프볼 오른쪽에 놓여 있어야 하며 수프는 고객의 오른쪽에서 서빙한다.

• 주요리

주요리도 역시 오른쪽에서 서빙해야 하는데, 주의해야 할 것은 접시에서 주가 되는 음식이 고객 앞에 놓일 수 있도록 하는 것이다. 주요리용 실버웨어[5]는 주요리가 서빙되기 전 미리 세팅되어져 있어야 하며 서빙시 고객의 실버웨어 손잡이 부분과 그릇의 가장자리 이외에는 만지지 않도록 한다. 만일 사이드 메뉴가 따로 서빙된다면 왼쪽에서 서빙한다.

• 디저트

디저트를 서빙할 때에는 먼저 디저트용 포크나 스푼을 왼쪽에서 서빙하

---

[5] 실버웨어(Silver ware) : 음식을 먹는 데 사용되는 스푼, 포크, 나이프류

고 난 다음, 음식은 오른쪽에서 서빙한다.

● **음료**

음료나 커피는 오른쪽으로 서빙한다.

● **치우기**

보통 다 먹은 음식의 식기들은 오른쪽에서부터 치운다.

● **고객이 식사를 마쳤을 때의 신호**

고객이 음식을 다 먹었다는 신호는 냅킨을 테이블 위에 올린다거나 접시를 옆으로 밀고, 포크를 뒤집어서 접시위에 대각선으로 올려놓거나, 포크와 나이프를 나란히 접시 옆에 걸쳐 놓는 것으로 알 수 있다. 그러나 이러한 신호를 보았다고 하더라도 치우기 전에 고객에게 먼저 치워도 괜찮은지 물어보아야 한다.

● **서빙 방법에 대한 정보**

서빙 방법에 대해서는 다음과 같은 국내외 사이트를 이용해 볼 수 있다.

■ 삼성 에버랜드 서비스 아카데미(www.evercs.com)
■ 한국 외식정보 서비스 아카데미(http://info.foodbank.co.kr)
■ CuisineNet digest
   (www.cuisinenet.com /digest/custom/etiquette/serving.shtm)
■ Western Silver(www.terryneal.com/manners1.htm)
■ Tasting Wine(와인서빙 예절)
   (www.tastin-wine.com/html/etiquette.htm)
■ Online Manners Guy
   (www.terryneal.com/manners1.htm

▣ 고객의 요구 파악

두말할 것도 없이 고객들은 좋은 음식과 좋은 서비스와 적정한 가격을 원한다. 고객에게 좀더 차별화된 서비스를 하기 원한다면 먼저 고객에 대해 자세하게 알고 있어야 한다. 레스토랑을 찾는 대부분의 고객들이 서비스 종사원이 챙겨주는 것을 좋아하는가, 혼자인 것을 즐기는가? 또는 빨리 나오는 음식을 좋아하는가, 여유롭게 시간을 가지고 식사하기를 원하는가? 또 고객들이 오뜨 퀴진[6]과 같은 비싼 음식을 원하는가, 아니면 간단하고 저렴한 음식을 원하는가? 고객의 정보를 얻기 위하여 다음의 자료들을 살펴보자.

- **업계 통계자료**

  업계에 관련된 통계자료는 고객 정보를 파악하는 데 도움을 줄 수 있다. 대표적인 자료는 한국외식연감, 통계청(www.nso.go.kr 가정의 연간 외식비 지출현황 제공)에서 얻을 수 있다.

- **고객 설문조사**

  고객 설문조사는 연구를 위한 설문조사처럼 복잡하고 정교할 필요는 없다하더라도 고객이 무엇을 원하는지 잘 알려주는 자료가 된다. 고객 설문조사는 고객이 식사가 끝날 때쯤 요청할 수도 있으며, 건의함 등을 설치하여 서비스에 대한 고객의 반응을 얻을 수도 있다.

- **메뉴 판매 현황**

  메뉴 판매 현황은 고객들의 입맛이 예전과 비교하여 현재 얼마나 변화되어 있는지 알려주는 좋은 자료이다. 작년과 지난주의 메뉴를 비교하여 어떤 메뉴가 가장 많이 팔렸는지, 가장 바쁜 시간과 가장 한가한 시간은 언제인지 분석해 본다.

---

[6] haute cuisine 프랑스 귀족들의 연회에서 볼 수 있는 화려한 정찬

- **서비스 종사원과의 대화**

  서비스 종사원은 고객과 가장 가깝게 접촉하기 때문에 서비스 종사원들
  로 하여금 새로운 레스토랑 인테리어라든가 새로운 애피타이저 메뉴에
  대한 고객들의 반응을 살펴보게 한다.

- **개인적 관찰**

  자신의 관찰능력도 활용해 본다. 무엇이 고객들을 놀랍고 감탄하게 만
  드는가? 무엇이 고객의 얼굴을 찡그리게 하는가? 또 자신의 다른 레스토
  랑 경험도 이용해 보자. 무엇이 만족할 만한 식사라고 느끼게 했는가? 손
  님으로서 어떤 것이 불만이었나? 이와 같은 질문들에 대한 대답이 고객
  욕구를 파악하는데 도움이 될 것이다.

▣ 좋은 서비스 종사원을 만드는 방법

서비스 종사원은 필수적인 내부 마케팅 도구라고 할 수 있다. 이들은 고객뿐
만 아니라 레스토랑의 판매와도 깊은 연관이 있다. 따라서 당신은 고객에게 레
스토랑과 레스토랑의 메뉴에 대한 마케팅에 탁월한 사람을 원할 것이다. 두말할
것 없이 충분한 지식과 경험은 좋은 서비스 종사원을 만든다. 서비스 종사원으
로서 빛을 발하기 위해 다음과 같은 사항을 염두에 두어야 한다.

- **효과적인 의사소통**

  서비스 종사원으로서 중요한 직무 중에 하나는 고객과 그리고 다른 종
  사원들과의 의사소통이다. 서비스 종사원은 여러 성격의 사람과 원활한
  소통이 가능해야 한다. 이러한 의사소통은 단지 말뿐만이 아니라 얼굴표
  정과 몸동작도 포함된다. 서비스 종사원이 고객 앞에서 시무룩한 표정을
  짓는다면 부정적인 감정을 나타내는 것이고, 반면 자연스러운 웃음은 고

객을 반기고 있음을 나타낸다.

• 높은 에너지

레스토랑에서 서빙하는 일은 장시간 서서 일하는 것이므로 쉬운 일이 아니다. 서비스 종사원은 자신이 근무하는 동안 에너지를 일정하게 유지할 수 있어야 한다.

• 유연성

서비스 종사원은 유연성이 있어야 하며 근무시간이 연장되는 갑작스러운 일이나 상황에 대처할 수 있어야 한다. 또한 사람을 대하는 면에서도 유연함과 인내가 필요하다.

• 스트레스 관리

레스토랑은 스트레스가 많은 작업 환경 중의 하나이다. 이에 서비스 종사원은 늘 육체적·정신적 스트레스를 다스릴 줄 알아야 한다. 이러한 스트레스는 불쾌한 손님, 퉁명스러운 주방 종사원, 자기 임무를 다하지 못하는 다른 서비스 종사원, 또는 단순히 레스토랑 조직에 잘 맞지 않는 것 등에 의해서 생길 수 있다.

• 협동

레스토랑은 완벽한 팀워크와 협동을 요구하는 곳이다. 따라서 서비스 종사원들은 도움을 주거나 일을 하는 데 있어서 적극적이고 자발적이어야 한다. 예를 들어, 협동심 있는 서비스 종사원은 샐러드를 준비하는 종사원의 일이 지체될 경우 준비하는 것을 도와주는 반면, 그렇지 않은 서비스 종사원은 일이 끝날 때까지 구경만 하고 있을 것이다.

- **친절**

  서비스 종사원은 이유 불문하고 고객뿐 아니라 상사, 동료 등 누구에게나 예의바르고 친절해야 한다.

- **다른 사람을 기쁘게 만들고자 하는 열망**

  서비스 종사원(server)라는 직무명은 적절한 이름이다. 적어도 서비스를 하는 자리에 있는 사람은 다른 사람을 즐겁게 하는 일로부터 만족을 느껴야 한다.

- **감정이입**

  좋은 서비스 종사원은 고객의 마음을 빨리 읽을 수 있으며 고객이 혼자 있고 싶어 하는지 대화를 원하는지 알 수 있다. 상대방의 기분을 알아차리고 그에 따라 대처할 수 있는 능력은 고객을 편안하게 만드는 데 많은 도움을 준다. 혼자 식사하러 와서 신문이나 책을 읽고 있는 고객을 보면 그가 심심할 것이라는 선입견을 가지고 주위를 어슬렁거리는 일은 없어야 한다. 만약 손님이 먼저 대화를 청한다면 응해 주는 것은 바람직하지만, 그렇지 않다면 그 손님은 자기가 가지고 온 책에만 관심이 있을 것이다.

- **단정한 외모**

  서비스 종사원은 항상 깔끔하고 청결해야 한다. 서비스 종사원은 그 레스토랑이 얼마나 깨끗하고 정돈되어 있는지를 고객에게 나타내는 거울과 같다. 서비스 종사원이 펜을 찾기 위해서 이리저리 뛰어다닌다든지 불결한 유니폼이나 에이프런을 착용하고 있다면, 그것을 본 고객은 그 레스토랑의 나머지 부분에 대해서도 비슷한 느낌을 가질 것이다.

▨ 고객 도착 전 서비스 종사원의 임무

고객이 도착하기 전, 서비스 종사원은 많은 임무를 수행하게 된다. 업무를 시작하기 전에 먼저 자신의 업무시간 동안의 직무를 할당받는다. 매니저는 이러한 직무 분담에 치우침이 없이 균등하게 분배될 수 있도록 노력해야 한다. 하지만 레스토랑의 일이란 늘 균등하게 나눌 수 있는 것은 아니다. 따라서 서비스 종사원의 직무순환 규칙 등을 정하여 일이 공평하게 나누어질 수 있도록 해야 한다. 이러한 직무순환은 근속 연수나 판매 순위에 따라서 배분할 수도 있으나 모든 예외를 배제하고 간단하고 평등하게 나눌 수도 있다. 또한 일을 배분함에 있어서 다음과 같은 서비스 종사원의 임무를 고려해 본다.

• 테이블 세팅 확인

개장을 하기 전에 서비스 종사원은 자신이 맡은 구역에 테이블이 제대로 세팅되어 있는지 확인해야 한다. 즉 테이블은 깨끗이 닦여져 있는지, 테이블보는 깨끗한 것으로 깔려져 있는지 등을 점검해야 하며, 의자와 테이블 밑에 먼지나 다른 이물질이 떨어져 있는지를 확인해야 한다. 테이블 위에 놓인 양념통은 모두 채워져 있는지, 장식품들은 제대로 놓여져 있는지도 점검한다. 만약 생화를 사용한다면 시들지 않은 것으로, 장식용 초는 새것으로 교체한다. 버써들이 위와 같은 임무를 돕는 것이 좋지만 근무시간 동안 테이블이 완벽하게 세팅되어 있는지에 대한 전체적인 책임을 지는 것은 서비스 종사원이 해야 할 일이다.

• 냅킨, 실버웨어, 유리잔 준비

테이블 점검이 끝난 후에는 실버웨어와 냅킨을 준비해야 한다. 고급 레스토랑의 소유주라면 서비스 종사원에게 독특한 냅킨 접는 방법을 고안하도록 할 수도 있을 것이다. 이외에 서비스 종사원은 실버웨어, 와인잔 및 물잔 등을 테이블 위에 놓기 전에 청결한지를 철저히 점검해야 한다.

• 공동사용 구역의 준비

테이블 세팅이 완벽하게 끝났으면 서비스 종사원은 공동사용 구역 (communal area)을 확인하고 준비해야 한다. 공동사용 구역 준비에는 커피와 아이스티 준비, 물병에 물 채우기, 레몬 썰어놓기, 설탕과 프림 채우기, 빵 바구니 준비, 주문서 준비, 어린이용 메뉴 및 플레이스매트 준비 등이 포함된다.

• 메뉴 및 그날의 특별 제공 메뉴의 확인

서비스 종사원은 또한 메뉴와 그날 특별히 제공되는 것을 확인해야 한다. 그날 특별히 제공되는 것을 적어 놓는 게시판이 있다면 서비스 종사원들이 손님을 맞이하기 전에 그것을 항상 확인하고 의문점이 있으면 질문하도록 하는 습관을 들이도록 한다. 또한 메뉴를 상기할 수 있도록 서빙 전에 메뉴를 훑어보게 하는 것도 좋은 방법이다. 이러한 일은 특히 시간제로 고용된 서비스 종사원을 이용할 경우 매우 유용한 방법이다. 사람들은 일주일에 몇 번 하지 않는 일에 대해서 쉽게 잊어버릴 수 있기 때문이다.

• 마감 점검

근무를 마칠 시간이 되어서는 근무 시간을 처음 시작할 때와 마찬가지로 점검하는 것을 잊지 말아야 한다. 다음 근무자를 위해서 테이블을 정리하고 필요한 물품들을 채워놓아야 한다. 저녁 근무 시간에 일하는 서비스 종사원이라면 전원 차단이 필요한 모든 기구들이 제대로 전원이 꺼졌는지 확인해야 한다.

▣ 탁월한 서비스의 제공방법

탁월한 서비스란 일시적으로 되는 것이 아니다. 고객에게 특별한 서비스를 하기 위해서 매니저나 모든 서비스 종사원이 할 수 있는 일들은 많이 있다. 좋은 서비스를 제공하기 위해서 다음과 같은 내용을 고려하도록 한다.

● 미소

미소는 서비스 종사원이나 매니저가 할 수 있는 일 중 제일 단순하면서도 가장 중요한 것이다. 종사원의 밝은 미소는 분위기를 살리고 모든 사람을 편안하게 만들며 고객에게 더 가까이 갈 수 있도록 도와준다. 만약 종사원이 무뚝뚝하고 표정이 밝지 않다면 그 손님은 다시 그 레스토랑에 오지 않을 것이다.

● 특정 고객에 대한 서비스 종사원 지정

요즘 많은 레스토랑에서는 한 테이블 서빙하는데 여러 명의 종사원을 활용한다. 이는 신속한 음식 서비스가 가능한 반면, 고객을 혼란스럽게 만들 수도 있다. 따라서 서비스 종사원들에게 고객과의 연결고리를 가질 수 있는 기회를 주어야 한다. 즉 한 서비스 종사원이 그가 서빙하는 고객을 레스토랑과 연결하는 유일한 접촉자가 되도록 만들어 주는 것이다. 물론 이것은 그가 일이 뒤쳐져 있을 때까지 누구도 도움을 주지 말라는 것을 의미하지는 않는다.

● 고객정보의 보유

고정 고객의 좋아하는 것, 싫어하는 것, 생일, 기념일 등을 기록 저장해 두어야 한다. 고객의 생일을 기억하고 있다는 것처럼 고객이 특별한 기분이 들게 만드는 것은 없을 것이다. 고객 정보를 저장해 두기 위하여 컴퓨터를 이용하는 것이 매우 좋은 방법이지만 그럴 수 없다면 노트에라도 기록해 둔다. 많은 레스토랑이 POS[7] 시스템을 이용하여 고객의 생일이나 기념일과 같은 정보를 저장해 두고 있다. 고객 정보는 고객 설문조사를 통하여 얻을 수 있다. 이렇게 입수된 고객의 이름, 좋아하는 음료 또는 다가오는 특별한 기념일 등의 정보는 그 고객을 서빙하는 종사원에게 알려주도록 한다.

• 방명록 작성

고객에게 방명록을 작성하게 한다. 레스토랑에서 만들어지는 여러 가지 홍보물을 발송하기 위해서는 주소록이 꼭 필요하다. 방명록을 통하여 생일이나 기념일 등의 정보도 얻도록 한다.

• 고객 기억

고객을 기억하고 있는 것은 매우 중요한 일이지만 너무 자세한 사항까지 기억할 필요는 없다. 단지 고객의 이름을 기억하고 불러주는 정도면 된다.

• 고객 요구의 경청

실수를 하는 것보다는 반복해서 물어보고 확인하는 것이 낫다. 서비스 종사원은 특히 주문이 복잡할 때, 고객에게 들은 내용을 다시 반복해서 이야기해 주는 것을 원할 것이다. 이것은 고객으로 하여금 서비스 종사원이 자신의 요구사항을 제대로 적고 있는지 확인시켜 주는 것이다. 주문을 받을 때 주문서를 이용하지 않는다면 고객의 요구를 확인하기 위해서 이러한 과정은 특히 중요하다.

---

[7] POS(point-of-sale) : 판매시점 관리가 가능한 매출관리 시스템

- **고객과의 눈 맞춤**

  대개의 사람은 눈을 똑바로 쳐다보는 사람을 믿는 경향이 있기 때문에 고객에게 이야기할 때에는 고객의 눈을 똑바로 쳐다보아야 한다. 고객에게 한눈을 팔지 않고 그가 하는 말에 집중하고 있음을 보여 주어야 하며, 테이블이나 바닥을 내려 본다거나 벽에 걸린 그림을 쳐다보지 않아야 한다. 주의를 집중하고 미소를 띠며 경청해야 한다. 또한 말을 할 때에는 테이블 옆에 서서 해야 한다. 고객에게 지나가면서 말하지 않는다. 이것은 고객을 무시한다는 느낌을 주며 불쾌감을 주게 된다.

- **엑스포의 활용**

  엑스포란 엑스페디터(expediter)를 줄여 부르는 말로서 주방의 생산속도를 유지시키는 사람이다. 엑스포는 주방에서 음식이 나오면 서비스 종사원이 그 음식을 어디로 가지고 가야 하는지, 또 다음에 무엇이 홀로 나가야 하는지를 알고 조절하는 일을 한다. 엑스포는 서비스를 순조롭고 원활하게 진행하는 데 매우 중요한 역할을 한다. 엑스포를 따로 고용할 필요는 없다. 레스토랑에 일을 좀더 하고 싶어 하는 숙련된 종사원들이 있으면 돌아가면서 엑스포의 업무를 맡겨 보자.

- **주문서의 공통 약어 사용**

  모든 레스토랑은 다른 종사원과 의사소통을 하기 위해서 주문서에 약어를 사용한다. 이것은 모든 메뉴명을 다 적는 것보다 훨씬 간단하다. 단지 서비스 종사원들이 사용하는 약어를 정확히 숙지하고 있는지 확인해야 한다. 자기 자신만의 약어를 사용한다면 레스토랑 전체에 혼란을 초래할 수도 있다.

● 복도에서의 규칙

혼선이나 충돌을 가져올 수 있는 것에 대비하여 규칙을 만들어야 한다. 복도는 지나가는 데 방해가 없어야 한다. 예를 들어, 두 서비스 종사원이 같은 방향으로 가고자 한다면, 먼저 간 사람은 복도에서 제일 먼 쪽의 테이블 위치로 가야 한다. 항상 고객이 먼저 이동한 다음, 음식을 가진 서비스 종사원, 버써의 순으로 이동하도록 한다.

● 서비스 회복 규칙

사고는 어쩔 수 없이 일어나기 마련이지만 사고를 어떻게 처리하느냐 하는 것은 매우 중요한 문제이다. 사고 발생시에는 첫째, 즉각적이고 진심어린 사과를 해야 한다. 둘째, 문제를 해결하기 위해 애를 써야 한다. 만약 서비스 종사원이 점심을 먹으러 온 고객의 흰 셔츠에 토마토 수프를 엎질렀다고 하자. 이런 경우 서비스 종사원은 즉시 고객이 엎질러진 수프를 닦을 수 있도록 도와야 하며, 그 다음에는 서비스 종사원이나 매니저가 드라이클리닝 비용을 지불해야 한다. 드라이클리닝 후 영수증을 보내면 즉시 처리하겠노라고 고객과 상의해 보자. 만약 주문한 음식에 문제가 있다든지 주문과 다른 음식이 나왔다면 고객이 오래 기다리지 않도록 즉시 조치를 취해야 한다. 이처럼 불가피한 상황에 대처하기 위해서 완충작용을 위한 해결사를 두는 것도 고려해 볼 만하다. 이 임무를 맡은 종사원은 가장 바쁜 시간에 일을 하게 되며, 레스토랑 곳곳을 돌아다니며 발생 가능성이 있는 문제를 미연에 방지하고 문제 발생시에는 신속히 처리하는 일을 담당하게 된다.

● 고객 만족도 조사

어떤 고객들은 그들이 레스토랑에서 일어났던 불쾌한 경험에 대해서 소유주나 매니저에게 이야기하는 것을 꺼린다. 그러나 고객 만족도 설문조사를 통해서라면 이처럼 과묵한 고객들에게서도 피드백을 얻을 수 있다. 서비스 종사원이 계산서를 고객에게 전하러 갈 때 고객 만족도 설문지 작성을 요청하고, 고객이 떠날 때 테이블 위에 올려놓거나 건의함 속에 넣어 달라고 부탁하게 한다. 이렇게 모인 설문조사에서 나타난 고객들의 의견을 다른 종사원들과 공유할 수 있다. 부정적인 피드백이 있었다면 레스토랑을 향상시키는 데, 긍정적인 피드백은 일을 훌륭히 수행해낸 종사원을 칭찬하는 데 사용한다.

- **예의바르게 행동하기**

  이 말은 매우 상식적인 것 같지만, 얼마나 많은 종사원들이 이 상식을 무시하고 고객을 불손하게 대하는지를 본다면 깜짝 놀랄 것이다. 서비스 종사원들에게 '감사합니다', '아닙니다' 등의 말이 자연스럽게 나오도록 해야 하며, 호칭에 있어서도 '고객님', '손님' 등의 예의를 갖춘 호칭을 쓰도록 해야 한다.

- **지식 함양**

  서비스 종사원들이 팁을 올릴 수 있는 가장 좋은 방법 중의 하나는 메뉴에 대한 자세한 지식을 갖추고 있는 것이다. 종사원들은 오늘의 수프가 크림이 들어간 것인지, 또 새우는 구운 것인지 볶은 것인지에 대해서 고객들에게 이야기할 수 있어야 한다. 적당한 미사여구를 붙여서 그 메뉴를 설명해 보자. 그러면 고객들은 그 메뉴가 더욱 맛있는 것으로 여길 것이다. 예를 들면, "오늘 저희 식당의 스페셜 메뉴는 와인과 로즈마리를 첨가한 향긋한 스톡에 끓여낸 양고기입니다. 여기에는 향긋한 버섯을 첨가한 브레드 푸딩과 알맞게 구운 아스파라거스가 곁들여집니다."라고 메뉴가 맛있게 느껴지도록 이야기해 보자. 서비스 종사원은 메뉴뿐만 아니라 레스토랑 자체에 대한 정보를 알고 있어야 하며, 운영시간, 신용카드 사용여부, 서빙 형태 등에 관한 고객의 질문에 대답할 수 있어야 한다.

• 신속한 고객 요구 파악

고객이 레스토랑에 들어서면 종사원은 곧바로 그 고객이 온 것을 알아차리고 자리를 안내해야 한다. 즉 고객을 오래 기다리게 해서는 안 된다. 기다림은 고객의 기분을 나쁘게 만들 수 있고, 이러한 불편한 기분은 팁에 지대한 영향을 끼치기 쉽다. 서비스 종사원이 너무 바빠 꼼짝할 수 없다면, 안내 종사원이나 버써들로 하여금 도움을 줄 수 있도록 훈련시켜야 한다. 고객에게 "곧 자리를 안내해 드리겠습니다."라고 말한 뒤, 다른 일을 먼저 처리하더라도 그 말을 들은 고객은 조만간 자신도 서비스를 받을 수 있을 것이라고 예상할 수 있어 마음을 편안하게 할 수 있을 것이다.

• 상향 판매(up-selling)

판매액을 증가시키고자 한다면 고객들이 스스로 주문하지 않은 애피타이저나 디저트, 고급 음료를 제안하는 것도 한 방법이다. 그러나 너무 강요하지는 말아야 한다. 예를 들어, 고객이 와인을 주문한 경우, "저희 레스토랑에서는 하우스 와인과 프랑스 와인, 칠레 와인이 준비되어 있습니다. 리스트를 보시겠습니까?"라고 물을 수 있지만 고객은 메뉴판에 있는 것보다는 서비스 종사원의 제안에 영향을 더 많이 받을 수 있다.

• 문제 해결

서비스 종사원들이 닥친 문제를 빨리 해결할 수 있도록 훈련시켜야 한다. 또한 주방 종사원들도 마찬가지이다. 만약 고객이 주문한 것과 다른 메뉴가 나왔다거나 요청한 대로 음식이 준비되지 않았다면, 서비스 종사원은 즉시 사과하고 제대로 된 메뉴를 신속히 제공할 수 있도록 해야 하며 주방에 다시 나가야 하는 메뉴가 신속히 준비될 수 있도록 알려주어야 한다. 만약 서비스 종사원이 문제를 해결하는 데 있어 어려움이 있다면 매니저가 문제를 해결할 수 있어야 한다. 문제가 발생했을 때 고객이 지불할 금액의 일정 부분을 제하는 것도 좋은 방안이 될 수 있다. 고객이 '미디움-레어(medium- rare)' 스테이크를 주문했는데 레어(rare) 상태의 스테이크가 나왔다면 사과의 의미로 무료 음료나 후식을 제공할 수도 있다.

• 감사에 대한 표현

사람들은 늘 많은 일을 접하게 되며, 레스토랑은 고객에게 특별한 날을 만들어 줄 수 있다. 고객에게 감사를 표시할 때에는 진심어린 목소리로 감사를 표현해야 한다. 자신이 진심으로 감사받고 있다고 느끼는 고객은 감사를 표현한 사람을 기억할 것이며 이것은 팁을 주는 데에도, 다음 번 외식 장소를 정하는 데에도 많은 영향을 미칠 것이다.

▣ 서비스시 주의사항

좋은 서비스를 하기 위해 여러 단계의 준비된 과정이 있는 것처럼, 좋지 못한 서비스를 유도하는 과정이 있기 마련이다. 서비스 종사원들이 다음과 같은 행동을 하지 않도록 주의해야 한다.

• 서툰 서빙

서툰 서비스 종사원은 보기에도 불안해 보일 뿐만 아니라 사고를 일으키기도 쉽다. 서비스 종사원을 차밍 스쿨에 입학시킬 수는 없지만, 그들에게 쟁반과 접시를 어떻게 다뤄야 하는지 요령을 알려줄 수는 있다. 서비스 종사원으로서 자질이 부족한 직원을 고용하지 않기 위해서는 면접시에 서빙 기술을 시연해 보도록 하는 것도 좋은 방법이다.

- **지저분한 외모**

  서비스 종사원의 외모는 고객에게 좋은 인상을 주도록 항상 깔끔해야 한다. 서비스 종사원의 유니폼도 깨끗하고 청결해야 한다. 또한 모든 종사원의 복장도 깨끗하고 단정해야 하며 좋지 않은 냄새가 나지 않도록 해야 한다.

- **불손한 태도**

  서비스 종사원이 고객을 무시하고 지나치는 일이 없도록 해야 한다. 어떤 서비스 종사원들은 일은 매우 잘 하는데도 불구하고 일을 하는 태도에 있어서는 많은 문제점을 보이기도 한다. 즉 늘 정신없이 서두르는 것처럼 보인다든지, 시선을 피한다든지, 또는 고객의 비위를 잘 맞추지 못하는 사람들이 이에 속한다.

- **지나친 참견**

  고객은 손님으로서의 관심과 서비스를 받기 원하는 것이지 다른 사람이 자신의 테이블에 합석하는 것을 원하는 것이 아니다. 서비스 종사원들이 건방지거나 지나친 참견 없이 정중할 수 있도록 훈련시켜야 하며 손님에게 사적으로 대하거나 지나치게 오랜 시간 대화하는 것 등을 금지해야 한다.

▣ 서비스의 가치 상승

한 번 다녀간 고객이 단골이 될 것이라는 것을 어떻게 확신할 수 있을까? 대답은 간단하다. 특별한 서비스를 제공하는 것이다. 서비스 종사원들이 좋은 서비스를 제공하기 위해 필요한 특별한 행동이 있을 것이며, 서비스의 가치를 더욱 상승시킬 수 있는 방법들이 있기 마련이다. 서비스 종사원이 사용하는 많은 서빙 기술들은 레스토랑의 판매와 이익을 증가시키는 데에도 도움을 준다. 따라서 서비스 종사원이 이러한 고급 서빙 기술들을 사용할 수 있도록 힘을 실어 주어야 한다.

- **메뉴 추천**

  만약 고객이 주메뉴나 와인 결정에 어려움을 겪는다면 서비스 종사원이 추천하도록 만들어야 한다. 예를 들면, 서비스 종사원은 "제가 가자미 요리를 먹어봤는데 정말 맛이 좋았습니다"하고 고객에게 이야기할 수 있다. 제안을 하는 것은 매우 직관적이라고 할 수 있기 때문에 서비스 종사원들은 고객의 특성을 파악할 수 있도록 훈련되어야 한다. 그 단골고객이 특별한 날을 맞아 레스토랑을 찾은 것이라면 그 고객은 애피타이저나 디저트를 시킬 생각이 많을 것이다. 고객이 레스토랑에서 사용할 예산을 미리 세우고 온 것처럼 보인다면 중, 고가의 주요리를 시킬 수 있도록 추천한다. 명심할 것은 이런 모든 것들은 제안이나 추천에 그쳐야 하며 고객이 억지로 주문하게끔 해서는 안 된다는 것이다.

- **고객의 기호도 기억**

  모든 사람들은 자신이 기억되는 것을 좋아한다. 만약 늘 찾아오는 단골고객이 있다면, 서비스 종사원으로 하여금 그 고객이 특별히 좋아하는 음식과 싫어하는 음식이 있는지 기억하게 하도록 한다. 예를 들어, 어느 부부가 늘 같은 와인을 주문한다면, 다음번에 그들이 와서 주문할 것을 대비하여 그 와인을 준비해 놓는다. 이런 방법은 레스토랑을 더욱 고급스러워 보이게 만든다. 즉 서비스 종사원이 그들의 와인 선호도를 기억하고 있는 것에 고마워하며 다른 와인을 주문하려고 하다가도 늘 마시던 것을 주문할 것이다.

• 고객의 개인적 요구 수용

만약 고객이 스테이크에 소스를 빼달라고 주문하면, 바로 "네, 알겠습니다."하고 대답해야 한다. 또 고객이 감자 대신에 밥을 줄 것을 요구한다면, 주방이나 매니저의 허락을 받는 등 허둥대거나 곤란해 하지 말고 고객의 요구를 받아들여야 한다. 그 대신 서비스 종사원들에게 다른 종사원의 허락을 받지 않고 고객의 요구에 즉시 제공할 수 있는 것들이 무엇인지 알게 해야 한다. 서비스 종사원이 일일이 허락을 받지 않고 고객의 요구를 들어주는 것은 서비스 종사원이 더욱 긍정적으로 일할 수 있도록 만들 것이다.

• 일상적인 서빙을 넘은 특별한 서비스

레스토랑에서의 경험이 잊을 수 없는 기억으로 남게 만든다. 만일 고객이 오래 기다리는 일이 발생했다면 무료 음료를 제공하거나 나갈 때 택시를 대기시켜 놓거나, 비가 내린다면 종사원으로 하여금 고객이 택시에 오를 때까지 우산을 받쳐주도록 한다.

• 대안 메뉴의 추천

어떤 메뉴가 모두 팔렸다든가 단골고객이 건강상 또는 질병상 먹지 말아야 할 음식을 주문한 경우, 서비스 종사원은 다른 대안 메뉴를 추천할 수 있어야 한다. 예를 들어, 레스토랑에 준비된 으깬 감자는 우유를 섞은 것인데, 유당 불내증을 가진 고객이 이를 주문한다면, "저희 레스토랑에서는 올리브 오일을 바른 구운 감자가 준비되어 있는데 손님께서 으깬 감자 대신 이것을 드시는 것이 어떻겠습니까?"하고 제안을 할 수 있을 것이다.

• 나홀로 고객

혼자 레스토랑을 찾는 고객은 외식이 부담스럽기가 쉽다. 불행하게도 서비스 종사원이 그들을 알아채지 못하거나 무시함으로써 고객을 더욱 부담스럽게 만든다. 따라서 서비스 종사원이 이런 나홀로 고객에게 관심을 갖도록 만들어야 한다. 나홀로 고객은 돈을 잘 쓰는 사업가가 많기 때문에 이들로부터의 수입이나 팁은 높은 편이다. 만약 고객이 조용하게 혼자 있기를 원한다면, 레스토랑에서 조용한 자리로 안내한다. 반면 대화를 원하는 고객이라면 잠시 가벼운 대화를 나눠준다. 또한 고객을 편안하게 만들기 위해서 읽을거리를 제공할 수도 있다. 이처럼 나홀로 고객을 위해서 잡지나 신문 등을 준비해 놓고, 서비스 종사원에게는 이를 고객에게 예절 바르게 권할 수 있도록 훈련시켜야 한다.

- **고객의 선택에 대한 맞장구 쳐주기**

   한 커플이 들어와서 A와 B 와인 중 한 가지를 선택했다면 그들의 선택을 칭찬해 주어야 한다. 일단 고객이 어떤 것을 주문했다면, 그것에 대한 좋은 점들을 이야기한다. 즉 오늘 스테이크가 매우 좋다든지, 연어가 오늘 도착한 것이라고 이야기한다. 고객이 선택한 스테이크보다 돼지고기가 더 좋다고 이야기하지 말고 고객의 선택이 만족할 만한 것임을 나타내준다. 고객이 선택한 것에 대하여 서비스 종사원이 정말 좋은 선택을 했다는 단순한 말 한마디가 고객 스스로 올바른 선택을 했다고 믿게 만들고 메뉴 선택에 대한 불안감을 없애줄 것이다.

- **개인적인 추천**

   고객에게 자신이 좋아하는 것을 말해 본다. 이것은 진심으로 자신의 생각을 말하는 것이므로 메뉴에 대한 단순한 추천이 아니고 고객과의 친밀감을 더해 줄 것이다. 고객이 서비스 종사원이 추천한 것을 주문하지 않더라도 종사원의 그 열정은 고객에게 전해질 것이다. 종사원이 메뉴에 대한 설명을 적극적으로 한다고 해서 이것이 고객을 귀찮게 하는 일은 아닐 것이다.

• 충분한 냅킨 준비

고객이 바비큐립, 버터소스를 곁들인 가재요리처럼 먹는 중에 손이나 테이블이 지저분해질 염려가 있는 메뉴를 주문했다면, 고객이 요청하기 전에 냅킨을 여유 있게 준비해둔다. 어린이를 동반할 때에도 마찬가지이다.

• 고객의 요구 예측

고객이 원하는 것을 말하기 전에 알아차리고 가져다 준다면 더없이 좋은 고객감동의 방법이다. 몇몇 서비스 종사원들은 이처럼 고객의 마음을 알아차리는 데 특별한 재능을 보인다. 예를 들면, 어느 브랜드의 스카치가 매우 독하다는 것을 알고 있으면 고객이 이 스카치를 주문할 때 마실 물을 같이 준비하고, 바비큐립을 주문하면 물수건을 준비한다.

• 커피 리필

서비스 종사원들에게 항시 커피 리필을 할 수 있도록 훈련해야 하며 커피를 리필하기 전 고객에게 반드시 물어보는 것도 잊지 말아야 한다. 묻지도 않고 커피를 채우는 것을 언짢게 생각하는 고객들도 있기 마련이다. 커피가 반 정도 비워진 채로 오래 테이블 위에 놓여 있었다면 리필하는 것보다는 식은 커피를 알맞은 온도의 커피로 교체하는 것이 더 좋은 방법이다.

• 남은 음식을 담을 용기 준비

고객이 남긴 음식을 포장해 달라고 요청할 때 고객이 스스로 포장해 가도록 테이블에 포장용기를 가져다주는 것보다는 남은 음식을 주방으로 가져가 먹음직스럽게 포장용기에 담아 준다. 필요하다면 소스를 더 얹어 준다든지 같이 먹을 수 있는 빵을 넣어주는 것이 필요하다. 남은 음식을 포장할 때에는 적당한 크기와 용도의 일회용 상자를 사용하는 것도 잊지 않도록 한다. 고객이 집에 도착하여 자신이 남겨온 디저트가 수프와 함께 섞여 먹지 못하게 되었다면 그 레스토랑과 서비스 종사원에 대한 이미지가 좋을 리가 없다.

● 담당 테이블 책임지기

서비스 종사원은 한 테이블의 서비스 중이라도 자신이 맡은 또 다른 테이블에도 눈을 떼지 말아야 한다. 고객이 서비스 종사원을 찾기 위해 두리번거리는 것을 발견했다면, 즉시 가서 무엇이 필요한지 물을 수 있어야 한다.

● 장애인을 위한 편의 제공

레스토랑을 장애인도 쉽게 이용할 수 있도록 만들어야 한다. 고객 출입문 앞이 계단으로 되어 있다면, 그 옆에 장애인을 위한 경사로 설치를 고려해야 한다. 또한 휠체어에 앉아서도 편안하게 음식을 먹을 수 있는 공간을 마련해 놓는다. 만약 시각장애인이 식사를 한다면, 그 고객에게 같이 온 맹도견에게 먹을 것이나 물을 좀 주어도 되는지 물어본다.

● 노인 고객에 대한 정중한 서비스

노인들을 위한 서비스는 좀 더 특별한 것이 필요하다. 노인을 서비스하기 위해서 서비스 종사원들은 먼저 메뉴의 영양가를 알고 있어야 한다. 노인들을 메뉴를 잘 읽을 수 있도록 밝은 곳으로 안내해야 하며, 또 의자를 빼고 넣기가 힘들 수 있으므로 팔걸이가 있는 의자를 준비해서 편안하게 식사를 즐길 수 있도록 한다. 이러한 조치들이 특별히 그들을 위한 배려임을 알리는 것도 잊지 말아야 한다. 마지막으로, 서비스 종사원들이 노인들을 대함에 있어서 인내와 존경을 가지고 대하도록 해야 한다. 이러한 배려들은 노인들이 서비스 종사원들을 고맙게 생각하게 만들 것이다.

• 특별한 날을 맞은 고객을 위한 서비스

서비스 종사원들이 특별한 날을 맞은 고객을 더욱 즐겁게 만들 수 있는 방법을 강구해야 한다. 어떤 레스토랑에서는 생일이나 특별한 날을 맞은 고객에게 무료 후식을 제공하며, 또 어떤 곳에서는 그 고객을 위하여 모든 서비스 종사원들이 노래를 불러주기도 한다. 단지 풍선을 테이블 위에 달아주는 것만으로도 특별한 날을 맞은 고객을 더욱 흥겹게 만들 수 있다.

• 단골고객의 요구 수용

단골고객은 여러 가지 이유로 특별한 요청을 해올 수 있다. 어떤 고객은 채식주의자용 샌드위치에 치즈 대신 다른 것을 넣어주기를 원할 수도 있다. 또 어떤 고객은 음식 알레르기나 식이처방을 이유로 특정 음식을 요구할 수도 있다. 이처럼 대체 메뉴를 제공하는데 인색하지 않은 레스토랑은 까다로운 손님들의 마음을 쉽게 사로잡을 수 있다.

• 외투나 가방 보관을 위한 공간 마련

외투를 보관할 수 있는 공간이 따로 마련되어 있지 않다면, 로비에 외투나 가방을 걸 수 있는 옷걸이를 마련한다.

• 계산기 소지

서비스 종사원은 작은 계산기를 소지하는 것도 좋은 방법이 될 수 있다. 고객이 복잡하게 계산하지 않고도 금액을 서로 분담을 한다거나 팁을 계산할 때 도움을 줄 수 있기 때문이다. 고객들이 편안하게 식사를 즐겼다면, 그 고객들은 좋은 기분을 유지하게끔 배려해 준 레스토랑의 노력에 고마워할 것이다.

• 사업가 고객

사업가 고객을 서비스하는 경우, 서비스 종사원들은 더욱 신경을 써야 한다. 사업가 고객들에게는 빠른 서비스를 제공해야 하며 복사서비스, 전화사용, 메모도구 등을 제공하는 것도 좋은 방법이다.

• 우산 준비

고객이 우산을 준비해오지 않았는데 레스토랑을 나갈 때 비가 내리는 경우가 있다. 이럴 때엔 주차되어 있는 곳까지 또는 가깝다면 사무실까지 우산을 제공해 준다. 이것은 우산을 다시 돌려주기 위해서라도 고객이 레스토랑을 다시 찾는 좋은 기회가 될 것이다. 만약 고객이 우산 돌려주는 것을 잊을 경우를 대비해서 우산에 레스토랑의 이름이나 로고를 새겨놓는 것도 좋은 방법이다.

• 레스토랑 책임자와 고객의 만남

사람들은 레스토랑을 책임지고 있는 지위의 사람을 만나는 것을 좋아한다. 고객은 누군가 그 레스토랑에서 중요한 사람이 자신에게 레스토랑의 분위기나 음식의 상태 등을 묻는 것에 대해서 기쁘게 생각할 것이다.

• 레스토랑의 위치 안내

레스토랑의 위치를 묻는 것에 대비해 항상 위치를 안내하는 지도를 준비해 놓고, 만약 묻는 사람이 있다면 그것을 팩스로 보내준다. 고객에게 팩스가 없다면 전화상으로 잘 찾아올 수 있도록 명확하게 설명해 주어야하며, 레스토랑 웹사이트에 지도를 올려놓는 것도 좋은 방법이다.

• 카메라 구비

뭔가 특별한 날이 있는 고객이 카메라를 잊고 온 경우를 대비하여 즉석 카메라를 구비해서 사진을 몇 장 찍어주도록 한다.

• 요리에 대한 칭찬 전달

고객의 기분을 파악하는 데 민감해야 하는 것처럼, 주방 종사원의 기분도 잘 파악해야 한다. 주방 종사원에게 음식에 대한 칭찬 등 좋은 말을 전해 준다면 결과적으로 고객에게 더 좋은 서비스를 제공하는 데 도움을 줄 것이다.

• 민첩한 움직임

이것은 소리없이 재빠르게 움직이라는 뜻이다. 좋은 서비스는 보이지 않는다. 홀이 매우 조용하다면 소란을 피우지 말아야 한다. 조금 자유스러운 분위기라면 조금 서둘러 움직인다. 분위기에 맞춰 서빙을 한다면 고객의 만족을 더하는 한편 서비스의 초점을 맞추는 좋은 방법이 된다.

• 특별한 날에의 초대

이와 같은 일은 고객과의 개인적인 연결고리를 만들어주는 기회가 된다. 예를 들면, 화요일에 있을 '립 스페셜 데이'에 초대해 본다. 이것은 단순히 "감사합니다. 또 오세요."라고 말하는 것보다 훨씬 효과적이다. 만일 고객이 초대에 응했다면 다음 방문시에 직접 서비스를 한다. 이러한 기회로 고객의 이름이나 그가 무엇을 좋아하는지도 쉽게 알아낼 수 있을 것이다.

▓ 무료제공 물품

사람들은 기다리는 동안 와인이나 음료 등을 제공받거나 지루함을 달래기 위해 신문이나 잡지 등 읽을거리를 제공받게 되면 기다리는 것에 덜 짜증스러울 것이며 레스토랑의 배려에 감사할 것이다. 무료 서비스의 제공은 다른 레스토랑과의 차별성을 높이고 홍보효과에도 도움이 된다.

- **대기 고객을 위한 애피타이저 제공**

  레스토랑에 좌석을 기다리는 고객들이 많이 있다면 간단한 애피타이저를 준비하여 기다리는 고객들에게 제공한다.

- **기타 무료 제공 품목**

  이외에도 무료로 제공할 수 있는 품목들을 생각해 본다. 테이블에 빵바구니가 준비된다면 빵과 곁들여 먹을 수 있는 구운 통마늘과 올리브 오일 등을 제공한다. 또는 디저트와 함께 커피를 무료 제공해 본다. 이것 또한 적은 비용으로 고객을 감동시키는 방법이 될 것이다.

- **시식**

  단골고객에게 레스토랑이 준비한 특별한 메뉴의 샘플이나 새로운 와인의 시음 등을 권하는 것도 좋은 방법이다. 단, 이와같은 시식을 권할 때에는 식욕을 자극할 정도로만 제공해야 한다.

- **무료 전화 설치**

  이것은 고객이 여행 계획을 변경한다든지, 친구와 연락을 한다거나 또는 복잡한 일을 처리하는 등에 있어서 큰 편리함을 제공할 수 있다. 이러한 서비스는 사실 거의 비용이 들지 않는 방법이면서도 레스토랑에 질 좋은 경쟁력을 갖추게 할 것이다.

- **새로운 메뉴 샘플 제공**

  다음 주에 새로운 메뉴를 출시하기로 되어 있다면 오늘 무료 샘플을 제공해 보는 것은 어떨까? 공짜로 무엇을 얻는 것처럼 고객이 좋아하는 일은 없으며 이 또한 경쟁자로부터 당신의 레스토랑을 차별화시킬 것이다.

• 엽서와 우표의 제공

관광객이 많이 오는 레스토랑을 운영하고 있다면 레스토랑 로고가 들어 있는 엽서를 바로 부칠 수 있도록 우표와 함께 제공해 본다. 이 방법도 비용이 많이 들지 않으면서 고객이 레스토랑에 좋은 감정을 가질 수 있게 하며 레스토랑을 전 세계에 선전할 수 있는 좋은 기회가 된다.

▣ 어린이 고객

레스토랑 경영자는 점점 더 어린이 고객의 중요성을 인식하고 있다. 어린이는 가족의 외식장소를 정하는 데 많은 영향을 미친다. 레스토랑에 대한 어린이와 그의 가족의 고객 충성도(customer loyalty)를 높이기 위해서는 어린이에게 친근한 환경을 만들어 주어야 한다. 서비스 종사원은 물론 매니저도 어린이에게 친근한 환경을 만들기 위해서 중요한 역할을 맡고 있다. 서비스 종사원에게 이 목적을 달성하는 데 적용할 수 있는 방법들을 제공해 주어야 한다. 다음의 제안들을 적용해 보자.

• 어린이를 위한 놀잇감 제공

크레파스나 어린이용 매트, 작은 장난감 등을 미리 준비하여 음식을 기다리는 동안 어린이들에게 제공한다.

• 신속한 음식제공 및 서비스

음식제공이 조금 지연될 경우 어린이가 뭔가 군것질할 만한 것과 음료수를 바로 서비스할 수 있도록 해야 한다. 물론 서비스 종사원들이 아기를 돌보는 사람들은 아니지만 부모들이 편안하게 식사를 할 수 있도록 또는 아이들이 즐거워할 수 있도록 최선을 다한다면 어린이를 포함한 성인 고객들 모두가 좋아할 것이다. 또한 어린이들이 소란을 피우지 않도록 주의를 기울이는 것은 다른 고객들이 편안하게 식사하도록 도와주는 데에도 도움을 줄 것이다.

- 서비스 종사원들은 부모들 뿐만 아니라 어린이와 대화할 수 있도록 훈련시킨다.
- 어린이용 의자를 넉넉히 준비하고 가능하다면 고객이 좌석에 안내되기 전에 미리 어린이용 의자를 준비해 놓는다.

레스토랑
운영
노하우

고용 & 해고

▨ 고용에 필요한 필수 정보

이익을 최대로 올릴 수 있는 종사원을 양성하는 첫 번째 단계는 처음부터
올바른 사람을 채용하는 것이다. 직무에 알맞은 사람을 고용함으로써 고용과정
및 훈련에 들어가는 비용 및 시간을 줄일 수 있다. 또한 이직률도 낮아지고 도덕
적인 문제 때문에 고민하는 것도 훨씬 줄어들 것이다. 특히 직원을 고용하는
데 있어서는 법적으로 많은 제약이 따른다. 따라서 고용을 진행하기 전에 알아
야 할 조직 내부의 규칙과 근로기준법 등 노동 관련법을 확인해 놓아야 한다.

▨ 응 시

모든 응시자들은 지원서를 작성하게 된다. 이 지원서는 응시자가 가지고 있
는 기술이나 경험에 대한 정보를 제공해 준다. 다음 몇 가지 기술은 응시과정을
유연하게 하는 데 도움을 줄 것이다.

• 지원서

모든 응시원서는 1년 동안 보관하도록 한다. 이것은 차후에 종사원을
모집할 때 새로운 종사원을 찾는 데 유용한 정보가 될 것이다. 구인광고
를 내기 전에 모아놓은 과거 응시원서들을 살펴본다면 뽑고자 하는 자리

에 알맞은 사람을 발견할 수도 있다.

• 추천자

응시원서에는 반드시 추천자 란을 만들고 이 정보를 활용한다. 응시원서에 나와 있는 두세 명의 추천자에게 응시자에 대한 사항을 전화로 확인한다면, 고용한 후 발생할 수 있는 문제점을 미리 피할 수 있다. 추천인에게 응시자가 전에 다니던 직장에서 어떤 일을 수행하고 얼마나 근무했는지, 또는 동료와 상사와의 관계는 원만했는지, 기회가 주어진다면 그 회사에서는 이 응시자를 다시 뽑을 마음이 있는지 등을 묻는다.

• 시험

응시과정 동안 직무와 관련되는 시험을 고려해 볼 수도 있다. 간단한 산수 문제를 출제할 수도 있고, 고객을 안내하고 서빙하는 방법의 실연(demonstration) 등을 요구할 수도 있다.

▣ 직무기술서

많은 레스토랑에서 직무기술서 없이 작업을 수행해 오고 있다. 그러나 직무기술서를 이용함으로써 레스토랑의 경영을 수월하게 만들어줄 뿐만 아니라 해고 소송이 일어났을 경우 소유주를 보호해 줄 수도 있다. 직무기술서에는 다음과 같은 내용이 포함된다.

• 직무기술서의 요소

- ■ 직무명
- ■ 감독자
- ■ 직무 요약
- ■ 임무(수행해야 할 임무의 개요)

> ■ 필요한 경험과 기술(요구되는 경력 연수, 수학능력, 교육정도 등)
> ■ 근무요건(수행해야 할 임무에 무거운 것 나르기가 포함된다든지, 에어콘이 설치된 곳에서 일해야 한다거나 또는 오래 서서 일하는 것 등이 이에 포함된다.)

● 직무기술서 사용 이유

직무기술서는 그 직무에 알맞은 사람을 채용하기 위한 것 이외에도 신입 종사원에게 어떤 일을 해야 하는지 명확하게 알려주며, 교육훈련을 위한 자료로 사용될 수도 있다. 앞서 말한 것처럼 잘못된 해고 소송에서도 중요한 자료가 될 수 있다. 또한 직원의 수행평가를 하는 데 있어서도 좋은 평가 기준이 된다.

● 서비스 종사원의 직무기술서의 예

직무기술서

직명 : 서비스 종사원
관리자 : 부지배인
직무설명 : 서비스 종사원의 주된 직무는 고객에게 적절한 시간에 시중을 드는 것이다. 서비스 종사원의 가장 중요한 직무는 다음과 같다.

직무
- 식사와 음료 주문
- 주문된 식사와 음료를 제시간에 고객에게 서빙
- 음식 시중
- 음료 리필
- 계산서 처리
- 테이블 청소
- 작업 시작시 테이블 세트업(소금·후추통 채우기, 실버웨어 및 리넨 세팅 포함)
- 그 외 직무 : 빵바구니 준비, 샐러드바 세팅, 바텐더 보조
- 서빙 지역 : 서빙에 필요한 물품 확보 및 정리

필수 기술과 자격
- 사교성이 풍부하고 명랑한 성격을 가진 사람
- 고객을 기쁘게 할 수 있는 사람
- 계산 기술을 가진 사람
- 레스토랑 근무 경험이 있는 사람
- 14kg 정도의 무게의 물건을 들 수 있고, 8시간 서 있을 수 있는 사람
- 팀 환경에서 일할 수 있는 사람

근무 조건 : 이 직위의 사람은 냉방시설을 갖춘 장소에서 일할 것이다. 이 직무는 장시간 서서 일하기, 무거운 짐 들기 및 운반, 걷기, 허리 구부리기 등의 동작을 필요로 한다.

▣ 면 접

지원서는 미래 종사원에 대한 기본적인 정보를 제공하는 반면, 면접은 지원서 이상으로 많은 정보를 줄 수 있다. 면접시에는 필기를 자제하고 대화를 하면서 응시자를 긴장하지 않고 편안하게 만드는데 초점을 맞춘다. 질문은 응시자가 자유롭게 대답할 수 있는 것으로 하고 진지한 반응을 살핀다. 면접시에 다른 종사원들을 참여시켜 면접관이 느낀 인상과 비교해 볼 수도 있다. 새로운 종사원을 고용할 때에는 교차 훈련이나 새로운 직무 기회를 적극적으로 받아들이는 사람을 찾는 것이 좋다. 따라서 기존에 해 보지 않았던 새로운 임무를 수행하는 것을 어떻게 생각하며 새로운 업무를 배운다면 어떤 업무를 배우고 싶은지 질문해 본다. 다음은 면접과정에서 도움이 될 만한 지침들이다.

• 면접시에 준비해야 할 것

일단 면접은 체계적으로 설계되어야 한다. 면접을 들어가기 전, 질문할 문항을 정리한다. 또한 응시자가 들어오기 전에 지원서를 꼼꼼히 읽어두어야 한다. 직무기술서, 근무시간, 임금, 레스토랑 규율 등 필요한 정보들이 준비되어 있어야 한다. 이와 같은 사항들에 대해서는 면접을 하면서

응시자와 의견을 나누어야 한다. 또한 합격여부는 언제까지 알려준다고 이야기해 주어야 한다. 면접을 끝내기 전 응시자에게 질문이 있는지 물어본다.

- **면접장소**

  면접은 조용한 장소가 좋다. 따라서 손님이 별로 없는 시간에 한적한 자리가 적당하다. 레스토랑 경영자나 매니저는 면접이나 지원서 접수시간을 바쁜 점심과 저녁을 피해 오후시간을 활용해야 하며 주위가 산만하지 않도록 만들어야 한다. 따라서 다른 종사원에게 면접을 방해하지 않도록 주의를 주고 핸드폰은 소지하지 않도록 한다.

- **관계 형성**

  면접은 굉장히 긴장되고 스트레스를 받는 일이다. 따라서 면접 초반에 가벼운 이야기로 응시자를 편안하게 만들어 주는 시간을 갖는다. 이것은 응시자의 긴장을 풀어주고 성공적인 면접을 하는 데 효과적이다.

- **첫인상**

  면접은 미래의 직원에 대한 첫인상을 받는 곳이다. 응시자가 무엇을 입고 왔는지 주목한다. 이것을 잘 관찰해야 하는 이유는 면접자가 그 응시자에 대해 느끼는 것처럼 그 응시자가 직원이 되었을 때 그 직원에 대해 고객이 받을 첫인상이기도 하기 때문이다. 약속시간을 잘 지키는가도 중요한 관건이다. 약속시간 정각에 또는 5분 전에 미리 와서 대기하고 있었는가? 차분해 보이는가? 지원서 작성에 필요한 모든 정보를 빠짐없이 준비해 왔는가? 등을 살펴보아야 한다.

• 서비스 종사원 고용시 살펴보아야 할 것

일단 서비스에 대한 열정을 살펴보아야 한다. 어떤 면에 있어서 서비스에 대한 열정은 과거의 서비스 경험보다도 더욱 중요한 것이다. 틀에 박히지 않은 다양한 경험을 가지고 있는 사람이 오히려 일을 하는 데 있어서 더욱 유연하게 대처할 수가 있다. 또한 사람을 대할 줄 아는 기술은 서비스 기술보다 더욱 중요하기도 하다. 서비스 기술은 쉽게 가르칠 수 있다. 응시자가 면접관의 눈을 똑바로 쳐다보는가? 응시자가 잘 웃는가? 응시자가 친근하고 온화해 보이는가, 아니면 냉담해 보이는가? 응시자의 몸짓은 무엇을 말해 주는가? 팔짱을 낀 채로 멀찍이 앉아 있다면 부정적인 신호로 볼 수 있다. 반면 의자를 바짝 끌어당겨 앞으로 앉았다면 흥미와 열의가 있는 사람이다. 서비스 종사자로서 판매를 잘할 수 있을 것 같은 개성을 가진 사람을 찾아야 한다.

• 면접시 묻고 싶은 질문들

일단 응시자의 경력부터 검토한다. 일할 시간에 맞춰 올 수 없는 이유가 있는지에 대해서도 물어야 하며 경험에 대해서는 자세히 물어야 한다. 예를 들면, 와인을 서빙해 보았는지, 한 번에 몇 테이블을 감당할 수 있는지, 샐러드는 만들어 보았는지 등이다. 또한 특별한 상황을 임의로 만들어 그럴 경우 대처 방법에 대해서도 질문할 수 있다. 즉 "손님의 주문에 의해 와인을 땄는데, 그 손님이 그 와인을 마시지 않겠다고 하면 어떻게 하겠습니까?", "복잡한 토요일 저녁, 다른 서비스 종사원이 아파서 못 오겠다는 전화를 해오고 샐러드를 담당하는 종사원이 보이지 않는다면 어떻게 하겠습니까?" 등의 질문을 던질 수 있다. 이러한 유형의 질문은 응시자가 가진 일에 대한 지식에 대해서 또는 힘든 상황에서 얼마나 일을 잘 처리할 수 있을지에 대한 정보를 알려줄 수 있다.

● **자유로운 대답이 가능한 질문들**

"전에 서비스 종사원으로 일해 본 적이 있습니까?"와 같이 어떤 질문들은 단지 "예", "아니오"로만 대답이 가능한 것들이 있다. 하지만 이와 같은 질문보다는 응시자가 자유로운 대답이 가능할 만한 질문을 하는 것이 좋다. 예를 들어, 응시자에게 예전에 하던 일에 대해서 좋았던 점이 무엇인지에 대해서 이야기해 보도록 하는 것 등이 바람직하다. 또한 면접시간의 80%는 면접관보다 응시자가 얘기할 수 있도록 해야 한다.

● **메모하기**

면접시에는 메모하는 습관을 갖도록 한다. 이와 같은 습관은 고용 결정에 있어서 여러 응시자들을 비교하는 데 도움을 줄 것이다.

● **패널 면접**

레스토랑에서는 일반적으로 매니저가 면접을 진행한다. 그러나 면접과정에 다른 사람들을 참가시키는 것도 좋은 방법이다. 새로운 서비스 종사원을 고용한다면, 서빙 캡틴(serving captain)을 면접할 때 참석시켜 본다. 면접관이 생각지도 못했던 중요한 질문을 할 수도 있을 것이다. 하지만 너무 많은 사람들을 참석시키는 것은 옳지 않다. 이것은 응시자에게 부담을 주고 긴장을 유발시킬 수 있기 때문이다.

● **재고용**

예전에 일하던 유능한 직원을 재고용하는 것도 고려해 볼 수 있다. 재고용을 함으로써 교육에 들어가는 시간과 비용을 절감할 수 있다. 하지만 재고용한 직원이라도 아무런 훈련도 없이 현장에 투입시키지는 말아야 한다. 재고용된 직원에게도 새로운 직원과 마찬가지로 정보와 적절한 양의 훈련을 제공해야 한다.

- **면접시 위험신호**

  면접과정에 근무시간, 복리후생, 임금, 직무 등에 너무 많은 관심을 갖는 응시자는 주의해야 한다. 너무 많은 관심을 보이는 사람은 실제로 일에는 별 관심이 없는 경우가 종종 있기 때문이다. 경력 중간에 오랫동안 일을 안했던 기간이 보인다면 그 사이에 무엇을 했는지도 물어봐야 한다. 아이들을 키우는 데 시간을 보냈다든가 하는 간단한 대답을 한다면 무엇인가 문제가 있었던 시기였을 경우가 있다.

- **팀워크를 위한 고용**

  고용을 할 때에는 남의 일을 적극적으로 도와줄 수 있는 사람을 찾고 싶어 한다. 이것은 궁극적으로 팀의 일원으로서 임무를 원활히 수행할 사람을 원한다고 말할 수 있다. 따라서 직원을 고용할 때에는 혼자 뛰는 사람보다는 남들과 잘 융화하는 기술이나 성격을 가진 사람을 고용하는 것이 바람직하다. 응시자에게 운동이나 다른 일에 팀의 일원으로 활동한 적이 있었는지 물어보는 것도 팀의 일원으로 적합한지 알아내는 좋은 질문이 될 것이다. 또한 과거에 동료들과 마찰이 있을 때 어떻게 해결했는지도 물을 수 있다.

- **팀원의 네 가지 성격 유형**

  보통 팀 환경에 적응을 잘 하는 네 가지 성격 유형이 있다. 최고의 팀은 이 네 가지의 역할을 할 수 있는 팀원들이 서로 조화를 이루는 팀을 말한다. 따라서 네 가지 성격유형과 그 역할을 이해해야 하며, 어떤 사람이 이러한 성격을 가지고 있는지 늘 주시해야 한다.

  ■ 공헌자(The contributor) : 어떤 분야의 전문가, 직무 중심적(task oriented)이며, 트레이너로서의 자질을 타고난 사람을 말한다. 이와 같은 사람은 주방의 리더나 세심한 종사원으로 적합하다.

- 협력자(The collaborator) : 목표 지향적이며, 남에게 도움을 주는 데 재빠른 사람으로 홀 담당 종사원에 적합하다.
- 연결자(The communicator) : 과정을 중시하는 사람으로 홀 매니저, 서비스 종사원, 안내 종사원 또는 좋은 트레이너가 될 수 있으며 문제해결을 위해서 경청하는 태도를 가지고 있다.
- 도전자(The challenger) : 어떤 일을 추진함에 있어서 팀이 더 좋은 방법을 찾아낼 수 있도록 허심탄회하게 도와주는 사람이다. 매우 원칙적이고, 반대 의견을 내거나 올바르지 않은 일에 제동을 걸 줄도 안다.

▨ 종사원 오리엔테이션

새롭게 고용된 모든 종사원들은 사업장과 직무에 대한 오리엔테이션을 받아야 한다. 레스토랑 경영주들은 대부분 종사원이 부족하거나 근시안적 견해에 의해서 오리엔테이션 없이 새로운 종사원들을 바로 일에 투입해 버린다. 오리엔테이션에는 다음과 같은 것들이 포함된다.

● 사내 견학

새로운 종사원에게 첫 번째로 할 일 중에 하나는 레스토랑을 견학시켜주는 것이다. 이를 통해서 그들이 어떤 파트에 속하게 될 것이며 어느 장소에서 일하게 되는지, 종사원으로서 꼭 알아두어야 할 장소는 어디인지 또는 휴게실이 어디인지 등을 알려줄 수 있다.

● 소개

새로 들어온 종사원을 기존의 종사원들에게 소개시키는 것도 매우 중요한 일이다. 소개할 때에는 새로운 종사원을 책임지고 돌봐줄 사람을 알려준다. 또한 누가 일하는 동안의 팀 리더이며 질문이 있을 때 물어볼 만한 사람이 누구인지도 알려준다.

- **입사 서류**

  입사 서류를 작성할 시간을 마련하는 것은 매우 바람직한 일이다. 입사 서류에는 세금, 인적사항(비상시 연락처 등 포함) 등에 관련된 서류가 포함된다.

- **오리엔테이션 준비물**

  오리엔테이션을 위한 설명책자를 준비할 때 다음과 같은 것들이 포함될 수 있다.

  - 작업 계획 결정 방법
  - 유니폼 착용 수칙
  - 복리후생
  - 직원급식에 대한 규칙
  - 비번일 경우, 고객으로서 레스토랑 이용시 식음료 이용 규정
  - 급여 주기 및 출퇴근 기록과정
  - 직무기술서
  - 안전사고 및 비상상황 계획
  - 메뉴와 와인 리스트
  - 비상연락망

■ 고용정보

그렇다면 어디에서 유능한 종사원을 구할 것인가? 지역신문에 구인광고를 내는 것을 가장 먼저 떠올릴 것이다. 그러나 이것이 종사원을 구하는 가장 좋은 방법은 될 수 없다. 다음과 같은 다른 방법들을 고려해 본다.

- **내부 승진**

  레스토랑 내부에서 승진을 시키는 것은 매우 좋은 방법이다. 내부 승진

방법은 종사원들에게 동기부여를 제공해 줄 수 있으며, 레스토랑의 입장에서도 훈련에 들어가는 비용을 줄일 수 있다. 왜냐하면 내부 승진자는 이미 레스토랑과 직위에 대한 어느 정도의 지식을 가지고 있기 때문이다. 외부에서 새로운 서비스 종사원을 고용하여 훈련하는 것보다는 기존의 시간제 종사원을 고용하여 훈련하는 것이 훨씬 쉽고 저렴한 방법이 될 것이다.

• 종사원의 추천

종사원에게 가까운 친지나 친구 중에 일을 구하고 있는 사람이 있는지 물어보아 추천을 받는다. 종사원들은 보통 일을 잘하지 못해서 자신까지 애를 먹일 친구는 추천하지 않기 때문에 이 방법도 새 종사원을 알아보는 좋은 방법이 될 것이다. 고용을 하는 데 도움을 준 종사원에게는 얼마의 보상금을 지급하도록 한다. 만약 종사원의 추천을 받아 들어온 직원이 일 년 이상 근무를 제대로 하고 있다면, 일년이 지난 후 추천한 종사원과 새로운 종사원 모두에게 보상을 하는 것도 좋은 방법이다.

• 오픈하우스 개최

새로운 종사원을 찾기 위한 오픈하우스를 개최한다. 이 방법은 특히 여러 분야의 종사원이 한꺼번에 필요할 때 효과적인 방법이다. 이 방법은 보통의 면접보다 일이 많겠지만 그만큼의 가치가 있다. 매니저나 다른 종사원들의 도움을 받아야 하며, 오픈하우스를 광고하는 것도 잊지 말아야 한다.

• 외부 고용

외식관련 박람회나 전시회도 좋은 구인 장소가 된다. 와인 테스팅, 음식축제, 고용박람회 등과 같은 구인을 위한 여러 가지 이벤트의 이용을 고려해 본다.

- **고객**

  일을 구하고 있는 단골고객이 있다면 정말 좋은 구인 원천이 아닐 수 없다. 단골고객으로서 벌써 레스토랑에 호감이 있기 때문에 그 레스토랑에서 일을 한다면 좋은 종사원이 될 수 있을 것이다.

- **관련 협회 및 웹사이트**

  많은 레스토랑 관련 웹사이트에 구직란이 마련되어 있다. 다음과 같은 사이트를 조사해 본다.

  > ■ 한국음식업중앙회(www.ekra.or.kr)
  > ■ 잡쿡(www.jobcook.com)

- **대학**

  많은 대학생들이 학교 가까운 곳에서의 시간제 근무처를 찾고 있다. 또한 많은 학교에서 식품, 조리, 외식경영 관련 프로그램을 제공하고 있다.

  > [4년제 대학교의 예]
  > ■ 경기대학교 www.kyonggi.ac.kr
  > ■ 경희대학교 www.khu.ac.kr
  > ■ 상명대학교 www.smu.ac.kr
  > ■ 세종대학교 www.sejong.ac.kr
  > ■ 숙명여자대학교 www.sookmyang.ac.kr

- **조리 관련 전문학원**

  전국에 있는 조리 관련 전문학원도 고려해 볼 수 있다.

  > [외국요리 전문학원의 예]
  > ■ 라퀴진 www.lacuisine.co.kr
  > ■ 르꼬르동블루 www.cordonbleu.co.kr
  > ■ 일꾸오꼬 www.ikuoco.co.kr

레스토랑
운영
노하우

4 서비스 종사원의 확보

▣ 이직률

외식업계는 유능한 종사원을 확보하기 어려운 산업분야의 하나이다. 높은 이직률은 종사원뿐만 아니라 고객에게도 좋은 일이 못된다. 이직률이 높기 때문에 늘 새로운 종사원들을 훈련시켜야 하므로 고객은 최고의 서비스를 받기가 어려우며 또한 종사원의 사기도 떨어질 수 있다. 높은 이직률을 보인다는 것은 이 문제를 해결하기 위한 연구·조사가 필요함을 의미한다. 그러나 이 문제를 해결하기 전에 일단 원인이 무엇인가를 알아내야 한다. 다음은 종사원을 확보할 수 있는 좋은 전략들이다.

● 모집

먼저 레스토랑에 적합한 종사원을 모집하는 것이다. 어떤 자료에 의해서 종사원을 모집할 것인가를 결정하기 전에 레스토랑의 어느 분야에 사람이 필요한가를 먼저 결정해야 한다. 고급 레스토랑을 운영하고 있고 숙련된 서비스 종사원이 필요하다면, 외식업계 관련 웹사이트, 구인서비스 업체, 종사원 추천, 외식관련 학교의 학생들을 눈여겨 볼 수 있다. 이와 같은 방법에 의해서 종사원을 구한다면 막연히 신문광고를 이용한 구인보다는 훨씬 숙련된 서비스 종사원을 구하는 데 도움이 될 것이다.

- **면접**

  면접시 응시자에게 해야 할 일에 대해서 자세히 설명하고, 직무에 대한 정보를 최대한 제공하는 반면 응시자에 대해서도 최대한 알아내야 한다. 지원서나 추천자를 확인하는 것도 잊지 않도록 한다.

- **교육·훈련**

  종사원이 일을 잘 해낼 수 있도록 필요한 도구들을 제공해야 한다. 종사원을 고용한 후 바로 일선에 투입하는 일은 없어야 하며 반드시 훈련을 거쳐야 한다. 항상 종사원들에게 어떤 일을 해야 하며 어떻게 일을 하기를 기대하고 있는지를 알려주어야 한다.

- **의사소통**

  서비스 종사원과의 의사소통 창구를 항상 열어놓아야 한다. 의사소통이 제대로 되지 않으면 종사원은 당황하는 일이 많아지고 일에 대한 불만족도 높아지며 서비스 질의 저하, 이직률 증가 등이 발생하게 된다. 훈련은 의사소통의 한 가지 방법이 될 수 있다. 이외에도 의사소통의 방법은 여러 가지가 있다. 예를 들면, 게시판에 중요한 소식이나 새로운 정보 등을 게시한다. 새로운 메뉴가 출시되었으면 메뉴에 대한 설명이나 사진 등을 붙여서 새로운 메뉴에 대한 종사원의 이해를 도와야 한다. 의사소통은 매일 이루어져야 하는 것이 원칙이며 건의함이나 제안서 등도 좋은 의사소통 창구가 될 수 있다.

- **퇴직 면접**

  종사원이 그만둘 때에도 퇴직 면접을 실시해야 한다. 퇴직 면접은 종사원이 그만두는 사유를 알 수 있게 하며, 레스토랑을 향상시키기 위한 방법을 모색하는 데에도 도움을 줄 것이다. 퇴직 면접은 공개되지 않는 조용한 장소에서 이루어져야 하며, 퇴직 면접시에는 다음과 같은 질문을 할 수 있다.

- 여기서 일하는 동안 좋았던 점과 좋지 못한 점은 무엇이었습니까?
- 당신이 나간 자리에 올 사람이 어떤 능력과 기술이 있어야 한다고 생각합니까?
- 우리는 당신에게 제공하지 않았지만 새로운 직장에서 당신에게 제공하는 것은 무엇입니까?

▣ 종사원 복리후생

종사원의 임금과 복리 후생면에 있어서는 외식업계의 평판은 그리 좋지 않은 편이다. 그러나 그러한 편견은 많이 바뀌어가고 있다. 많은 레스토랑에서 종사원들에게 다음과 같은 직무 보상들을 제공하기 시작했다.

● 법정 복리후생

경영주들은 종사원들에게 의무적으로 4대보험(국민연금, 건강보험, 고용보험, 산재보험)을 종사원들에게 제공해야 한다. 이와 같은 고용안정 보험에 관한 자세한 정보는 노동부(www.molab.go.kr)에서 정보를 얻을 수 있다. 종사원들에게 위와 같은 복리후생제도가 제공되고 있음을 분명히 알려줘야 하며, 새로 종사원을 고용할 때에도 위에서 언급한 고용안정 보험 이외에 레스토랑에서 제공되고 있는 복리후생제도를 알려주어야 한다.

● 그 외 제공할 수 있는 복지제도

그 외 제공할 수 있는 복지제도는 휴가, 병가, 유급휴가, 생명보험, 퇴직 정책 등이 포함된다. 이러한 복지제도의 제공은 비용이 많이 들 수 있지만, 좋은 종사원을 확보하는 데 매우 유용하다. 레스토랑의 손익계산서를 분석하여 가능한 범위 안에서 제공할 수 있는 복지제도들이 무엇인가 찾아보도록 한다.

- **휴가 및 병가의 제공 규칙**

  휴가나 병가를 제공하는 것은 일에 지친 직원들에게 활력을 줄 수 있는 좋은 방법이다. 이러한 휴가가 필요한 시기를 잘 관찰하고 휴가를 요구할 수 있는 규칙을 만들어야 한다.

- **퇴직 계획**

  대부분의 작은 규모의 레스토랑에서 퇴직 후의 생계 계획까지 직원에게 제공하기는 어렵다. 그러나 다른 방법으로 종사원 퇴직 후의 계획을 도울 수는 있을 것이다. 종사원에게 퇴직 후 생계 계획 세미나 등에 참석할 수 있는 비용을 제공하는 것도 한 방법이 될 수 있다. 또한 퇴직 계획을 위해 보험회사와 연결하여 종사원 개인 퇴직 계정을 가입하게 하고 종사원의 임금에서 원천징수될 수 있도록 편의를 제공한다.

▨ 인센티브

인센티브를 지급하는 것은 종사원들이 맡은 바 역할을 잘 해낸 것을 보여주는 또 하나의 중요한 방법이다. 인센티브는 또한 좋은 종사원을 확보할 수 있게 해주며 종사원의 동기부여에도 도움을 준다. 탁월한 직무 수행을 한 종사원에게 보상해 주도록 하며, 다음과 같은 인센티브 지급 방법을 생각해 볼 수 있다.

- **상여금**

  탁월하게 맡은 임무를 잘 수행해 낸 사람이나 팀 전체에 상여금을 지급하는 것을 고려해 본다. 상여금이 반드시 많을 필요는 없다. 얼마 되지 않는 돈이라도 "당신의 노고에 감사드립니다."라는 말과 함께 상여금이 지급된다면 그 효과는 오래갈 것이다.

• 급여 인상

급여 인상은 월등한 직무 수행을 한 사람에게 가장 좋은 방법이 된다. 매년 업무 평가를 실시하여 이를 임금 인상과 연결시키도록 해야 한다. 한 가지 주의해야 할 점은 개인 임금 인상에 신경 쓰다 팀의 목표를 망각하는 일은 없도록 해야 한다는 것이다.

• 승진

내부 승진의 규칙을 정하고 효과적으로 활용한다. 내부 승진에는 버써에서 서비스 종사원으로의 승진 등 한 직위에서 그보다 높은 직위로의 승진이 포함되어 있어야 한다. 이와 같은 내부 규칙에는 직위의 차이뿐 아니라 승진함으로써 부가되는 책임증가와 임금 인상 규정도 포함되어 있어야 한다. 또한 종사원 중에서 팀 리더를 번갈아 맡게 해 본다. 예를 들면, 서비스 종사원 중 가장 뛰어난 다섯 사람들로 하여금 새로 들어온 종사원을 훈련시키게 하고, 이때 훈련자에게는 훈련에 할애한 시간을 고려하여 부가적인 금전적 보상을 해주어야 한다.

■ 해 고

해고도 모든 산업분야에서는 어쩔 수 없이 일어나는 일이다. 레스토랑을 경영하는 동안 현재 같이 일하고 있는 종사원 중에서 언젠가는 해고해야 할 일이 생기기 마련이다. 해고 상황이 발생했을 때 항상 염두에 두어야 하는 문제들을 알아보도록 하겠다.

• 종사원 의지에 의한 고용 계약임을 명시

미국의 경우 종사원 핸드북에 종사원이 직접 서명한 자유의지 계약서 (employment-at-will statement)를 포함시키고 있다. 이 진술서는 기본적으로 고용인이나 종사원이 어느 때라도 고용 계약을 파기할 수 있다는 것을 말해 준다. 고용인만이 종사원을 어떤 이유에 의해서 해고할 수 있다는 말은 하지 말아야 한다. 이것은 법정에서 고용 보장으로서 해석될 수 있으며 법적인 상황에서 불리하게 작용할 수 있다.

• 레스토랑 규칙 활용

직무명세서를 작성하고 활용한다. 직무명세서를 활용함으로써 고용관계를 유지하기 위해서는 레스토랑이 종사원에게 어떤 일을 하기를 원하고 있는지 보여줄 수가 있다. 또한 정기적으로 종사원 평가를 하고 있다는 것도 확실시해야 한다.

• 징계절차 설정

종사원들이 징계절차가 있다는 것을 확실히 알 수 있도록 해야 한다. 특히 새로 들어온 종사원들에게는 오리엔테이션 시에 이에 대한 정보를 제공해 주어야 한다. 어떤 징계 규칙을 만드느냐 하는 것은 전적으로 경영하는 사람에게 달려 있지만, 일반적으로 여러 회사들에서는 혁신적인 징계 규칙을 사용하고 있다. 기본적으로 이 방법은 진보적인 조정 대책을 사용하는데 보통 매니저들이 종사원 스스로가 잘못된 행동을 바로잡기를 바라며, 그렇지 않을 경우 일반적으로 구두 경고 또는 상담, 서면경고, 직무정지, 해고의 4단계 징계절차를 거친다.

• 관련 문서 작성 및 보관

요즘과 같이 소송이 빈번한 때에는 누군가를 해고해야 하는 경우 그에 관련된 서류를 작성해 놓아야 한다. 징계절차를 고용자로서 취해야 할 행동의 기본으로 이용하고, 작성된 서류들은 종사원 개인정보 파일에 함께 보관되어야 한다.

• 해고

해고는 마지막 수단으로 사용한다. 즉 해고는 다른 방법을 모두 사용해 본 후에 이루어져야 한다. 문제가 있는 종사원이 있다면 일단 무엇이 문제 인지를 설명하고 개선할 수 있는 방법을 제의한다. 이후에도 결과가 나아지 지 않았다면, 서면으로 그 종사원에게 문제점을 알리고 그의 개인정보 파일 에도 해당 서류를 작성하여 함께 보관해야 한다. 그 후에 부적절한 행동이 계속되면 징계가 내려져야 하며 최후의 수단으로 해고를 해야 한다.

• 전문가적인 대처

한 사람을 해고시키는 일은 그 일을 감행해야 하는 사람의 기운을 빼는 일이며 당하는 사람에게도 정신적으로 큰 충격이 될 수 있다. 해고를 해 야 할 경우에는 해고 당하는 사람이 불필요하게 당황하는 일이 없도록 조용한 장소에서 진행되어야 한다. 특히 주의해야 할 것은 개인적인 감정 은 삼가야 한다. 또한 지나간 과오나 개인적 특성에 대한 논쟁도 없어야 한다. 차분하고 고용인으로서 왜 해고를 해야 하는지를 설명해야 한다.

• 해고 날짜의 확정

해고 날짜는 정확하게 계획되어 있어야 하며 종사원에게도 알려주어야 한다. 또한 유니폼 반납, 사용되지 않은 휴가나 미지불 임금 등 복리후생 과 금전적인 문제에 대해서도 의논이 이루어져야 한다. 다만, 가능하다면 생일날, 크리스마스 또는 특별한 날의 해고는 피해야 한다.

• 다른 종사원에게 해고 사실에 대한 공지

종사원을 해고시켰다면, 나머지 종사원들을 불러 왜 이런 일이 일어났 는지에 대해서 솔직히 설명해야 한다. 이것은 종사원의 결속을 다지는 데 도움을 줄 것이고, 쓸데없는 소문이 퍼지는 것을 방지하며 도덕적 문제를 일으키지 않도록 도와줄 것이다.

서비스 종사원의 교육·훈련

■ 교육·훈련 시기

훈련은 종사원을 발전시킬 수 있는 가장 중요한 단계일 것이다. 훈련 프로그램의 실행은 다소 시간이 걸리는 일이지만 이는 고객 응대를 한 단계 업그레이드시키고 결국 고객을 증가시킬 것이다. 고객만족의 증가는 곧 이익의 증가를 의미한다. 그러나 앞서 말한 것처럼 훈련은 시간이 걸리고 계획과 헌신이 필요하다. 그렇다면 훈련의 가장 적절한 시기는 언제일까?

• 신입 종사원 채용 후

새로 고용된 종사원은 항상 훈련이 요구되어진다. 어떤 사람이 다른 곳에서 20년 동안 서비스 종사원으로 일했다 하더라도 지금의 레스토랑에서 일한 것은 아니다. 따라서 레스토랑에서 기대하는 서비스를 수행할 수 있도록 새로 고용된 모든 종사원은 훈련을 받아야 한다.

• 고객만족도 조사 후

고객 설문지의 내용에 따라 재교육이 필요한 시점을 알 수도 있다. 만약 고객 설문지에 "오늘 우리를 서빙한 사람은 와인에 대해서 아는 것이 없어요."라는 내용이 계속 보인다면 이것은 와인에 대한 재교육이 필요한 시점이 될 것이다.

- **이직률 증가시**

  최근 들어, 종사원의 이직이 늘어나고 있는가? 이 시기도 또한 모든 종사원을 모아 일을 순조로이 진행시키기 위한 교육이 필요한 때일 것이다.

- **정기적 교육·훈련**

  레스토랑에는 모든 종사원이 참여하는 정기적 훈련이 마련되어 있어야한다. 매주 훈련을 실시한다는 것은 무리이며, 두 달에 한 번 혹은 분기에한 번 정도가 적당하다. 각 훈련시마다 필요한 모든 분야를 다 훈련하는것보다는 특별한 주제를 선택하는 것이 좋다.

- **교대시간 전**

  어느 레스토랑에서는 일이 시작되기 전 간단한 훈련시간을 갖는다. 이때의 훈련은 15분을 넘지 않으며, 이 시간에는 특별히 알아야 하거나 최근 문제가 되고 있는 것에 대한 정보 전달 등이 포함된다.

성공적인 훈련자의 조건

보통 레스토랑의 훈련에서는 경영주나 매니저 중의 한 사람이 중요한 역할을한다. 종사원 교육이나 훈련을 준비하면서 훈련자로서 지녀야 할 특성에 대해알아두도록 한다.

- **존경받기**

  종사원들이 리더를 존경한다면 사람을 따르는 데 있어서 훨씬 수월할것이다. 언행이 일치하지 않는다면 관리자가 무슨 말을 하든지 종사원들은 관리자를 존경하지 않을 것이다. 예를 들어, 서비스 종사원을 훈련한다면, 교육자가 올바른 방법으로 주문을 받고 테이블을 치우는 모습을 먼저 보여주도록 해야 할 것이다. 이렇게 한다면 종사원들은 교육자를 본보

기 삼아 성심껏 일할 것이며, 교육자로부터 얻는 정보들을 소홀히 하지
않을 것이다.

- **과거의 실수를 예로 사용**

  서비스 종사원에게 실제 발생했던 예를 들어주고, 다른 사람들로부터
  배우게 해야 한다. 만약 레스토랑에서 일어났던 일을 예로 들어준다면,
  실제 그 일에 책임이 있는 사람이 당황하는 일이 없도록 주의해야 한다.

- **실례의 사용**

  식품위생에 대한 이야기를 할 때마다 종사원들이 지루한 표정을 짓는다
  면, 예를 들어 설명하도록 한다. 인터넷을 활용하면 식중독 사고의 실례
  에 대한 정보를 얻을 수 있으며, 이러한 실제 상황을 종사원들에게 알려
  주도록 한다. 가능하다면, 다음 번 모임에서는 서비스 종사원이 직접 실
  례를 찾아와 이야기를 하도록 해 본다. 그 지식과 관련된 실례를 들어줌
  으로써 전달되는 지식을 더욱더 의미있게 만들 수 있을 것이다.

- **휴식시간 갖기**

  휴식시간 없이 50~60분 동안 훈련을 진행하지는 말아야 한다. 오랜 시
  간의 훈련은 사람들의 마음을 딴 곳으로 가게 하고, 몸도 지치게 만든다.
  휴식시간을 위하여 간단한 다과를 준비하는 것도 바람직하다.

- **교육 내용의 배분**

  훈련시간에 다루지 않는 내용을 훈련 교재에 넣는 것은 옳지 않으며,
  그 시간에 알아야 할 것만 정리해서 주는 것이 좋다. 만약 훈련 내용이
  많다면 여러 번의 훈련일정을 계획하는 것이 좋다. 또한 각 훈련시간에
  사용할 교재는 알아보기 쉽게 정리되어 있어야 한다.

- **실연과 반복**

  실연과 반복 등은 교육 내용을 기억하게 하는 데 도움을 준다.

- **피교육자의 자세**

  훈련을 진행할 때에는 여러 가지 형태의 학습 습득 자세가 있다는 것을 염두에 두어야 한다. 어떤 사람은 실제 적응 훈련을 통해서, 어떤 사람은 시청각 자료를 통해서, 또 어떤 사람은 경청을 하는 것만으로도 배우고자 하는 내용을 습득할 수 있다. 한 주제에 대하여 훈련을 실시할 때, 여러 가지 교육방법을 균형 있게 사용할 수 있도록 계획해야 한다. 즉 일정 시간 동안 강의를 하고 비디오를 시청하게 한다거나, 역할 연극이나 게임 등을 훈련에 이용할 수도 있다.

- **교육 · 훈련 정보**

  한국리더십센터 등에서는 '교육자를 위한 훈련' 과정을 제공하고 있다. 이 세미나에 관한 정보는 http://www.eklc.co.kr에서 얻을 수 있다.

신입 종사원

신입 종사원 교육 전, 업체에서는 먼저 목표로 하는 태도 변화나 행동 수준을 결정해야 한다. 보통 가지고 있던 습관을 버리고 새로운 행동에 적응하기 위해서는 21일 정도가 걸린다고 한다. 다음은 신입 종사원 훈련에 있어서 사용할 수 있는 실용적인 정보들이다.

- **훈련의 시작**

  고용 첫날 훈련을 시작한다. 이것은 신입 종사원이 들어온 첫날의 긴장을 줄일 수 있는 방법이다. 먼저 해야 할 일은 신입 종사원에게 레스토랑의 구석구석을 알려주고 기존 종사원들과 인사를 시키는 것이다.

● **팀워크와 협동심 구축**

신입 종사원 몇 명이 같이 시작하게 되었다면 소속부서가 다르더라도 함께 오리엔테이션을 시킨다. 이것은 동료의식을 함양하고 자신이 해야 하는 일이 다른 사람의 일과 어떻게 연관되는지를 알게 되는 계기가 될 것이다.

● **신입 종사원들과의 긴밀한 의사소통**

신입 종사원들이 모르는 것이 있으면 허심탄회하게 질문할 수 있도록 분위기를 조성해 주어야 한다. 처음에는 비전문적인 용어로 일의 과정을 설명해 주어야 한다. 오리엔테이션이 끝난 후 레스토랑에서 쓰는 약어들을 배울 기회는 얼마든지 있을 것이다.

● **일에 대한 확신 심어주기**

첫째 날, 예를 들면, 물병에 물을 채운다든지 빵 바구니를 채우는 것과 같이 실수가 자주 발생하지 않는 쉬운 업무를 맡겨 얼마든지 일을 할 수 있다는 자신감을 갖도록 해야 한다. 그들의 행동이 잘못되었을 경우에는 잘못을 꾸짖지 말고 더 나은 방법을 알려준다. 만약 신입 종사원이 쟁반에 물컵을 담아놓고 얼음 스쿠프로 물컵에 일일이 얼음을 채우고 있다면, "그렇게 하면 일이 지연되어서 어떻게 해!"하고 소리를 지르기보다는 플라스틱 피처에 제빙기의 얼음을 채워 와서 그것을 이용하여 물컵에 얼음을 채우는 것이 더 빠르다고 일러준다.

● **기존 종사원들이 훈련에 동참하도록 유도**

신입 종사원이 적어도 한 달 내지 두 달 동안 사표를 쓰지 않고 일을 잘 하고 있다면 그를 훈련시킨 훈련자에게 보너스나 상을 준다. 이와 같은 방법은 기존 종사원들이 훈련을 하는 데 있어서 동참하도록 유도하고 행동에 신경쓰면서 신입 종사원들에게 좋은 본보기를 보여주는데 도움이 될 것이다. 또한 신입 종사원은 주방에서 일정 시간을 보내도록 하여 생산의 흐름이나 어떻게 음식이 준비되는지, 음식의 맛은 어때야 하는지를 알 수 있도록 해야 하며, 적절한 시간조절의 감을 익힐 수 있도록 해야 한다.

• **조직 개요에 대한 이해**

신입 종사원에게 레스토랑의 개요를 알려주어야 한다. 신입 종사원이 들어오면 식기세척이나 버싱 등의 업무를 시작하여, 홀 및 주방을 포함한 각 부문별 업무를 경험할 수 있도록 해야 한다. 이와 같은 경험은 신입 종사원에게 조직 내 업무가 어떻게 상호작용을 하며 서로 어떤 영향을 미치는지 알 수 있게 한다. 이와 함께 다른 종사원들에게 교차 훈련을 시키는 것도 바람직하다. 이것은 바쁜 상황에서 누구나 다른 분야에서 일을 할 수 있다는 사실을 알려준다. 이것은 또한 종사원들에게 다른 분야의 경험을 쌓게 해주어 결국 훈련과 고용 비용을 줄이게 할 것이다. 나아가 고객도 보다 향상되고 한결같은 서비스를 받게 되어 결국은 고객에게 이익이 돌아가게 되는 것이다.

▨ 교육 · 훈련 방법

훈련 계획은 연간에 걸쳐 정기적으로 실시하여 서비스 종사원들이 알고 있는 지식이나 기술을 다시 상기할 수 있어야 한다. 예를 들어, 정기적인 훈련은 새로운 메뉴가 출시되었거나 레스토랑에 큰 변화가 생긴 경우에 특히 중요하다. 효과적인 교육이 되기 위해서는 짧은 시간 안에 이루어지는 것이 좋다. 즉 한 번에 90분을 넘지 말아야 하며 또한 주제도 서너 가지가 적당하다. 훈련을 받는 종사원들의 주의가 산만해지는 것을 줄이기 위해서는 근무시간대의 교육은 피하고, 오감을 자극하는 교육이 되도록 한다. 예를 들어, 여러 가지 색깔을 사용한 차트를 이용한다든가, 비디오상영, 훈련교재 및 작은 상품의 이용 등이 포함될 수 있다. 또한 주제에 알맞은 교육 매체나 방법을 고르되 한 번의 수업을 진행하는 동안 한 가지 교육 방법만을 사용하기보다는 여러 가지 방법을 병행하여 진행하는 것이 효과적이다. 효과적인 교육을 위해 다음과 같은 교육방법들을 사용해볼 수 있다.

- **역할연극**

  이것은 서비스 종사원의 기술을 연습해 보는 좋은 방법이 된다. 먼저 시나리오를 작성하여 작은 카드 등에 적어두고, 또한 극 중에서 이용할 수 있는 손님과의 대화도 준비해 놓는다. 이와 같은 준비는 수업의 맥을 끊지 않고 자연스럽게 진행할 수 있도록 도와준다. 역할극을 하는 동안 서비스 종사원에게 역할극에서 해야 할 중요한 행동 지침 등을 적어준다. 예를 들면, "손님의 이름을 기억하라", "메뉴 선택을 제안하라", "상향판매를 시도하라", "가재요리는 더 이상 준비되지 않는다고 설명하라" 등등이 될 수 있다. 그런 다음, 서비스 종사원과 고객을 연기할 종사원을 정하되 모든 사람이 돌아가면서 역할을 할 수 있도록 한다. 각 역할극이 끝나면 역할극에 참여하지 않은 종사원들에게 "어떤 것이 좋았다고 생각합니까? 더 좋은 방법이 있습니까?" 등의 질문을 해본다. 중요한 사항에 대한 의견이 나오지 않으면 질문 뒤 중요한 사항을 덧붙여 이야기해 준다. 놓치기 쉬운 부분을 감안하여 차트에 적어 놓는 것도 좋은 방법이다. 수업이 끝날 무렵, 중요한 점을 요약하고 "오늘 연습한 것을 토대로 앞으로 어떻게 할 수 있겠습니까?" 등의 질문을 한다. 이와 같은 역할극은 시간이 많이 할애되는 분기별, 연중 회의에서만 이용할 수 있는 것이 아니라, 가능하면 일을 시작하기 전의 짧은 시간이나 혹은 다른 회의에서 미니 역할극의 형태로 이용할 수 있다.

- **그림자 교육**

  그림자 교육에는 두 가지 방법이 있다. 첫 번째는 신입 종사원이 경험자를 따라다니는 것이고, 두 번째는 경험자가 신입 종사원을 따라다니는 것이다. 일반적으로 신입 종사원이 처음 들어온 며칠 동안 같은 시간대에 일하는 경험자를 따라다니게 하는 것은 좋은 방법이다. 신입 종사원이 경험자의 일을 어느 정도 배운 것으로 판단되면 역할을 바꾸게 할 수 있다. 이와 같이 경험자가 신입 종사원을 따라다니며 일을 가르쳐 주는 기간은 2개월에서 12개월까지 때에 따라 다양하게 설정할 수 있다.

- **교차 훈련**

  교차 훈련은 기존의 종사원을 훈련시키는 좋은 방법이다. 교차 훈련은 사람들에게 다른 분야의 종사원이 가질 수 있는 문제점을 체험할 수 있게 한다. 결과적으로 레스토랑이 좀더 효율적으로 운영될 수 있으며 고객들도 더 나은 서비스를 받게될 것이다. 교차 훈련을 실시하기 전 계획을 세우고 그 계획을 알려야 한다. 서비스 종사원으로 하여금 두 번 정도의 교대시간을 조리사와 함께 일하도록 하고, 그 다음 두 번 정도의 근무시간에는 버싱이나 안내 종사원의 역할을 하도록 한다. 이 훈련은 비용 효과가 매우 큰 방법이다.

- **강의**

  훈련이나 교육 중에는 이론 강의가 필요한 것들이 있다. 식품위생이나 응급처치 등에 관한 교육을 할 때에는 그 분야의 전문가로 하여금 강의를 하게 하는 것이 바람직하다. 강의실은 근처의 대학이나 직업학교 등에서 빌릴 수 있을 것이다. 또한 많은 서비스교육 전문기관에서 고객응대 및 까다로운 고객 서빙방법 등에 대해서 1일 세미나의 형식으로 강의를 제공하는 경우가 많이 있다.

● **비디오 시청**

예를 들어, 한국외식정보(http://info.foodbank.co.kr)에서는 음식서비스 교육을 주제로 한 접객서비스 관련 비디오를 판매하고 있다. 비디오는 정기교육시간을 충실하게 만들어 줄 수 있는 좋은 방법이 되므로 수업시간 내내 강의를 하는 것보다는 관련 비디오를 시청할 수 있는 시간을 활용해 본다.

● **컴퓨터를 이용한 훈련**

다른 산업분야와 마찬가지로 외식업계에서도 교육이나 훈련 과정을 온라인이나 CD를 이용하여 제공할 수도 있다. 이와 같은 교육방법의 장점은 본인의 능력에 맞게 교육 속도를 조절할 수 있으며 비용을 절감할 수 있다는 것이다.

● **게임**

게임을 이용하면 훈련이 매우 흥미로워질 수 있다. 예를 들면, 메뉴 교육에 있어서 제스처 게임을 이용할 수 있다. 서비스 종사원을 두 팀으로 나누고 메뉴 이름이 적힌 카드를 준비한 다음, 각 팀의 한 사람이 메뉴를 고르고 나머지 사람들은 뽑은 메뉴를 맞추는 것으로, 답을 맞추기 위해서 메뉴를 고른 사람이 다른 팀원들에게 메뉴를 설명한다. 만약 뽑은 메뉴가 '새우 칵테일'이었다면, 메뉴를 설명하는 사람은 "이것은 토마토를 기본으로 한 소스와 같이 서빙됩니다."라고 설명할 수 있다. 제한시간을 설정하고 가장 빨리 맞춘 종사원에게 작은 상을 준다.

● **전문 교육자**

종사원의 교육을 위해서 전문 교육자를 고용할 수도 있다. 외식·급식 전문 교육자는 종사원을 향상시킴으로써 서비스뿐만 아니라 경영 전반을 발전시킬 수 있다. 이와 같은 전문 교육자는 관련 협회나 대학을 통하여 접촉할 수 있을 것이다.

▣ 교육 훈련 매뉴얼

모든 종사원들에게 교육 훈련 매뉴얼을 제공해야 한다. 매뉴얼에는 직무에 대한 자세한 내용뿐만 아니라 레스토랑 전반에 걸친 정보도 같이 포함되어 있어야 한다. 특히 신입 종사원에게는 입사 후 빠른 시일 내에 교육훈련 매뉴얼을 전달해야 하며, 그 내용을 읽고 충분히 이해했다는 서류에 서명을 받아 인사기록에 같이 보관해 둔다. 또한 교육 훈련 매뉴얼의 사본을 준비하여 일을 하는 동안에도 이용할 수 있도록 한다. 서비스 종사원을 위한 교육 훈련 매뉴얼에는 다음과 같은 내용이 포함되어야 한다.

- 레스토랑 규칙
- 안전사고 계획
- 직무명세서
- 작업계획 과정
- 복장 및 유니폼 규칙
- 복리후생 및 임금 정보
- 직원식 규율
- 팁 보고 과정
- 출퇴근 관리 과정
- 주문서 책임사항
- 세트업 과정
- 메뉴 및 각 메뉴에 대한 설명, 음료와 와인 리스트
- 고객이 자주 묻는 질문 및 응답
- 특별 식이 준비에 대한 정보
- 고객응대 방법

- 주문 접수방법
- 표준주문서 약어
- 테이블 및 구역 번호
- 주문서 작성방법
- up-sell 방법과 메뉴 제안방법
- 주방에의 주문 전달방법
- 바(바)에의 주문 전달방법
- 서비스 규정
- 고객 상대의 재확인 과정
- 올바른 식기운반 과정
- 폐점 및 영업 종료 과정
- 다음 교대근무를 위한 구역 정비
- 교대 서비스 종사원에게 고객서비스 인계방법
- 다음 교대를 위한 물품 비축방법
- 청소 책임

▨ 효과적인 종사원 회의

대부분의 종사원 회의는 종사원들을 격려하는 것과는 거리가 멀다. 보통 종사원 회의는 종사원들의 사기와 에너지를 저하시키기고 종사원들로 하여금 자신들의 작업 수행이 원활하지 않다고 느끼게 하기 쉽다. 그렇다면 어떻게 새로운 정보와 팀 정신을 종사원에게 골고루 전달할 수 있을까? 또 어떻게 하면 고객을 기쁘게 하기 위한 방법에 대해서 이야기 할 때 종사원들을 즐겁게 만들 수 있을까? 방법은 효과적인 종사원 회의를 준비해야 하는 것이다. 종사원 회의를 계획할 때에는 다음과 같은 사항을 염두에 둔다.

• 쌍방향 대화

효과적인 회의란 단지 사람들을 모아 정보만을 전달해 주는 것이 아니다. 근본적으로 효과적인 회의는 전체적으로 긍정적인 느낌을 받을 수 있도록 준비해야 하고, 다음과 같은 세 가지 주요 목적을 가지고 있다.

- 긍정적인 그룹 감정 유발
- 대화의 시작
- 교육 훈련

• 긍정적 그룹 감정

이것은 종사원들에게 공통적으로 가지고 있어야 할 것들을 발견하게 하고, 개인으로서 임무수행만이 아니라 함께 일을 한다는 것에 대해서 생각을 하도록 도와준다. 긍정적인 감정을 키우기 위해서는 좋은 소식은 함께 나눠야 한다. 종사원 회의는 개인적 혹은 그룹의 부족한 점을 밝히기에 좋은 자리는 아니다. 혹시 이야기할 만한 것이 없어 찾는 데 어려움이 있더라도 긍정적인 점을 찾아내어 그에 대한 이야기를 하는 것이 좋다. 이것은 협동심을 일으키고 대화를 이끌어내는 데 좋은 방법이 될 것이다.

• 대화

좋은 대화란 사람들을 하나로 묶을 수 있고 생각을 자유롭게 교환하며, 종사원으로 하여금 그들이 진실로 레스토랑의 일부임을 느끼게 해주는 것이다. 경영주나 매니저는 종사원으로부터 배우는 것이 있을 것이고, 종사원들도 경영주나 매니저로부터 배우는 것이 있을 것이다.

이와 같은 생각의 흐름을 허락하는 것은 '우리 또는 남'이라는 생각을 줄이거나 없애줄 수 있을 것이다. 모든 사람이 같은 팀의 일원이라고 느낀다면 서비스는 향상될 것이고 생산성과 이익도 증가할 것이다.

● **교육·훈련**

좋은 종사원 회의는 좀더 나은 직무 수행을 하기 위해서 아이디어가 오가고, 서비스 종사원에게 좋은 정보를 얻는 기회가 되고 서로에게 배울 수 있는 자리이다. 종사원 멤버들은 본능적으로 무엇인가 해야 한다는 것을 알고 있다. 종사원에게 일에 대한 생각을 서로 나눌 수 있게 분위기를 만들어 주는 것은 종사원 회의를 좋은 아이디어를 토론하는 공개토론회로 만들 수 있으며 종사원의 교육 수준을 높여줄 것이다.

● **동료의식**

종사원 회의를 순조롭게 진행할 수 있다는 것은 종사원 사이에 동료의식이 있다는 것으로 해석될 수 있다. 종사원들은 단지 경영에 필요한 지시를 받고 정보를 전달하는 역할만 하지는 않는다. 그들은 자신의 의견이 중요하게 받아들여진다는 것을 인식하고 있기 때문에 어떻게 하면 경영을 향상시킬 수 있는지에 대해서도 관심을 가질 것이다. 종사원들이 경영주 어깨에 걸쳐 있는 무거운 짐을 나눠 가지려고 하고, 좀더 나은 레스토랑 경영을 위해 도움을 주기 때문에 경영주도 더욱 효과적으로 일을 할 수 있게 된다.

▣ 작업 전 회의

매일 각 작업 전에 종사원 회의를 갖는 것은 매우 바람직한 일이다. 만약 작업 전 종사원 회의를 자주 취소한다면, 그것은 종사원들에게 회의가 중요하지 않으며 종사원의 의견도 별로 중요하게 여겨지지 않는다는 것을 말해 주는 것이다. 회의를 각자에게 그날의 임무를 부여하는 기회로, 또한 모든 사람이 참여할 수 있도록 격려하는 기회로 만들어야 한다. 작업 전 회의의 효과를 높이기 위하여 회의에 상사를 참여시켜 본다. 효과적인 작업 전 회의는 15분 이상을 넘기지 말아야 하며, 이 이상 더 길어지면 사람들의 주의력이 떨어지고 만다. 길다고 해서 전하고자 하는 정보가 모두 전달되는 것은 아니다. 정각에 시작하고 정각에 마쳐야 한다. 회의 시에는 주방 종사원도 참가시킨다. 이것은 서비스 종사원에게 오늘의 요리를 맛볼 수 있는 기회를 제공하고 주방 종사원은 오늘의 요리에 대한 설명을 서비스 종사원에게 할 수 있는 자리가 될 수 있다. 또한 지난 회의에서 중요한 사항을 다시 검토하는 시간을 갖도록 한다. 고객의 편지를 읽는다거나 직무태도가 좋은 종사원을 칭찬하고, 팀의 수행도를 평가하는 것도 좋은 방법이다. 또한 서비스 종사원들에게는 이 시간이 돈을 벌 수 있는 시간이라는 것을 명심하여 그들의 시간을 빼앗지 않도록 해야 한다. 다음은 10~15분 정도의 작업 전 회의에서 사용할 수 있는 회의 계획이다.

- **준비**

  회의를 시작하기 전, 회의를 어떻게 진행시킬 것인지에 대한 결정이 되어 있어야 한다. 종사원을 직무를 잘 수행해 낸 헌신적인 집단으로 보는가, 아니면 시스템을 망치는 게으름뱅이 집단으로 보는가? 수행능력을 칭찬해 주고 더욱 격려해 주는 방법을 찾고 있는가, 아니면 사람들의 실수를 벌주려 하고 있는가? 종사원들은 관리자가 무엇을 하려든지 간에 그것을 느낄 수 있다. 관리자의 행동은 직접적으로 그들의 행동에 영향을 줄 것이다. 사람들의 장점을 키우는 데 집중하고 활기 넘치는 종사원 회의가 되도록 노력한다.

- **좋은 소식, 1~2분**

  잘 돌아가고 있는 일들을 인정하고 좋은 분위기를 만들도록 한다. 종사원이 잘한 일이나 고객을 기쁘게 한 일들을 찾아내어 칭찬하고, 소식을 전해 준 종사원에게도 진심으로 감사해야 한다.

- **일상적인 소식, 2~3분**

  오늘 있을 특별한 일이나 이벤트에 대해서 간략하게 설명한다.

- **종사원에게의 질문, 5분**

  이것은 회의에 있어서 가장 중요한 부분이다. 이 시간은 실제로 레스토랑에 무슨 일이 일어나고 있는지 알 수 있는 기회가 된다. 이때에는 경청을 해야 하며 개인의 의견으로 종사원이 이야기를 할 때 방해하지 말아야 하며, 어떤 의견에도 판단을 내리지 말아야 한다. 그저 의견을 나눌 수 있는 기회를 주어야 한다. 서로에게 터놓고 대화를 할 수 있고 배울 수 있는 공간을 마련해 주어야 한다. 매니저가 얼마나 경청하는가가 종사원이 얼마나 진지하게 의견을 내놓을 수 있느냐에 직접적인 영향을 미친다. 따라서 종사원들이 문제의 핵심을 알고 그에 대한 의견을 제시할 수 있도록 만들어야 한다. 만약 수줍은 사람들이 많다면 다음과 같은 질문을 해보자. 관리자들이 어떤 일을 지원해 주면 좋을까요? 어떤 일이 힘드나요? 어디에 문제가 있나요? 고객의 어떤 질문들에 대답하기가 어려운가요? 이와 같은 질문들에 대답이 나오기 시작했다면 그 이야기를 막는 것은 매우 힘이 들 것이며, 이것은 매우 좋은 현상이다. 이것은 직원들이 뭔가 할 말이 있다는 것이고 관리자에게는 이득이 된다. 말한 사람의 의견에 대해서 같은 생각을 가지고 있는지를 다른 종사원들에게 물어보는 것은 단체 감정이 있는지를 알아볼 수 있고 문제에 대한 비중을 가늠하는 좋은 방법이 될 것이다.

- **교육·훈련 : 마지막 소식, 3~5분**

  종사원의 의견 발언이 계속된다면, 5분 정도 후에는 마칠 수 있도록 해야 한다. 종사원이 매니저에게 무엇인가를 배우는 것은 매우 중요하지만, 매니저가 그들로부터 배우는 것은 더욱 중요하다. 더군다나 종사원이 매니저가 그들의 의견을 매우 경청해서 듣는 것을 알고 있다면, 매니저로부터 무언가 배우는 것에 적극적일 것이다. 이 시간을 일하는 시간 동안 종사원이 중점을 두어야 할 점, 메뉴에 대한 자세한 지식, 또는 이루어야 할 일에 대한 교육훈련을 하는 시간으로 활용해야 한다. 훈련 중 집중은 매우 중요하다. 회의가 얼마나 계속될지를 이야기해 주면 사람들은 집중할 수 있을 것이다. 약속했던 시간이 지나면, 사람들의 주의는 흐트러지고 당신에 대한 믿음도 줄어들 것이다.

▓ 개인 규약 및 사칙 서류작성

회사의 규모에 상관없이, 문서로 된 사규가 필요하다. 종사원 지침서 등은 신입 종사원들이 사칙이나 과정을 익히는 데 사용될 수 있으며, 또한 인사관리의 지침으로도 사용된다. 공식적으로 작성된 규약서는 문제의 소지를 없애주고, 오해를 방지해 주며, 빈번히 물어오는 질문들에 대한 대답이 되므로 시간을 줄여주고, 또한 종사원들에게 매니저를 더욱 전문가답게 보이게 한다. 사규에 대한 설명은 종사원의 생산성을 높이고 이직률을 감소시킨다고 증명되고 있다. 다음은 사규에 관해 알아두어야 할 점이다.

• 법적 분쟁

불충분한 사규와 이에 대한 불충분한 의사소통은 근무지에서 발생하는 법적 분쟁에 중요한 요소가 된다. 기본적인 규칙을 제대로 전달하지 못하는 것은 법적 판정에서 큰 비용 손실을 가져오고 있다. 단지 자신의 행동이 사규에 어긋난 것인지 몰랐다고 하는 것은 해고된 종사원의 효과적인 방어방법이 되고 있다. 가장 중요한 것은 사규를 알고 있고 그 안의 내용을 이해했으며, 규칙을 따르겠다고 하는 서명을 받아놓는 것이다.

6 교육·훈련 주제

▣ 트레이 운반

트레이 운반은 서비스 종사원의 업무 중 많은 비중을 차지하고 있으며, 여기에도 옳고 그른 방향이 있다. 쟁반으로 음식을 나르다가 바닥에 쏟은 일이 있다면 이 말에 공감을 할 것이다. 서비스 종사원이 쟁반을 높이 치켜들고 서빙을위해 가고 있다면 주요리는 오른쪽으로, 사이드메뉴는 왼쪽으로 서빙되어야 하는 것을 꼭 기억하도록 해야 한다.

• 트레이

서비스 종사원이 큰 트레이를 나르고 있다면, 트레이잭(tray jack) 위에음식 트레이를 놓고 서빙을 해야 한다. 손으로 작은 쟁반을 들고 서빙하는 것은 가능하지만, 큰 쟁반을 한 손에 들고 다른 손으로 서빙하는 것은매우 위험한 일이다. 다른 대안으로 바쁘지 않은 서비스 종사원들이 있다면, 보조 역할을 하여 쟁반을 들고 있고 주 서비스 종사원으로 하여금 고객들에게 서빙을 할 수 있도록 도와주게 하는 것이다.

• 무거운 트레이

음식을 가득 얹은 무거운 쟁반을 나를 때에는 될 수 있으면 쟁반을 몸에 밀착시켜 균형을 유지하도록 한다. 또한 쟁반 위의 음식들이 균형있게 담겨있는지 확인하도록 한다. 고객에게 서빙되는 음식이 담긴 접시들은 절대 겹쳐져 있으면 안 되며, 필요하다면 쟁반을 따로 받쳐 사용해야 한다.

● 칵테일 트레이

칵테일 트레이에 칵테일을 담을 때에는 제일 무거운 것을 쟁반 중앙에 놓아 균형을 유지해야 한다. 컵의 손잡이는 쟁반의 바깥쪽을 향하게 올려서 서빙 시에 서비스 종사원이 쉽게 서빙할 수 있도록 해야 한다.

● 맨손과 팔을 이용한 서비스

많은 서비스 종사원들이 음식이나 음료를 쟁반 없이 나르는 경우가 있다. 이 경우는 주문한 음식이 소량이어서 한 번에 서빙될 수 있을 때에만 이용해야 한다. 주문한 음식이 많아 쟁반 없이 음식을 두 번 이상 날라야 할 경우에는 꼭 쟁반을 사용해야 한다. 서비스 종사원은 접시 네 개(오른손에 세 접시, 왼손에 한 접시), 세 개의 와인잔이나 두 개의 컵과 작은 접시(saucer)들을 한 번에 나를 수 있어야 한다.

● 버싱(Bussing)

서비스 종사원은 다 먹은 음식 접시를 치우기 위해서 빈 접시들을 질서 정연하게 쌓을 수 있어야 한다. 홀에서는 가능하면 조용하게 접시를 치워야 하며 더 나아가서 남은 음식을 한 접시에 모으는 것을 삼가도록 해야 한다. 이것은 고객들의 입맛을 떨어뜨릴 수 있으므로 고객이 보지 않는 곳에서 하도록 한다.

▣ 주문받기

신입 서비스 종사원은 테이블 서비스를 하기 전에 주문받는 방법을 제대로 알고 있는지 확인해야 한다. 테이블 서비스를 하는 방법은 역할극, 연습 또는 그림자 교육 방법(shadowing)으로 쉽게 가르칠 수 있다. 서비스 종사원들이 실제로 서빙을 하기 전에, 매니저가 손님 역할을 하여 최종시험을 치르게 하는 방법도 있을 수 있다. 이것은 서비스 종사원이 적절한 방법으로 주문을 받는지 확인할 수 있는 기회가 될 것이다. 다음은 테이블 서비스 방법에 대한 유용한 지침들이다.

- **테이블 접근**

    고객들이 테이블에 앉으면 서비스 종사원들은 빠른 시간 내에 테이블로 가야 한다. 이때가 고객들이 서비스 종사원을 느끼는 첫인상이 된다. 서비스 종사원들은 능숙하고 말끔하게 보일 수 있도록 해야 한다. 입고 있는 옷은 다림질이 되어 있어야 하고, 셔츠의 단추는 단정히 채워져 있어야 하며, 걸치고 있는 에이프런도 깨끗해야 한다. 서비스 종사원은 웃음을 지으며 고객과 눈을 맞추어야 하며 자신의 이름을 밝히면서 친절하게 인사해야 한다. 버써 또는 안내 종사원은 서비스 종사원이 위와 같은 행동을 하기 전에 테이블에 물을 먼저 서빙해 놓아야 한다.

- **음료 주문받기**

    서비스 종사원이 테이블에 처음 갈 때에는 먼저 음료를 원하는 고객이 있는지 물어보아야 한다. 서비스 종사원은 레스토랑에서 판매하고 있는 음료나 맥주 등에 관한 정보를 고객에게 제공하거나 권유를 할 수 있으며 이를 위해서 음료에 관한 전문용어를 잘 알고 있어야 한다. 또한 음료를 주문받는 시간은 그날의 특별 요리에 대한 설명을 하기에도 좋은 기회이다.

- **음료 서빙**

    음료는 주문받은 즉시 서빙되어야 한다. 음료수 컵 밑에는 반드시 칵테일 냅킨을 받치도록 해야 한다. 음료를 서빙하면서 고객들에게 주문을 하겠는지 물어볼 수 있으며 주문할 것이 아직 결정되지 않았다면, 조금 시간을 두고 다시 주문 여부를 물어보아야 한다. 서비스 종사원들은 테이블에서 주문이 결정되었는지를 판단할 수 있는 실마리를 찾을 수 있어야 하는데, 가장 명백한 실마리는 모든 사람이 메뉴판을 덮어놓았을 때이다.

• 음식 주문받기

일반적으로, 테이블에 여성이 있을 경우에는 먼저 주문을 받는 것이 예의이다. 만약 어린이들이 같이 있다면 어린이들부터 주문을 받는 것이 좋다. 다시 말하지만, 어떤 경우라도 테이블에서 힌트를 얻어야 한다. 만약 여성 고객이 메뉴를 정하지 못한 것 같은 경우, 서비스 종사원이 먼저 주문을 받으려고 하면 그것은 여성 고객을 매우 불편하게 만드는 일이다. 이럴 경우에는 다른 사람부터 먼저 주문을 받도록 하고 여성 고객에게는 나중에 주문을 받는 것이 좋다. 이 때, 서비스 종사원은 메뉴에 대한 지식을 가지고 있어야 하며, 준비되는 메뉴 아이템에 대한 어떠한 고객의 질문에라도 대답할 수 있도록 준비가 되어 있어야 한다. 고객이 메뉴를 결정하고 있지 못할 때에는 먼저 제안을 하는 것도 좋을 것이다.

• 음식 서빙

서비스 종사원들은 음식은 고객의 오른쪽에서 서빙되어야 하며, 다 먹은 접시는 왼쪽에서부터 치워져야 한다는 것과 접시를 만질 때에는 접시 가장자리만 만져야 하는 것도 알고 있어야 한다. 만약 고객이 종사원의 손가락이 으깬 감자에 닿아 있는 것을 보았다면 기분이 좋지는 않을 것이다. 또 한 가지는 같은 테이블에 앉은 고객들의 음식이 동시에 서빙되어야 한다. 그리고 음식 접시가 뜨거울 경우에는 고객에게 뜨겁다고 주의를 주는 것도 잊지 말아야 한다.

- **테이블 확인**

  서빙이 끝난 다음에는 2~3분 후에 다시 테이블로 돌아가 확인하는 작업이 필요하다. 만약 문제가 있다면 즉시 문제를 해결해야 하며, 실수로 인하여 고객이 불쾌감을 느끼게 하거나 화나게 해서는 안 된다.

- **디저트**

  주요리 접시가 치워지고 그 후에 더 이상 나올 것이 없을 때에는 고객들이 디저트나 식후 음료를 원하는지 물어보아야 하고 고객에게 보여줄 수 있는 디저트 메뉴나 디저트 트레이를 준비해 놓는 것이 좋다. 만일 테이블의 고객들이 배가 불러한다면 같이 나눠먹을 수 있는 디저트를 제안하는 것도 좋은 방법이다.

- **계산서**

  테이블의 식사가 완전히 끝나고 고객들이 갈 준비를 모두 마친 후, 계산서를 요구한다면 서비스 종사원은 즉시 계산서를 가지고 가야 한다. 이 때 종사원이 레스토랑의 지불방법을 설명하는 것도 좋은 방법이다. 서비스 종사원은 "다 준비가 되시면 제가 계산해 드리겠으니 다시 불러주십시오."라고 이야기한다.

- **인사**

  한 테이블의 고객들이 떠나려고 할 때 서비스 종사원이 인사를 하는 것은 고객들에게 친절한 느낌이 들게 한다. 결국 고객들은 그 레스토랑을 다시 방문하고 싶은 곳으로 기억할 것이다.

- **여러 테이블을 동시에 서빙하기**

  서비스 종사원이 한 테이블을 서빙하는 것에 익숙해진 후에는 여러 테이블을 동시에 서빙하는 것을 배워야 한다. 세 테이블을 동시에 서빙해야한다고 하자. 두 테이블은 한 번에 고객들이 앉도록 할 수 있다. 서비스종사원은 이 두 테이블에 물도 동시에 가져간다. 그 다음에 각 테이블에서 음료 주문을 받는다. 음료 서빙을 하기 위해 테이블로 왔을 때, 호스트가 세 번째 테이블에 고객을 앉히고 있다. 서비스 종사원은 처음 들어온두 테이블을 주시해야 하고 주문할 준비가 되었는지 살펴야 한다. 주문할준비가 되었으면 두 테이블에서 주문을 받고, 주방으로 가는 길에 세 번째 테이블에서 음료 주문을 받는다. 그 다음 테이블 1과 2의 주문을 주방에 알린다. 그 후에 테이블 3의 음료를 가져오고 주문을 받을 수 있는지살펴본다. 서비스 종사원은 세 테이블을 서빙하는 데 곤란을 겪을 것으로판단되면 즉시 호스트/호스티스 또는 버써에게 도움을 청해야 한다. 보통여러 테이블을 동시에 서빙하는 것은 4~5 테이블로 제한하는 것이 좋다.이 이상 서빙하도록 하면 질 좋은 서비스가 불가능하게 되기 때문이다.

▨ 전자 주문 시스템

최근 들어, 많은 레스토랑들이 '전자 계산 시스템 : Electronic Guest Check System' 또는 '무선 웨이터 : Wireless Waiter' 등의 컴퓨터 시스템을 사용하고 있다. 서비스 종사원이 팜탑(Palm Top)을 들고 다니며 터치스크린에 주문을 받으면 각 주문이 입력되고, 이 정보는 실시간으로 주방으로 전해져 주문한내용이 출력되며, 주문 음식이 주방에서 서빙 준비가 완료되면 삐삐나 진동에의해서 서비스 종사원에게 알려진다. '무선 웨이터'는 다음과 같은 많은 장점을가지고 있다.

• 서비스 종사원의 동선 감소

'무선 웨이터'의 사용은 서비스 종사원으로 하여금 주방이나 바에 주문을 알려주러 가지 않고도 여러 테이블의 주문을 한꺼번에 받을 수 있도록 도와준다.

- **가시성 확보**

  서비스 종사원은 항상 고객을 주시할 수 있게 된다.

- **자동 계산**

  사람이 일으킬 수 있는 실수 없이 계산이 자동으로 이루어진다.

- **신용카드 지불과정 간소화**

  대부분의 시스템은 휴대용 컴퓨터에 장착할 수 있는 카드 리더기를 선택사항으로 가지고 있다. 고객의 신용카드는 그 자리에서 읽혀지고 승인될 수 있다. 이 시스템 하에서는 고객이 서비스 종사원이 계산을 위해서 신용카드를 계산대까지 가져감으로써 생길 수 있는 신용카드 도용의 불안에서 벗어날 수 있다.

- **향상된 서비스**

  서비스 종사원이 항상 보이기 때문에 고객들은 필요할 때 종사원을 쉽게 부를 수 있다. 게다가 서비스 종사원들은 한 번에 6~7테이블을 서비스할 수 있게 된다. 이것은 기존보다 2배 이상 수용능력이 증가한 것이다. 한 번에 많은 테이블을 서빙한다는 것은 좌석회전율을 높게 되고, 결국 판매량을 증가시킬 수 있음을 의미한다.

- **인건비 절감**

  전자계산 시스템의 활용으로 한 사람이 기존보다 많은 고객을 상대할 수 있으므로 인원을 감축할 수 있으며 이로 인해 인건비 절감이 가능하다.

▣ 낭비 요소 절감

비용 절감이나 판매 증가는 레스토랑의 순익을 증가시키는 일이나 이와 같은 순익이 샐 수 있는 구멍이 바로 낭비이다. 주방종사원이나 서비스 종사원은 레스토랑의 낭비에 큰 영향을 줄 수 있다. 서비스 종사원이 낭비를 일으킬 수 있는 부분은 파손, 사용하지 않은 1회용 설탕, 크래커, 젤리 등을 버리는 것 또한 실버웨어나 식탁보를 버리는 것이다. 다음은 이와 같은 낭비를 줄일 수 있는 방법들이다.

● **실버웨어 트랩 이용**

쓰레기통에 자석 트랩을 설치하여 무심코 버려지는 실버웨어를 건질 수 있도록 한다.

● **쓰레기통**

깨진 접시만을 버리는 쓰레기통을 마련해 본다. 이것은 서비스 종사원들에게 깨진 접시의 양이 얼마나 되는지 알려준다. 또한 접시나 실버웨어, 식탁보의 교체 비용이 얼마나 많이 드는지 알려주는 것도 좋은 방법이다.

● **적절한 기술**

서비스 종사원에게 파손을 방지하기 위해서 접시를 적절한 방법으로 쌓을 수 있도록 훈련시켜야 한다.

● **장려금**

낭비를 절감한 서비스 종사원에게 장려금을 지급한다. 그 달에 가장 낭비가 적었던 근무조 전원에게 보너스를 지급할 수도 있고, 비용 절감을 가장 많이 한 종사원에게 상품권을 지급하는 방법 등이 있다.

▨ 불평 처리방법

아무리 완벽하고자 노력해도, 어느 레스토랑에서나 고객의 불평이 있기 마련이다. 어떻게 이 불평들을 처리하느냐에 따라 고객들이 다시 레스토랑을 찾게될 수도 있고 영영 다시 오지 않을 수도 있게 된다. 항상 고객과 만나게 되는서비스 종사원이 고객의 재방문을 결정짓는 데 가장 많은 영향을 미치게 된다.다음은 불평을 처리하는 유용한 방법들이다.

- **고객의견 우선**

    고객이 항상 옳다는 것을 명심하고 서비스 종사원들은 이 말을 항상마음 속에 주문처럼 담고 있어야 한다. 고객은 돈을 지불하는 사람임을기억하고 레스토랑의 종사원과 매니저는 고객의 레스토랑 경험이 긍정적일 수 있도록 최선의 노력을 다해야 한다.

- **실수에 대한 신속한 사과**

    다른 불상사가 일어나기 전에 매니저나 서비스 종사원은 발생한 실수에대하여 고객에게 진심으로 사과해야 하며 바로 일을 바로잡도록 한다.

- **빠른 대처**

    문제를 신속히 해결함으로써 더 큰 위기를 모면할 수 있다. 주문이 잘못되었다면 즉시 바로잡아야 하며, 고객을 기다리게 해서는 안 된다.

- **경청**

    고객의 불평을 경청할 줄 알아야 한다. 고객에게 진심으로 고객의 소리를 듣고 있으며 사과를 하는 것을 보여주어야 한다. 고객에게 불평을 듣는 것이 레스토랑으로서는 매우 중요하다는 것을 보일 수 있는 방법을행해야 한다.

- **실수에 대한 보상**

실수가 있을 경우 고객에게 보상하는 방법은 여러 가지가 있다. 계산상에서 할인을 해준다든지 무료 디저트나 음료를 제공하는 방법을 많이 사용하고 있다. 만약 고객의 옷에 무엇을 엎질렀다면 세탁비를 제공해야 한다. 또한 다음 번 방문을 위한 상품권을 제공할 수도 있으며, 그 고객이 일하는 곳이나 집으로 꽃을 배달시킬 수도 있다.

- **지침서 작성**

문제를 해결하기 위해서 서비스 종사원이 할 수 있는 일에 대한 지침서를 만들어보자. 문제를 즉시 해결하지 못하고 서비스 종사원이 매니저를 찾아 상의를 하는 것은 고객을 화나게 만들 수 있다. 만약 수프가 차게 제공되었다면, 서비스 종사원은 "손님, 수프가 다시 나오는 동안 칵테일 한 잔 하시겠습니까? 무료로 제공해 드리겠습니다."라고 말할 수 있어야 한다. "매니저에게 한 번 물어보겠습니다. 아마 계산하실 때 좀 할인해 드릴 수 있을 것입니다."라고 말하는 것은 고객을 매우 불쾌하게 만들고 관리의 소홀함을 내비치는 것이다. 이런 상황에서 서비스 종사원에게 권위를 위양하지 않는 것은 관리자가 서비스 종사원을 믿지 못한다고 말해주는 것과 같다. 또한 이것은 레스토랑이 고객에 대한 배려보다는 돈 버는 데에만 목적이 있는 것처럼 보일 수 있다.

- **서비스 종사원을 위한 지원정책 마련**

물론 고객이 항상 옳지만, 서비스 종사원이 회사로부터 항상 지원받고 있다는 것을 알도록 해야 한다. 서비스 종사원이 "그런 방법으로는 주방장이 음식을 준비하지 못합니다."라고 말하도록 내버려두지 말고 매니저가 "물론입니다, 그렇게 준비해 드리겠습니다."하고 말해 주어야 한다. 서비스 종사원에게 늘 지킬 수 있는 일관적인 규칙을 주어야 하며 매니저도 지키고 있다는 것을 확인시켜 주어야 한다.

• 전화상의 불평

전화상으로 고객이 불평을 말한다면, 그 고객을 기다리게 해서는 안 된다. 전화를 건 고객의 이름, 주소, 전화번호를 메모하고 차분하고 예의바른 목소리로 응대하면서 발생된 문제에 대하여 사과하고 해결책을 제시해야 한다. 매니저는 전화로 불평을 접수한 후 하루나 이틀쯤 뒤에 고객에게 다시 전화를 걸어 불평에 대한 처리가 확실히 처리되었는지에 대해서 알려주어야 한다.

▧ 레스토랑 규칙

모든 종사원들은 세부적인 레스토랑 규칙에 대해서 훈련되어져야 한다. 종사원들은 문서로 된 레스토랑 규정집을 받아야 하며 레스토랑은 법에 명시되어 있는 규칙을 모두 따르고 있다는 것을 확인시켜 주어야 한다. 정기 교육훈련회의시에 규칙에 관련된 정보의 교육이 포함되도록 해야 한다.

• 직장 내 성희롱

성희롱은 일상생활에 있어서 매우 기분 나쁜 일이다. 종사원들에게 이것은 레스토랑 내에서 절대 용납될 수 없다는 것을 분명히 밝혀야 한다. 직장내 성희롱 규칙에 관한 것을 사규에 반드시 포함시켜야 하며, 종사원들도 이를 분명히 알아야 하고 이 주제에 관해서 신입 종사원들은 반드시 교육을 거치도록 해야 한다.

• 징계

모든 사업장에서는 징계과정이 문서화되어 있으며, 모든 종사원들도 이과정을 알고 있어야 한다. 중요한 것은 이와 같은 징계 절차는 항상 일률적으로 적용되어야 한다는 것이다. 만약 직원 중에 늘 부적절한 태도나 행동을 하는 사람이 있다면, 이것은 레스토랑 전체의 사기에 문제가 된다. 이와 같은 종사원이 해고되어 부당한 해고였다며 레스토랑을 고소한다고 하더라도 징계에 관한 규정이 있으면 곤경에서 구해 줄 것이다. 따라서 종사원이 징계에 해당되는 행동을 했을 경우에는 이것을 문서화해야 하며, 이를 인사관리 규정에 포함시켜야 하는 것을 잊지 말아야 한다. 어떤 행동들이 징계의 대상인지를 확실히 결정해 놓아야 한다. 종사원이 한 번 지각한 것으로 징계대상이 되지는 않을 것이다. 그러나 잦은 결근, 도둑질, 근무 중 음주, 표준 이하의 근무태도 및 근무량 등은 징계를 할 수 있는 정당한 이유가 될 수 있다. 징계 규칙에 관한 사항은 일 년에 한 번씩은 종사원들과 검토를 해야 한다.

- **임금**

   종사원들은 임금에 관한 규칙도 잘 알고 있어야 한다. 이 사항도 또한 신입 종사원들에게 충분히 전달되어야 하며 오리엔테이션 자료에 포함되어 있어야 한다.

▧ 안 전

일하는 장소에서는 항상 사고가 일어나기 마련이다. 어떻게 대처를 하느냐에 따라 생사의 갈림길에 놓이게 된다. 첫 번째 해야 할 일은 안전관리 계획을 수립하여 서비스 종사원들에게 교육을 통해 사고 발생시 침착하고 신속하게 대처할 수 있도록 하는 것이다. 만약 태풍이 많이 발생하는 지역에 살고 있으면, 태풍 발생시의 대처방법에 대해서도 안전관리 계획에 포함시켜야 한다. 모든 계획에는 화재 발생시의 대처요령이 포함되어 있어야 한다. 또한 화재 발생시 비상통로, 소화기, 응급처치 약품은 어디에 있는지 표시되어 있어야 한다. 다음은 안전

관리 교육을 위한 유용한 방법들이다.

- **적십자**

  적십자 교육을 종사원들에게 제공하여 전반적 안전관리 대책, 응급처치법, 하임리크 구명법[8], 심폐소생술 등을 확실히 알 수 있도록 해야 한다.

- **소방서**

  가까운 곳에 있는 소방서에서는 종사원들에게 소화기 사용법에 대한 훈련을 무료로 제공해 줄 것이다.

- **비상훈련**

  종사원을 화재 또는 태풍 훈련에 참가시킨다. 사고 발생시 이와 같은 훈련을 받은 종사원은 고객을 대피시키는 데 도움을 줄 수 있으므로, 훈련 참가로 특별 사고 발생시 무엇을 해야 하는지 확실히 알도록 해야 한다. 교육훈련 회의시에도 응급처치 훈련을 첨가할 수 있다. 한 종사원을 아프거나 상처를 입었다고 가정하고, 다른 종사원이 정확하고 신속한 방법으로 환자를 돕는지를 확인한다.

- **산업안전보건법**

  우리나라에서는 산업안전보건법이 제정되어 있어 산업재해예방과 쾌적한 작업환경을 조성함으로써 근로자의 안전과 보건을 유지하도록 하고 있다. 이에 관한 자세한 내용은 노동부(www.molab.go.kr)에서 확인할 수 있다.

---

[8] 목에 이물질이 걸린 사람을 뒤에서 껴안고 갈비뼈 밑을 세게 밀어올려 토하게 하는 응급처치 방법

▣ 주류 판매 규칙

레스토랑이 주류 판매 허가를 가지고 있다면 주류 판매는 총수입의 큰 부분을 차지할 수 있다. 그러나 주류 판매시에 먼저 염두에 두어야 할 것은 서비스 종사원이 주류 판매에 따른 법을 잘 이해하고 있어야 한다는 것이다. 다음은 주류 판매시 고려해야 할 점이다.

● 주류 판매 규칙

주류 판매에 따르는 법은 주세법, 청소년보호법, 식품위생법 등에 포함되어 있다. 미성년자에게는 주류 판매가 금지되어 있다는 것을 서비스 종사원이 확실히 알 수 있도록 해야 한다. 또한 주류 판매의 제한을 정해야 한다. 예를 들면, 서비스 종사원에게 고객이 일정량 이상의 술을 주문하여 마셨을 경우, 매니저에게 알리도록 하는 규정을 정한다. 위와 같은 경우가 발생했을 시 매니저는 그 고객의 상태를 파악하여 술을 그만 마시도록 유도할 수 있어야 한다. 또한 혹시 일어날 수 있는 불상사에 대비하여 인근 경찰과의 관계를 맺고 있는 것이 안전하다.

● 서비스 종사원 교육훈련

서비스 종사원이 레스토랑의 주류 판매 규칙을 잘 알고 준수하는지를 확실히 해두어야 한다. 서비스 종사원은 만약 조금이라도 문제가 발생될 것 같은 고객에 대해서는 술을 얼마나 마시고 있는지 확인하는 것을 잊지 않도록 한다. 술만 마시기를 원하는 고객에게는 서비스 종사원이 간단한 음식을 추천할 수 있도록 한다. 필요에 따라서는 술에 취한 손님에게 간단한 음식을 무료로 제공할 수도 있을 것이다. 결국 이것은 법정 소송 비용보다 훨씬 저렴할 것이다. 또한 서비스 종사원은 고객의 주민등록증을 확인해야 하며 바텐더는 사용한 주류의 양을 측정해야 한다. 역할극이나 비디오 상영은 주류 판매를 위한 교육에 좋은 훈련 방법이 된다. 한 종사원이 술에 취한 손님의 역할을 하고 다른 종사원들은 서비스 종사원의 역할을 해 본다. 각각의 종사원들이 이 상황에 어떻게 대처하는지를 파악하여 역할극 후에는 토론의 시간을 가져본다.

- **사고 발생시 처리요령**

  서비스 종사원은 어떤 사고 발생시에도 관리가 가능하도록 해야 한다. 또한 사고 발생시 사고경위와 처리에 대한 보고서 작성도 잊지 말아야 한다.

- **관련 정보**

  미국의 경우 NRA 산하 교육재단(www.nraef.org)에서는 주류 서비스에 관한 훈련 교재를 제공하고 있다. 또한 www.restaurantbeast.com에서는 알코올 자각 유인물(alcohol awareness brochure), 서비스 종사원의 알코올 자각 테스트, 혈중 알코올 농도(blood alcohol concentration : BAC) 지침서 및 BAC에 관한 참고사항 등을 다운로드 받을 수 있다. 알코올 남용에 관한 정보는 국제알코올규칙센터(International Center for Alcohol Policies) 웹사이트인 www.icap.org에서 얻을 수 있다.

▣ 주류 서빙방법

서비스 종사원이 술을 증류하는 방법이나 발효하는 과정을 알 필요는 없으나 주류의 종류, 주류에 따른 다른 잔의 사용 및 기본적인 용어들은 알고 있어야 한다.

- **서빙**

  서비스 종사원은 주류를 주문받는 즉시 서빙할 수 있어야 한다. 얼마나 빨리 자신이 주문한 음료나 주류를 서빙받느냐에 따라 그날 저녁의 기분이 달라지게 된다. 만약 주문한 음료나 주류가 10분이 지나도록 나오지 않는다면, 주문한 식사도 그렇게 늦게 서빙되리라고 생각을 하게 된다. 서비스 종사원이 매우 바쁜 상황이라면, 호스티스/호스트 또는 매니저가 고객들이 음료나 주류를 빨리 서빙받을 수 있도록 조치를 취해야 한다. 식사와 마찬가지로, 음료나 주류도 여성 고객에게 먼저 서빙한다.

● **사용되는 잔**

주류의 종류에 따라 사용되는 잔도 달라지게 된다. 서비스 종사원은 지거(jigger), 하이볼 글라스, 마티니 글라스, 샴페인 플루트의 차이를 구분할 수 있어야 하며 또한 레드 와인과 화이트 와인 글라스도 구분할 수 있어야 한다. 또한 잔을 잡을 때에도 올바른 방법을 사용할 수 있어야 한다. 절대 입에 대는 부분의 가장자리를 만져서는 안 되며, 잔의 손잡이나 받침 부분을 잡아야 한다.

| 지거 | 하이볼 글라스 | 마티니 글라스 |

| 샴페인 플루트 | 레드 와인 글라스 | 화이트 와인 글라스 |

• 주류의 종류

잔의 종류뿐만 아니라 주류의 종류도 잘 알고 있어야 한다. 예를 들면, 서비스 종사원은 위스키 종류에는 아이리쉬 위스키, 버번, 라이, 스카치, 블랜디드, 캐나디안 등이 있다는 것을 알고 있어야 한다.

• 주류 상식 시험

서비스 종사원이 가진 주류와 주류 서비스에 관한 지식에 관해 테스트 해 보도록 한다. 시험이라고 해서 딱딱하게 보는 것이 아니라 가장 높은 점수를 얻거나 지난 번 시험보다 향상된 종사원에게 작은 상을 주는 등 즐거운 분위기에서 시험을 볼 수 있도록 하는 것이 좋다. 역할극도 많은 도움이 된다. 한 종사원을 고객의 역할을 맡게 하고 여러 가지 주류를 주문하도록 해 보자. 서비스 종사원 역할을 맡은 종사원은 주문에 따라 올바른 주류와 잔을 가져오게 한다.

▣ 와 인

와인도 주류의 일종이지만, 다른 주류 서비스와는 차별되게 와인 서비스에는 다른 뉘앙스가 있으므로 이 책에서는 따로 취급하였다. 많은 사람들이 음식과 함께 어울리는 와인을 즐긴다. 따라서 와인 서비스는 다른 주류와는 다르게 와인 자체 이외에 많은 관련 지식을 바탕으로 이루어진다. 고객이 스카치나 탄산 음료를 주문했다면, 그들은 이것이 양고기와 어울리는지 그렇지 않은지를 상관하지 않는다. 그러나 고객이 와인을 주문했을 때, 그 고객은 자신이 주문한 식사와 그 와인이 어울리는지를 생각하게 된다. 음식과 와인 사이에는 많은 관계가 있기 때문에 많은 레스토랑에서는 고객이 음식을 주문하기 전에는 와인 주문을 받지 않는다. 다음의 지침들은 서비스 종사원들이 세련되게 와인을 서빙할 수 있게 도와줄 것이다.

• 크기

보통 레스토랑에서는 한 병에 750㎖ 용량의 와인을 가지고 있으며, 보통 크기의 반 정도에 해당하는 와인이나 샴페인도 있다. 또한 많은 레스토랑에서 잔으로 판매하기 위한 큰 사이즈의 하우스 와인을 비치하기도 한다.

• 와인 관련 용어

서비스 종사원이 일반적인 포도의 종류나 사람들이 와인에 대해 이야기하는 방법 등의 기본적인 와인 상식을 가지고 있는 것은 매우 중요하다. 서비스 종사원은 와인의 색깔, 향기, 풍미 등에 대해 이야기할 수 있어야 한다. 또한 레스토랑에서는 서비스 종사원들이 미묘한 색의 차이를 구분할 수 있기를 원할 것이다. 샤도네(Chardonnay)처럼 와인이 노란빛을 띠고 있는가, 또는 피노 그리지오(Pinot Grigio)처럼 선명한가? 와인의 향기나 풍미를 표현하는 용어에는 'dry', 'sweet', 'earthy', 'smoky' 등이 있다. 와인의 풍미를 이야기할 때, 라스베리나 후추 등과 같이 다른 향기를 인용하여 와인의 풍미를 암시하기도 한다. 가장 중요한 것은 서비스 종사원이 레스토랑에서 서빙되는 와인이 어떤 것이 단맛을 가지고 있고, 어떤 것이 드라이한 맛을 지녔는지 알고 있어야 하는 것이다. 이것이 고객이 와인을 결정하는 기본적인 요소가 될 것이다. 와인 관련 용어에 대한 도움을 얻고자 할 때에는 www.demystifying-wine.com을 방문해 본다.

• 와인 라벨 읽는 법

「한 손에 잡히는 와인」 등 국내에서 출판되는 와인 관련서적은 와인 라벨 읽는 법에 대해 자세히 소개하고 있다.

- **고객의 와인 선택에 도움 주기**

　많은 고객들은 서비스 종사원이 자신이 와인을 선택하는 것에 도움을 주기를 바랄 것이다. 따라서 서비스 종사원은 이 역할을 수행하는 데 있어 자신감이 있어야 한다. 고객의 와인 선택에 도움을 주기 위해서 첫 번째 중요한 것은 레스토랑에서 판매하고 있는 와인 리스트를 잘 알고 있어야 하며, 그 와인들의 맛은 어떤지도 알고 있어야 한다. 만약 고객이 와인에 대해 잘 알고 있는 사람이라면, 고객의 와인 선택을 돕기 위해 자신보다 와인에 더 많은 지식을 가지고 있는 서비스 종사원이나 매니저에게 도움을 구하는 것이 좋다. 와인을 결정하기 전 고객에게 와인을 잔에 소량 제공하여 맛을 볼 수 있도록 하는 방법도 사용할 수 있다.

- **와인 서빙**

　레드 와인은 보통 실온의 온도로 서빙되어야 하며 화이트 와인은 10℃ 정도로 차갑게 서빙되어야 한다. 와인을 병째 서빙할 때에는 주문한 것이 제대로 나왔는지 라벨을 고객이 볼 수 있도록 와인병을 확인시켜 주어야 한다. 고객이 제대로 온 것을 확인한 후, 테이블 코너에서 와인을 열 준비를 한다. 와인 뚜껑을 감싸고 있는 호일을 뜯어내어 에이프런 주머니에 넣고, 코르크를 제거한 다음, 와인을 주문한 고객의 잔에 20$m\ell$ 정도를 따라 고객이 와인의 맛을 볼 수 있게 한다. 또한 고객이 원한다면 제거한 코르크를 와인을 주문한 고객 앞에 놓아 살펴 볼 수 있게 한다. 고객이 맛을 보고 승낙을 하면 여성 고객부터 시작하여 모든 고객에게 나누어 따른다. 와인을 잔에 따를 때에는 와인이 병을 타고 흐르는 것을 방지하기 위해 살짝 병을 돌리면서 따르거나 병목 부분에 냅킨을 두른다. 와인을 잔에 채울 때에는 잔의 반이나 2/3 정도가 적당하다.

● **발음**

　서비스 종사원은 와인리스트에 있는 와인의 이름을 어떻게 발음하는지 확실히 알고 있어야 한다.

● **와인과 음식**

　서비스 종사원은 어떤 와인과 어떤 주요리가 서로 어울리는지 알고 고객에게 추천할 수 있어야 한다. 메뉴판에 공간이 있다면 어울리는 와인을 주요리 옆에 적어놓을 수도 있으나, 이러한 경우에라도 서비스 종사원은 고객에게 음식과 어울리는 와인을 추천하는 방법을 알고 있어야 한다.

● **와인 정보**

　국내에서도 와인에 관련된 책은 다수 출판되어 있다. 예를 들면, 올댓 와인(조용성), 한손에 잡히는 와인(켄시 히로카네), 보르도와인(로버트 파커), 와인 구매가이드(손진호), 와인강의(박원목), 와인리뷰(잡지) 등이 있다.

● **온라인 정보**

　■ Wine Spectator : www.winespectator.com
　■ Wine and Spirits : www.wineandspiritsmagazine.com
　■ Wine Enthusiast : www.wineenthusiast.com
　■ Tasting Wine : www.tasting-wine.com/html/etiquette.html
　■ Good Cooking's wine terminology : www.goodcooking.com/winedefs. asp
　■ The American Institute of Wine and Food : www.aiwf.org
　■ Wines.com : www.wines.com

● **와인 관련 교육훈련**

　서비스 종사원에게 와인에 대한 교육훈련을 시키는 방법 중 가장 좋은 것 중의 하나는 와인을 맛보게 하는 것이다. 서비스 종사원들을 위한 정기적 와인 시음회를 개최해 본다. 이때에는 와인 시음 카드를 만들고 서비스 종사원이 시음한 와인에 대한 특징을 적도록 한다. 종종 와인 납품업자에게 위와 같은 교육훈련을 도와주기를 요청할 수 있다. 또한 와인 시음회 때에 어울리는 음식을 같이 시식할 수 있는 기회도 마련하여 왜 스테이크에는 까베르네 소비뇽(Cabernet Sauvignon)이 어울리고, 생선 음식에는 소비뇽 블랑(Sauvignon Blanc)이 더 어울리는지 이해할 수 있도록 교육의 장을 마련할 수 있다. 서비스 종사원의 와인 따르는 훈련을 위해서는 빈 와인병에 물감을 풀은 물을 담아 이용할 수도 있다.

■ 식품위생

레스토랑의 모든 종사원은 식품위생에 관한 교육을 받아야 한다. 식중독의 발생은 판매에 심각한 영향을 끼치게 된다. 법정 고소뿐만 아니라 위생관련 정부 기관과 지역신문 등에 식중독 사고에 대한 기사를 싣게 되며, 이것은 고객의 발길을 돌리게 하는 원인이 된다. 게다가 식중독은 잠재적으로 생명을 위협할 수 있다. 노년층, 어린이 및 만성질환을 가진 사람들은 식중독 발생시 특히 위험한 집단이다. 레스토랑의 매니저 및 모든 종사원들은 다음과 같은 기본 지식을 꼭 알고 있어야 한다.

- 교차오염 방지를 위한 도마 분리 사용(예 : 식품별 색상이 다른 도마 사용)

- 식기 표면의 살균제 소독

- 종사원 손세척

- HACCP(식품위해요소 중점관리 기준)

  대부분의 식품제조 공장은 HACCP을 적용해 왔으나 최근 레스토랑에서도 식품위생을 확보하기 위해 적용을 권장하고 있다. HACCP 시스템을 운영하는 것은 식품위생 문제 발생으로 인한 비용을 줄여줄 수 있을 것이다. 또한 식품위생 문제 발생시 레스토랑은 HACCP 시스템을 운영함으로써 식품위생 안전에 관한 철저한 관리를 해왔다는 것을 증명할 수 있을 것이며, 이것은 또한 책임소송에서도 유리하게 작용할 것이다.

● **HACCP 7단계 원칙**

기본적으로 HACCP 원칙들은 식품이 잠재적으로 위험해질 수 있는 단계, 즉 조리, 저장, 생산과 같은 중점 관리점을 설정하는 것이다. 그런 다음 중점 관리점에서 음식이 안전한 상태인지 측정을 해야 한다. 이와 같은 측정은 메뉴에 대한 최소 조리시간 설정, 실온 상태에서의 최대 보관 시간 설정 등이 포함된다. 또한 레스토랑에서는 모든 규칙이 제대로 지켜지고 있는지 감시할 수 있는 모니터 방법을 마련해야 하며, 제대로 지켜지지 않은 것에 대한 수정방법도 설정해 놓아야 한다. HACCP, HACCP 점검표 등에 대한 자세한 정보는 식약청(www.kfda.go.kr)에서 확인할 수 있다.

● **식중독 원인균**

대부분 살모넬라나 대장균(E-coli)은 매우 잘 알고 있을 것이다. 그러나 이것 말고도 유사한 증상을 보이는 많은 식중독 원인균들이 존재한다. 식중독에 관한 자세한 정보는 질병관리본부(www.cdc.go.kr)를 방문해 보도록 한다. 서비스 종사원에게 식중독에 관한 교육을 시키고자 한다면 플래시 카드를 이용하도록 한다. 한쪽에는 병의 증상을 적어놓고, 다른 한쪽에는 그 증상을 일으키는 원인 식중독균을 적어놓자. 그런 다음 3분 안에 누가 가장 많이 알아맞히는지 등의 게임을 하게 한다. 제일 많이 알아맞힌 종사원에게는 상품권 등의 선물을 주도록 한다.

- **교차 오염**

  식중독은 종종 교차 오염에 의해서 일어난다. 이것은 식품에 있던 박테리아가 다른 곳으로 옮겨간다는 것을 의미한다. 대부분의 교차 오염은 주방에서 일어나지만 서비스 종사원도 원인이 될 수 있다. 예를 들면, 샐러드용 토마토를 썰기 위한 도마와 생닭을 자르는 도마를 같이 쓰는 것이다. 샐러드용 도마와 서비스 종사원이 사용하는 도마를 분리해서 사용해야 한다. 최근에는 도마를 쉽게 구분하여 쓰기 위해서 여러 가지 색깔로 된 도마들이 시중에 판매되고 있다.

- **비위생적 습관**

  껌씹기, 식품처리 장소에서의 음식 섭취, 손가락으로 음식 맛보기 등 서비스 종사원의 비위생적인 습관은 없어져야 한다. 또한 음식을 취급할 때에는 손에 난 상처는 완전히 가리고 장갑을 사용해야 하며, 아픈 종사원이 있다면 집에서 쉴 수 있도록 조치를 취해야 한다. 특히 감기에 걸린 종사원은 음식을 취급하지 않도록 해야 한다. 레스토랑 종사원들은 임금이 깎이는 것을 원치 않아 아픈 데에도 불구하고 일을 하러 오는 경우가 많다. 종사원들로 하여금 레스토랑의 위생규칙을 철저히 따를 수 있도록 해야 하며, 아픈 경우 무리하게 출근하지 말 것을 당부해야 한다. 그 대신 병가를 낸 종사원에게 자신의 깎인 임금을 만회할 수 있는 기회를 주도록 한다. 예를 들면, 종사원이 완치된 후 연장근무를 허용할 수 있을 것이다. 이와 같은 방법을 사용하면 레스토랑의 음식은 보다 안전하게 공급될 수 있고, 종사원들의 이직률도 낮춰질 수 있다.

- **교육·훈련**

  식품위생에 관하여 종사원들을 교육시키는 방법으로는 지역 대학에서 개최하는 위생교육 훈련에 참가시키거나 레스토랑 내에서 교육을 할 수 있다. 레스토랑 안에서 교육을 한다면, 식품위생에 관하여 중점적으로 관리해야 할 일이 생겼을 때 전문가에 의한 교육이 가장 효과적이다.

● **정보원천**

웹상에서 많은 식품위생 정보를 얻을 수 있다. 다음과 같은 국내외 사이트들을 이용해 보도록 한다.

Web-site	관련정보
http://www.kfda.go.kr	식품의약품안전청(식품위생과 안전에 관련된 다양한 정보 제공)
http://haccp.kfri.re.kr	한국식품연구원(식품위생 및 HACCP 정보 제공)
http://www.kangfoodsafety.co	강푸드세이프티컨설팅(급식/외식 위생과 관련된 교육 및 컨설팅, 정보 제공)
http://www.ekfi.co.kr	HACCP 한국식품환경연구원(식품 전문, HCCP 컨설팅, 식품위생, 식품 안전, ISO에 대한 자료 제공)
http:/www.foodhnsi.co.kr	식품위생 & 안전연구소(외식 위생과 관련된 교육 및 정보 제공)
http://www.fmhaccp.com	주)푸드메니지먼트코리아(위생관리와 관련된 경영지원, 위생교육, HACCP 컨설팅)
www.nal.usda.gov/fnic/foodborne/haccp/index.shtml	USDA에서 제공하는 위생교육자료나 HACCP 자료
www.fsis.usda.gov/OA/consedu.htm	USDA의 식품위생 및 감시 서비스 사이트로 식품위생 정보과 교육자료 제공
www.americanfoodsafety.com	American Food Safety 웹사이트로 식품위생과 식품위생 중간 경영자 수료 과정 제공
www.nraef.org	NRA 교육위원회 사이트로 ServSafe 수료 과정 제공
www.foodsafetyfirst.com	Food Safety First 사이트로 교육에 필요한 비디오 제공

www.restaurantbeast.com	식중독 발생시의 서류 작성 양식, 식품 취급 시 주의사항을 포함한 식품위생 유인물, 식품위생 퀴즈, HACCP 프로그램 실행을 위한 FDA 지침서, 손씻기 포스터 등 식품위생 관련 자료들을 다운로드받을 수 있음
www.foodsafety.gov	미국 정부의 식품위생 정보
vm.cfsan.fad.gov/~mow/intro.html	Bad Bug Book
www.safetyalerts.com	Safety Alerts
www.MedNews.Net/bactera	E. Coli Food Safety News : MedNews. Net®
www.nraef.org/	국제식품위생위원회

■ 철저한 손씻기

손씻기는 외식 서비스의 바람직한 개인 위생에 있어서 가장 중요한 점이다. 실제로 식중독의 위험을 줄일 수 있고, 교차오염을 방지하는 가장 손쉬운 방법은 손을 씻는 것이다. 외식 산업에 있어서, 서비스 종사원들은 그들의 손으로 잠재적으로 세균을 옮길 소지가 많이 있다. 손을 올바른 방법으로 씻는다는 것은 따뜻한 물로 비누를 이용하여 20초 동안 닦아야 하는데, 이때 손가락뿐만 아니라 팔까지도 깨끗이 씻는 것을 의미한다. 또한 손을 씻은 후에는 소독제를 뿌려야 한다. 일을 하는 동안 손을 자주 씻는 것이 습관화되도록 해야 한다. 음식을 취급할 때에는 장갑을 끼게 되는데, 이때에도 손을 씻는 것과 마찬가지로 장갑 낀 손을 올바른 손씻기 방법을 이용하여 세척해야 한다. 수세대는 일하는 곳과 가까이 설치되어 있어야 하며, 종이타월, 비누, 소독제가 항상 준비되어 있어야 한다. 서비스 종사원이 담배를 피운 후에도 꼭 손을 씻을 수 있도록 교육해야 한다.

• Glo Germ Training Kit의 이용

이 교육자료는 손에 존재하는 세균에 대한 교육을 이해하기 쉽게 진행할 수 있다.

> ■ 종사원의 손에 형광물질이 든 로션을 바르게 한다.
> ■ 종사원들에게 평소 습관대로 손을 씻게 한다.
> ■ 어두운 곳에서 손만 볼 수 있도록 전등을 비추어 아직도 손에 얼마나 형광물질이 남아 있는지 볼 수 있도록 한다.
> ■ 올바른 손씻기 방법을 교육한다.
> ■ 올바른 손씻기 방법을 이용하여 다시 종사원들의 손을 씻게 한다.
> ■ 다시 형광물질이 남아 있는지 전등을 비추어 본다.

▣ 기본 조리용어

서비스 종사원들은 기본적인 조리용어를 익히 알고 있어야 한다. 다음은 서비스 종사원이 꼭 알고 있어야 할 중요한 조리용어들이다.

• 베이크, 로스트(Baked/roasted)

뚜껑을 덮지 않고 오븐에서 익힘

• 블랙큰드(Blackened)

철로 된 무거운 프라이팬에 높은 온도를 가지고 케이앤(cayenne) 등을 포함한 스파이스들로 양념하여 조리하는 것

• 브레이즈(Braised)

뚜껑을 덮고 오븐에서 익힘

• 꿀리스(Coulis)

걸쭉한 퓨레 소스

- **프라이(Fried)**

  중간 온도 이상의 높은 온도에서 버터나 기름 등으로 조리하는 것

- **그릴드(Grilled)**

  숯불, 나무 또는 가스를 이용하여 석쇠 위에서 굽는 것

- **마리네이드(Marinade)**

  음식을 조리하기 전 재료에 향을 더하기 위해 허브나 스파이스, 레몬, 기름 또는 주류 등에 재워놓는 것

- **포치(Poached)**

  물의 끓는 점 이하에서 식품의 모양을 그대로 보존하면서 익히는 방법

- **퓨레(Purée)**

  재료들을 섞어서 부드러운 농도가 되도록 만드는 것. 대부분의 샐러드 드레싱이나 소스들은 과일이나 채소 퓨레로 만듦

- **리듀스(Reduce)**

  재빨리 수분을 증발시켜 부피를 줄이는 것. 향기를 농축시키며 소스를 만들 때 많이 쓰임

- **루(Roux)**

  밀가루와 지방을 같은 양으로 섞어 높은 온도로 조리하는 것. 걸쭉한 소스를 만들 때 많이 쓰이며 케이준 요리에 대부분 사용됨

- **소테(Sautéed)**

  소량의 기름을 이용하여 직화로 빠르게 조리하는 방법

- **찌어(Seared)**

    매우 높은 온도를 이용하여 육류 등을 빠르게 갈변화시키는 것을 의미

- **스팀(Steamed)**

    찜통을 이용하여 뚜껑을 덮고 끓는 온도나 혹은 약간 낮은 온도에서 찌는 방법

- **스튜(Stewed)**

    뚜껑을 꼭 덮고 소량의 국물을 부어 끓는 점보다 낮은 온도에서 서서히 익히는 것

- **시머(Simmered)**

    물의 끓는 점보다 약간 낮은 온도로 식품을 서서히 끓이는 방법으로 화력을 좀 약하게 하여 물 표면이 용솟음치지 않도록 익히는 것

- **스터-프라이(Stir-fired)**

    식품 재료를 잘게 잘라 높은 온도에서 저어주면서 빠르게 볶는 방법

▒ 소 스(Sauces)

다음과 같은 소스들은 서비스 종사원이 반드시 알아두어야 한다.

- **화이트 소스(White sauces)**

    베샤멜, 크림, 머스타드 소스가 화이트 소스에 속함. 화이트 소스에는 보통 우유나 크림이 재료로 사용됨

- **브라운 소스(Brown sauces)**

    브라운 스톡을 이용하여 만든 소스로 맛이 매우 깊고 향이 풍부하다.

보르델레이즈(bordelaise)[9], 샤슈르(chasseur)[10] 등이 속함. 보통 와인이 첨가되면 크림과 우유는 이용하지 않음

- **유화 소스(Emulsified sauces)**

  홀렌다이즈 소스(hollandaise sauce)가 속함. 보통 유화 소스는 섞이지 않는 두 재료를 이용하여 만듦. 홀렌다이즈 소스의 경우 달걀과 레몬 주스가 주재료임

- **버터 소스(Butter sauces)**

  뷰레 블랑(buerre blanc), 뷰레 루즈(beurre rouge), 뷰레 느와(beurre noir) 등 버터를 기본으로 한 소스. 버터를 기본으로 하여 식초, 샬롯, 레몬 주스 등을 섞어서 제조

- **살사/쳐트니(Salsa/chutneys)**

  쳐트니는 과일, 식초, 스파이스, 설탕 등을 재료로 하여 익혀서 만듦. 살사는 토마토, 과일, 칠리, 양파, 마늘, 그 외 다른 신선한 재료를 이용하여 익히거나 또는 익히지 않은 상태로 제조

- **디저트 소스(Dessert sauces)**

  디저트 소스는 보통 과일 퓨레, 초콜릿, 캐러멜을 이용하여 만듦. 꿀리스가 종종 디저트 소스의 조리방법으로 이용됨. 사바용(Saybayon)은 와인, 달걀노른자, 설탕을 이용한 디저트 소스를 지칭함

---

[9] Bordelaise sauce는 프랑스 보르도 지방의 이름을 딴 소스로 브라운 소스에 드라이 레드 와인, 샬롯 등을 넣어 만들며 육류 요리와 잘 어울림

[10] Chasseur는 브라운 소스에 버섯, 샬롯, 화이트 와인 등을 섞어 만든 소스로 프랑스어로 사냥꾼에 비롯된 이름으로 헌터 소스(hunter's sauce)라고도 함

▣ 계산서의 전산화

최근 대부분의 레스토랑 경영주는 전산화된 등록기를 가지고 있다. 계산서의 전산화를 위해서는 다음과 같은 사항들을 알고 있어야 한다.

● 컴퓨터 금전등록기

이 등록기는 많은 이점을 가지고 있다. 이것은 그날의 식재료 원가 대비, 한 근무조 동안 각 주요리가 몇 개 팔렸는지에서부터 그날의 종사원 식비로 얼마나 나갔는지까지 서류를 자유자재로 만들 수 있다. 컴퓨터 금전등록기의 모든 기능을 자유자재로 활용할 수 있도록 서비스 종사원들을 훈련시켜야 한다. 금전등록기를 판매하는 많은 회사에서 저렴한 비용으로 사용법을 교육시켜 주고 있다.

● 포스 시스템(POS : Point-of-sale system)

이것은 단순한 한 대의 컴퓨터 금전등록기 이상의 기능을 가지고 있고 주방, 홀, 사무실과 연결되어 있다. 또한 손님의 숫자나 음식 주문 등의 정보를 입력할 수 있도록 서비스 종사원 스테이션에서 사용할 수 있는 서비스 종사원 터미널도 추가할 수 있다. 많은 POS 시스템들은 서비스 종사원의 입력을 도와주는 터치스크린 방식으로 되어 있다. 또한 휴대용 주문 터미널도 가능하다. 서비스 종사원들은 이 휴대용 주문 터미널을 들고 다니며 고객에게서 주문받는 즉시 입력한다. POS 시스템과 함께, 이 정보들은 자동적으로 주방에 알려지게 된다. POS 시스템을 통해 모아진 정보들은 재료, 바 수입, 인력계획, 초과근무, 고객서비스 관리 등 레스토랑 경영주의 통제 관리를 보다 쉽게 할 수 있도록 도와준다. 또한 POS 시스템은 도난의 기회를 방지해 준다. 그 외 POS 시스템의 유용성들을 열거하면 다음과 같다.

- ■ 판매 및 회계 정보 증가
- ■ 세금추적
- ■ 서비스 종사원의 판매 및 업무성과 보고
- ■ 메뉴항목 실적 보고
- ■ 재고 이용 보고
- ■ 신용카드 판매 운영
- ■ 계산서 처리의 정확성
- ■ 메뉴 주문 오류 감소
- ■ 주방 혼란 감소
- ■ 재고 및 금전 도난 가능성 보고
- ■ 종사원 시간관리 기록
- ■ 수요예측 및 사전준비를 위한 메뉴 판매 보고
- ■ 주방 및 바의 배회관리 시간 감소

• 포스(POS) 기능 확대

대부분의 포스 시스템은 가정배달, 방명록, 온라인 예약, 단골고객관리, 실시간 재고관리, 발신자 번호 확인, 회계, 인적자원 계획, 구매 및 입고, 금전관리, 보고서 등의 기능을 광범위하게 제공할 수 있다. 포스 시스템의 계속적인 기능 추가는 인터넷을 통한 기능 향상, 매니저에게 보고되는 형식의 집중 기능, 음성 인식 등이 포함된다. 국내 포털사이트를 이용하면 레스토랑 운영을 위한 포스 개발업체에 대한 정보를 쉽게 얻을 수 있다.

Web-site	관련정보
http://www.freewilly.co.kr	프리윌리(외식업, 음식점 POS 솔루션 개발 및 판매, 유지보수)
http://www.heetech.co.kr	희테크(외식, 푸드코트 POS 시스템 구축, 유지부수)

http://www.humanpos.com	사람과 사람 POS(외식업 맞춤형 POS Solution 개발과 판매)
http://www.oesoft.co.kr	오이소프트
http://www.aicrm.com/	AI소프트

● **미래 포스 시스템**

인력시장의 감소가 계속됨에 따라 포스 시스템은 필수불가결한 요소가 될 것이다. 몇 년 후에는 고객이 직접 자신이 주문을 해야 될 것이라는 예상도 나오고 있다. 터미널은 단순하게 순환될 것이다. 가장 바쁜 시기에는 주유소에서 스스로 주유하는 것과 유사하게 음식주문도 고객이 직접 주문, 입력하고 지불하는 방식으로 변화될 것으로 예상된다.

■ **주방에서 주문받기**

많은 레스토랑에서는 서비스 종사원이 고객의 테이블에서 주문을 받아 주문정보를 컴퓨터에 입력하기 위하여 계산대, 서비스 종사원 지역 또는 다른 지역으로 간다. 그 다음으로 시스템의 사양에 따라 주문은 컴퓨터시스템을 통하여 주방으로 직접 전해지든지 또는 계산서에 적혀 서비스 종사원이 직접 주방으로 가져가게 된다. 고객의 주문내역은 주문 랙에 꽂히게 된다. 대부분의 계산서는 여러 장의 종이로 되어 있으며 필기가 가능하다. 주방에서의 실수 없는 주문준비를 위하여 서비스 종사원에게 계산서를 올바르게 적는 방법을 훈련시켜야 한다. 예를 들면, 계산서는 원본과 먹지가 들어있어 아래의 종이에 복사되게끔 되어 있고 복사를 위한 아래의 종이는 아래 위가 분리되도록 절취선이 있는 것이 있다. 이것을 이용할 경우, 서비스 종사원은 주요리 주문을 제일 큰 칸에 적고, 애피타이저는 작은 칸에 적은 다음 원본은 자신이 갖고, 복사된 종이가 주방으로 가게 되면, 주요리와 애피타이저 칸을 절취하여 주요리 준비를 위한 조리사와 애피타이저 준비를 위한 조리사가 나눠가지게 된다. 마찰 없는 주문 과정을 위하여, 다음의 제안을 시도해 본다.

- **계산서 약어**

  전산화된 등록기를 사용하더라도, 서비스 종사원은 계속해서 손으로 주문을 받을 수도 있다. 완벽한 컴퓨터 시스템을 갖추었어도 메뉴항목에 대한 약어는 늘 존재한다. 따라서 서비스 종사원은 이 약어를 완전히 암기해야 하며, 수기로 작성할 때에는 조리사가 알아볼 수 있도록 정확히 써야 한다.

- **약어의 예**

  다음은 메뉴에서 사용될 수 있는 약어들의 예이다. 새로운 약어를 개발한다면 기존의 것과 혼돈하지 않도록 주의해야 한다.

  - Spag & mt - Spaghetti and meatballs (스파게티와 미트볼)
  - Fett - Fettuccine Alfredo (페투치니 알프레도)
  - Steak w/mush - Steak with mushroom sauce (머시룸 소스를 얹은 스테이크)
  - Tossed BC - Tossed salad with blue cheese (블루치즈를 곁들인 토스 샐러드)

- **계산서 관리**

  종사원들은 계산서에 대한 관리방법을 알고 있어야 한다. 이것은 종사원들로 하여금 준비된 식음료가 서빙되지 않는 것을 방지할 수 있다. 주방에서 준비된 음식은 고객들에게 계산서와 함께 모두 서빙되어야 한다는 것을 숙지시켜야 한다.

● **책임**

　서비스 종사원은 근무를 마치고 그날 근무 중인 매니저에게 넘길 때까지 그들이 가지고 있는 모든 계산서에 대한 책임이 있다는 것을 확실히 한다. 서비스 종사원들이 필요한 만큼 계산서를 집어가도록 하는 것보다는 매니저가 서비스 종사원마다 쓸 양을 세어서 계산서를 내어주는 것이 좋다. 이렇게 하면 관리상에 있어서 무작위로 컴퓨터에 입력된 정보와 계산서 상의 지불 방법이 옳은지 확인할 수 있다. 또한 계산서 분실시 처리 방법에 대한 규칙을 세워놓아야 한다.

레스토랑
운영
노하우

7 동기부여

▣ 작업 환경

종사원들은 자신들을 신경 써주고 배려하는 상사를 위하여 열심히 일하고 싶은 마음이 생긴다. 좀더 좋은 레스토랑으로 만들고 싶다면 종사원을 배려하는 조직 환경으로 만들어 종사원들이 스스로 열심히 일할 수 있는 분위기를 조성해야 한다.

• 종사원 건의사항의 수용 및 활용

종사원 지원시스템을 구축하여 종사원들이 일하는 데 있어서 항상 누군가 뒤에서 힘이 되어 주고 있다는 사실을 알도록 해야 한다.

• 실천

종사원의 올바르지 못한 행동이나 태도를 바로 잡아주는 확실한 방법은 기준을 준수하는 종사원을 확보하는 것이다. 올바르지 못한 태도를 지닌 종사원은 지속적인 훈련 후에도 계속 발전이 없을 경우에는 일정한 절차에 의해 해고해야 한다. 이것은 고객서비스를 유지하는 측면에서도 중요하지만, 종사원들에게 경영주가 강한 팀 환경을 유지하는 것에 비중을 많이 두고 있다는 것을 보여주는 계기가 된다.

- **종사원에게 질문하기**

　자신의 아이디어 제공이 반영되었다면 그 아이디어가 포함된 일을 받아들이는 데 훨씬 수월해진다. 어떻게 하면 판매를 증가시킬 수 있을지를 종사원에게 물어본다. 만약 애피타이저의 판매량를 늘리고 싶으면, 모든 종사원들에게 이 사항을 알린 다음 브레인스토밍을 통해서 판매증가 방법에 관한 아이디어를 모아본다. 종사원을 통해 나온 여러 가지 대안 중에서 두세 가지의 방법을 가지고 서비스 종사원들에게 시행 가능성을 물어본다.

- **자기만족 경계**

　보통 레스토랑이 한가한 시간이 되면 종사원들이 긴장감을 잃기 쉽다. 종사원들이 할일 없이 시간을 보내는 시간이 없도록 근무시간 동안 임무를 적절히 할당해야 한다. 예를 들어, 실버웨어를 정리한다든가, 양념류를 채우는 일은 꼭 해야 하는 일이며 한가한 시간에 하기에 적당한 일들이다. 하지만 이런 일들은 지루하게 느껴질 수 있으므로 간간히 종사원이 흥미를 느낄 만한 일을 할 수 있도록 해야 한다. 예를 들면, 와인에 대한 지식을 평가해 본다든가, 메뉴에 대한 평가나 음식의 맛을 평가하고 그 맛을 묘사하는 등 메뉴 조정을 위한 시간도 가져본다. 음식에 대한 묘사가 가장 뛰어났던 종사원에게 작은 상품으로 저녁식사 쿠폰을 주는 것도 생각해 볼 수 있다.

- **복지**

　어떤 레스토랑에서는 종사원들의 좀더 나은 서비스를 위하여 건강보험, 유급휴가 및 포상을 포함하여 임금을 2주에 한 번씩 지급하는 경우가 있다. 이와 같은 복지 차원의 혜택은 시간제로 일하는 종사원들에게 적용하기는 어렵겠지만 일반 종사원의 동기부여에는 큰 힘이 될 것이며 이직률도 줄일 수 있을 것이다.

■ 동기부여를 위한 다양한 방법

복지, 임금상승, 근무환경은 종사원의 동기부여에 영향을 주는 요소라는 것이 이미 밝혀진 것들이다. 이외에도 적은 비용을 들이면서 효과를 높일 수 있는 좋은 아이디어를 생각해 보자.

• 영화감상

일하는 데 있어서 감동을 주거나 교훈을 얻을 만한 영화감상을 이용해 본다. 예를 들어, 영화 내용상 개인이 가지고 있는 열정이 얼마나 큰 결과를 가지고 오는지에 관련된 영화 등이 적합하다. 영화 감상 후 간단한 의견교환 시간을 가져본다.

• 농장견학

가까이에 위치한 유기농 채소 농장 등을 방문하여 식품에 관한 지식을 배우게 한다. 이와 같은 견학은 종사원의 식품 지식을 높이는 데 좋은 방법이 될 수 있다.

• 일에 동참하기

바쁜 시간대에 빈 그릇을 치운다거나 또는 식기세척 등 팔을 걷어 부치고 도와주는 것 등을 통해 아무리 하찮은 일이라도 중요하지 않은 일은 없다는 것을 종사원들에게 몸소 보여주어야 한다.

• 격려

격려는 등을 토닥여 주는 등의 작은 일로부터 받을 수 있다. 종사원들로 하여금 매니저가 항상 그들을 팀원으로 생각하며 자랑스러워한다는 것을 느낄 수 있도록 해주어야 한다. "아주 잘했어요."라는 말에 인색하지 말자.

● **존경심 유발**

아주 간단한 일이다. 사람들은 누군가 자신을 존경하고 있다는 생각을 가지면 더 열심히 일을 하려고 한다. 종사원들이 책임감을 느낄 수 있는 일을 마련해 주어야 한다. 예를 들면, 손님이 음식을 맘에 들어 하지 않아 그 음식을 거부할 때 종사원이 매니저를 찾아오게 하는 대신, 그 종사원에게 그와 같은 상황에서 대처할 수 있는 방법을 알려주고, 실제 상황이 닥쳤을 때 스스로 해결할 수 있도록 해주어야 한다.

▣ 콘테스트

● **적절한 기간 설정**

콘테스트가 한 달 이상 지속되면 종사원들이 흥미를 잃기 쉽다. 콘테스트를 마친 후 상을 주는 것도 잊어서는 안 된다.

● **목표 설정 및 목표 공유**

콘테스트를 시작하기 전에 반드시 목표를 정해야 한다. 예를 들어, 바에서의 판매량을 10% 늘리기를 원한다고 가정하자. 이것은 한 달 동안 바에서 600잔 이상의 음료를 더 판매해야 한다는 뜻이다. 하지만 종사원에게 무조건 한 달 동안 음료를 600잔 더 팔아야 된다고 말해서는 안 되며, 좀더 호응할 수 있는 말로 바꾸어서 이야기해야 한다. 일단 매 시간별로 어느 정도 음료를 팔아야 이 목표에 도달할 수 있는지 계산해 보자. 이 정보를 가지고 서비스 종사원들에게 매일 저녁 각자 음료를 15잔 정도 더 팔아야 목표에 도달할 수 있음을 설명하고, 어떤 방법으로 판매량을 올릴 수 있는지 논의해 본다.

● **종사원의 팀원 대우**

　어느 파트의 종사원들의 목표가 정해졌으면 직접적으로 관련이 없는 종사원이라 하더라도 그 목표를 이루는데 같이 동참할 수 있도록 해야 한다. 예를 들어, 애피타이저에 관련하여 목표가 정해졌으면, 5분 안에 애피타이저가 얼마나 생산되는지에 따라 주방 종사원들에게 상을 줄 수 있다.

● **다수의 승자 만들기**

　건전한 경쟁이 이루어짐과 동시에 그 상황은 스트레스를 받기에 충분하다. 콘테스트를 실시하는 것은 전체 목표를 이루고자 하는 것과 동시에 개인적인 향상과도 관련이 있다. 따라서 개인적인 향상에 관련된 보상도 간과해서는 안 된다.

● **누가 만원을 차지할 것인가?**

　이 콘테스트 방법은 레스토랑 운영시간 동안의 판매를 증가시킬 수 있다. 만원을 계산대에 놓고 그날 디저트(또는 애피타이저, 와인 등)의 판매량을 증가시켜보자고 이야기한다. 그날 판매를 올리고자 한 품목을 가장 먼저 판매한 종사원이 만원을 차지하고 두 개를 가장 먼저 판 종사원은 처음에 만원을 차지한 종사원으로부터 만원을 받는다. 이와 같은 방식으로 교대별로 진행하여 마감시간 가장 나중에 만원을 가지고 있는 종사원이 그 돈을 차지하게 된다.

● **복권 추첨**

　종사원들이 재미있어 하며 판매를 높일 수 있는 다른 방법으로는 복권추첨을 들 수 있다. 판매량을 증가시키고 싶은 메뉴항목을 고른 뒤, 종사원이 그 메뉴를 팔았을 경우 미리 준비해놓은 바구니에 자기 이름을 쓴 종이를 하나씩 집어넣게 한다. 영업이 끝난 후 추첨을 하여 상품을 주는 방식이다.

- **트럼프 카드를 이용한 콘테스트**

　트럼프 카드를 이용한 방법도 사용할 수 있다. 콘테스트를 시작할 때, 종사원으로서 좋은 행동(예 : 서비스, 위생 등)을 할 때마다 각기 다른 카드를 준다고 하여 콘테스트 종료에 맞추어 가장 좋은 카드를 가진 사람에게 상품을 준다.

▣ 피드백

- **평가**

　수습기간 동안 종사원들을 평가해 본다. 평가는 피드백을 가능하게 할 뿐만 아니라 종사원들이 가지고 있는 위생, 메뉴 관련 지식을 측정해 볼 수 있는 기능을 한다.

- **암행고객**

　많은 레스토랑들이 고객으로 가장한 모니터 요원들을 고용하여 실제로 서비스를 받은 후에 평가서를 작성하여 제출하게 한다. 평가 내용으로는 음식맛, 서비스, 대기시간 등이 포함될 수 있다.

- **고객 평가 카드**

　고객이 레스토랑을 평가할 수 있는 고객 평가 카드 등을 테이블에 준비하여 평가받은 내용을 종사원들과 공유한다.

▣ 업무수행 평가

업무수행 평가는 종사원들에게 그들이 종사원으로서 얼마나 올바르게 일을 하고 있는지에 대한 피드백을 하는 중요한 방법이 된다. 평소에 아무런 피드백을 하지 않다가 한 번에 갑자기 평가를 하는 것은 종사원을 당황하게 만든다. 따라서 평소에 하는 행동에 따라 그때그때 긍정적이든 부정적이든 피드백을 주는 것이 중요하다. 수행평가에 있어서 다음의 사항을 염두에 두어야 한다.

- **평가의 목적**

    업무수행 평가의 목적은 두 가지로 정리될 수 있다. 첫째는 종사원 개개인의 직무를 평가하기 위함이고, 둘째는 임금 인상의 기준으로 사용하기 위함이다. 하지만 이보다 더욱 중요한 목적은 종사원의 목표를 설정하는 데 사용하는 것이다.

- **수행평가 목표**

    목표가 설정되면 구체적인 설명이 반드시 따라야 한다. 즉 종사원이 목표를 이룰 수 있도록 구체적이고 다양한 방법을 제시해 주어야 한다.

- **평가의 형태**

    보통 두 가지의 평가방법이 있다. 한 가지는 종사원의 직속 상관에 의한 평가이며, 다른 한 가지는 상급자 및 동료에 의한 다면평가이다. 최근에는 많은 분야의 직장에서 다면평가방법을 선호하고 있다. 감독자는 한 종사원에 대해 다른 동료의 평가를 취합하고 자신의 평가를 더하여 평가 상담기간 동안 자료로 사용한다. 보통 다면평가는 익명으로 실시되어 평가자들이 한 종사원을 평가하는데 심적 부담을 느끼지 않도록 배려한다.

- **자기평가**

    업무수행평가를 진행하기 이전에 자기평가를 실시하게 한 후, 평가 상담 시간에 가져오게 한다. 자기평가는 종사원이 본인을 어떻게 평가하고 있는지 관리자가 이해하는데 도움이 될 것이다.

• 구체적 설명

종사원에게 단순히 "좀 더 잘 해야겠어요."라는 말은 아무런 도움이 되지 않는다. 구체적으로 어떤 부분을 신경써서 행동해야 하는지 올바른 수행을 하기 위해서는 어떤 방법을 사용해야 하는지 구체적으로 설명하고 지시해야 한다. 종사원의 수행이 훌륭하다면 얼마나 잘하고 있는지도 이야기해야 한다.

• 공정성

사람을 평가하는 것은 매우 힘든 일이다. 하지만 가능한 한 모든 사람에게 똑같은 기준이 적용되고 공평할 수 있도록 노력해야 한다.

• 정기적 평가

보통 매년 평가를 실시한다. 매달 실시하거나 특정한 날을 평가의 날로 정한다. 신입 종사원은 처음 한두 달이 지난 후 평가가 이루어져야 한다.

• 검토사항

평가기간 동안 종사원으로부터 평가 이외에 다른 정보(대인관계, 문제해결 능력, 책임감, 열정, 팀정신 등)를 얻을 수 있다. 이를 위해 다음과 같은 질문 내용을 준비해 본다.

> ■ 종사원은 자신의 직무를 완수하는가?
> ■ 종사원은 다른 사람의 일을 도와주는가?
> ■ 종사원은 책임감이 있고 시간관념이 있는가?
> ■ 종사원은 안전한 작업환경을 유지하기 위하여 건전한 판단을 하는가?

• 평가 시스템 활용

종사원이 자신의 업무를 소홀히 한다면 왜 그런 일이 발생하는지에 대해 자세히 알아야 하기 때문에 이와 관련된 질문도 포함되어야 한다.

- **고과 면접 장소**

  고과 면접을 할 때에는 편파적이 되지 않도록 적절한 장소를 선정해야 한다. 따라서 고과자의 사무실은 좋은 장소가 아니다. 종사원들이 위축될 수 있기 때문이다. 고과 면접은 차별을 받고 있다는 느낌을 들게 해서는 안 되며 종사원의 목표 수립 여부에 대한 좀 더 생산적인 대화가 되어야 한다. 고과 장소는 탁 트인 장소가 좋으며, 정면에 마주하고 앉는 것보다는 옆자리에 앉아서 하는 것이 좋다. 이와 같은 노력은 종사원을 편안하게 하는 데 도움을 준다. 또 한 가지 중요한 점은 고과 면접은 개인을 존중하면서 면밀하게 이루어져야 하므로, 홀에 손님이 없는 시간을 이용하고, 다른 종사원들이 듣지 못하도록 해야 한다.

- **재검토**

  종사원의 평가가 실시될 때에는 종사원도 모든 것을 알아야 한다. 즉 종사원에게 어떤 문제점이 있다면, 평가시에 종사원이 그 문제를 처음 들어서는 안 된다. 만약 그렇다면 매니저로서의 관리에 문제점이 있다고 볼 수 있으며, 징계 관리 절차에 문제점이 없는지 확인해야 한다. 평가는 긍정적인 면에서 출발하여 문제점을 지적한 후 마지막에는 긍정적인 면을 부각하면서 끝내야 한다. 평가 마지막에는 면접 중에 상담한 내용을 정리하여 종사원에게 이야기하고 차후의 목표를 다시 설정한다. 차후 목표에 대하여 종사원이 동의하면 계획을 문서로 작성하여 보관할 수 있도록 한다. 평가에 대해서 종사원이 이야기할 기회가 주어져야 하며 자신의 설명이 필요한 부분이 있으면 문서로 작성하게 한다. 평가시에 작성된 내용들은 인사카드에 같이 보관하도록 한다.

■ 직무 수행 도구의 마련

　종사원들이 가장 당황스러운 일 중에 하나는 자신이 해야 할 업무 방법에 대해서는 정확히 알고 있으나, 그 업무를 수행하는 데 필요한 도구나 장비들이 주어지지 않았을 경우이다. 좋은 서비스를 원한다면 종사원들이 좋은 서비스를 하기 위해 필요한 도구와 장비에 들어가는 비용을 아끼지 말아야 한다. 이를 위해서 다음과 같은 방법을 생각해 보아야 한다.

● 영업 전 메뉴 브리핑

　오픈 전 회의동안 조리사에게 그날의 메뉴에 대한 간단한 브리핑을 듣는다. 이것은 서비스 종사원들에게 메뉴에 대한 정보를 제공함으로써 각 메뉴를 서비스하는 데 필요한 것이 무엇인지 알 수 있게 해준다. 브리핑 시간은 메뉴에 대한 정보를 얻게 해줌과 동시에 조리사에게 질문할 수 있는 기회를 마련해 준다.

● 행주

　더러운 행주로 테이블을 닦는 것을 보게 되면 무엇보다도 손님들은 식욕을 잃게 된다. 따라서 깨끗한 행주를 충분히 준비하여 항상 깨끗한 행주를 식당에서 사용할 수 있도록 해야 한다.

● 필기구 및 계산서

　계산서 발급을 할 때에는 같은 매니저가 한 근무조를 책임지고 관리를 해야 한다. 필기구도 종사원이나 손님이 쓸 수 있도록 넉넉하게 준비하여 종사원 개인 소유의 펜을 사용하는 일이 없도록 해야 한다. 필기구에 레스토랑의 로고나 이름이 삽입되어 있다면 종사원과 손님이 펜을 사용하면서도 광고의 효과를 얻을 수 있다.

- **식기류**

   식당에는 충분한 식기류, 리넨들이 공급되어 손님들이 착석 후 서비스를 받는 데 지체되거나 소홀함이 없도록 해야 한다.

▨ 결론 : 고객을 행복하게 만드는 데 초점을 맞추어라.

외식 산업은 인간관계와 밀접한 관련이 있다. 고객과의 접촉은 고객을 기분 좋게 만들고 다시 그 레스토랑을 찾아오게 하는 중요한 수단이 되는 것이다. 한 고객을 한 달에 한 번만 다시 레스토랑에 오게 한다면 그 레스토랑은 15~20%의 판매량을 증가시킬 수 있게 된다. 소유주나 매니저가 종사원들을 진심으로 아끼고 그들이 하는 일을 감사히 여기고 있다는 것을 종사원들로 하여금 느끼게 한다면, 종사원들은 소유주나 매니저 뿐만 아니라 고객들에게 정성을 다할 것이다. 레스토랑의 분위기를 편안하고 따뜻하게, 항상 열려 있고 긍정적인 분위기를 만드는 데 노력을 기울여야 한다. 이것은 종사원의 스트레스를 줄이고 활기차게 일을 할 수 있도록 도와줄 것이다. 고객들은 그 레스토랑에 들어서는 순간부터 항상 받아왔던 서비스를 받는다고 느낄 수 있어야 한다. 매니저의 임무는 사람들이 음식을 먹을 장소를 고를 때 그 레스토랑을 선택할 수 있도록, 또 레스토랑 방문 이후에는 다른 사람들에게 그 장소를 추천할 수 있도록 좋은 레스토랑을 만들도록 노력하는 것이다.

2

레스토랑
운영 노하우

바 및 음료
운영 경영

환대산업 분야에 있어서 바(bar) 및 음료업장을 운영하는 것은 휴가를 보내는 것처럼 쉽게 인식되어진다. 그러나 이러한 운영에 있어서 기억해야 할 것은 고객이 특별한 것을 원한다는 것이다. 따라서 이익상승을 기대하는 운영자는 영업에서 늘 긴장을 늦추지 말아야 하고 어떻게 하면 수준을 높일 수 있을 것인가에 대해 생각해야 한다. 원활한 경영을 원한다면 사업에 집중하고 쉽게 적용될 수 있는 새로운 아이디어를 배우려고 노력해야 한다. 따라서 여기에 수록된 내용은 새로운 아이디어를 찾는데 많은 도움이 될 것으로 기대된다.

레스토랑
운영
노하우

기 본

▣ 지역적 요구 파악

바와 음료 업장 영업을 한다는 것은 맥주를 판매하는 것만을 의미하는 것은 아니다. 사실상 바와 음료 업장을 운영할 때에는 다른 레스토랑을 운영하는 것처럼 여러 가지 기본적인 기술이 요구된다. 이렇게 간단한 영업기술을 모른다면, 원가가 상당히 높아질 것이다. 또한 이러한 영업기술을 적용하지 않을 경우 원가상승을 초래하게 된다. 그러면 비즈니스를 성공으로 이끌기 위한 첫 단계에 필요한 요소들은 무엇이 있을까? 국가차원의 광고를 할 것인가? 파티를 유치할 것인가? 이러한 방법들만으로는 효과적 결과를 얻기가 힘들다. 다음의 성공을 위한 지침을 단계적으로 살펴본다.

● 경쟁업체 관찰

영업을 시작하기 전에 첫 번째 알아야 할 사항은 동일지역의 경쟁업체를 방문해서 관찰하는 것이다. 주 고객의 연령이 어떻게 되는지, 젊은 세대인지, 사회의 엘리트층인지, 사업을 하는 사람들인지, 어떤 종류의 바인지, 지불비용이 얼마나 되는지, 얼마나 붐비는지, 업장의 장점과 단점은 무엇인지에 대해 항상 기록을 하는 것이 좋다.

• 최저 가격의 제시

만약에 경쟁업체의 가격이 높으면 그보다 더 낮은 가격을 제시하는 것을 고려해야 한다. 항상 모든 것에 적용되지 않지만, 낮은 가격은 고려해볼만한 가치가 있다. 이것이 바로 고객을 만드는 가장 첫 단계 방법이기도 하다.

• 최상의 서비스 제공

경쟁업체의 서비스가 수준 이하일 경우 특정 부문의 서비스를 강조하여 제공할 필요가 있으며 종사원들에게 고객의 요구를 정확히 파악하도록 해야 한다. 고객이 가장 친절한 바로 느낄 수 있도록 서비스를 수행하여야 한다.

• 영업시간 연장

경쟁업체가 영업시간을 일찍 끝낸다면 영업시간을 늘리는 것도 생각해 보아야 한다. 늦은 밤에 음식을 찾아다니는 고객을 확보하는 것도 하나의 방법이기도 하다.

• 특별한 판매촉진 수단의 사용

경쟁업체가 목요일 밤에 손님이 꽉 찼다면 업체에서는 수요일 저녁이나 금요일 저녁에 특별한 이벤트를 마련하는 것이 좋다. 경쟁업체가 판촉하는 특별한 아이디어를 유사하게 사용하지 않는 것이 좋다.

▣ 고객 구성 파악

경쟁업체의 강점과 약점을 조사할 때 반드시 먼저 목표 고객을 설정해야 한다. 물론 모든 사람이 코카콜라를 구매하지만 코카콜라 회사가 모든 사람에게 제품을 팔기위해 시간과 돈을 낭비하지는 않는다. 예를 들어, 특정 지역의

16~35세를 대상으로 하는 것처럼 고객의 범위를 한정하여 고객의 욕구를 만족시키는 것이 성공적인 마케팅을 이룰 수 있다.

- **지역의 종사자 유인**

    만약 블루칼라 종사자가 많은 지역에 바가 위치하고 있다면 블루칼라 종사자의 욕구에 맞는 바를 운영해야 한다. 예를 들어, 이와 같은 지역에서는 와인 바보다는 스포츠 바가 훨씬 더 적당하다. 또한 인센티브를 제공하여 이 지역에서 근무하는 종사자가 일과 후 방문할 수 있도록 유도해야 한다.

- **생음악 제공**

    생음악을 제공하는 데에는 큰 비용이 들지 않는다. 밴드를 이용하는 것도 좋으나 너무 크게 연주하지 않도록 해야 한다. 반주 없는 어쿠스틱 음악도 락 콘서트보다 좋을 수 있다. 음악은 바의 분위기를 좋게 할 수 있다.

- **젊은 세대의 고려**

    대학가 지역이라면 젊은 세대들이 주 고객이 될 수 있다. 특별한 이벤트를 준비하여 젊은 세대의 관심을 끌 수 있도록 해야 한다.

- **관광객 유치**

    주변에 큰 호텔이 있다면, 관광가이드와 함께 관광객을 유치하는 것이 효과적이다. 전통적 유동인구만이 아닌 주변지역으로부터 고객을 유인하기 위해 새로운 부분도 고려하는 것이 좋다.

- **차별화 정책 시도**

    지역의 모든 바들이 가격이 저렴하고 소란스럽다면 조용하게 편히 쉴 수 있으며 맥주 대신 커피를 즐길 수 있는 컨셉을 고려해 볼 만하다. 주변의 요구를 파악하여 고객을 만족시켜야 하는 것이다.

▣ 고객의 요구 확장

업장의 컨셉을 고려하여 고객을 선정했다면 어떻게 시장 점유율을 확대할 것인가가 가장 큰 문제이다. 고객의 요구를 다양화하기 위한 이 단계는 반드시 업장 운영에 있어 병행되어야 한다. 다음의 사항을 고려해 보아야 한다.

● 고객 요구의 수용 속도

고객의 요구를 수용하여 변화를 시도하는 경우 너무 빠르게 진행해서는 안 된다. 이것이 새로운 시장 세분화를 가져올 수 있기 때문이다. 오래된 단골고객을 불편하게 만들면서까지 새로운 고객을 창출하려는 무리한 시도는 하지 않는 것이 좋다. 모든 것을 너무 빠르게 변화시키려 한다면 기존의 단골고객을 잃을 수도 있게 된다.

● 재즈 연주의 밤

나이가 든 세대들은 주로 재즈음악을 즐기기 때문에 젊은 세대를 위한 음악과 교대로 연주해 주는 것이 좋다. 시끄러운 음악을 연주하기 전에는 재즈음악을 활용하여 분위기를 전환시키는 것도 좋은 방법이 될 수 있다.

● 스탠딩 코미디를 통한 고객 확보

젊은 남성들은 혼자 바에 방문하기보다는 친구들, 여자 친구들, 부인, 직장 동료들을 동반해서 오는 경우가 많다. 이런 경우 스탠딩 코미디에 대해 소개하고 이를 보여준다면 단체고객을 확보할 수 있게 된다.

● 연주자들의 신중한 선택

45세 이상의 고객들에게는 펑크 밴드들이 연주한 경우 매우 불손해 보일 수도 있지만, 컨추리 밴드나 웨스턴 밴드 또는 70년대 음악을 솔로로 연주한다면 비교적 호의적 반응을 보일 것이다.

- **여성 단골고객 확보**

  맥주 전용 바를 찾는 고객들은 거의 와인 시음 이벤트에는 참석하지 않
  지만 여성들이 많이 올 경우에는 와인 시음 이벤트에 참석하도록 유도하는
  것도 고려할 만하다.

▧ 지속적인 시장조사

시장조사라는 용어는 대다수의 바 운영자들에게 눈을 찌푸리게 하고 어렵게
만들지만 고객의 의견을 아는 것은 중요하다. 하지만 상황이 좋지 않다고 대중
적인 의견을 무조건 따르는 것도 금물이다.

- **바에 대한 다양한 사람들의 의견 수렴**

  고객이 아닌 사람들과 이야기하고 그들을 통해서 더 많은 것을 발견해
  야 한다. 낮은 가격대를 원하는가? 라이브 음악을 원하는가? 춤추기를 원
  하는가? 등 그들에게 제공할 수 있는 것에 대해서 물어보고 음식의 수준
  에 대해서 알아본다.

- **경쟁업체 고객과의 대화 시도**

  주변의 바에 대해 무언가의 정보를 얻으려고 시도해야 한다. 자신의 고
  객이 아닌 사람들과 이야기할 경우 언제 조경을 바꿨는가 등에 대한 원하
  는 정보를 쉽게 얻을 수 있다.

- **주변사항 파악**

  예를 들어, 지리적으로 보았을 때 고속도로나 큰 지역회사가 생기거나
  또는 버스 노선이 바뀜으로해서 시장에 변화가 올 수 있다.

- **경쟁자의 지속적 변화 인지**

  갑자기 경쟁자가 성공적인 프로모션을 수행하거나 가격조절을 통해 고객의 호기심을 자극할 수 있다. 또한 상품이나 서비스 목록을 첨가하여 변화를 줄 수 있기 때문에 항상 주시하여 좋은 기회를 놓치지 않도록 해야 한다.

- **시장의 지속적인 변화 고려**

  생맥주, 병맥주, 와인, 칵테일 등의 알코올 음료 종류에 따른 판매비율 변화를 주시하여야 한다. 최근 시장이 변화했다고 생각하는가? 최근 생맥주의 매출이 올랐는가? 그렇다면 블루칼라 종사원들이 이동을 하고 있다는 의미이다. 이런 경우에는 메뉴에 스낵을 좀더 첨가하는 것도 좋은 방법이다.

- **시장조사를 통한 관리와 수정**

  특정상품이나 서비스에 대한 변화의 요구가 있었다면 꼼꼼한 관리를 통해 수정을 고려해야 한다.

▣ 시장조사를 위한 문항

고객에게 질문하기 위한 문항이 여기에 있다. 위의 문항은 영업방향을 결정하는 기준이 될 것이다. 위의 결과를 위해 다음 문항을 참고하는 것이 좋다.

- 경쟁업체 바를 가끔 방문하십니까? 방문한다면 왜 방문하십니까?
- 경쟁업체 바가 붐비는 날과 붐비지 않는 날은 언제입니까?
- 외부 간판이 편안하게 들를 수 있게 되어 있습니까?
- 바에서 바뀌어야 한다고 생각하는 것은 무엇입니까?
- 좋은 서비스를 제공한 종사원은 누구이며, 그 이유는 무엇입니까?
- 음식이 마음에 드십니까? 그리고 특별이 제안하고 싶은 새로운 메뉴가 있습니까?

> ■ 어떻게 이곳을 알게 되었습니까? 다시 방문하게 된 이유는 무엇입니까?
>
> ■ 가격이 좀더 높아져도 자주 오시겠습니까?
>
> ■ 가격이 낮아진다면 좀더 자주 오시겠습니까?
>
> ■ 친구와 동행하실 것입니까? 아니라면 그 이유는 무엇입니까?
>
> ■ 영업시간이 마음에 드십니까?

▣ 새로운 테마로부터의 이익

수십 년 전의 라스베이거스는 게임 외에는 별다른 수익을 올리지 못했다. 그러나 오늘날에는 게임을 통한 수입 이외에도 오락과 가족 동반 여행으로 많은 수익을 올리고 있다. 이러한 결과로 인해 시저의 궁전, 뉴욕, 파리 같은 가족이 즐길 수 있는 테마 카지노가 등장하고 있다. 큰 규모의 업장들은 작은 규모로 운영하는 것보다 더 많은 이익을 내고 있다.

● 마가리타의 밤

데킬라를 공급해 주는 업자를 만나 마가리타의 밤이나 주중에 데킬라를 정기적으로 낮은 가격에 제공해 줄 수 있는가에 대해서 상의한 후 이를 기획하는 것도 좋은 방법이다.

● 작은 규모의 스포츠 시설 확보

당구대, 큰 스크린의 텔레비전처럼 기억될 만한 작은 스포츠 시설을 갖추면 스포츠팬들을 끌어들일 수 있다. 동전을 이용한 게임기도 작은 규모지만 수익을 낼 수 있는 시설이다. 빠르고 적은 비용으로도 구입할 수 있는 스포츠 시설에 대한 정보는 www.ebay.com에서 얻을 수 있다.

● 조용한 방의 확보

주변에 대학교가 있다면 '스터디를 할 수 있는 바'라는 인식을 만들기 위해 조용한 방을 확보하는 것이 좋다. 이런 공간은 편안한 의자, 큰 테이블, 컴퓨터를 연결할 수 있는 전원과 부드러운 조명 정도만 갖추어 놓으면 된다. 학생들이 음료를 마시면서 앉아서 편안하게 공부할 수 있는 방이라는 느낌을 받을 수 있다.

- ● **아일랜드 펍(Pub)**

  기네스와 같은 맥주회사는 아일랜드 펍테마로 판촉하여 관심을 불러일으켰다. 아일랜드 펍에 가는 사람은 아일랜드 맥주를 더 즐기고 싶어 한다. 이 결과 종사원들도 아일랜드 펍의 느낌을 연출하게 되었다. 지역 사람들과 상의 후 이러한 아이템을 찾아보는 것도 좋은 방법이다.

- ● **분위기를 창조**

  나무 판넬과 분위기를 내는 조명, 그리고 대형 수족관의 분위기에 맞추어 이국적인 음료를 메뉴에 준비해 주면 아일랜드 바를 연상시키기에 충분하다. 또는 다른 고객을 끌 수 있는 1960년의 이국적인 터키라운지를 고려하는 것도 좋은 방법이다.

- ● **테마**

  간단히 말해 '음료바'는 그 자체로는 좋은 사업이 될 수 있지만 테마를 잘 갖추지 못했을 경우에는 실패할 확률도 높다. 일반적인 고객들이 불편함을 느끼지 않는 분위기 속에서 업장만이 갖고 있는 특징을 가져야 한다.

▓ 성공 사례

환대산업에서 성공적인 테마는 가까이에서 찾을 수 있다. 현재 존재하는 테마를 활용해 운영하면서 발전시킬 만한 테마를 대도시에서 찾아볼 수 있다. 예를 들면, 바하마풍의 바, 레스토랑은 카리브해의 조리법을 따르고, 드럼 음악을 들려주고, 저크치킨 피자와 장식이 많은 칵테일을 준다.

- **카리브해**

  섬을 연상시키는 장식과 종사원의 밝은 의상과 나무, 독특한 메뉴는 고객이 열대지방으로 가지 않고도 열대지방의 모든 것을 느낄 수 있도록 한다.

- **노래 부르기(Sing along)**

  예를 들면, 뉴욕의 타임스퀘어에 있는 뉴욕 호텔과 라스베이거스의 카지노는 한쪽에 피아노 연주자와 신청한 노래를 부를 수 있는 가수들이 있다. 따라서 매일밤 관광객과 지역주민들이 가볍게 술을 마시며 편안하게 노래를 따라부를 수 있다.

- **록음악**

  하드록 카페는 전 세계적인 바의 제왕이 되었다. 바 체인의 경우, 마치 박물관처럼 장식해 놓았으며 이는 좋은 성공 사례이다.

- **블루스와 재즈**

  미국의 블루스 하우스는 재즈와 블루스 음악을 감상하기 위해 생겨난 장소이다. '루이지애나 바유'는 바가 협소한 장소에 위치함에도 불구하고 큰 공연장의 역할을 하고 있는 좋은 사례이다.

- **노스탤지어**

  라스베이거스에 있는 더블다운 살롱과 같은 소규모 바에서 전기장치를 이용한 쥬크박스와 1940년대를 연상케 하는 TV스크린을 활용한 성공사례가 많이 있다. 'ass juice'와 같은 테마는 대도시에 위치한 대규모 바에는 적절하지 않다.

▨ 밤을 위한 테마의 활용

바를 매일 다른 테마로 운영하는 것에 찬성하는 운영자는 많지 않다. 일일 테마를 적용해 장기간 운영하는 방법도 고려해 본다. 매일밤 새로운 주제를 만들기 위해서는 다음의 사항들을 고려해야 한다.

• 와인 시음의 밤

이것은 새로운 고객 창출에 효과적이다. 정기적으로 와인 시음의 밤을 통해 분위기를 바꾸는 것이 좋다. 이런 분위기를 만들려고 시도한다면 와인 공급업자들 또한 적극적으로 지원해 줄 것이다.

• 시가(Cigar)의 밤

지역의 담배 전문가들과 협조하여 시가 라운지를 만드는 것을 상의해 본다. 고객을 끌어들이는 효과가 예상보다 클 것이다.

• 낮 시간에 사용하지 않는 무대의 활용

지역 신문이나 학교 신문에 무대를 무료로 빌려주는 광고를 넣어 지역 밴드들의 연주장으로 활용하면 라이브 음악을 즐기고 싶어 하는 고객들을 만족시킬 수 있다. 이것이 낮 시간대의 바를 이용하는 가장 좋은 방법이다.

• 영화의 밤

지역의 비디오 가게와 연계해서 무료영화를 상영할 수 있는 방안을 강구하여 가게와 바가 서로 홍보될 수 있는 방법을 생각한다. 새로운 사업거리가 될 수 있을 뿐만 아니라 고객을 오래 머물게 할 수 있는 방법이기도 하다.

• 스포츠 이벤트

주변에 운동 경기장 또는 대학 캠퍼스가 있다면 스포츠 이벤트 테마가 바람직하다. 스포츠 경기 후 고객이 붐빌 것을 고려하여 게임 전후로 특별 프로그램을 운영하는 것이 좋다. 만약 근처에 스포츠 경기장이 없다면 스포츠 게임 일정을 주의깊게 확인하고 대형 스크린에서 스포츠게임을 보여준다.

● 가라오케

가라오케를 운영하는 것은 수익에도 많은 영향을 미칠 수 있다. 클럽에서 새롭게 또는 반복적으로 사용하는 운영 형태이기도 하다.

● 큰 고객을 위한 자리 마련

재즈 밴드는 나이가 든 세대와 음악에 조예가 깊은 사람들이 좋아하는 경향이 있다. 이 부류 사람들은 음악을 즐기는데 많은 돈을 쓸 수 있는 사람들이다. 또한 재즈 밴드는 악기를 구입하는데 많은 돈이 들지 않으므로 사업주의 비용 부담이 적다.

● 생맥주

생맥주 시설은 아직까지도 큰 사업이라 이 시설을 갖추기는 쉽지 않다. 대신 맥주에 대한 테마를 만들어 일부를 장식하여 제공하면 특별한 것을 좋아하는 고객에게 효과적이다.

● 컨추리 & 서부스타일 음악

특정지역에서는 음악이 크게 고려할 대상이 아니더라도 음악은 그 자체만으로도 고객을 모으는 효과가 있다. 특히 라이브 음악의 경우 더욱 그 영향력이 크다. 미국 서부 스타일의 테마에서는 음식도 그 테마에 어울리도록 만들어야 한다.

● 관광객 유도

작은 추억들이 관광객들에게는 큰 흥미가 될 수 있다. 하드락 카페와

플래닛 할리우드가 이러한 작은 관심거리를 모아서 사업으로 확장시킨 예이다. 고객들이 들어오는 입구벽에 큰 갈고리를 걸어두는 것도 좋은 예가 될 수 있다. 미국 기업인 Heritage에서는 고객에게 이발소 의자부터 고풍스런 주석 간판, 오래된 네온시계, 즉 관련된 모든 것을 함께 제공한다. 오랜 네온시계 사인이 있는 이발소 의자에 모든 것을 새겨두어 기억하게 하는 방법을 사용한 것처럼 이러한 방법을 시도해 볼 필요가 있다.

- **지리적 특성의 주제 이용**

   영국의 펍이나 서부스타일 살롱이 런던이나 사막에 위치할 필요는 없다. 각 국가나 지리적 특성을 가진 주제는 오히려 관광객들의 관심을 유도하기에 충분하다.

레스토랑
운영
노하우

2 하드웨어

▣ 바 디자인

바를 운영하기 위해서는 많은 요소들이 고려되어져야 한다. 그중에서 가장 중요한 것은 기계이다. 때때로 종사원의 수가 충분하더라도 기계가 최대 생산성을 발휘하지 못하면 바 운영이 어렵게 된다. 바 운영시에 다음과 같은 사항을 고려해야 한다.

• 외형보다 기능 중시

인테리어 디자인에 너무 많은 비용을 들여서는 안 된다. 물론 바의 외형적인 사항은 매우 중요하지만 외형적인 것이 모든 것을 해결해 주지는 않는다. 이것이 바로 바 운영의 위험요소가 될 수 있다. 바 인테리어를 보수하기 전에는 직원들 업무에 어떠한 영향을 미치는가를 먼저 고려해야 한다.

• 생산성을 높이는 충분한 작업 공간

새로운 바를 만들 때 바텐더를 위한 공간과 잔을 관리하는 직원들이 자유롭게 잔을 배치할 수 있는 공간이 충분히 확보되었는가도 생각해야 한다.

• 충분한 저장 공간

바에는 하루 3회 정도의 테이블 회전시 사용할 수 있는 유리잔을 보관할만한 충분한 저장공간이 있는지를 생각해 보아야 한다. 또한 냉장 공간이 충분한지, 병이나 캔류를 둘 수 있는 공간이 있는지도 고려해 보아야 한다.

• 적절한 배치 및 장식

배치가 부적절하거나 적절한 장식이 없다면 생산성을 감소시킬 수 있다.

• 편안함

바에 배치된 테이블과 의자는 고객이 자리에 앉았을 때 편안함을 느낄 수 있는 품질의 가구여야 하고 고객의 편안함을 위한 비용을 아껴서는 안 된다.

■ 프런트 바

프런트 바는 고객과 가장 처음 마주치는 장소이다. 고객에게 특별한 인상을 심어주고 싶다면 프런트의 바에 단골손님이 이용할 수 있는 공간을 마련해 두는 것이 가장 중요하다. 프런트 바를 디자인 할 때에는 다음의 사항들을 고려한다.

• 고객과의 상호작용

바의 넓이는 적당한가? 고객의 주문이 들리지 않을 정도로 음악소리가 시끄러운가? 종사원들이 고객과 친밀하게 대화하는 것에는 얼마나 익숙한가? 만약 고객을 사무적으로만 대한다면 고객과의 상호작용은 기대하기 어렵게 된다.

• 거울관리

거울은 공간을 넓어 보이게 한다. 한 시간에 1회 정도 자주 청소를 해주어야 한다. 거울은 보기에는 좋지만 유지비용이 들기에 예술 작품이나 기념품, 메뉴판이나 그외 다른 물건들로 대치하는 방법도 고려해 볼 만하다.

그러나 다른 물건들로만 공간을 채운다고 생각해서는 안 된다.

• 외형 관리

벽에 종사원 공지사항 등의 정보가 고객의 눈에 거슬리지 않도록 보이지 않는 곳에 부착한다.

• 병의 진열

재고관리를 쉽게 할 수 있도록 충분한 공간을 가지고 병을 진열한다. 좋은 와인, 맥주, 스피리츠, 리큐어를 선택하는 것은 인기 있는 바를 운영하기 위한 필수 조건이다. 항상 고객에게 새로운 것을 소개해야 한다.

• 재고 공간 고려

각 브랜드마다 2병 정도를 진열할 수 있는 충분한 공간이 마련되어 있는가? 한 병을 다 사용하였을 때 다른 종사원들이 창고로 달려가지 않기 위해서이다. 병 진열에 있어서 바 트레이너에게 이야기하고 충분한 공간을 마련해야 한다. 지금의 작은 투자가 미래에 큰 이익을 가져다 줄 수 있다.

• 고객이 주문할 음료를 쉽게 선택할 수 있는 음료의 진열

고객들이 주문할 음료를 쉽게 고를 수 있게 상품을 진열해 놓아야 한다. 고객들이 주문할 음료에 대해 종사원에게 자주 묻게 해서는 안 된다. 바텐더는 많은 시간을 메뉴에 있는 음료를 설명하는데 할애하고 있다. 문제의 해결책은 메뉴판에 음료에 대한 설명과 테이블에 사진 구비 혹은 바의 벽면에 간단한 소개 등을 준비해 두는 것이 좋다. 이렇게 잘 준비된 설명은 고객이 주문할 음료 정보를 쉽게 찾을 수 있도록 도와준다.

• 전체 음료 진열

냉장고에 어떻게 물건을 진열하느냐에 따라 종사원이 일할 때 음료를 쉽게 가져올 수 있다. 또한 이러한 진열을 통해서 고객들이 물건을 쉽게 볼 수도 있다. 바에 있는 모든 물건을 정돈하여 냉장고 안의 공간이 깨끗하게 보일 수 있도록 한다.

▣ 청결한 위생계획 수립

깔끔하게 정돈된 바는 좋은 첫인상을 준다. 고가의 스피리츠와 리큐어 등이 인상적으로 보일 수도 있다. 또한 바텐더는 유니폼을 잘 차려입고 고객들을 오랜 친구처럼 반갑게 맞이해야 한다. 만약 고객이 바 업장에서 청결함을 찾을 수 없다면 좋은 인상을 가지고 돌아갈 수 없다. 다행스럽게도 몇몇의 바 디자인은 먼지 하나 없을 정도로 청결하게 보일 수 있도록 되어 있는 경우도 있다.

• 구석진 곳을 청결히 한다.

어떤 장소는 다른 곳보다 청결을 유지하기가 쉽다. 사실상 고객들은 청결한 위생을 기대할 권리가 있다. 이 기대를 약간만 충족시키더라도 고객들의 분노를 줄일 수 있다. 특히 종사원은 눈에 잘 보이는 장소를 청결히 유지해야 한다. 또한 정기적인 검사를 통해서 이점을 확실히 해 둔다.

• 얼음을 비닐봉투에 담아 두는 것을 습관화한다.

종사원이 싱크대를 청소할 때마다(유리파편 제거 혹은 규칙적인 바의 청소) 어떠한 금지조항 없이 비닐봉투에 물, 얼음 그리고 기타의 것들을 함께 담아낸다. 이러한 것들을 바 업장 운영시 비용이 약간 추가되겠지만 청결함을 유지하는 비용과 서비스의 속도는 고려되어야 할 요소이다.

• 공병과 공박스를 잘 처리한다.

공병과 공박스를 처리하는 공간은 항상 고객의 시선에서 멀리 떨어져 있어야 한다. 고객들의 눈에 띄게 해서는 안 된다. 박스와 빈 잔 그리고 지저분하게 사용된 유리잔이 고객의 시야에 보이지 않게 두어야 한다. 또한 바의 싱크대 아래나 뒤쪽의 보이지 않는 장소에 두어야 한다.

▨ 고객 편의 고려

한 시간 정도 파란색 네온불빛 아래 앉아 있어 본 적이 있는가? 고객들로 가득 찬 바에 음악이 크게 울리는 경우라면 네온불빛이 보기 좋아 보인다. 하지만 바 영업이 느리게 진행될 때 고객은 네온불빛을 너무 강력한 장식물로 느끼게 된다. 확실히 네온불빛은 고객에게 인상적인 장식이 될 수 있지만 강한 불빛으로 인해 오히려 바에 오래 머물기 어렵게 할 수도 있다. 아래의 사항들을 고려해 보자.

• 안락한 좌석에 대한 투자

나무로 만든 바의 좌석은 근사하기도 하고 구입과 유지에 많은 비용이 들지 않는다. 그러나 시간이 지남에 따라 이러한 소품은 고객이 좌석에 앉는 데 불편함을 주게 될 것이다. 패드가 있는 좌석을 두는 것이 좋다. 고객들이 편안한 좌석을 이용할 수 있도록 철저한 준비를 해 둔다. 고객들이 불편함을 느끼는 소품이나 테이블을 가지고 있어서는 안 된다.

• 부스 좌석 설치 고려

고장날 우려가 있거나 질이 낮은 값싼 바의 소품들을 없앤다. 고객을 오랫동안 바에 머물게 하고 싶다면 빨리 일어날 수 없을 만큼의 편안한 좌석을 제공한다. 특히 바가 복잡할 때는 고객들은 부스 좌석에 앉으려는 경향이 있다. 만약 친절한 종사원이 음식을 계속 제공해 준다면 부스 좌석에 앉은 사람들은 바 영업 마감시간까지 있으려 할 것이다. 하지만 테이블이 흔들리거나 고장이 났다면 고객들은 불편을 느껴 오랫동안 머무르기가 어렵게 된다.

● **편안한 바는 고객을 행복하게 한다.**

　　바를 이용하는 고객들이 쉽게 몸을 기댈 수 있고 테이블에 팔꿈치를 두
었을 때 차가움을 느끼지 않도록 해야 한다. 스테인리스나 대리석보다는
나무로 만들었을 때 몸을 기대는 것이 훨씬 수월하다.

● **조명**

　　조명은 단순히 어둠을 밝히는 것 외에도 분위기를 연출할 수 있다. 바의
조명이 형광등이나 네온불빛이라면 개선을 위해 전문가에게 조언을 들어
야 한다. 조명을 바꾸는 것이 생각만큼 많은 비용을 초래하지 않는다.

▣ 색채 설계와 구매행동

　　패스트푸드 업체는 왜 항상 동일한 색채 설계를 갖고 있는지 생각해 본다.
맥도날드의 장식과 로고는 노란색과 붉은색이며 타코벨과 버거킹 역시 그러하
다. 또한 케이에프씨는 붉은색과 흰색이며 피자헛도 이 두 색상을 사용한다.
연구 보고에 의하면, 특정 색채는 고객의 욕구를 증진시킨다. 붉은색과 노란색
은 고객이 배고픔을 느낄 수 있게 만드는 색이지만 편안히 오랫동안 머무를 수
없게 만들기도 한다. 이러한 색은 고객이 배고픔을 느끼게 만들어 원래 먹으려
던 것보다 더 많은 것을 주문할 수 있게 만들기도 한다. 또한 고객들이 돈을
지불한 후 바로 업장을 떠날 수 있게 한다. 반대로, 파랑과 녹색은 조용함으로
심지어 무기력함을 느끼는 고객에게는 편안함을 창출하며 바 운영을 증진시키
는 데 있어서 하나의 좋은 수단이 될 수 있다. 이러한 색채효과를 이용하여 고객
의 구매행동에 좋은 영향을 미칠 수 있는 방법이 있는지 생각해 보자.

● **메뉴와 음식 구역**

　　테이블 위에 놓을 메뉴나 음식구역의 메뉴를 빨강과 노란색을 이용하면

고객이 시장기를 느껴 주문을 빨리 할 수 있게 만들 수 있다. 그러나 너무 지나치게 색채를 사용한다면 오히려 고객유치에 실패할 수도 있다.

● **바의 장식물**

화분에 심은 몇몇의 식물과 바 벽면에 색칠된 야자과 식물의 색은 고객으로 하여금 조용한 섬에 온 듯한 기분을 연출할 수 있어 고객을 편안하게 만들어 오랫동안 머물 수 있게 한다.

● **외부 장식**

건물의 외부 정면은 고객을 유인할 수 있는 공간이다. 그러나 잘못 연출된 건물 외부는 고객 유치를 어렵게 만든다.

● **종사원 유니폼**

종사원의 유니폼 색상은 고객들에게 환영감을 느끼게 하거나 바쁨 등을 전달할 수 있는 매개체다. 종사원의 유니폼은 업장 전체적인 장식 중 중요한 요소이다. 바 업장의 분위기 연출에 따라 정기적으로 종사원의 유니폼을 바꾸어야 한다.

▣ 서비스의 흐름

서비스 지역을 구상할 때, 바텐더의 모든 동작은 비용과 직결되어 있으며 잘 구상되지 않은 흐름도는 고객을 조급하게 만들 수도 있다. 종사원이 깨끗한 유리잔을 가져오는 장소가 어디인지 이에 따른 거리도 생각해 보아야 한다. 또한 탄산음료 기계는 음료잔과 가까이 배치되어 있는지도 생각해 본다. 심지어 바텐더의 4~5걸음 되는 곳에 배치되어 있다면 이것을 500개의 음료제공시에는 얼마만큼 움직여야 하는지 생각해 본다. 이것은 바텐더 한 사람이 감당하기에는 너무 많은 거리가 소요된다. 그러나 2~3명의 바텐더가 이를 나누어 한다면 같은 음료 제공시 필요한 시간을 줄이고 효용을 높일 수 있게 된다.

• 오른손잡이 바텐더

바텐더가 오른손잡이라는 생각을 가지고 종사원은 유리잔을 왼손으로 집고 병은 오른손으로 집을 수 있게 배치하여야 한다. 그래야 음료 제조 과정이 가장 생산적이게 된다. 만약 병이 왼쪽에 있고 유리잔이 오른쪽에 있다면 종사원은 이에 따른 부수적인 일들을 하게 된다. 또한 음료 제공 시간이 길어지고 잔을 깨거나 음료를 흘리는 횟수가 증가하게 된다.

• 고객을 고려

만약 음료가 안쪽 깊숙이 배열되어 있다면, 종사원이 이를 집기 위한 요구된 움직임의 시간만큼 고객들은 기다려야 한다. 이러한 시간들이 증가하면 고객들이 비용을 지불한 후에도 줄을 서서 기다려야 하므로 이와 같은 일이 발생하지 않도록 해야 한다.

• 저비용 장비

값비싼 신제품 냉장고와 같은 장비를 바에 둘 수 있는 자금이 없다면 저비용의 다른 대안을 이용한다. 싱크대 아랫부분에 얼음을 가득 채우면 한번에 30~40병의 맥주를 저장할 수 있다. 바에 사람이 많지 않다면 종사원은 냉장고에서 병맥주를 가져와 채워 둔다. 그러면서 매시간 불필요한 비용을 절감할 수 있다. 하지만 이것이 고객에게 빠른 서비스를 제공하는 것을 의미하는 것은 아니다.

• 미리 만들어둔 ‘Mixes’

대부분의 바에서는 가장 바쁜 영업시간 때 시간 절감을 위해서 칵테일 믹스를 만들어 둔다. 이것은 좋은 계획인 반면 고객이 쉽게 볼 수 없는 곳에 두어야 함을 잊어서는 안 된다. 또한 고객이 보는 앞에서 미리 만들어

둔 칵테일 믹스를 채우는 일이 없도록 해야 한다. 만약에 'Mixes'를 다 사용한 후 데킬라를 이용해 새로 만들어야 하는 경우 한꺼번에 많은 음료를 만들고 있음을 고객이 알지 못하게 해야 한다.

▣ 언더 바

언더 바는 바의 엔진이라고 할 수 있다. 만약에 디자인이 잘 되어 있다면 종사원은 빠른 시간에 주문된 것을 제공할 수 있다. 하지만 디자인이 효율적이지 않고 기능적이지 못하다면 고객과 종사원은 많은 시간을 허비하게 된다.

● 고객에게 집중

종사원 간의 핵심요소는 상호작용이다. 언더 바는 종사원이 다른 곳으로 이동하지 않고 그 자리에서 고객 주문의 80% 정도를 해결할 수 있도록 디자인되어야 한다. 종사원이 주문한 것을 만드는 동안 고객과 지속적으로 대화가 이루어지지 않는다면 이는 종사원의 업무가 많아졌다는 것을 의미하기도 하며 고객을 기다리게 만들 수도 있는 것이다.

● 바의 동선

종사원이 바의 작은 구역 안에서 효과적으로 업무를 할 수 있다면 가장 바쁜 시간대에 더 많은 종사원을 각 파트에 효과적으로 배치할 수 있다. 빠른 서비스와 높은 생산성을 위한 확실한 방법을 고안해야 한다. 바에 깨끗한 외관을 유지하며 어떠한 변화들이 생산성을 증대시킬 수 있는지도 고려해 보아야 할 것이다.

● 작업 장소의 유선

대부분의 바 피팅[1] 회사들은 선반, 상자, 얼음용 싱크대 등을 포함한 싱

---

[1] 바에 필요한 시설, 정비, 장치, 비품 등을 전문적으로 설치해 주는 회사

크 유니트를 판매한다. 또한 낡은 설비는 최소의 비용을 들여 대체하기도 한다. 이는 종사원에게 밀착되며 시간과 노력을 극대화하여 효과적인 작업 장소를 제공해 준다. 하지만 시간, 노동력과 고객 대기시간을 고려한다면 매번 구매에 따르는 비용을 지불해야 할 것이다. 'BigTray'는 온라인 혹은 전화로 이러한 장비들을 판다.

- **피곤방지 바닥매트(Anti-Fatigue Floor Mats)**

    바의 대다수 운영자들은 업장 내에 시설, 정비, 장치, 비품 등만을 필수품으로 생각한다. 많은 매니저들은 최상의 바닥 매트가 종사원과 운영이익에 공여하는 장점들을 쉽게 간과한다.

- **편안함**

    바텐더는 하루종일 서서 근무하기 때문에 딱딱한 바닥은 그들의 발과 허리에 좋지 않다. 편안함을 주는 바닥매트는 종사원이 딱딱한 바닥으로 인해 쉽게 쌓이는 피로를 방지하고 이를 통해 아파서 결근하는 일을 방지할 수 있다. 편안함을 주는 매트는 충격을 흡수하는 매트와 같으며 효율적으로 일할 수 있게 도움을 준다.

- **파손 방지**

    바의 매트와 기물 파손율을 조사해 본다. 아무리 잘 훈련된 종사원이라도 때때로 유리를 떨어뜨리는 실수를 할 수 있다. 이것은 단순한 바의 일상적인 모습이다. 매트로 인해서 유리잔을 떨어뜨려 생기는 파손율이 감소하거나 종사원이 파손율을 처리하는 횟수가 감소한다면 즉시 새로운 매트로 바꾸는 것은 당연하다.

- **전문적인 수선**

    새로 구입한 매트가 업장 바닥에 적합한지를 확인해야 한다. 만약에 매트를 바꾸었는데도 종사원이 같은 곳에서 똑같은 실수를 반복한다면 새 매트의 효과가 없는 것이라고 볼 수 있다.

▣ 온방, 환기 그리고 공기정화

바가 고객들로 붐빈다면 고객들의 편안함은 감소할까? 체온, 담배연기, 땀, 실내 온도, 산소수치 그리고 댄스무대의 안개 시설로 인해 고객은 불편을 느낄 수 있다. 이와 같은 경우 고객들은 바에 오래 머무를 수 없게 되며 재방문의 확률은 낮을 것이다. 다행히도 이와 같은 문제점의 해결방법은 상대적으로 간단하다.

● 공기정화장치 설치

난방, 환기, 에어컨(Heating, Ventilation, Air-Conditioning)은 많은 고객들로 북적거리는 바의 신선한 공기를 유지할 수 있는 방법이다. 또한 고객이 산소부족으로 피곤함을 느낄 때 100%로 완벽하게 신선한 공기를 만들어 주기 위한 공기정화를 수행해야 한다. 추운 날씨에 온방장치는 외부공기를 이용하여 공기정화에 필요한 비용을 절감시킨다. 이 방법으로 지역 공기정화서비스 회사에 연락하여 장비설치를 요청한다.

● 댄스무대에는 큰 배관의 공기정화 장치를 설치

사람들로 가장 붐비는 댄스무대 쪽은 고객들이 가장 불편함을 느끼는 장소이다. 외부 공기를 이용하여 신선한 공기를 제공하는 큰 배관은 실내의 탁한 공기를 정화시킬 수 있는 좋은 방법이다. 단순히 바와 댄스무대 뒤쪽의 스위치를 작동시킴으로써 신선한 공기를 유입시킬 수 있으며 고객은 활기를 띨 수 있다.

- **담배연기 추출장치**

   많은 고객이 붐비는 댄스무대의 탁한 공기보다도 소수의 흡연자가 내뿜는 담배연기는 바의 공기를 탁하게 만드는 주요 원인이다. 많은 바에서는 이와 같은 문제를 해결하려 하지만 비용으로 인해 비효율적인 문제들을 야기시킨다. 담배연기로 자욱한 바를 처리하는 가장 좋은 방법은 담배연기 추출장치를 갖추는 것이다. 공기정화 장치는 온도조절의 역할까지도 매우 효과적으로 할 수 있다.

▣ 제빙기의 효율적 사용

제빙기는 바의 중요한 기계 중 하나이다. 기계의 효율성은 음료판매에 영향을 미침에도 불구하고 많은 바 사업주가 제빙기의 중요성을 간과하는 경향이 있다. 다음을 살펴보자.

- **편리한 위치**

   제빙기의 위치는 작업하기에 편리한 곳에 있어야 한다. 어떤 것이 종사원에게 편리하며 어떤 것이 전기배선과 수도 공급에 가장 효율적인 위치인가? 이상적으로 바 종사원의 몇 걸음거리 이내에 미칠 수 있는 곳에 기계가 있는 것이 좋다.

- **고장을 대비한 예비 기계 설치**

   바의 바쁜 시간대에는 예비 기계는 필수적이다. 물론 이러한 기계는 비싼 비용을 초래하지만, 만약 제빙기가 고장날 경우 큰 손해를 볼 수 있다. 사업주는 얼음으로 인해 창출되는 수익을 고려해야 한다.

- **필수사항**

   고객들로 붐비는 바의 일반적인 원칙은 매일 1kg의 얼음을 각 고객에게 제공할 수 있어야 한다는 것이다. 항상 이만큼의 양을 사용하지는 않더라도 어느 정도의 양을 보유하고 있는 것이 좋으므로 항상 준비해 둔다.

- **전문적인 기계 설비**

가장 좋은 제빙기라 하여도 올바르게 설치되지 않았다면 얼음을 만들어 내지 못할 것이다. 가장 일반적인 얼음 기계의 문제점은 온수의 공급여부이다. 또한 물이 파이프를 통과하는 방식에 의해서도 문제가 야기된다. 물의 배선이 냉장고나 환기장치 배선 쪽으로 통과할 수 있게 해야 한다. 왜냐하면, 물이 얼음기계로 들어올 때 거의 어는점의 온도를 유지하며 공급될 수 있기 때문이다.

- **최상의 수행 상태**

얼음이 녹았을 때, 이 물이 기계를 통해 배출된 차가운 물과 함께 흐를 수 있게 되어 있는지 확인해야 한다. 이것이 얼음 기계를 최상의 수행 상태로 유지하는 방법이다.

- **조정할 수 있는 기계**

몇몇 기계들은 얼음의 모양과 크기를 음료의 종류에 맞추어 조정이 가능하다. 일반적으로 움푹 파인 타원형의 얼음은 부피가 크지만 보통 얼음 모양보다 쉽게 녹지 않는다. 몇몇 고객들은 음료를 다 마신 후 남은 얼음 그 자체를 먹는 것을 즐기는 고객도 있다. 그러므로 얼음의 모양을 적절하게 조정하는 것도 중요하다.

- **얼음 결정방지**

얼음을 얼음저장고에 옮길 때 얼음이 서로 달라붙어 스쿠프로 담기 어려운 현상이 발생한다. 이때는 탄산음료를 살짝 뿌려두면 쉽게 해결할 수 있다.

- **얼음저장고의 윗면에 젖은 수건을 올려둠**

  바의 붐비는 시간대를 대비하여 얼음저장고에 얼음을 가득 채워두면 외부공기로 인해 기계가 따뜻해질 수도 있다. 따라서 얼음이 녹지 않게 얼음저장고의 윗면에 젖은 수건을 올려두어 더욱 잘 관리해 두어야 한다.

- **블렌더 또는 슬러시기계**

  때때로 칵테일의 주문량이 증가하면 바텐더의 블렌더 사용시간을 증가시키게 된다. 그렇다고 미리 갈아둔 얼음을 사용하여 마가리타를 만든다면 고객이 실망하게 될 것이다. 따라서 어떻게 시간 배분을 빠르고 효과적으로 하여 더 많은 수익을 창출시키는지에 대해서 생각해 본다.

- **'후로즌 드링크 머신'에 대한 투자**

  많은 양의 음료 주문이 오직 블렌더 기계에만 의존해서 만들어지고 있다. 좋은 음료 기계는 많은 알코올을 저장할 수 있으며 3분이 걸려 만들던 음료를 10초 내에 만들어 낼 수 있다. 또한 이 기계에 먹음직스러운 녹색 얼음이 섞인 마가리타를 가득 넣어 둔다면 마가리타의 판매량을 증가시킬 수 있는 전시 역할도 한다.

- **품질**

  후로즌 드링크 머신은 다른 어떤 기계보다 빨리 음료를 만들어 낸다. 때로는 어떤 주문은 음료의 양보다는 질을 추구한다. 이러한 상황에서 블렌더는 효과적이지 않다. 기억할 것은 훌륭한 블렌더는 절대 가격이 싸지 않으며 이에 해당하는 품질을 보증해 준다.

- **내구성**

  블렌더의 구조에 관한 주의사항은 블렌더로 인해 얼마만큼 많은 양을 만들 수 있는가이다. 만약 블렌더의 내구성이 약할 경우 피나콜라다나 데킬라와 같은 음료를 잘 만들 수 있다는 생각을 버려야 한다.

● **가격할인**

일반적으로 블렌더를 대량구매시 가격할인을 받을 수 있다. 이는 필요한 수량보다 더 많은, 최소한 5개 이상의 블렌더를 사야 함을 의미한다. 그러나 이 구매과정에서 20%의 할인을 받는다면 블렌더 중 한 개는 무료라는 것이다. 따라서 이와 같은 혜택은 누릴 만하다.

■ **종사원이 할 일을 고객이 하게 해서는 안 된다.**

고객의 방문을 이끄는 데는 많은 비용이 소요된다. 그러므로 고객이 바에 방문했을 때 종사원으로부터 오래 기다려야 한다는 말을 듣게 해서는 안 된다. 기다리는 고객을 유치할 수 있는 다음의 방법을 살펴본다.

● **흥미로운 웨이팅 장소**

몇몇의 고객들은 단지 앉아서 기다리는 것을 원하지 않는다. 그러므로 게임이나 간단한 퀴즈, 인터넷 접속, 대형 TV, 음악 감상과 같은 것들을 제공한다. 이것은 고객의 대기시간을 흥미롭게 하여 기다리고 있다는 느낌을 잊을 수 있게 하여 고객 창출의 효과를 얻을 수 있다.

● **대기고객에게 웨이팅 푸드를 제공**

고객에게 웨이팅 푸드를 제공한다고 하여 재무에 큰 영향을 미치지 않는다. 이것은 고객이 허기를 느껴 맥도널드와 같은 곳에 대신 가지 않게 배고픔을 다소 해결해 줄 수 있는 방법이다. 하지만 너무 많은 음식을 제공해서는 안 되며 바에서 먹는 데 지장이 없을 정도로만 제공한다. 웨이팅 푸드를 다양하게 준비하면 고르는 재미를 부여하게 되어 고객의 순서가 되면 바에 들어가서 먹었던 음식을 주문하게 되고 이는 수익과 직결될 수 있다.

- **고객에게 삐삐(pagers) 제공**

    고객의 대기시간 동안 테이블이 준비되면 알려줄 수 있는 삐삐를 제공하는 것은 고객대기 순서를 알 수 있게 하는 훌륭한 대안이다. 테이블이 준비되었을 때 종사원은 고객에게 연락하고 대기하고 있던 고객은 테이블이 준비되었다는 것을 알 수 있게 된다. 벨럭스 유통(www.ivellux.com)을 통해 이에 대한 더 많은 정보를 얻을 수 있다. 혹은 지역 paging시스템 공급업자와 만나 본다.

- **무선시스템을 통한 대기시간 관리**

    테이블이 준비되었을 때 이와 같은 시스템은 무선으로 고객에게 정보를 제공하며 종사원에게도 테이블의 준비 여부, 테이블 번호 등을 알 수 있게 한다. 즉 종사원이 왔다갔다 하며 테이블의 상황을 확인하는 것보다 훨씬 더 효율적이다. 미국의 2000시스템(www.restaurantpas.com)에 접속하여 다양한 상품을 살펴보고 몇 가지는 다운로드 받아서 확인해 볼 수 있다 (전화번호 : 203-366-8673). 국내의 경우는 지트론시스템(www.g-tron.co.kr)에 접속하여 다양한 제품과 정보를 얻는 것도 좋다.

- **무선 신용카드 사용의 현실화**

    고객들의 식사가 끝날 때 종사원이 계산을 하기 위해 테이블과 카운터를 왔다갔다 하는 시간을 기다려야 하는가? 무선 장치를 이용하면 카드결제를 테이블에서 바로 할 수 있다. 신형 장치는 영수증까지 제공하며 10초 안에 모든 것을 해결한다. 이런 것을 테이블의 회전율을 높이는 데 기여한다. 이 무선 장치는 www.merchantwarehouse.com/800-941-6557에서 구입할 수 있다. 국내에서는 코리아전자솔루션(주)(www.koreaess.com)을 통해 많은 정보를 얻을 수 있다.

• 대기시간 중의 음료 제공

고객들이 대기시 몇 가지 다양한 음료를 제공하여 선택할 수 있게 한다. 무료로 제공되는 마가리타에 5shoot의 데킬라와 라임 그리고 얼음이 필요하다. 실제 이 음료를 제공하기 위해서 약간의 비용이 들지만 고객들은 시원한 무료음료를 제공받을 때 만족하게 된다. 장기적으로 보면 무료음료 제공에 약간의 비용이 들긴 하지만 고객들은 그 이상의 돈을 지불하게 되는 것이다.

• 정확한 대기시간 알림

호스트를 항상 열어둔다. 만약에 고객이 30분 정도 기다려야 한다면 15분으로 시간을 줄여 말해서는 안 되며 시간을 정확하게 알려야 한다. 즉 종사원은 고객의 대기시간을 정확히 알리고 시간이 지남에 따라 감소한 만큼의 대기시간 또한 지속적으로 알려야 한다. 이와 같은 사소한 것이 대기고객에게는 큰 역할을 한다.

레스토랑
운영
노하우

3 저 장

▦ 지분을 위한 넓은 선택폭의 제공

어떤 방법으로 손님에게 물건을 팔 것인가와 새로운 고객을 창출할 것인가?
Procter & Gamble사는 crest 치약만으로 수백만 달러의 매출을 올렸는데, 치약
의 이름에는 다양성, 독창성, 품질의 의미를 담고 있었다. 잠깐 이 상품의 영상
을 살펴보면; 타 지역에서 온 잘 차려입은 여러 명의 사람들이 Courvoisiers[2]
를 주문한다. 바텐더는 주문을 다시 한번 확인한다. 다음은 120달러를 지불하며
그들이 나가는 소리를 들을 수 있다. 이것을 알코올 음료에서 발생하는 낭비되
는 돈이라고 생각할 수 있지만, 다양하고 적당한 상품을 준비해 두는 것을 의미
하는 것이다. 이것이 바로 어떤 고객이든 사로잡을 수 있는 비결이다.

● 충동구매를 유도

스피리츠, 리큐어와 병맥주 등은 유통기한이 길어 유통기한이 짧은 식
재료, 장식재료, 주스들과는 다르게 부패율이 낮다. 비록 특정 브랜드가 잘
팔리지 않더라도 칵테일을 만드는 기본 베이스로 사용할 수 있다. 그러므
로 다양한 종류의 상품을 준비해 비축해 두는 것이 좋다. 갑자기 특별한
것을 찾는 고객에게 충동구매를 유도할 수도 있고, 좋은 인상을 줄 수도

---

2) 코냑의 한 종류

있기 때문이다.

● 한 번에 한 브랜드를 중심으로 접근

선택의 다양성을 증가시키다보면 운영에 무리가 될 수 있다. 재고를 미리 저장해 두기 위해 너무 많은 돈을 지출해서는 안 된다. 주 간격으로 새로운 메뉴를 선보이려 노력하여야 한다. 또한 잘 팔리지 않은 경우를 대비해서 적은 양을 구매하여야 한다.

● 판매를 위한 새로운 아이템 첨가

종사원들에게 한두 번 정도 특별 아이템에 대해서 물어본다. 특정 브랜드에 대해서는 한시적으로 가격을 내리는 방법 등의 새로운 프로모션을 시도해 보아야 한다.

● 특별한 스피리츠(음료)로의 확대를 시도

예를 들어, 보드카와 데킬라를 선택한다. 이러한 음료들은 다양한 음료를 만드는 데 유용하다. 새로운 것을 선호하는 고객들은 새로운 음료를 제공하는 바를 찾아다니는 경향이 있다. 12종류의 데킬라를 갖추어 놓는 것은 지나치다 싶기는 하지만 데킬라를 즐기는 사람들에게는 천국이 될 수 있는 것이기도 하다.

● 오랫동안 판매되지 않은 재고정리

특정 음료가 9개월 이상 병째 선반에 방치되어 있다면 제거하는 것을 고려해야 한다. 절대로 오랫동안 그 자리를 차지하게 해서는 안 된다. 새로운 종류를 채워 놓으며 오래된 재고를 없애는 좋은 방법 중에 하나는 특별한 칵테일을 만들거나 낮은 가격에 판매하는 방법이 있다.

- **작은 병**

  잘 팔리지 않는 리큐어나 선반의 꼭대기에 있는 스피리츠같이 잘 팔리지 않는 아이템을 찾는 손님들이 있다. 이런 경우 500㎖이나 750㎖ 정도의 작은 병으로 구입해 선반에서 장기간 먼지가 쌓이는 것을 방지한다.

▦ 커 피

수천만 달러의 매출을 올리고 있는 스타벅스도 커피를 공급받지 못하면 존재할 수 없다. 커피는 대규모 사업이다. 커피를 좋아하는 사람들의 관심을 끌지 못하면 잠재적인 시장을 잃는 것이다.

- **커피 서비스는 그 자체가 예술이다.**

  커피를 제공한다는 것은 종이컵에 네스카페 커피를 제공하는 것을 의미하는 것은 아니다. 바텐더가 칵테일을 만드는 것처럼 좀더 이국적이고 좀더 높은 수준의 커피 서비스를 제공하는 것이 새로운 고객을 찾는 방법이기도 하다. 에스프레소 커피 기계를 구입하는 데 자금을 투자한다. 만약에 종사원이 기계 사용하는 방법을 알지 못한다면 작동법에 대한 교육을 실시한다. 지역신문을 살펴보면 다양한 커피 공급자들의 정보를 알 수 있다.

- **갓 내린 뜨거운 커피가 아니면 좋은 상품이 될 수 없다.**

  사실은 차가운 커피 관련 상품들은 매출에 좋은 역할을 담당할 수 있다. 갓 뽑아낸 커피를 이용한 얼음처럼 차가운 커피 칵테일들은 카페인이 들어간 음료를 선호하는 고객에게 만족을 줄 수 있다. 단순히 뜨거운 커피에 얼음을 넣어 주는 것보다 리큐어 등을 첨가하여 칵테일을 만드는 것도 좋은 방법이다.

• 특별한 글라스웨어를 제공

커피 음료를 위한 유리잔들은 다른 음료들과 같이 사용할 수 없다. 12 또는 16온스 잔에 커피를 가득 담아내는 것이 손님을 속이는 것처럼 보여질 수 있으므로 커피를 낼 때는 반드시 고급스럽게 보이도록 해야 한다. 커피 음료를 맥주잔, 와인잔에 담아내는 것도 특별해 보일 수 있다. 그러나 고객이 뜨거운 잔을 꺼려한다면 손잡이가 달려 있는 잔에 서비스하는 것이 좋다.

• 커피는 무알코올 칵테일과 연관하여 제공한다.

예를 들어, 딸기 모카 플롯을 만드는 방법은 한 스푼의 아이스크림을 두꺼운 커피 유리잔에 담아놓고 그 위에 차가운 커피와 딸기를 섞는다. 다시 아이스크림을 넣고 그 위에 섞은 재료를 채운 다음 크림을 한 스쿠프 놓고 딸기를 잘라서 올리는 것으로 더운 날 마시기에 좋다. 이처럼 새로운 음료를 제공하면 손님의 재방문을 유도할 수 있다.

▣ 글라스웨어의 선택

글라스웨어를 선택하는 것은 맥주나 와인, 스피리츠 잔을 선택하는 것보다 더 중요하다. 유리잔은 바 전체 이미지를 줄 수 있는 시각적인 효과, 홍보 부분 등의 많은 부분에 영향을 주기 때문이다.

• 미학적 측면

분주한 바의 경우 유리잔이 바 전체를 채우는 경우가 있다. 작은 공간이라도 유리제품을 보관할 수 있는 여유 공간을 두어야 한다. 유리는 미적 감각을 높이는 데 좋은 역할을 담당할 수 있다. 음료의 가격을 높이고 싶다면, 유리제품을 좀더 고급스러운 것으로 바꾸어 본다.

- **플라스틱 제품**

유리제품보다 가격도 싸고 파손율도 낮은 것이 플라스틱 제품들이다. 그러나 플라스틱 제품들은 유리제품보다 매력적인 측면에서 떨어지고 손님들에게 싸다는 인식을 심어줄 수 있다. 좋은 칵테일이란 맛도 뛰어나야 하지만, 칵테일 본연의 색을 최대한으로 살릴 수 있는 용기에 담는 것도 중요하다.

- **업장 분위기와 어울리는 유리제품**

어떤 유리제품의 외관은 환상적으로 보이기도 한다. 그러나 3박스 이상의 유리제품을 구입하기 전에는 반드시 미리 사용해 본 다음에 구입을 해야 한다. 한 번에 많이 쉽게 옮길 수 있는가? 한쪽 면이 부드러워서 쉽게 미끄러져 깨지기 쉬운가? 종사원들이 세척하기에 편리한가? 너무 길거나 너무 얇지 않은가? 맥주잔의 경우는 오랫동안 거품을 유지하고 있는가? 다용도로 사용이 가능한가? 한 가지 음료만 담아낼 수 있는가? 등의 여러 면을 고려해 보아야 한다.

- **이국적인 유리제품**

너무 특이한 유리제품을 사용하다보면 잃어버리는 등의 문제를 발생시킬 수 있다. 그래서 품위가 있되 모든 부분과 어울릴 수 있으며 오랜 기간 사용되어 왔던 것을 구입해야 한다. 너무 희귀한 제품들은 손상을 입어 재구매를 할 때 어려움을 겪을 수 있다.

- **테스트 튜브를 활용한 이색적 칵테일**

이러한 칵테일은 특별한 가격에 제공할 수 있다. 튜브는 젤로(Jell-O)샷을 제공할 때 사용할 수 있다. 대부분의 유리제품 공급업자들은 튜브제품을 판매하고 이를 제공할 수 있는 서비스 선반까지 좋은 가격에 공급하고 있지만 이것은 청소하기가 어렵고 도난의 우려가 있을 수 있다는 것을 명심해야 한다.

- **1야드 맥주잔(yard-of-ale)3)**

  유리잔(큰 통 같은 잔)에 담아내는 맥주는 고객에 따라서 큰 판매수익을 올릴 수 있다. 야드(yard) 유리잔은 때때로 서비스 중인 것처럼 보일 수도 있지만 젊은 사람들에게나 그룹단위의 고객들은 이 잔을 선호한다. 그래서 야드잔을 준비해 두는 것이 좋다. 음료를 통한 수익을 올리고 싶다면 잔으로 담아서 판매하는 것이 좋다.

▨ 맥주 혼합! 판매 상승!

캐나다, 유럽, 호주 바에서는 mix and match beer(섞어서 조화롭게 만든 맥주) 제품들이 오랜 전통으로 자리잡고 있다. 오늘날의 고객들의 입맛은 변하고 있다. 그래서 고정된 형태의 맥주들은 이러한 고객의 욕구를 만족시키지 못하고 있다. 이러한 이유에서 많은 바들이 맥주에 다양한 재료를 섞은 혼합맥주들을 개발해 내고 있다.

- **블랙 앤 텐(The Black and Ten)**

  전통적인 호박색 에일(ale)에 기네스를 섞는다. 두 가지의 다른 느낌을 주는 맥주들을 섞어 외관과 향이 독특한 새로운 맥주를 만들어 낼 수 있다. 맥주를 담은 잔이 기울어지면 두 가지 수준의 혼합물이 잔 가장자리로 분산된다. 그러나 다시 한번 기울이면 이것들은 제자리를 찾아가게 된다.

---

3) 길쭉하고 높은 유리잔

● 하프 앤 하프(The Half and Half)

필스너(pilsner)와 비터(bitter)를 혼합한 맥주이다. 필스너는 비터의 끝 맛을 잡아주는 역할을 하고 비터는 필스너의 맛을 없애주는 역할을 하게 된다. 이러한 결과로 이 맥주는 다양한 맛을 내게 된다. 이와 유사한 느낌으로 만든 것이 락 앤 벅(Rock'n Bock)이다. 락 앤 벅은 기네스에 꿀을 섞은 라거를 섞거나 기네스에 포스터라거를 섞은 것이다.

● 샌디(Shandy)

맥주에 클럽소다(또는 세븐업)를 섞은 것으로 가벼운(light) 맥주가 생산되기 전에 대중적으로 이용되던 맥주 음료이다. 이것은 향이 독특하지만 맥주의 맛을 변화시키지 않고 맥주보다 더 부드러운 맛을 내는 음료이다. 하지만 최근에는 소비층이 감소되고 있다. 대신 레몬라임과 소다를 섞은 레몬 탑, 진저에일을 섞은 샌디(shandy), 또는 라임을 넣은 라거라임을 많이 마시고 있다. 호주에서는 강하고 가벼운 맥주를 섞은 피프티(fifty)를 많이 마신다.

● 모험적 시도

가끔 맥주와 전혀 어울리지 않는 첨가제를 넣어 이상한 맛을 만들어 내는 경우도 있다. 닥터 페퍼가 대표적인 예라고 할 수 있는데, 맥주에 아마레또를 섞어 만든 것이다. 또 어떤 경우는 여기에 럼을 한 잔 더 넣어 맛을 더 깊게 만드는 경우로 이것을 지옥에서 온 닥터 페퍼라고 한다. 맥주에 토마토 주스를 넣어 레드 아이(red eye)라는 이름의 블러드 메리도 대표적인 것이라고 할 수 있다.

● 검은 벨벳은 시대를 초월한 고안물이며 일요일 브런치로써 좋음

기네스를 차가운 샴페인에 섞어 만든 술을 벨벳 천으로 감아서 유명해진 칵테일들이다. 샴페인에 사이다를 넣어 검은 벨벳으로 장식한 것은 좋은 경제적인 대안이다.

- **끔찍한 이름을 가진 맥주음료**

    블러디 바스타드(Bloody Bastard), 베스에일(Bass Ale), 호스래디시(horseradish)와 껍질 벗긴 새우로 장식을 한 블러디 메리(Bloody Mary) 같은 것이 좋은 예이다. 그러나 타바스코 소스, 맥주, 호스래디시, 굴을 섞은 오이스터 슈터(oyster shooter)는 차가운 잔에 서비스를 해야 한다.

▨ 글라스웨어의 취급

유리제품이 파손되는 데에는 여러 가지 요인들이 있다. 대부분의 경우는 고객이나 종사원이 떨어뜨려서 발생하는 것이다. 다행히도 여러 가지 요인들은 사전에 예방할 수 있으며 어떻게 다루어야 하는지를 알 수 있다. 다음의 사항을 고려해 본다.

- **열 변화**

    유리는 열을 보유하는 성질이 있다. 그래서 유리가 세척기에서 나왔을 때 유리의 열이 실내온도가 되도록 식혀주는 것이다. 만약 뜨거운 유리잔에 얼음이나 차가운 음료를 넣으면 온도가 급속히 변해서 금이 가거나 깨지게 되는 것이다. 이렇게 발생할 수 있는 잠재적인 문제들은 유리제품을 충분히 식힘으로서 해결할 수 있다.

- **충격에 약한 경우**

    일반적으로 유리제품들은 400~500g 정도의 용량을 담을 수 있다. 바 종사원들은 비금속성의 얼음 스푼을 이용해서 얼음을 담게 되는데, 이때 유리잔과 얼음 스푼이 부딪혀서 깨지게 된다.

• 유리제품의 모양이 선반에 맞지 않는 경우

사람들이 자주 드나드는 공간이나 세척기 주변에 유리제품을 두어서는 안 된다.

• 수거과정

테이블에서 유리잔을 수거하는 종사원들은 테이블을 빨리 치우기 위해 한꺼번에 유리잔을 옮기려고 한다. 그러면 잔과 잔이 부딪혀 깨지게 되는데, 확률은 20% 정도되고, 아래쪽에 놓인 유리잔의 경우는 더 위험하다고 할 수 있다.

• 유리제품의 수명 확인

오래 사용한 유리잔들은 금이 가거나 흠집이 생기게 된다. 유리잔의 수명이 거의 끝날 때까지 쓰려고 하는 경향이 있는데, 그렇게 하게 되면 음료를 서비스하는 중간에 금이 가서 음료를 새로 만들어 주어야 하는 경우도 있다. 손님의 입술이 음료를 마시다가 베이는 일이 없도록 유리잔을 미리 교체해야 한다.

• 유리잔의 정기적 교체

유리잔을 새 제품으로 교체해 두었다가 바쁜 날 비상용으로 사용하도록 하거나 폐기시켜야 한다. 이 과정에서 추가비용이 더 들 수도 있지만 유리제품이 파손되어서 생길 수 있는 문제들을 미리 예방할 수 있다.

■ 보드카 원칙

많은 사람들이 좋은 스카치위스키를 무조건 스피리츠라고 하지 않는다. 대부분의 고객들은 스피리츠의 질은 강한 정도에서 나오는 것이라고 한다. 보드카를 즐겨 마시는 사람들은 이것을 구분할 줄 안다. 이러한 사람들은 보드카를 즐기는데 흔쾌히 돈을 지불한다. 스피리츠를 즐기는 몇 가지 간단한 규칙이 있다.

- **보드카는 얼지 않음**

  냉장고에 보관한 보드카는 그 자체만으로 훌륭하다. 보드카는 얼음을 넣어 서비스할 때가 최상이다. 보드카를 즐겨 마시는 사람들은 스피리츠를 희석해서 마시지 않는다.

- **눈에 띄는 진열**

  냉장고에 보관되어 있는 보드카는 손님에게 보이지 않으므로, 빈병만 바에 진열해 두는 것이 좋다. 빈병을 물로 채워서 진열하는 것보다 빈병 그대로를 진열해 두는 것이 좋다. 또한 손님이 브랜드를 쉽게 알아보도록 하고, 제공할 때에는 병을 냉장고에서 차게 한 다음 보드카를 넣어 서비스한다.

- **깔끔한 보드카**

  어떤 사람이 깔끔한 보드카를 즐기고자 한다면 잔을 냉장고에 넣어 차게 한 후 잔에 서리가 낀 상태로 손님에게 제공하여야 한다. 이러한 작은 배려가 보드카를 좋아하는 손님들을 만족시키는 방법이다.

▣ 손실률 줄이기

맥주, 스피리츠, 리큐어는 유통기한이 있다는 사실을 매니저나 직원들 중에는 모르는 사람들이 꽤 있다. 다음의 간단한 사항을 숙지하도록 하여 재고품의 회전을 고려해야 할 것이다.

- **새로 들어온 물건은 무조건 냉장고 가장 안쪽에 배치**

  바쁠 때에는 냉장고를 정리하는 것을 잊어버리기 쉽다. 만약 냉장고 정리가 잘되어 있다면 바쁜 시간에 병맥주 같은 아이템들을 냉장고 안쪽에서 꺼내지 않아도 된다. 병맥주는 4달이 지나면 맛이 달라진다. 일주일 중에 하루는 영업을 시작하기 전에 냉장고 정리를 해주어야 한다.

- **나무통은 썩기 쉬움**

  오랫동안 보관을 하게 되면 가스가 발생하게 되고 이것은 나무통의 품질을 낮추게 된다. 공휴일이나 크리스마스 휴일이 지나면 반드시 나무통의 가스를 빼주어야 한다.

- **잘 팔리지 않는 것(slow seller)**

  생맥주가 다른 것보다 천천히 팔리면 작은 크기의 나무통을 고려해 보아야 한다. 맥주는 신선함이 생명이기 때문이다.

- **맥주의 온도상승 방지**

  맥주는 오랫동안 두면 온도가 올라가고 거품이 생기게 된다. 맥주가 다시 정상이 되기를 기다리는 것은 맥주를 낭비하는 것을 의미한다. 적어도 가장 최근에 입고된 맥주들의 온도관리를 잘하는 것은 맥주의 온도상승을 방지하여 손실률을 감소시킬 수 있다. 이렇게 하면 적어도 한 달 이내에 손실 비용을 최소화할 수 있다.

- **잘 팔리지 않는 리큐어 모니터링**

  잘 팔리지 않은 리큐어를 잘 세척해 주지 못한다면 차라리 병을 비워버리는 것이 훨씬 나을 수 있다. 또한 신선한 공기가 병 안으로 들어가 오염물질이 생길 수도 있기 때문이다.

- **보관하기 쉽지 않은 장식재료 제거**

  종사원들이 장식재료를 만들 때 버리는 부분을 최소화함과 동시에 고객들에게 가장 신선한 장식재료가 제공될 수 있도록 해야 한다.

■ 비알코올성 음료

모든 사람들이 최고의 자리에 오를 필요가 없듯이 모든 사람들이 알코올 음료를 선택해야 할 필요는 없다. 라스베이거스에서도 도박을 즐기지 않는 사람들이 있듯이 알코올을 마시지 않는 고객들에게도 음료를 즐길 수 있는 기회를 주어야 한다.

• 비알코올 음료를 포함시킨 메뉴판

럼을 넣지 않고도 색깔과 향 부분에서 이국적인 음료를 만들기 쉽다. 홍차, 커피, 주스, 소다, 셔벗, 아이스크림, 요거트 등을 활용하면 알코올 음료를 마시지 못하는 고객들에게 좋은 음료가 될 수 있다. 또한 알코올 음료의 가격만큼 받을 수 있다.

• 직접 짠 신선한 주스 제공

바의 영업형태와 재료수준을 갑자기 달리할 수는 없다. 하지만 대부분의 바에서는 충분한 양의 오렌지, 딸기, 사과 등을 칵테일의 장식재료로 이용하고 있다. 이러한 아이템들을 이용하여 이국적인 주스를 만들어 내면 이른 아침과 점심시간에 좋은 반응을 얻을 수 있다.

• 스마트 드링크 음료나 에너지 보충을 위한 음료는 좋은 사업거리

머리 좋아지는 음료는 오랫동안 유럽에서 대중적이었고 에너지 보충용 음료는 북미지역에서 마셔왔다. 최근에 레드불(red bull)는 에너지 음료의 컨셉을 강조하였으며, 바 체인에서 일상적으로 사용되고 있다. 이러한 주스는 직접 짠 신선한 과일 주스뿐만 아니라 고객의 비타민, 미네랄 보충용으로도 다양하게 인식되어 왔다.

● **스포츠 음료**

　이런 종류의 음료들이 점점 인기가 좋아지고 있다. 게토레이가 체육관이나 더운 날씨에 가장 많이 찾은 음료가 되었듯이 오늘날 많은 음료생산 기업들이 다양한 음료를 선보이고 있다. 이를 활용해 다른 음료들과 함께 섞어서 제공하면 땀을 식혀주는 좋은 음료가 될 수 있다.

▣ 최고의 종사원 찾기

바를 운영하는 이도 사람이고 찾아오는 이도 사람이기 때문에 성공적인 바 운영은 인적자원에 달려 있다고 볼 수 있다. 그러면 어떻게 종사원을 발굴하여 채용하고 어떻게 교육시켜 환대산업 분야에서 성공을 할 것인가? 대부분의 바 매니저들은 종사원의 개개인에게 맞는 직무를 찾아주는 것이 가장 어려운 일이 라고 한다. 최고의 종사원을 고용하고 싶다면 다음의 사항들을 고려해 보는 것 이 좋다.

● 헤드 헌터의 활용

종사원의 외모 기준을 정한 후 등록 명부에 기재를 하여 세부적인 광고를 활용하면 적절한 사람을 찾을 수 있다. 세부적인 광고를 내면 확실히 많은 지원자들이 지원한다. 하지만 훌륭한 종사원들은 이미 경쟁업체에서 일을 하고 있기 때문에 최상의 종사원 확보는 어려울 수 있다. 따라서 지역의 좋은 업체를 둘러보면서 종사원들을 찾아본다. 그리고 헤드 헌터를 이용해 서 그 사람에게 접근하여 조건을 제시하는 것이 좋은 방법이다.

● 현 종사원의 추천

현재 있는 종사원들은 새로운 종사원을 얻기 위한 가장 좋은 원천이라고 할 수 있다. 그들은 일반적으로 그 분야에서 일하고 있거나 환대산업에 어울리는 동료들을 많이 확보하고 있기 때문이다. 물론 특별한 학벌이나 조직 등을 형성하는 것이 바람직하지는 않지만 이 방법은 확실히 효과적이다.

● **보너스 제시**

누군가가 새로운 종사원을 소개한 후 그의 수습기간이 지난 후에는 소개해 준 사람에게 어느 정도의 보너스를 제공하는 것이 좋다.

● **지원자 목록 소지**

광고를 내지 않았는데도 누군가가 일을 하고 싶다고 지원을 한다면 그 사람은 이 일에 대해서 많이 알고 있고 진심으로 일을 하고자 하는 성격이 강한 사람이다. 이러한 사람들을 정신적으로 충분히 동기부여가 되어 있기 때문에 지금 당장이 아니더라도 향후를 대비하여 반드시 이들의 지원목록을 갖고 있어야 한다.

● **시간이 돈**

사람들을 인터뷰 하는데 너무 많은 시간을 들이지 않는다. 그 사람이 마음에 들지 않으면 바로 지원에 대한 감사의 표시를 하고 자리를 비우는 것이 좋다.

● **돈을 벌고자 하는 사람을 채용**

일반적으로 학생신분이거나 융자를 받은 경우, 가정을 꾸리고 있는 경우 등 경제적 안정을 추구하는 사람들은 직장을 갑자기 그만두거나 하지 않는다. 전통적으로 사람들이 일을 그만두게 되는 것도 각각의 삶에서 더 안정정인 요인들을 찾고자 하는 것이다.

- **정확하게 무엇을 찾고 있는지를 확인**

  특정역할은 그에 맞는 특정기술을 요구한다. 물론 모든 업무가 충분한 경험을 요하지는 않는다. 하지만 모든 업무는 안정적이고 머리가 좋으며 정직하고 어떠한 일이든 거리낌 없이 처리하는 사람을 원하게 된다. 만약에 경험이 없는 이에게 이러한 사항을 요하게 되면 많이 부족한 면이 드러날 것이다. 이때에는 교육에 대한 투자를 아끼지 않아야 할 것이다.

- **모든 종사원은 회사의 성격을 그대로 반영**

  모든 종사원이 잠재적인 친구로서, 서로 꺼려서는 안 되는 존재라는 것을 인식하도록 하는 것이 매우 중요하다. 어떠한 사람들은 미소로 바의 분위기를 살리기도 한다. 그 사람들 중에서 2~3명 정도만을 가려낼 수 있어도 이는 고객들의 재방문으로 연결될 수 있다.

- **항상 준비하고 있는 지원자 발굴**

  항상 지원서를 준비해 놓고 준비를 철저히 한 지원자를 발굴하여야 한다. 만약 준비가 제대로 이루어지지 않은 지원자는 인터뷰할 의미가 없음을 의미한다.

- **올바른 질문만 하기**

  지원자 개인에 대한 정보를 모두 얻고 싶다면 이를 리스트로 만들어서 질문을 한다. 이것이 질문의 요지를 벗어나지 않는 방법이다.

- **실수 지적하기**

  만약에 바텐더가 와인병이나 마티니를 섞을 때 뚜껑을 닫지 않는 등의 실수를 지속하여 문제가 발생할 경우 적절한 때에 지적을 하여 사전에 다른 실수를 방지해야 한다.

▣ 정직함을 시험하는 방법

정직하지 않은 종사원들은 자신들의 전부를 드러내지는 않는다. 어떤 때는 미소로 자신들을 감추기도 한다. 종사원을 고용할 때 진실한 사람들을 어떻게 가려내야 할 것인가?

● 주변환경 확인

종사원과의 말을 통해서 무언가를 알아낸다는 것은 특별한 능력을 필요로 한다. 미국에서는 ussearch(www.ussearch.com)를 통해서 종사원의 범죄기록에 대한 상세한 정보를 알아낼 수 있는데, 통상적으로 59.95달러에서 99.95달러 정도의 비용이 든다. 이 조사의 결과는 24시간 이내에 이메일로 받을 수 있다.

● 신원조회

반드시 모든 사항에 대해 조회하여야 하고 인터뷰를 통해서 그 사람의 신용정도를 파악할 수 있어야 한다. 반드시 경력사항에 대해서는 각 회사들에 연락을 해 그 사람이 이직한 이유는 무엇이며, 얼마나 오랫동안 근무하였는지 또한 업무내용은 무엇이었는지, 이 회사에서 특정 업무를 시켰을 때 그 사람이 그 일을 소화해 낼 능력이 있는가에 대해서도 물어본 후 고려해 보아야 한다.

● 신용조회

재정 관련 업무를 담당할 종사원을 채용하려고 한다면 그 종사원의 신용기록을 면밀히 살펴보아야 한다.

● 가끔은 단순한 접근이 최상의 방법

어떠한 사실을 받아들일 때 외형적으로 보이는 반응은 어떠하며 질문시

몸짓(body language)은 어떠한지를 살펴본다. 얼굴이 빨개지지 않는가? 눈을 마주치지 못하는가? 안절부절하지 못하는가? 머리를 흔드는가? 노(No)라고 쉽게 말하는가? 등을 확인한다.

■ 지원자 파악을 위한 몇 가지 중요한 질문

가장 중요한 것은 진실을 말하고 어떤 상황에 대해 긍정적인 반응을 보이는 사람을 채용하는 것이다. 먼저 단순히 일을 지원하게 된 이유에 대해서 물어본 다음, 중요한 부분에 대해 질문하고 이를 메모해야 한다. 메모를 할 때는 항상 바뀌는 노동법과 관련하여 주의해야 한다는 사실이다. 미국에서는 어떤 질문들은 주나 연방법에서는 받아들여지지 않을 수 있다. www.dol.gov에 방문해 최근의 연방법과 주의 노동부 사이트를 방문해서 확인해 보는 것이 좋다. 국내는 법률 지식정보시스템(The National Assembly of the Republic of Korea : likms.assembly.go.kr)를 통해 근로기준법을 확인해 보아야 한다.

● 새로운 종사원이 법에 저촉되는 문제를 갖고 있는지를 확인

종사원이 법적 문제를 가지고 있다 하여도 직접적으로 법적 문제를 다룰 필요는 없다. 지원자와 경찰로부터의 진술이 무엇보다 중요하다. 사전조사 를 확실히 하고 철저히 해야 나중에 발생할 수 있는 문제를 방지할 수 있다.

● 횡령, 사기 행위 등으로 고소당한 적이 있는가를 확인

만약에 지원자가 법에 위배되는 행동을 하였다 할지라도 그로인해 지원 자가 정직하지 못하다는 섣부른 판단을 하여서는 안 된다. 한 사람이 정직 한가의 여부를 판단하기 위해서는 그 사람 인생에서의 이야기를 들어보 는 것이 좋다. 특히, 특정 사건을 대상으로 처음부터 끝까지 완전히 들어 보는 것이 좋다.

- **바텐더가 바에서 사기를 행하는 경우를 질문해 봄**

  가상의 시나리오를 놓고 종사원이 어떻게 생각하는지에 대해 질문해 보는 것도 좋은 방법이다.

- **갑자기 발생한 문제에 대한 해결 방안을 제시할 때 정직함을 평가**

  어떠한 문제가 갑자기 발생하였을 때 그 상황이 다시 벌어진다면 똑같이 대처할지에 대해 질문한다. "No"라고 대답한 것은 정직한 사람으로 간주될 수 있다. 새로운 종사원을 정직한 사람을 얻고 싶다면 실제상황에 대한 반응은 영업시 나타나는 행위보다 훨씬 믿을 만하다는 것을 고려해야 한다.

▣ 보안요원

운영이 잘되고 있는 바에서는 언제 어떤 방법으로 보안요원을 채용해야 할 것인가를 아는 것이 중요하다. 바 자체에 보안요원을 채용할 것인가 아니면 외주업체로부터 공급받을 것인가, 그리고 자체 고용한다면 어떠한 방침을 적용해야 할 것인가를 고려해야 한다. 또 누군가가 강제적으로 침입한다면 어떠한 방법으로 이에 대처할 것인가도 확인해 보아야 한다. 운영이 잘 되고 있는 바에서는 외주 업체로부터 보안요원들을 공급받고 있는데, 이것이 가장 간단한 보안요원을 고용하는 방법으로 향후 발생할 수 있는 문제를 없애는 방법이다. 그러나 항상 외부에서 보안요원을 공급받는 것이 쉬운 일은 아니다.

- **외부 계약자**

  이 방법은 운영자가 보안요원의 휴일, 병과, 급료 등에 대해 전혀 신경을 쓰지 않아도 되는 방법이기는 하나 관리 수준의 기준을 정확히 명시해 두어야 하고 업무에 따라 근무지를 잘 변경할 수 없다. 또한 시간당 근무를 하므로 근무시간 초과 시에도 시간에 따른 금액을 정확하게 지불해야 한다. 운영자가 직접 한 명 또는 두 명의 보안요원을 두었을 때는 바쁜 저녁 시간만 정규적으로 근무할 수 있게 할 수 있으며, 계약자가 바뀔 때마다 생길 수 있는 시간적·계약적 차이를 채울 수 있다.

- **업장 내 종사원**

  적절한 보안요원을 찾아 교육시키고 지원자들의 이력을 조사하기가 어려울 경우 일반적으로 업장에 오래 근무했던 종사원들이 보안 업무를 담당하게 된다. 이들이 보안요원들의 행동지침과 어떻게 상황을 다루는지를 안다면 고객들에게 신뢰감을 주는 가장 좋은 방법이 될 수 있다.

- **개인 보안**

  보안을 담당하는 전문 회사를 고용하는 방법은 만약에 발생할 수 있는 문제와 급여문제를 해결하는 방법이 된다. 그러나 이러한 것을 해결하기 위해 보안 전문회사를 고용하면 더 많은 문제를 일으킬 수 있다. 만약 계약자가 부상을 입을 경우 누구에게 책임을 물을 수 있는가? 이럴 경우에 분쟁이 발생할 수 있다.

- **규칙**

  보안을 위한 규칙은 매우 엄격해야 한다. 규칙은 종사원 누구나 알 수 있도록 하고 표시를 해 두어야 한다. 그래서 어떠한 문제가 발생하면 바로 그 규칙에 따라 문제를 해결할 수 있도록 해야 한다. 이렇게 하면 고객의 불안한 부정적 이미지를 최소화할 수 있다.

- **보안요원들의 잠재적인 주변 상황을 파악**

  보안요원들을 고용하는 과정에서 비용이 더 들 수 있다. 그러나 마약 등의 물질이 고객에게 제공되기를 원하지 않는다면 이 비용을 아까워해서는 안 된다.

- **변호인 고용**

  바 운영과 관련된 모든 서류의 내용이나 절차에 대해 변호인이 확실하게 확인하도록 하고 바에서 일어나는 모든 일들을 대리인이 처리할 수 있도록 해야 한다. 수백 달러의 법적 비용이 나중에 발생하는 수천 달러의 비용을 아껴줄 수 있다는 것을 잊어서는 안 된다. 동시에 보험회사와도 보안요원에 대한 법적 관계를 명확히 해두어야 한다.

- **하청계약을 한 보안요원들은 적법 절차를 거침**

  보안요원까지 세부적으로 관리할 여력이 없거나 정규요원들이 빠져 나갔을 경우에는 하청계약을 한 보안요원을 쓸 수 있다. 개인적인 하청 계약을 할 때에는 계약서류 등을 잘 확인하여 사인하고 절차가 끝나면 영수증을 서로 보관하게 한다.

- **보안요원이 업무를 수행할 수 있도록 장비를 갖춤**

  ID를 위조하는 것은 쉬운 일이 아니다. 출입문 밖에 200명의 고객들이 대기하고 있다면 보안요원들은 각 고객들에게 5분 이상을 지체하면 안 된다. 이럴 경우 도구(기계)가 있다면 도움이 될 것이다. 전자 ID 체크기는 운전면허증처럼 마그네틱 선으로 되어 있어 사용하기가 간편하다. 이 시스템은 작고 비싸지도 않기 때문에 모든 종사원들이 사용하도록 하면 좋다.

▣ 바텐더가 고객을 창출할 수 있는가

바 비즈니스는 서비스 산업의 일부이기는 하지만 많은 사람들이 생각하는 서비스 산업이 아니다. 그러나 가장 간과하기 쉬운 부분이 바로 바 사업은 즐거움을 주는 산업이라는 것이다. 바텐더들이 손님에게 서비스할 때 즐거움을 줄 수 있는 것이다.

● **각각의 고객은 바 사업의 자산**

　의자와 테이블을 배치한다고 사업이 되는 것은 아니다. 위의 모든 물건들은 고객이 있을 때 비로소 가치가 있는 것이다. 종사원들은 바의 목표가 무엇인지를 정확히 알아야 하고, 그 목표를 달성하기 위해서 고객 앞에서 무엇을 해야 할지 알게 되고 고객을 보유하기 위해 무엇을 어떻게 해야 할지 알게 되는 것이다.

● **고객의 욕구**

　모든 종사원들은 고객의 욕구가 무엇인지를 알아야 한다. 주인이 테이블 앞을 지나가면서 고객의 손짓을 알지 못하고 지나간다면 고객은 이 바의 서비스에 대해서 어떻게 생각하겠는가?

● **바에 앉는 고객**

　종사원들은 바에 앉는 고객들을 오랜 친구 대하듯이 해야 한다. 그러나 고객들은 대화를 더 중요하게 생각할 뿐이지 고객으로 대우받기를 원하지 않는 것은 아니다. 그들이 즐겁게 이야기할 때 혼자 남게 해서는 안 된다. 바텐더는 고객의 분위기를 잘 읽어야 하는 것이다.

● **훌륭한 바텐딩은 분위기를 열광적으로 유도**

　영화 칵테일에 나오는 바텐더처럼 바텐더는 일시적인 수입보다는 직업 측면에서 열심히 하는 것이다. 그 쇼에 모든 것을 전념하면 고객들은 그 쇼에 열광하게 되고 쇼가 좋지 않으면 반응은 냉담해지게 된다. 그래서 바텐더가 병을 던지거나 유리잔을 던지는 스타일의 쇼를 시도하는 경우에는 특정구역을 정해 주어 그 선을 넘지 않도록 해야 한다.

- **종사원 인센티브**

  종종 바 경영주는 시간 외 초과근무를 하는 종사원에게 인센티브를 주고 이를 고객에게도 알린다. 또한 종사원에게 할인된 가격으로 음료와 음식을 제공하는 것은 종사원들의 근무 외 시간동안 레스토랑에서 음식비용을 지출할 수 있게 하는 상당히 효과적인 방법이다. 뿐만 아니라 종사원 친구들의 레스토랑 방문을 창출하며 편안하게 만나는 장소제공의 역할도 하게 된다.

▣ 새어나가는 돈을 살핌

종사원들은 업주를 쉽게 속일 수 있다. 그리고 주의 깊게 살펴보지 않으면 많은 돈이 새어나가는 것을 방지할 수 없다. 물론 이 때문에 고객의 기분이 상하는 경우가 발생해서는 안 된다. 다음의 14가지 경우를 잘 살펴보면 고객을 만족시키면서도 새어나가는 돈을 방지할 수 있다.

- **대체물**

  종사원들은 빠르게 이동 가능한 스피리츠 병을 구입하여 이를 원래의 병으로 대체하여 사용한다. 판매시마다 이 대체물을 활용하면 이익을 낼 수 있다. 이는 사업주에게 손실을 주기 때문에 업장에서 사용하는 고유의 병과 리큐어병 등에 확실하게 표시를 해두어야 한다. 빈 병들을 규칙적으로 확인하며 저장고 또는 바에서 종사원이 가방을 가지고 다니지 못하게 해야 한다.

- **음료의 정량 사용여부 확인**

  바쁜 시간대에는 스피리츠 판매의 25~50% 정도는 정량보다 음료를 덜 첨가하여 판매하는 경우가 있다. 그러므로 한 병으로 몇 잔을 만들어 팔았는가와 언제 팔았는가에 대해 남아 있는 양 대비 매출에 대해서 항상 메모를 해야 한다. 금전등록기에 기록되어 있는 영수증과 병에서 사용한 양이 맞는지에 대해서도 확인해야 한다. 컴퓨터를 이용한 관리시스템을 사용하면 종사원들에 의해 없어지는 음료의 발생을 제거할 수 있다.

● 금전등록기

어떤 금전등록기는 버튼을 누르거나 또는 총 금액을 0으로 맞추어 열리는 것이 있다. 어떤 바의 경우는 종사원만 이 사실을 알고 운영자는 모르는 경우가 있다. 고객이 맥주를 사고 "잔돈은 가지세요"라고 하는 경우 종사원들은 잔돈을 동전으로 바꾸어 팁을 넣는 주전자에 넣는 경우도 있다. 이러한 것을 어떻게 피할 수 있을까? 버튼을 제거하는 방법을 생각해 보자. 이렇게 한다고 해도 현금 등록기는 아무런 문제가 없다. 그리고 향후 고객이 잔돈을 필요로 한다면 바텐더는 다른 메뉴를 판매하려고 한다. 따라서 버튼을 없애고 싶지 않다면 동전교환기를 설치한다.

● 가짜 파손율

보드카가 가득 담긴 병이 바닥에 떨어지면 바에서는 이것을 손실로 처리한다. 그러나 이것이 진짜로 바닥에 떨어지지 않았을 경우도 있다. 이것이 진짜로 바닥에 떨어져서 쓰레기통에 버렸는지를 직접 확인해 보아야 하지만 지레짐작을 하거나 또는 물건을 판매하고 매출액을 조정하였는지까지도 의심하게 된다. 이런 문제가 발생하기 전에 미리 특별한 규칙을 정해서 도난으로 인한 유실이 없도록 해야 한다.

● 낭비

요즘은 맥주판매대 부분에 약간의 거품이 있는 것을 볼 수 있다. 2갤론의 맥주를 판매하다 보면 쟁반에 맥주가 약간씩 흘러내리게 된다. 바닥에 흘러내리는 맥주를 처리하여 손실을 방지하는 것은 아주 오래된 방법이다.

항상 종사원들에게 정량의 맥주를 따르고 그 외의 손실이 없게 하도록
인지시켜야 한다. 심지어 종사원끼리도 서로 옳지 못한 행동을 넘어가기
로 약속을 했더라도 시간이 지나면 모든 것은 뚜렷하게 드러난다는 것을
알아야 한다. 그리고 운영자들은 맥주를 따를 때 손실을 줄이는 방법에
대해 계속적으로 이야기를 해주어야 한다.

● 공정하지 못한 행위

보안요원들이 고객으로부터 약간의 돈을 받고 웨이팅 리스트를 조정했
을 때 이것이 얼마나 잘못된 것인지 알지 못하는 경우도 있다. 하지만 단
적인 예로 웨이팅 리스트를 위해 돈을 제공했던 고객이 현금이 부족하여
본래 하고자 하였던 식사를 하지 못하고 돌아가야만 한다면 이는 레스토
랑 운영에 있어 커다란 문제가 아닐 수 없다. 해결방법은 보안요원이 받
았던 돈을 고객에게 되돌려 주고, 좀더 책임감 있고 정직한 새로운 보안
요원을 찾아야 함을 의미한다.

● 과다 비용 청구

바텐더는 두 가지의 가격을 갖고 있는데 하나는 정상적인 가격을 말하
고 다른 하나는 해피 아워 때의 가격이다. 금전등록기의 테이프를 새로운
것으로 바꾸는 시간에 바텐더가 해피 아워 가격할인이라고 설명하면 그
것에 따라야 한다. 이처럼 모든 음료의 가격을 정확하게 명시해 놓고 과
다비용 청구여부를 명확히 해야 한다.

● 덤으로 주는 것

바텐더는 고객이 원하는 것보다 더 많은 것을 주기도 한다. 재고관리시
양을 항상 파악해야 하는데, 각 사용 지점마다 점을 찍어 놓는 방법을 쓰
면 쉽게 확인할 수 있다.

● **총 금액의 제시**

　바텐더는 고객에게 아이템별 가격을 명시해서 제공하는 것보다 총 금액을 제시하는 경우가 더 많다. 이럴 경우 손님에게 금액을 과다 청구하는 것은 매우 쉽다. 금액을 과다 청구하는 경우는 금전등록기에 등록하는 것 자체가 다르게 된다. 가능하다면 테이블이나 바 하단에 각 메뉴의 가격을 명확하게 명시해 두어야 한다.

● **사소한 사기**

　바텐더들은 단순하게 여러 가지를 섞은 음료를 만드는 것을 싫어하므로 혼합음료를 판매했을 때 보너스를 주는 것을 생각해 본다. 현금 출납기 리본에 체크하도록 한다면 간단하게 해결된다. 그러나 그렇게 하지 않으면 종사원들은 원하는 것만을 하게 된다.

● **청구서**

　고객이 청구서를 요청하면 바텐더 전용 연필을 이용하여 총 금액을 쓰게 되는데 이것은 나중에 지울 수도 있고, 정확한 총금액을 바꿀 수도 있다. 바에서는 연필을 사용하지 않도록 하고 반드시 종사원들에게도 펜을 사용하도록 교육을 한다.

● **대용의 현금 출납기 테이프**

　바텐더는 현금 출납기의 테이프를 미리 준비한 자신의 것으로 바꾼 후 매출을 조작할 수 있다. 그러므로 본래의 테이프에 구분할 수 있는 흔적을 남겨 바텐더가 매출을 조작하는 행위를 미리 방지한다.

● **반환**

　이것은 매우 간단한 방법으로 바텐더가 고객의 불평으로 돈을 환불해 주었다고 하여 매출을 누락시키는 것이다. 이 방법은 자동판매기나 오락용 게임기 부분에도 적용되는 방법이다. 돈을 환불할 경우에는 고객의 전화번호, ID 등의 자세한 사항에 대해서 기록을 해두도록 해야 한다. 기록을 남기는 것을 꺼리는 고객이 있다면 적법한 절차를 통해서 돈을 환불하도록 한다.

• **지거(jigger) 스위치**

바텐더는 불법적으로 개조해서 쓰는 자신만의 작은 잔을 가지고 있다. 이것은 외형적으로는 규격잔과 차이가 없지만 용량이 차이가 나는 경우가 있다. 그 잔을 여러 번 사용한 다음에 재고관리 부분에서는 다 사용한 것으로 표기하고 실제로 남아 있는 양은 판매한 후에 매출로 올리지 않는 방법이다. 이런 부분에서 발생하는 문제를 없애기 위해서는 규격잔을 바텐더에게 사용하도록 하고 정규적으로 체크해야 한다.

▨ 도난에 관한 일반적인 상식

왜 종사원들이 물건을 훔칠까? 바는 다른 직장보다 평균적으로 급여도 높고, 경영주가 비교적 너그럽기 때문에 일하기에 좋은 직장이다. 그런데 왜 종사원들은 이런 불법적인 일을 행할까? 답은 간단하다. 사람은 현 상태에 만족하기보다는 지금보다 좀더 나은 것을 선호하는 경향이 있기 때문이다. 바 매니저는 도난으로부터 발생하는 손실을 없애기 위해서 도난에 대한 정보를 알려야 한다.

• **욕심**

물건을 훔치는 행위는 항상 월급보다 좀더 무언가를 원하는 것에서부터 시작된다. 어떤 종사원들은 오래전부터 즐길거리로 생각하기도 한다. 종사원이 1만 원을 훔쳤다면 이는 1만 원의 실제 돈가치보다도 이것을 훔치는 행동 자체를 즐기는 것이다.

• 범죄 행동의 합리화

간혹 물건을 훔치고 적발된 종사원은 "훔치는 행위가 다른 사람에게 상처 주는 행위라는 생각을 하지 못했습니다"라고 변명을 하기도 한다. 그러나 이런 말을 여러 번 반복해서 듣게 될 것이다. 사소한 사건이 자주 일어나면 어떤 종사원은 "물건을 훔치는 것이 어느 누구에게도 해를 끼치는 것이 아니구나"라고 생각하게 될 수도 있다.

• 팁 모으기

어떤 종사원들은 손님들이 충분한 팁을 주지 않기 때문에 이러한 일을 저지르는 것이라 생각하여 훔치는 행위가 정당하다고 느끼는 경우도 있다. 팁은 바텐더의 급여 산정에 중대하게 영향을 미치는 것이 아니다. 다시 말해 팁이란 급여가 아니라 부가적인 수입이라는 것이다. 팁이 적을 때에는 다른 방법의 서비스를 제공하여 팁을 더 많이 받으려고 노력하는 것이 정당한 방법이다.

• 불평

종사원은 항상 고객의 주문을 잘 받을 수만은 없으며, 또한 숙련되지 않은 경우도 있다. 매니저는 종사원의 능력 신장을 위해 노력하지만 고객들을 항상 만족시킬 수는 없다.

• 충동적인 행동

사람은 충동적인 행동을 할 수 있다. 그래서 가끔 자신이 종사원임을 잊고 업장의 시스템을 속이며 행동하는 경우가 있다. 그 후 그들은 "무엇이 나를 이렇게 만들었는지 모르겠다"라고 대답한다.

▣ 도난 방지를 위한 절차

잘 일어나지 않더라도 사기나 절도는 미연에 방지를 해야 한다. 모든 종사원들에게 엄한 규칙을 적용하고 반드시 지키도록 해야 한다. 종사원들이 바에서 정한 규칙을 잘 지킬 수 있도록 명확하게 인지시켜야 한다. 세부적인 사항은 다음과 같다.

● **마감시 매니저가 총 현금을 보유해야 함**

이럴 경우 바텐더가 의심받고 있다고 느끼더라도 정직한 종사원을 보호하기 위한 방법이라는 것을 강조하며 현금은 종사원 중 매니저가 보유한다.

● **내규(house rule)**

새로운 종사원이 들어왔다면 자체 규칙에 대해 읽어 본 후 사인을 하도록 해야 하는데, 이를 대충 훑어보고 사인하게 해서는 안 된다. 이것은 항목별로 상세하게 읽은 다음 이 규칙을 지킬 수 있는가에 대한 답을 얻기 위해 사인을 받아야 하는 것이다.

● **근무 중에 음료를 마시는 행위 금지**

모든 바텐더들은 근무 중에 음료를 마시는 행위를 하지 못하도록 해야 한다. 또한 근무가 아닌 때에도 엄격한 규칙을 정해서 음료 마시는 행위를 제한해야 한다. 근무가 아닐 경우 바 동료들에게 부탁해서 무료음료나 가격할인을 해서 마시는 경우가 많다. 반면에 종사원들이 단골고객과 친목을 위해 근무시간 이외에 음료를 마시는 경우가 있는데, 이것은 엄격하게 관찰되어야 할 것이다.

● **창고의 재고확인 과정과 재고관리 사항에 참여시키지 않음**

검수, 주문이나 재고 확인시 날짜를 표시하지 않는 경우 아마도 과정상의 문제가 있을 것이다. 따라서 이런 과정은 재고관리를 담당하는 사람이 하도록 해야 한다.

● **고가품 재고목록**

리큐어, 와인, 맥주, 스피리츠와 그 외의 비싼 목록들은 철저한 관리가 이루어져야 한다. 한 사람이 관리 열쇠를 가지고 모든 사항을 관리하고 통제하며 기록하도록 해야 한다.

● **바텐더에게 영업 시작하기 전의 시프트(shift)를 기록하게 함**

냉장고에 몇 병이 남아 있고 바에 얼마나 남아 있으며 다 사용하려면 얼마나 걸리는가에 대해 보고하도록 해야 한다. 도난을 방지하기 위해 불시에 점검하도록 해야 한다.

● **연습용 기록은 음료 티켓을 한 장 이상 사용하지 않기**

바텐더가 'running' 티켓을 사용하는 것을 싫어한다면 그들이 실제로 판매했던 모든 음료에 대한 기록을 게을리하게 될 수 있다.

● **취소 절차의 기준을 엄격히 준수**

금전등록기에 직접 돈을 넣는 경우라면 바텐더는 매니저의 허락 없이 쉽게 취소할 수 없게 하여야 한다.

레스토랑
운영
노하우

5 서비스

▣ 자체 음료 레시피 만들기

바텐더는 좋은 음료를 만들기 위해 자신만이 갖고 있는 레시피, 동작, 빠른 기술, 속도 등을 갖고 있다. 그러나 좋은 음료는 경영자와 함께 만들어지는 것이다. 경영자가 음료메뉴와 사용할 음료 레시피를 결정하고 가격과 규칙을 만들기 때문이다. 종사원은 이런 계획에 따라 실행을 할 뿐이다. 많은 바에서는 개인이 갖고 있는 칵테일과 혼합음료를 만드는 기준을 인지하고 이것을 개인적으로 사용하게 한다. 모든 사람들이 데킬라 선라이즈에는 데킬라 1잔 또는 2잔이 사용된다고 가정한다. 아마도 데킬라 선라이즈는 데킬라 1½을 사용할 것이다. 종사원의 레시피가 그들 자신의 방법대로 할 경우에 이익적 측면에서 정확한 예측을 할 수 없다. 다음의 단계를 거쳐 업장에서 사용하는 기본 레시피의 기준을 만들어 본다.

• 레시피 목록

새로운 종사원이 들어왔을 때 바에서 제공할 수 있는 자세한 레시피 목록을 보게 하고 어떻게 업무를 시작하는가를 알 수 있게 하여야 한다. 사전에 미리 복사를 해서 종사원이 볼 수 있도록 준비해 두면 여러 비용을 줄일 수 있다. 그래서 새 종사원이 음료를 본격적으로 만들기 전에 가능한 많은 정보를 알 수 있도록 해야 한다.

- **레시피 작성**

  플라스틱 카드나 레시피 리스트를 만들어서 항상 바 밑에 비치해 두면 예기치 못한 상황에서도 누구나 카드를 보고 음료를 준비할 수 있다. 일반적으로 레시피 카드는 재료, 절차, 잔, 장식방법 등을 포함하고 있어야 한다.

- **칵테일 메뉴**

  테이블에서 칵테일을 주문할 때 각 메뉴가 정확하게 무엇인지 알도록 해야 한다. 단지 재료나 양에 대한 정보만 주어서는 안 된다. 좀더 많은 음료 메뉴의 정보를 고객에게 줄 뿐만 아니라 고객이 오늘밤 정확히 어떤 코스를 먹었는가에 대한 정보를 줄 수 있기 때문이다.

- **고급 재료**

  고급 재료들을 이용하여 칵테일을 만든다면 어떤 브랜드가 사용되었는가에 대해 정확하게 정보를 주어야 한다. 비싼 재료에 대해 정확한 정보를 주지 않으면 경쟁에서 뒤떨어질 수 있다. 특히 리큐어에 대한 정확한 정보를 주지 않으면 리큐어 공급업자들은 브랜드보다 제품 위주로 공급하기 때문이다.

- **정확도**

  칵테일과 혼합음료 레시피는 어떤 유리잔을 사용하여야 하는가에 대한 정보뿐만 아니라 장식재료에 대해서도 정확한 정보를 준다. 이렇게 정확한 정보는 종사원의 실수를 줄일 수 있게 해준다.

- **컴퓨터 프로그램화 된 바텐딩 레시피**

  예를 들어, 미국의 인터월드 소프트웨어에서는 'BarBack for windows'라는 프로그램을 이용해서 새로운 음료와 고객들의 엉뚱한 제안에도 대처하는 방법에 대한 정보를 주고 있다. 바Back은 10,000가지의 다양한 음료 레시피를 갖추고 있을 뿐만 아니라 유리제품, 재료, 섞는 방법, 장식 재료에 대한 정보도 제공해 주고 있다. 종사원들이 보유한 기술만을 사용하기보다는 이러한 프로그램을 이용한 정확하고 빠른 서비스를 제공하는 방법도 생각해 볼 만하다.

BarBack 서비스는 http://hoflink.com/~pknorr/바back에서 다운받을 수 있다.

▣ 혼합음료 정보

음료를 혼합할 때 항상 A+B=C가 될 수 없다. 사실 새로운 음료가 만들어지기 위해서는 재료들의 신선함과 생산성을 유지하기 위한 조성, 젓는 정도 이외에도 더 많은 세부적인 사항들이 작용하게 된다. 다음의 사항들을 고려해 보자.

• 샴페인 손실

많은 혼합음료들은 샴페인이나 스파클링 화이트와인을 첨가하게 된다. 스파클링 와인이나 샴페인은 뚜껑을 열 때 손실되는 양이 있을 수 있다. 따라서 샴페인 리실러(Resealer)를 구입해야 한다. 또한 종사원들에게 이를 방지하기 위한 사용방법을 교육하여야 한다.

• 샴페인의 신선함 유지

바에서 샴페인이 계속 흘러내리면 금속 스푼을 병 입구에 붙여서 따르고 다시 냉장고에 넣어둔다. 이 방법이 샴페인의 거품을 12시간 이상 지속시키는 방법이다.

• 직접 짠 신선한 오렌지 주스와 레몬주스를 칵테일 메뉴로 판매할 경우

레몬과 오렌지에서 얼마나 많은 주스를 짜낼 수 있는가에 대해 알아둘 필요가 있다. 레몬과 오렌지를 따뜻한 물에 잠깐 담근 후 주스를 짜면 더 많은 양을 만들 수 있다.

● **섞지 말고 젓기**

혼합음료가 맑은 리큐어나 탄산음료일 경우에는 흔들어 섞지 말고 젓는다. 섞으면 리큐어가 맑지 않고 거품도 생기지 않으며 음료가 볼륨감이 없어지게 된다. 또한 탄산 등으로 인해 예상하지 못한 상황이 발생할 수도 있다.

● **어려운 재료**

주스, 설탕, 계란, 크림, 우유 또는 그외의 성격이 다른 재료들을 혼합할 때에는 강하게 섞어야 한다.

● **계란 첨가**

혼합음료에 계란을 넣는다면 셰이커에는 얼음을 넣어야 한다. 왜냐하면 얼음은 계란과 다른 음료가 잘 섞이게 도와주기 때문이다.

● **물방울 제거**

와인이나 샴페인 병을 서비스할 경우 왁스를 칠한 종이를 이용해 병에 생기는 물방울을 완전히 닦아주어야 한다.

▨ 유리제품 취급 규칙

유리제품은 바에서 자주 사용되므로 유리제품을 취급하거나 서비스하는 방법에 대해서 반드시 알아야 한다. 바에서 일하는 종사원들은 다음의 사항을 지키도록 한다.

- **유리잔을 얼음 스푼으로 사용하지 않기**

  얇은 유리잔을 얼음 저장고에 넣으면 잔이 깨져서 상처를 입을 수 있다. 또한 바의 유리잔을 얼음 스푼으로 사용하면 잔이 쉽게 깨질 수 있기에 금해야 한다. 위와 같은 이유에서 잔이 쉽게 깨질 수 있고, 얼음 저장고는 얼음 이외에 다른 어떤 것이 들어가 있어서는 안 된다.

- **음료를 서비스할 때 유리잔의 잡는 위치를 주의**

  이 부분은 손님의 입이 닿는 부분으로 잘못하면 손님이 보았을 때 비위생적으로 보일 수 있다. 그리고 유리잔을 다루는 규칙에 따라 사용하지 않으면 유리잔이 쉽게 깨질 수도 있다.

- **스템(Stem) 유리잔**

  다른 유리잔보다 훨씬 깨지기도 쉽고 비싸기도 하다. 종사원들에게 스템 유리잔을 다룰 때에는 별도의 주의를 기울이도록 해야 한다. 특히 손으로 유리잔을 세척할 때 가장 조심해야 한다.

- **점검**

  주문받은 음료를 만들기 전에 유리제품은 반드시 재점검하여야 한다. 립스틱자국, 조각, 깨졌거나 세척 후에도 남아 있는 음료 찌꺼기가 있는지의 여부도 확인하여야 하고, 뿐만 아니라 위생적으로 손님의 건강을 해칠 수 있는 물질까지도 깨끗이 제거하여야 한다.

▣ 질적인 면을 강조한 혼합음료

우수한 마티니와 적합한 마티니를 이용한 차이는 매우 중요한 작용을 한다. 칵테일을 만드는 방법은 모든 부분에서 중요한 역할임을 인지하여야 한다.

- **연출**

  음료의 색과 이국적인 느낌은 혼합음료에서 가장 중요하고, 재료를 어떻게 잘 조절하는가에 달렸다. 바텐더는 음료의 색깔을 바꿀 뿐만 아니라 맛까지도 바꿀 수 있다. 고객에게 특별한 인상을 주기 위한 음료를 만들기 위해서는 고객에게 자세히 물어 보아야 한다. 여성들이 단맛을 좋아하는지, 거친 것을 좋아하는지 등을 자주 물어보면 고객에게 특별한 인상을 줄 수 있다.

- **음료를 준비하는 과정의 중요성**

  음료를 준비할 때 준비하는 과정의 속도를 약간 늦추어 쇼맨십(show-manship)을 보여 주어야 한다. 또한 바텐더들의 연기가 좋으면 고객들은 오랫동안 머물고 싶어 할 것이다.

- **가니쉬**

  마라스키노 체리, 올리브, 박하, 셀러리 줄기, 바나나, 레몬, 라임 등의 모든 재료들을 준비하여 냉장고에 보관하고 바텐더가 간단한 손실만을 통해 손님에게 바로 제공할 수 있도록 해야 한다. 재료만큼이나 가니쉬도 중요하다.

- **진기한 유리제품**

  대부분의 바에서는 유리제품을 단지 음료를 채우는 도구로만 생각한다. 그러나 똑똑한 운영자들은 이국적이고 진기한 유리제품을 이용하여 음료의 가격을 높게 책정하기도 한다.

▨ 서비스 종사원도 즐겨야 한다.

바를 대표할 수 있는 최고의 서비스를 제공하는 종사원의 눈에는 작은 변화도 쉽게 들어온다. 하지만 간혹 바에서 종사원이 고객감동을 시키지 못하는 경우도 발생한다.

• 서비스 종사원의 다양한 역할 인지

사실 서비스를 담당하는 종사원은 항상 가장 좋은 상태의 분위기를 알고 있다. 고객에게 누가 될 수 있는 사소한 것을 모두 체크하고 바 종사원들의 사소한 사항까지도 알아야 한다. 동료들이 원하는 것이 무엇인지? 언제 그것을 원하는지, 이러한 모든 사항들을 알고 있어야 한다. 이러한 사항들을 관리하고 있다는 것을 알리는 것도 잊어서는 안 된다.

• 프로페셔널

진정한 프로정신을 가진 종사원은 가치를 발견하고 이것을 유지하려고 하는 경향이 있다. 일반적인 보통의 서비스 종사원들은 동시에 두 테이블 또는 그 이상을 관리할 능력을 가지고 있다. 긍정적인 격려와 재정적 인센티브를 통해서 서비스 종사원들의 기술을 확장해야 한다.

• 최고 종사원에게는 인센티브를 제공

시간당 평균 이상의 추가 매출을 올리는 종사원들에게는 추가 수당이 지불되어야 한다.

• 네온 쟁반

최근 일부 바에서는 고객에게 색다른 음료를 제공하기 위해서 네온 쟁반으로 서비스를 하기도 한다. 검은 불빛 아래에서 이는 효과적으로 사용되고 있으며, 이러한 방법은 서비스 종사원이 어느 위치에 있는지 쉽게 파악할 수 있도록 도와준다.

■ 서비스 바

서비스 바는 서비스 전문 종사원에게만 허락된 공간이다. 디자인을 할 때 바에서 손님까지의 동선 흐름이 원활하게 이루어져야 한다. 이와 관련하여 서비스 바가 제대로 디자인 되지 않으면 손님이 많았을 때 또 다른 공간을 마련해야 한다. 서비스 바를 만들 때에는 다음의 사항들을 고려해야 한다.

• 동선

종사원이 서비스 바를 이용하기 위한 동선이 길어서는 안 되고 고객의 대기 공간을 지나는 것보다 바깥쪽에 있는 것이 좋다. 그리고 손님의 적고 많음에 관계없이 바 종사원과 서비스 바 종사원 간의 의사소통이 가능할 정도의 위치에 있어야 한다.

• 음료 스테이션

음료로부터 2미터 안에 바텐더가 원하는 모든 것이 있어야 한다. 그렇지 않으면 음료를 만들 때 특정 재료를 넣기 위해 기다리거나 음료를 서비스하는 과정에서 음료를 엎지르는 등의 낭비가 발생할 수 있다.

• 음료제공 서비스 종사원이 고객에게 서비스하기 위한 거리

손님이 많을 때 서비스 종사원이 쟁반에 12개의 음료를 엎지르지 않고 서비스하기를 원한다면 가장 확실한 방법은 서비스 종사원의 능력뿐만 아니라 고객과 부딪히는 교차지점을 없애는 것이다.

• 서비스 바에서의 의사소통

종사원이 손님에게 음료를 빠른 시간 내에 정확하게 서비스하기를 원한다면 라디오 헤드셋을 사용하는 것을 고려해 볼 만하다. 이것은 홀과 바 사이에 의사소통을 원활히 해주는 역할을 담당한다. 라디오 헤드셋은 종사원에게 불필요한 이동을 하지 않게 해줄 뿐만 아니라 종사원의 서비스 시간을 줄여주는 역할도 담당한다.

▨ 취객 다루기

바를 운영할 때 가장 큰 문제 중의 하나가 법적으로 문제를 일으키지 않으면서 술에 취한 고객을 어떻게 다룰 것인가이다. 바 운영권을 계속 유지하기 위해서는 법을 지키는 것이 매우 중요하다. 그러나 문제가 생겼을 때 종사원을 해고시키는 것만이 좋은 방법일까? 다음 사항은 법을 지키면서 바를 운영하기 위한 좋은 지침이 될 것이다.

• 결정

한 번에 싱글 샷을 주문하는 고객보다 더블 샷을 주문하는 고객들이 훨씬 많다. 더블 샷을 주문할 경우 몇 잔 이상을 판매하지 않는 자체 규칙을 정하는 것이 좋다. 이러한 규칙은 혼란을 주는 경우도 있다. 손님에 따라 바 방문시의 상태가 다르기 때문이다. 그래서 손님의 상태를 확인하고 가장 현명한 판단을 적시에 해야 한다.

• 취객에 대한 확고한 '거절'

이미 많이 마셔서 취한 고객이 알코올 음료를 더 주문할 경우 다음 기회에 더 좋은 서비스로 제공할 것을 약속드리고 정중하고도 확고하게 거절하는 것이 좋다. 이는 문제를 사전에 예방하고 미래 고객의 재방문에도 상당히 효과적이다.

- **취한 고객을 항상 주시**

  술에 취한 고객이 자주 있으면 바 내부가 손해 볼 수 있는 확률이 높아지게 된다.

- **고객의 음주 한계(cut-off point)**

  경험 많은 바텐더들은 고객이 취해서 문제를 일으킬 수 있는 범위를 알고 그전에 미리 고객이 더 마시지 않도록 권고할 수 있다. 이는 특히 자신의 주량을 정확히 알지 못하는 젊은 세대들을 상대할 때 중요하게 요구되어진다.

- **양해 구하기**

  가끔 어떤 고객들은 이미 충분히 취했음에도 불구하고 근처에 산다고 이야기하며 알코올 음료를 더 주문하기도 한다. 근처에 사는 고객인지 아닌지에 관계없이 이미 많이 취한 고객이라면 바의 운영방침을 말씀드리고 정중히 고객에게 거절해야 한다. 이는 바 운영시 영업정지를 당하지 않는 방법이기도 하다.

- **고객에 대한 배려**

  다른 고객들 앞에서 고객이 무안하지 않도록 하려면 다른 고객이 들을 수 없는 조용한 장소로 이동한 후 상황을 설명한다. 조그마한 배려가 단골 고객에게는 큰 감동을 줄 수 있다.

- **무알코올 음료**

  고객이 이미 과음으로 알코올 음료를 그만 마셔야 할 때가 되더라도 종사원으로부터 서비스를 거부당해서는 안 된다. 음식, 소다, 커피, 아이스 티 등 다른 음료들을 권해 바에서 계속 즐길 수 있도록 해줘야 한다.

● 그 외 고려할 사항

고객에게 알코올 음료를 그만 마시도록 할 때 사소한 부분까지 신경을 써야 한다. 예를 들어, 택시를 불러 준다거나 커피나 스낵류를 제공하는 등과 같이 이러한 무료 서비스가 고객이 바를 재방문하도록 하는 것이다.

레스토랑
운영
노하우

6 유인책

▣ 유인 음료

지금 운영이 잘되는 바도 처음에는 손님이 하나도 없는 상태에서 시작하였다. 그러면 어떻게 고객을 창출하였으며 어떻게 고객들이 재방문할 수 있도록 유도했을까? 바 전면부를 어떻게 만들어 동기부여를 했을까?

많은 성공한 바는 특별한 음료를 만들어 제공함으로써 바의 가치를 높였다는 것을 알 수 있다. 이처럼 고객을 유인하는 음료들은 단골고객을 확보하는 가장 중요한 수단이다. 특별히 고객에게 엄청난 가치, 독특한 맛, 독특한 바 분위기 같은 요인들도 단골고객을 확보하는 수단이 되기도 한다. 성공적인 특별 음료는 바텐더 개인이 갖고 있는 개인 레시피를 통한 향미를 창조해 만들 수 있다. 고객이 이 맛을 다시 느끼기를 원한다면 다시 그 바텐더가 근무하는 바를 방문해야 한다. 이처럼 고객을 유인하기 위해서는 다음의 사항을 고려해야 한다.

● 명성

정말 대단한 유인 음료라면 바의 명성을 대표할 수 있다. 물론 바가 유명해지기 위해 반드시 유인 음료가 필요한 것은 아니다. 예를 들어, 큰 규모의 바에서 이국적인 과일 럼과 샴페인을 넣어 주변의 다른 바가 8천 원에 받는 음료를 1만 5천 원에 판매한다고 가정해 본다. 이것은 돈을 적게 들여도 독특하게 승부할 수 있는 방법이다. 단순한 마티니도 제대로 맛과

향을 내면 유인 음료가 될 수 있다.

- **유인 음료(signature drink)는 알코올이 많이 들어가지 않아야 함**

  고객에게 유인 음료를 더 많이 주문하게 하도록 유인하는 방법은 한 잔을 마시고도 고객이 술에 취하지 않도록 하는 것이다.

- **유인 음료는 다른 음료와 차별화**

  음료에 그레나딘 시럽, creme de menthe, blue curacao를 조금 첨가한다면 추가비용을 적게 들이면서도 맛에서 차이가 나는 좋은 유인 음료를 만들 수 있다.

- **독특한 가니쉬**

  슬라이스 한 레몬이나 셀러리 웻지 등은 전통적인 가니쉬 방법이므로 고객들은 이러한 장식 재료에 큰 흥미를 느끼지 못한다. 육표 스틱이나 키위 웻지, 키캣 초콜릿 또는 추파춥스 등은 독특한 장식 재료가 될 수 있다. 이러한 것을 사용하려면 비용은 약간 더 들지만 고객에게 바를 기억하도록 하는 좋은 방법이 될 수 있다.

- **새로운 것의 비공개화**

  바에서 마케팅 수단을 확장함에 있어 프로모션해야 할 상품이 포함되어 있더라도 판매하고 싶은 시점에 판매촉진을 해야 한다. 예를 들어, "Frankie's Bar : Flaming Deathbringer의 고향에 오신 걸 환영합니다."라는 광고처럼 마케팅 수단으로 상품을 광고하는 경우에 그러하다.

- **독특함**

  유인 음료는 모든 고객들에게 잔의 모양이나 서비스되는 방법 면에서 특별하게 만들 수 있다. 하이볼은 특별한 메시지를 줄 수 있는 도구는 아니다. 그래서 돈을 조금 더 들여서라도 독특한 잔을 구입하면 특별한 음료가 될 수 있다.

● **유인음료의 가격**

매우 가치 있어 보이도록 제공해야 한다. 유인 음료는 단골고객이 아닌 사람을 유인하기 위함이므로 가격이 적정하거나 혹은 대폭 할인된 가격으로 제공되어야 한다. 도매업자와 상의하여 대량 구입시 할인 여부를 협상하여 영업시 할인된 가격으로 제공할 수 있는지도 고려한다.

● **가치**

고객은 지출한 비용만큼의 가치를 얻으려고 한다. 바텐더는 고객이 지불한 음료 값 이상을 대접받고 있음을 느끼게 할 수 있다. 예를 들면, 데킬라 썬라이즈를 제공할 때 오렌지 주스와 얼음을 먼저 넣고 그 후 데킬라를 넣는다. 이렇게 하면 데킬라가 유리잔 표면에 뜨게 되어 더 많이 제공받은 느낌을 받게 된다. 사실상 평소의 레시피보다 더 첨가된 것은 없다. 단지 고객들은 표면에 떠오른 데킬라만 보면서 많음을 확인하고 감탄하게 될 것이다.

● **유리잔의 가장 자리에 리큐어를 넣음**

리큐어를 이용해서 잔의 가장 자리를 돌려주면 고객들에게 깊은 인상을 남길 수 있다.

● **뜨거운 코코아, 커피, 티는 유인 음료의 기본 재료가 될 수 있음**

방향, 친밀한 향미 등은 고객들을 사로잡기에 충분한 요소가 된다. 이런 재료에 스피리츠와 리큐어를 넣으면 가격이 비싸지 않으면서 좋은 유인 음료가 될 수 있다.

- **사과 사이더**

  만약 추운 날씨에 영업 중이라면 뜨거운 사과 사이더는 유인 음료를 만들기 위한 기본 재료이다. 사이더는 여러 종류의 리큐어와 잘 어울리며 단골고객이 선호하는 풍미와 사과향을 가장 강하게 전달할 수 있는 음료이다.

▨ 좋은 음식, 즐거운 고객

가끔 음식을 판매하는 것이 음료를 판매하는 것보다 더 높은 이익을 낼 수 있다. 고객들은 바에서 판매하는 음식의 양적인 면에서는 다른 어느 곳보다 너그럽게 평가한다.

- **기본**

  바에서 판매하는 햄버거는 품질이 낮다. 작은 그릴과 기본 재료들은 고객의 다양한 욕구를 충족시키기에는 부족하다. 단지 나초, 샌드위치, 치킨 윙, 감자튀김 등과 같이 준비하기 간편한 음식을 튀기거나 오븐에 구워서 제공하는 수준이다.

- **다양한 버거의 제공**

  터키버거, 베지버거, 치킨버거 테리야기, 탄두리, 버팔로 버거 같은 다양한 버거를 갖추어야 한다. 또한 케이준 양념과 같은 스파이스나 모짜렐라, 고르곤졸라, 페퍼로니, 살사, 구아카몰 등도 고객들에게 다양하게 제공할 수 있는 메뉴가 될 수 있다.

- **직접 조리**

  직접 조리할 수 있는 공간과 재료가 있다면 큰 그릴을 이용해서 야채, 고기, 치즈 번 등을 직접 조리한다. 이러한 투자들은 종사원의 비전을 높여주기도 하며 눈에 띄는 바로 거듭나게 한다.

- **그릴의 사용**

  판매를 높이기 위해 많은 바에서는 불이 나오는 그릴을 이용한다. 경험이 많은 주방장들은 버거를 구울 때는 버거의 육즙이 빠지지 않고 버거가 마르지 않게 하기 위해서는 평평한 그릴이 아주 좋다고 한다. 그러나 버거를 구울 때 무거운 것으로 누르면 고기가 쉽게 마르기 때문에 좋지 않다고 한다.

- **음식으로 독특함 나타내기**

  국제적인 향미를 부여할 수 있는 것을 찾는다. 파스타 바에서는 다양한 파스타와 소스를 갖추어 놓아 손님들이 높지 않은 가격에 자유로이 섞거나 만들어 먹을 수 있게 한다. 이것과 유사한 방법이 튀김, 중국음식, 커리와 피자 등으로 배가 고픈 고객들에게는 좋은 먹을거리가 될 뿐만 아니라 버거에 대한 감소된 고객의 관심을 끄는 방법이 되기도 한다.

▨ **외부의 조성**

고객은 어떻게 바를 찾아올까? 지역신문의 광고를 보고 찾아왔을까? 친구의 소개로 왔을까? 이 두 경우에 해당되지 않을 수도 있다. 대부분을 고객들은 지나가다 들리는 경우가 많다. 이렇게 고객에게 관심을 끌기 위해서는 외부 인테리어에 더 많은 투자를 할 필요가 있다. 외부 인테리어를 돋보이게 하는 몇 가지 방법이 있다.

- **그래픽 프로젝션을 이용한 조명 시스템**

  그래픽 프로젝션 시스템은 바 조명으로 많이 알려져 있다. 이런 시스템은 바를 홍보하는 데 효과적인 시스템이다. 이 시스템은 내부 장식을 할 때도 좋은 방법이다. 바의 조명은 로고나 그 외 바를 홍보할 수 있는 그래픽 디자인을 해서 프로젝션에 통과시켜서 만드는 빛을 말하는 것으로 벽, 천장, 복도 등에 비추는 것이다. 예상하는 것보다 훨씬 멀리 빛을 낸다.

- **바의 외부 사인**

　최소한 한 블록 전에 바가 보이지 않는다면, 외부 사인을 새롭게 고치는 것을 생각해 보아야 한다. 비용이 적지 않게 들지만, 눈에 띄지 않았을 때보다는 훨씬 효과가 크다. 물건을 공급하는 공급업자와 상의해서 협찬을 받으면 훨씬 싼 가격에 제작할 수 있다. 특히 소다를 제공하는 회사들은 이러한 정책을 이용해서 자회사의 제품을 많이 홍보하기도 한다.

- **네온사인**

　왜 많은 바들이 창문에 네온사인을 달까? 답은 간단하다. 비용을 적게 들이면서 쉽게 알아볼 수 있기 때문이다. 타임광장에 있는 네온사인은 많은 관광객들이 사진을 찍어 가족들에게 보여주면서 이로 인한 홍보효과는 엄청나게 발생한다. 네온사인의 규모로 평가할 수는 없지만, 네온과 같은 작은 투자는 고객들이 더 가깝게 느끼도록 하는 효과도 야기시킨다.

- **외부 페인트칠에 대한 투자**

　건물 벽에 칠해진 오래된 페인트가 싫증나거나 새로운 페인트 칠을 계획하는 경우가 있는가? 페인트칠을 통해 외부 인테리어를 바꾸고 싶은가? 페인트를 새롭게 칠한다고 해서 완전히 외부 인테리어에 신선함을 줄 수는 없지만 외부를 통해 내부 인테리어를 짐작하게는 할 수 있으므로 이를 간과해서도 안 된다. 대부분의 바 종사원들은 페인트 칠과 같은 업무를 수행해 낼 수 있다. 그러므로 바의 종사원에게 특별 보너스를 지급하여 페인트 작업을 돕도록 해야 한다. 이는 전문 페인트공을 불러서 하는 것보다 시간과 비용면에서 절약할 수 있다.

• 외부 인테리어

외부 인테리어는 내부 인테리어를 말해 준다. 업장 내에서 많은 서비스와 음료를 잘 제공할지라도 외부 인테리어가 단지 주차된 트럭과 나무 몇 그루만으로 구성되어 있다면 지나가는 사람은 물론 고객의 관심을 끌 수가 없다. 그러므로 손질이 많이 필요한 식물이 아닌 주변경관과도 쉽게 어울리며 기온변화에도 쉽게 잘 적응하는 식물들을 배치한다. 이는 바 외부의 주차장의 모습도 부드럽게 보일 수 있게 하며 외부 경관도 장식효과를 볼 수 있다. 얼마 되지 않는 투자로 많은 효과를 낼 수 있는 방법인 것이다.

▣ 라이브 밴드가 있는 바에서는 고객 중심의 흥미로움을 지속시킨다.

많은 바 운영자들은 전자제품을 이용해서 흥미로움을 제공하는데 비용을 아끼지 않는다. 사실 큰 규모의 모험적인 컨셉의 바에서는 하프 타임 오락을 도입해서 엄청난 성과를 올리기도 했다. 다음의 사항을 고려해 본다.

• 트리비아 나이트(Trivia night)

작은 이벤트로 바 내에서 간단한 퀴즈의 답을 맞추는 고객에게 점수를 주어 그 점수를 얻은 사람에게 메뉴나 음료를 제공하는 것이다. 시간이 지날수록 점점 더 많은 사람들이 이 사소한 경쟁대열에 참가할 것이다. 이러한 콘테스트는 대규모의 바에서 자주 이용하는 방법이다. 또한 다른 바와 연계해서 행사에 참여할 수도 있게 한다. 이 방법은 고객의 재방문을 유도하는 방법 중의 하나이기도 하다.

• 점술

손금이나 타로카드, 별점 등은 이것을 믿는 사람들에게는 흥미를 끄는 요소가 될 수 있다. 전문적으로 점술을 보는 사람을 채용해 고객들이 원하는 경우 손금이나 타로카드점 등을 봐주는 것이다. 이러한 서비스가 좋으면 고객들의 방문을 유도할 수 있다.

● **마사지**

자신의 어깨를 마사지 받는 것을 싫어하는 사람은 없다. 특별한 날을 정해서 그날 새로 온 고객들에게 무료로 마사지해 준다. 물론 단골고객들 중의 일부에게도 마사지를 제공해야 한다. 만약 고객들에게 월요일 밤에 오면 무료 마사지를 해준다는 사실을 알린다면 그들은 특별한 일이 없으면 월요일 밤에 반드시 들를 것이다.

● **가라오케**

가라오케는 일본에서 유래한 것으로 북아메리카로 전해졌다. 가라오케는 종류에 따라 엄청난 차이가 있는데, 어떤 가라오케의 경우는 단순히 노래만 나오는 것이 아니라 비디오 영상까지 함께 제공된다. 또한 노래 선택의 폭이 한정된 것에서부터 그렇지 않은 것에 이르기까지 차이가 엄청나다. 그래서 가라오케를 설치할 경우에는 다양한 음악장르를 골고루 선택할 수 있는 것으로 해야 한다. 우수한 가라오케 공급업자는 새로운 음악이나 비디오들을 다양하게 확보하고 있다. 따라서 주변 사람들에게 많은 조언을 얻는 것이 좋다.

● **보드게임**

스크래블(scrabble)이나 모노폴리(monopoly) 같은 행사는 가장 간단한 아이디어지만 많은 고객들에게 좋은 반응을 일으킬 수 있다. 주 중의 조용한 날이 이러한 보드게임 대항전을 펼치기에 좋다. 팀 대항전을 펴는 것도 좋다. 새로운 고객이 두 명의 경기자와 경기를 하고 다른 새로운 고객이 같은 방식으로 경기를 한 후 2시간 후에 최종적으로 한 테이블에서 정규

게임을 하도록 하는 것이다.

• 스탠딩 코미디

고객들을 즐겁게 하여 돈을 버는 대부분의 코미디언들은 어느 날 우연히 이루어지는 게 아니다. 그러므로 4~5명의 코미디언들을 확보하는 것은 쉬운 일이 아니며 많은 돈이 들게 된다. 하지만 라이브 코미디는 고객을 확보하는 좋은 방법이다. 'mike(microphone) night'를 만들어서 일반인들에게도 자리를 만들어 주면 특별한 재능을 갖고 있는 사람을 발견할 수도 있다.

▣ 할인 정책은 위험을 초래

나이트클럽과 바 잡지 그리고 NTN 엔터테인먼트에서 시행한 설문 조사 결과, 바를 이용하는 대부분의 고객들은 끊임없이 새로운 바를 찾아다닌다고 한다. 위의 응답자들 중 45%가 음료와 메뉴 할인이 되는 바를 옮겨 다니는 것이 가장 근본적인 이유라고 하였고, 22%가 새로운 이벤트를 찾아서 바를 옮겨 다닌다고 하였다. 흥미로운 것은 이 중 11%가 인터넷을 통해서 새로운 곳을 찾아다닌다고 하였다. 따라서 바의 할인정책으로 새로운 고객들에게 할인가격을 제공하는 것은 최저 매출을 유지하는 것보다 더 위험한 것일 수도 있다.

• 할인은 이익의 폭을 감소시킨다.

말할 것도 없이 가격을 할인한다는 것은 이익의 폭을 줄인다는 것이다. 일반적으로 고객의 객단가는 증가하지 않고, 같은 가격에 더 많은 음료를 제공하는 정책이다.

• 낮은 가격으로 판매하는 것은 세일한다는 의미로 받아들여질 수 있다.

불행하게도 가격할인정책으로 고객이 바에 대한 가치 인식도가 변할 수 있다. 바 외부에 맥주를 저렴한 가격에 판매한다는 큰 간판을 걸어놓으면 고객들의 눈길은 끌 수 있지만, 그것이 진짜 고객들이 원하는 것인가에 대해서 고려해 보아야 한다.

• 할인되지 않은 가격을 비싸게 느낄 수 있다.

하루만 가격을 할인하는 것은 할인하는 날만 고객을 유인하는 효과를 낼 수 있다. 사실 가격할인 정책을 쓰면 고객은 평상시 가격을 적용하는 날을 매우 비싸다고 생각하게 된다. "왜 일요일에 오면 가격을 월요일보다 3배를 내야 하지?"라고 생각할 수도 있다.

• 가격할인은 충성고객에게는 매력이 없다.

충성고객은 과거의 할인상황을 보게 되며 그것을 기준으로 해서 모든 음료의 질을 평가하게 된다. 가격할인은 지나가는 사람들에게는 매력적일 수 있지만, 가격할인에 별로 신경을 쓰지 않는 고정고객에게는 별로 좋은 상황이 아닐 수도 있다. 그래서 가격할인은 항시 있는 것이 아닌 어쩌다 가끔 있는 것으로 인식하도록 해야 한다.

• 가격할인은 피해갈 수 없다.

위와 같은 상황이 있기 때문에 가격할인은 현명하게 행해야 한다. 가격할인에만 너무 의존하지 말고 다양한 상품을 제공하여야 한다. 예를 들어, 특별한 이벤트, 무료행사, 게임, 오락 등의 다양한 시도를 해야 한다. 가격할인이라고 생각되지 않게 고객이 가치를 느낄 수 있도록 다양한 홍보방안을 시도해야 한다.

■ **좋은 마케팅은 필수적이다.**

할인과 무료 제공은 새로운 고객을 유도하는 좋은 방법이지만, 큰 시장에서는 별로 효과가 없는 방법이다. 작은 것을 통해 큰 효과를 가져올 수 있는 방법을 생각해 본다. 만약 획기적인 방법을 고안한다면 적은 비용으로 최대의 효과를 가져올 수 있다. 다음을 살펴본다.

● **오픈 바**

금요일 밤에 25명 이상의 고객들이 오면 1시간 동안 오픈 바의 뷔페를 제공하는 방법은 초기에는 비용이 큰 거 같지만 나중에는 이익을 창출하게 된다. 왜냐하면 그들은 과거에 무료로 제공받은 가치를 생각하게 될 것이며 이것이 결국 잠재적인 이익으로 돌아오게 되는 것이다.

● **금요일 밤 프로모션**

예를 들어, TGIF 레스토랑에서 어떤 한 사람이 금요일 점심시간에 할인된 가격의 음료를 제공받게 되면 이러한 것은 큰 그룹들에게 대단한 홍밋거리가 될 수 있다. 주 중에 정기적 음료할인을 실시하다가 멈추게 되더라도 그 고객들은 자연스럽게 친구나 직장 동료들을 밤에 데리고 올 것이다.

● **대규모 그룹**

대규모의 그룹, 예를 들면, 응급 구조원들을 위한 특별한 밤을 만들어 그들의 만남의 장을 제공하며 편하게 바에서 쉴 수 있도록 한다. 지역 사회단체와 연계하여 그들에 대한 관심과 존경을 가지고 있음을 느낄 수 있게 한다. 응급구조원들이 바에 초대되어 즐거움을 느끼는지 확인하며 확신을 주기 위해서 음료와 음식의 할인도 제공해 주며 DJ를 무료로 이용할 수 있게 한다. 이와 같은 대규모 그룹을 고객화할 수 있다면 몇몇의 개별 고객 유치를 위해 애쓰는 것보다 더 많은 이익을 창출해 낼 수 있다.

- **지역 라디오 스튜디오와의 연계**

정규적으로 라이브 방송을 하는 지역 방송국에 협찬을 제안하면 바의 가치 상승에 엄청난 도움이 될 것이다. 그들은 무료 음료서비스를 즐기며 바에 관한 광고를 요청할 것이다. 그리고 이것은 확실히 바의 큰 운영이익을 가져다 줄 것이다.

▣ 고객을 VIP로 대한다.

많은 바에서는 고객들을 위해 VIP카드를 발급하여 많은 돈을 들이지 않고도 고객에게 즐거움을 주고 있으나 이것만으로는 부족하다. 비즈니스 회원 카드를 너무 많이 발급하였을 때 고객은 상대적으로 가격 인하라는 인식을 하기 쉽다. 마그네틱 시스템을 이용하여 고객이 단순히 카드를 긁기만 해도 고객의 등급이 표시되게 하는 방법을 사용하는 것도 고려해 보아야 한다.

- **파티와 행사**

바에서 파티나 행사를 유치할 경우 모든 고객이 VIP등록 카드에 기재하도록 하여야 한다. 고객 이름, 주소, 생년월일, 이메일 주소 등을 알아내어 고객 데이터를 수집하는 것이 좋다. 나중에 수집된 자료를 바탕으로 하여 고객에게 메일 등을 보내어 재방문을 유도할 수 있도록 하고 다양한 정보를 제공하는 것이 좋다.

- **우편 목록**

VIP 카드는 가치를 산정할 수 없다. 거의 모든 부분에서 VIP 카드는 고객에게 많은 혜택을 제공하기 때문이다. 1년에 4번 정도 특별한 혜택을 제공하는 초대 우편을 보내는 것이 좋다. 또한 매달 우편 목록을 업데이트(up-date)시켜야 한다.

- **생일**

  매달 고객들에게 생일 축하 메시지와 바에서 생일 파티를 할 경우에 제공하는 서비스를 안내해 줄 필요가 있다. 예를 들어, 생일 파티 참가자가 25명 이상일 경우 음료 할인과 함께 DJ 서비스를 제공하는 것 등이 있다. 파티 주최자에게 그 외 요금을 부가하지 않으면 특별하게 대우받고 있다는 것을 느끼게 하며, 파티 참가자들을 대상으로 하여 VIP 카드를 발급해 준다면 고객 정보를 더 많이 확보할 수 있다.

▨ 부가적인 사항

바의 모든 좌석이 꽉 차 있으면 고객들은 기다리지 않고 다른 바를 이용하려 할 것이다. 그렇다면 어떻게 대처해야 할 것인가? 테이블의 준비가 되지 않았을 때, 이를 사실대로 말하는 것이 올바른 대처방법인가 아니면 잘못된 방법인가? 물론 자리가 준비되지도 않았는데 손님을 자리로 안내할 수는 없는 것이다. 그러나 이러한 이유로 고객을 유치하지 못해서도 안 되는 일이다. 사실 모든 바에서 자주 일어나는 일이기도 한 waiting으로 인한 고객응대에 있어 다음의 사항들을 인지해야 한다.

- **주차장 문제**

  영업이 잘 되는 바에서 가장 먼저 고객을 잃을 수 있는 장소가 주차장이다. 바깥부분으로 주차 대기라인을 만들 경우, 대기라인을 안쪽으로 만들어 놓지 않도록 하고, 바깥쪽에서 주차라인이 잘 보이도록 해야 한다. 고객들은 바깥에서 기다리는 것을 더 좋아하고 안쪽에서 기다리는 것보다 바깥에서 기다리는 것을 더 즐거워한다는 것을 기억하여야 한다. 바깥에서 기다리는 고객을 위해 음료를 제공하는 서비스도 고려해 보아야 한다.

- **기다려야 하는 상황**

  줄을 서서 기다리는 것을 감안하는 고객들은 30분 정도까지는 기꺼이 받아들인다. 그러므로 고객에게 기다리는 동안 편안함을 느끼고 즐겁고 바쁘게 만들어 주어야 한다. 이것이 기다리는 지루함을 없애는 방법이다.

- **많은 바에서 주차는 큰 문제가 될 수 있다.**

  바 바깥에 혼잡이 자주 발생하는 바에서는 주차대행서비스(valet service)를 제공하거나 주차관리 요원을 두어 주차할 공간을 안내하는 것을 고려해 볼 필요가 있다. 주차공간 표시가 잘 보이도록 하는 방법도 주차 혼잡을 줄이는 방법이다.

- **바깥에서도 고객들에게 즐거움을 제공해야 한다.**

  밖에까지 쇼의 소리가 약간 들리도록 하는 것이 좋다. 특별한 이유는 없지만 이것이 고객들이 기다릴 때 즐거움을 줄 수 있는 방법이다.

- **대기 지역에 TV스크린과 음향시스템을 갖춘다.**

  대기 공간에서 기다리는 고객의 시선을 TV스크린에 방영되는 게임에 잡아놓을 수 있는가? 아니면 음향시스템을 통해 음악을 들을 수 있는가? 이는 효과적이기에 이러한 것들을 대기 공간에 배치하여 대기 지역에서 가득찬 느낌이 들도록 해야 한다.

- **고객에게 상황에 대한 정보를 준다.**

  고객이 테이블을 기다리고 있다면 전자장치를 이용해 고객이 얼마나 오랫동안 기다려야 할지를 알려 주는 것이 좋다. 거기에 즐거움을 주는 요소들을 첨가하면 더 좋다. 예를 들어, 스포츠게임 점수, 작은 질문, 준비하고 있는 이벤트 등에 대한 정보를 주면 홍보 훨씬 고객이 지루함을 줄일 수 있다. 5명 정도의 고객이 기다리고 있는 경우에 효과적일 수 있다.

● 무료 서비스 제공

고객이 지루함을 느낄 때 특별한 것을 제공해 주면 고객들이 즐거움을 느낄 수 있을 것이다. 나중에 사용할 수 있는 쿠폰을 주는 것도 좋은 방법이 된다.

● 저렴한 가격

웨이팅 고객에게 제공하는 웨이팅 푸드는 종사원들의 기술과 시간을 요하는 비싼 서비스를 제공할 필요는 없다. 이와 같은 것 대신에 자유롭게 읽을 수 있는 잡지나 인터넷 서비스를 이용할 수 있도록 하는 것을 고려해 보아야 한다.

● 먼저 행동하기

기다림이 길어지는 것은 손님이 많아서일 경우도 있지만 종사원이 빈좌석에 대한 정보를 빨리 주지 않았을 경우도 있다. 고객이 먼저 빈자리에 대한 정보를 물어 보도록 해서는 안 된다.

▣ 인터넷을 통한 도움

바의 웹사이트를 가지고 있는가? 만약 없다면 웹사이트를 가지고 있지 않은 이유는 무엇인가? 많은 바에서는 비용이 많이 든다는 이유로 바 웹사이트를 이용하지 않고 있다. 인터넷은 전 세계적으로 홍보할 수 있는 좋은 마케팅 도구이다. 또한 고객과 바를 운영하는 사람들에게 좋은 도구가 될 수 있다.

● 바를 위한 웹사이트

로고를 단 작은 페이지가 아니라 전화번호, 영업시간뿐만 아니라 바에 대한 정보를 자세히 제공하여 고객이 다시 방문할 수 있도록 만들어야 한다. 후터스 체인(hooters chain)을 살펴보면, 프랜차이즈 정보뿐만 아니라 레스토랑/바의 위치, 유머, 사진, 역사, 심지어는 여자 종사원의 스케줄까지도 보여주고 있다. The House of Blues는 위와 같은 브랜드를 만들기 위해 고객이 더 선호하는 것뿐만 아니라 기타 부가적인 세일정보까지 주었다. 낮은 가격에 좋은 웹사이트를 만들어 주는 서비스 및 호스팅 서비스(hosting servie), 유지관리 서비스까지도 대행해 주는 업체를 이용하는 것이 좋다.

- **웹사이트에의 고객 방문 유도**

디지털 카메라를 이용해서 가장 바쁜 시간대의 영업장 사진을 찍어 웹사이트에 올린다. 고객은 고객 자신을 확인할 뿐만 아니라 친구들에게 보라고 사이트를 알려주기도 한다. 실시간 웹캠(web-cam) 서비스는 좋은 홍보 도구이다. 단 고객이 입장하기 전이나 심지어 고객이 떠날 때 사진을 찍어 올리는 것에 대하여 동의를 받는 것이 좋다.

- **실시간 중개(Live-streaming)**

웹사이트 안에 라이브 밴드의 공연 상황을 틀어 주는 것도 좋은 방법이다. 물론 바를 위해 라이브 공연을 하고 이를 웹상에 올리는 것은 비용이 적게 드는 것은 아니다. 따라서 밴드와 서로 상의해 적절한 선에서 협의를 시도해 본다. 그러나 온라인과 오프라인을 동시에 운영하면 바의 명성만 높아지고 고객의 방문에는 차이가 없을 수도 있으므로 온라인과 오프라인을 동시에 하는 것이 좋은 방법만은 아니다.

- **인터넷을 통한 고객 요구 파악**

인터넷 터미널을 여러 개 확보하는 것은 큰 비용이 들지 않는다. 고객들이 빠르게 접근할 수 있도록 속도를 높임과 동시에 고객에게 제공되는 음료와 음식이 늘어날 것이다. 자유로이 접속하거나 빠른 시간에 접속하도록 하는 것, 즉 속도 증가를 위해 드는 비용은 빠른 시간 내 고객의 재방문을 통해 회수가 가능하다.

● **조용한 공간**

점점 많은 고객들은 일과 독서 또는 공부를 위해서 조용한 공간을 찾는다. 그래서 카페, 바, 레스토랑 등에서 노트북 컴퓨터를 갖추고 있다. 이러한 트렌드는 공항이나 호텔, 카페, 도서관 바 등과 같은 많은 공공시설에 플러그 인(plug in) 시스템을 갖추게도 하였다. 미래에는 전화선을 이용한 개인전용 라인으로 컴퓨터를 이용하는 시설들로 인해 한 공간에서 오래 머무는 고객들이 늘어날 것이다.

레스토랑
운영
노하우

7 이 익

▨ 각 음료의 원가

이익이 없다면 바를 운영할 이유가 없을 뿐만 아니라 많은 매니저들이 직업을 잃게 된다. 따라서 작은 노력으로 원가를 절감할 수 있는 방안에 대해서 고려해 보아야 한다. 훌륭한 바 운영자들은 여러 개의 역할을 갖고 있는데, 그중에서 가장 중요한 4가지 역할이 프로모터, 정신분석학자, 호스트, 회계사이다. 전문가가 되기 위해서는 위의 4가지 기준을 모두 갖추어야 하는 것은 아니지만 최소한 각 분야에 대한 지식은 조금씩 가지고 있어야 바 운영에 효율적으로 이용할 수 있다는 것이다. 바 운영 원가를 산정할 줄 알아야 하고 스피리츠와 리큐어의 재고 상태를 구분지을 줄 알아야 하며 각 음료의 판매가격과 원가는 정확하게 알고 있어야 한다. 다음의 사항들은 높은 이익을 창출하기 위해 알아야 할 사항들이다.

● 온스당 원가

1리터는 33.8온스이다. 1리터에 15달러 하는 스피리츠가 있다면 이것을 33.8로 나누면 그 음료의 온스당 원가가 계산된다(1온스당 0.44달러). 만약에 병사이즈가 750ml이면 25.35로 나누면 원가가 계산되고, 500ml병이면 16.9로 나누면 온스당 원가가 계산된다.

● 총 음료원가

고객 1인당 음료원가를 계산할 때에는 단순히 온스당 원가를 계산한 것을 모두 합해서 계산하면 된다. Half-shot이라는 것은 $\frac{1}{2}$온스의 원가를 말하는 것이다. 반면에 더블 샷은 2온스의 원가를 말하는 것이다. 모든 음료의 양을 정확하게 계산해 두어야 한다. 다시 말해 혼합음료에 들어가는 소량의 음료마저도 기록해 두어야 할 뿐만 아니라 장식 재료들도 계산에 넣어야 한다는 것이다. 이 모든 것이 합해진 것이 음료원가가 되는 것이다.

● 원가비율

재고관리를 할 때에는 투자한 돈이 얼마나 회수되었는가를 알고 싶어 한다. 그리고 판매된 각 음료의 원가비율을 계산하는 것이 가장 좋은 방법이다. 단순하게 온스당 원가를 판매가격으로 나누는 것보다는 100을 곱해서 비율로 나타내는 것이 훨씬 쉽게 이해될 수 있다. 총 원가비율은 판매된 음료 가격에 구매액으로 계산하는 것이 가장 정확하다. 원가비율의 숫자가 낮을수록 높은 이익을 얻는 것이다.

● 총수익

각 음료들의 총수익은 단순하게 판매가격에서 원가를 빼서 계산한다. 총수익을 알기 위해서는 판매가격을 나눈 다음에 100을 곱하면 남아 있는 것이 총수익이 된다. 음료마다 큰 차이를 보인다는 것을 알게 될 것이다. 총수익이 높은 것은 고객에게 판매를 촉진시키므로 수익을 올리는 방법이 된다.

■ 이익 보호

업장에서의 이익 폭은 쉽게 변한다. 계산을 조금이라도 소홀히 하면 금방 이익의 폭이 감소하게 된다. 그러나 이러한 연습의 과정을 통해 손실률을 줄일 수 있다. 다음의 법칙을 잘 활용하여 이익의 적정선을 유지할 수 있도록 한다.

- **종사원의 행동 주시**

  일반적으로 측정은 온스로 하게 된다. 만약 한 바텐더가 하룻밤에 40개의 음료에 25%씩 넘치게 따른다면 10개 음료 정도가 버려지게 되는 것이다. 특히 대형 바일 경우 종사원은 하루에 40개음료 이상을 쏟게 된다.

- **종사원이 정확히 계량하는지를 주식**

  많은 종사원들은 정확하게 계량하는 것을 귀찮아하고 편리함을 추구하게 된다. 그래서 1샷을 정확하게 알 수 있도록 줄을 그어서 3 또는 4개의 잔을 미리 준비해서 병에서 흘러내리는 것을 없애야 한다. 이런 것이 2~3회만 절약하게 되면 원가절감에 직접적인 영향을 미치게 된다. 하지만 이에 있어서 종사원의 실수로 인해 지불한 금액보다 덜 첨가된 음료의 함량이 고객에게 제공되지 않도록 해야 한다.

- **계량하지 않고 눈대중으로 하는 것에 대한 대안**

  계량을 하지 않고 눈대중으로 음료를 만드는 것이 훨씬 더 자유로워 보이고 계량해서 만드는 것보다 빠르게 느껴진다. 계량을 하지 않고 음료를 만들 경우 종사원은 주로 원래보다 더 많은 양을 넣게 된다. 소다음료와 같은 경우 더 많은 양을 넣어도 손실이 많이 발생하지 않지만 알코올 음료의 경우 많은 손실이 발행하게 된다. 또한 만드는 속도에 있어서도 많은 차이가 나는 것도 아니다. 정확한 양을 계량하고 적당량을 넣는 것이 중요하다. 이에 대한 자세한 정보는 www.atlantic-pub.com에서 얻을 수 있다.

- **리큐어 관리 시스템**

   정말 눈으로 리큐어별 비용을 알고 싶다면 리큐어 관리 시스템이 해답이 될 수 있다. 컴퓨터 관리 시스템은 병 입구에 측정기를 설치하므로 매번 체크하지 않고 리큐어가 어느 정도 사용되었는지에 대해 알려 준다. 이 시스템은 컴퓨터와 연결되어 있어서 사용한 양을 정확하게 컴퓨터에서 확인할 수 있지만 설치하는 데 많은 비용이 들어 바 운영자들에게는 꺼려지고 있다. 정보를 얻고 싶으면 www.trumeasur.com으로 연락해 본다.

- **컴퓨터 관리 시스템을 이용하여 고객에게 제시되는 무료 음료 인식의 가능여부**

   1999년에 journal of hospitality and leisure marketing Carl 박사의 연구에 의하면, 지거를 사용하는 것과 컴퓨터 시스템을 이용하는 방법의 두 가지 사이에 양적인 차이점이 발견되었다. 브랜드별로 쓰는 총량에 대해 명확하게 제시해 두고 고객에게 브랜드별로 정확하게 나누어 주면 총량에 대한 통제를 가능하게 하여 손실을 줄여 준다고 했다.

▣ 가격 리스트 구조

오늘날과 같은 상황에서는 정확한 계산을 하지 않고서는 운영하기가 쉽지 않다. 다음의 경우를 계산해 본다. 스카치 위스키가 1병에 14달러라고 하면 한 잔에 3달러에 판매를 하는데, 여기에는 임대료, 보험료, 급료 등의 모든 비용이 포함되어 있다. 3달러 이하에도 판매가 가능한지 아니면 그 이상을 받아야 하는지에 대한 것은 정확한 계산이 바탕이 되어 가격이 책정되어야 한다. 가격 목록을 결정하는 다음의 사항들을 살펴본다.

- **시장 포지셔닝**

   주변의 경쟁자들은 얼마를 받고 있는지를 분석할 필요가 있다. 주변 경쟁자보다 저렴한 가격을 제공하는지 아니면 동일한 수준으로 유지하는지 생각해야 한다. 바가 그 이상의 가격을 책정해도 좋을 정도의 가치를 갖고 있다면 가격을 높여도 고객들이 방문할 것이다. 하지만 그 가격에 준하는 서비스와 상품들을 제공하고 있는지, 공정하게 경쟁하고 있는지, 아니면 더 저렴한 임대료를 지불하는 곳을 찾아야 하는지 등의 상황에 따라 가격이 달라지는 것이다.

• 경쟁

경쟁이 항상 옳은 것은 아니다. 그러나 주변의 상황을 돌아보면 지역사회에서 고객들을 위해 어떤 음료를 준비하고 있으며 어떤 기준을 설정하고 있고, 어떠한 방향으로 가고 있는가는 알 수 있다. 시간을 갖고 주변을 돌아보며 특별한 서비스를 제공하고 있는 업체는 기록해 두는 것이 좋다.

• 고객의 인구통계학적 특성

고객들이 노동자들인가? 사무원들인가? 그들이 집으로 가는 것을 원하는가 아니면 밤새도록 바에 있기를 원하는가? 그리고 매일 돈을 지출하는가? 젊은 세대인가 노인층인가? 이러한 정보들은 시장조사 때 이미 이루어져야 하는 사항들이다.

• 단순성 포용

고객과 종사원들을 위해서는 상품에 대한 복잡한 가격보다 단순한 가격구조로 가는 것이 더 효과적일 수도 있다. 가격을 표시하는 판의 스피리츠 아래는 8천 원, 중간선 반의 것은 9천 원, 그 위 선반에 있는 것은 1만 원같이 만들어서 보기 쉽도록 하는 것이 좋다. 물론 상황에 따라 바뀔 수 있지만 대부분을 3단구조 시스템으로 가격을 쉽게 알 수 있도록 유연하게 하는 것이 좋다.

- ● 세금을 포함한 가격

만약 음료를 마신 후 값을 지불할 때 1만 원짜리 지폐를 낼 경우 잔돈이 1,550원이 되도록 하는 것처럼 나쁜 가격 책정은 없다. 이럴 경우 고객은 집으로 돌아가 주머니를 털었을 때 잔돈만 가득 생기게 된다. 음료의 가격이 세금을 포함해서 '0'으로 마무리될 수 있도록 가격을 책정하는 것이 계산적으로도 간단해서 좋다. 알코올 세금책정이 10%가 된다면 예를 들어, 8,000원짜리 음료의 경우 세금이 붙기 전 가격이 7,200원에 800원의 세금이 붙어서 가격이 책정되는 것이다. 가격은 바 종사원이 아닌 회계 관리를 담당하는 사람과 판매세금 문제에 대해서 상의를 하고 결정하는 것이 좋다. 사업 초기에는 모든 음료에 세금을 포함한 가격을 표시하는 것이 계산상의 문제를 일으키지 않는다.

▣ 필수적인 업사이징(Up-sizing)

미국에서는 영화를 보러 갔을 때 정규 사이즈 팝콘 3.5달러보다 0.75달러를 더 내면 더블 사이즈의 팝콘을 살 수 있다. 이것이 고객들에게는 보너스로 느껴지게 된다. 그래서 영화관 운영자들은 고객들이 큰 사이즈를 주문하도록 유도하고 있는데, 이것은 0.75달러의 이익을 얻기 위해서 원가인 0.04를 더 투자하면 되기 때문이다. 큰 사이즈를 판매하는 이익의 폭이 정규사이즈를 판매하는 것보다 더 크기 때문이다. 음료 판매도 같은 방법이다. 고객에게 1달러어치 음료를 더 판매하기 위해 0.45달러의 준비원가만 들이면 된다.

- ● 스피리츠의 온스당 원가

1리터에 7.54달러인 비교적 고품질의 엘치포 데킬라 브랜드를 사용한다고 하면 온스당 0.22달러 만큼의 비용이 추가로 든다. 대부분의 사람들은 저렴한 데킬라를 사용하면 한 잔당 0.19달러 만큼을 절약할 수 있다고 생각하지만 고품질의 데킬라를 사용하여 질 좋은 음료 제공한다면 결국 소비자들은 이것을 찾게 되어 비싼 가격에도 불구하고 이익을 창출할 수 있게 된다.

● **할인**

이 방법은 다른 분야에서도 똑같이 적용된다. 싱글 가격에 1천 원을 추가로 지불하면 더블 또는 햄버거를 반 가격에 제공한다고 하면 고객은 한 번의 주문에 더 많은 돈을 지불할 것이고 그만큼 고객은 추가된 가치를 즐길 수 있다. 이익 폭은 그다지 높지 못하지만 고객으로부터 더 많은 돈을 쓰게 할 수 있는 윈-윈 전략이다.

● **매출올리기(Up-selling)**

대부분의 고객은 바를 방문했을 때 자신들이 생각한 것 이상의 비용을 지출하게 된다. 하지만 주변에 자동현금인출기(ATM)가 있지 않거나 신용카드결제가 불가능한 곳인 경우 돈이 부족한 고객은 자신의 예산에 맞추어야 하기 때문에 예상금액만큼 혹은 더 적게 쓰는 경우가 발생한다. 따라서 이를 미리 준비해 두어야 한다. 또한 종사원 인센티브제도를 이용하여 판매고를 올리도록 하는 방법을 사용해 보는 것도 좋다. 매출올리기(up-selling) 제도를 가장 많이 활용하는 부분이 영화관이나 패스트 푸드점이다. 종사원이 일정 이상의 매출을 올리면 급여 외에 보너스를 주는 방법으로 이러한 방법을 사용하면 수백 달러 이상의 매출 증대를 이룰 수 있다. 인센티브제도를 활용해 판매 증대를 생각해 본다.

● **인센티브**

예를 들어, 종사원이 개인 파티, 생일 파티, 여성들의 밤처럼 큰 모임을 유치하여 추가 매출을 올렸을 경우 추가 매출의 일정 비율을 종사원에게 인센티브를 준다면 종사원들은 이런 모임을 유치하려고 많은 노력을 할 것이다. 만약 2만 원의 인센티브를 제공할 경우와 50만 원을 인센티브로 제공할 경우의 차이를 본다면 종사원에게 인센티브를 더 제공할 경우 얼마나 많은 새로운 사업이 창출되는지에 대해서 놀라게 될 것이다.

■ 모든 고객으로부터 더 많은 것 얻어내기

직접 찾아오는 고객들은 기준금액 이상의 돈을 쓰지 않는다. 그러므로 원래보다 더 많은 돈을 쓰게 하기 위한 다음의 사항들을 고려해 보자.

• 가치 추가

버번콕 두 잔을 드시면 버거를 2천원 제공하고, 음료 두 잔을 마실 경우 버거를 무료로 제공한다면 고객들에게 특정 시간대에 버거를 싸게 먹는다는 느낌을 준다. 버거를 판매하는 부분에서는 많은 매출을 올리지 못하지만 고객들이 바에서 식사를 하면서 즐길 수 있어 훨씬 오래 머물 수 있으므로 추가 메뉴의 주문도 가능하게 할 수 있다.

• 더 머물 수 있도록 유도

종사원이 고객에게 "영수증을 가져올까요?"라는 말 대신에 "커피 한 잔 어떠세요?" 등의 질문을 하게 하여 고객이 바에 있다는 사실을 잊어버리지 않게 하여야 한다.

• 흥미있는 TV 프로그램을 방영

많은 바에서 저지르기 쉬운 실수 하나가 TV 프로그램을 관리하지 않는다는 것이다. TV 스크린을 항상 보고 TV 가이드를 자주 확인해서 고객들이 관심 있어 하는 프로그램을 틀어주면 고객들은 조금 더 오래 바에 머물 것이다.

● **고객 주시**

어느 한 순간에 고객의 패턴이 바뀔 수 있다. 고객을 항상 주시하고 바에 젊은 고객이 주로 오면 데킬라를 제공하거나 댄스 플로어의 조명을 바꾸는 등의 고객에게 맞추려는 노력이 필요하다. 반대로 스포츠를 즐기는 고객들이 오면 이들의 요구에 맞추도록 해야 한다는 것이다.

● **종사원에게 결정권한 부여**

"잘 모르겠습니다. 밤늦게까지 매니저가 없어서요."라는 말을 종사원의 입에서 나오게 해서는 안 된다. 다시 말해 종사원에게 어떤 사항에 대해 의사결정을 할 수 있는 결정권을 주어야 한다는 것이다. 그래야 바의 운영이 원활하게 이루어지는 것이다. 종사원들이 올바른 결정을 내리고, 올바른 행동을 할 수 있다고 믿어야 한다.

● **부정적인 언어의 배제**

바에 다이어트 콜라의 재고가 없는데 고객이 주문했을 경우, 다이어트 세븐업이나 야채버거, 금방 짠 신선한 오렌지 주스는 어떤지에 대해 권유해 본다. 어떠한 음료 상품은 수요가 적어 구비해 두지 않는 경우가 있는데 이럴 경우 고객이 주문할 수도 있게 된다. 이것은 큰 문제가 되는 상황은 아니지만 고객이 이해할 수 있게 공손하게 양해를 구해야 한다. 즉 재고가 없는 상품에 대한 양해를 구하고 다른 상품으로 권유하여 작은 상품이라도 판매할 수 있는 기회를 없애서는 안 되는 것이다.

● **상품 판매**

펑키로고 자체가 매출을 올리지는 못한다. 맥도널드의 로고가 어린이들에게는 교회 십자가보다 더 빨리 와 닿는다는 연구 결과에서처럼 로고를 통해서 어떠한 느낌을 주도록 해야 한다. T-셔츠, 골프 셔츠, 농구 모자, 열쇠고리, 라이터나 기타 유리 장식물에 사용되는 'cool'이라는 로고는 그 자체만으로 입었을 때 시원한 느낌을 주는 것처럼 하드락 카페의 로고는 음료보다 그 자체가 더욱 인기가 있듯이 로고를 충분히 활용하도록 해야 한다.

▨ 자동판매기

주방이 밤새도록 음식을 만들어 판매할 수는 없다. 주방이 마감되었을 때는 고객들이 배고픔을 해결할 대상을 찾게 되는데, 이때 잘 활용을 할 수 있는 것이 자동판매기이다. 자동판매기는 향수, 콘돔, 가글 등 모든 것을 판매할 수 있다. 사실 자동판매기에 대한 고객의 요구가 있다면 설치하는 것이 좋다. 지역 신문에 자동판매기 공급업자들에 대한 정보가 상당히 많다.

• 고객의 요구

사람들은 마시고, 즐기고, 사람을 만나기 위해서 바를 찾는다. 이 중 '사람' 때문에 바에 콘돔 자판기를 설치하는 것을 고려할 필요가 있다. 이런 자판기는 남, 녀 화장실에 설치해 두면 높은 수익을 올릴 수 있다. 콘돔 자판기 이외에도 립밤, 향수, 아스피린, 여성의 필수품 등을 같이 설치해 두면 좋다.

• 스낵

여러 가지 스낵을 갖추어 놓고 선택하도록 자동판매기를 설치하면 꽤 큰 수익을 올릴 수 있다. 이는 바보다 바 외부에 설치하는 것도 좋다. 초콜릿, 사탕, 칩스, 민트, 쿠키, 그래뉼 바 등의 스낵은 늦은 밤에 바 종사원들을 귀찮게 하지 않으면서 고객을 오랫동안 바에 머물러 있을 수 있게 만든다. 또한 밖의 좋은 자리에 스낵 판매기를 설치해 두면 바 문을 닫은 후에도 매출을 창출할 수 있다.

- **물**

  나이트클럽에서 물을 한 잔 판매한다면 오로지 이익창출에만 도움이 될 것이다. 그러나 자판기를 이용해 병에 담긴 물을 제공하면 바텐더의 시간과 노력을 아낄 수 있을 뿐만 아니라 다양한 이익을 얻을 수 있다. 처음부터 '병에 든 물만 가능'하다는 표시를 해두면 바텐더는 단지 자동판매기의 위치만 고객에게 알려 주면 되는 것이다. 자동판매기를 설치하지 않을 경우에는 바에서 병에 든 물만 판매하는 방식도 이용해 볼 만하다. 물을 이용한 특별 메뉴를 생각해 보는 것도 좋다. 병에 든 물을 제공하면 고객들은 물을 마시는데 돈을 지불하는 것을 꺼리지 않을 것이다.

- **전화카드**

  요즘 대부분의 사람들이 휴대폰을 갖고 있기는 하지만 아직까지도 전화카드를 필요로 하는 경우도 있다. 전화카드 자판기와 은행카드를 나란히 쓸 수 있도록 설치하는 것이 이익의 폭을 늘리는 방법이다. 지역 전용 카드나 1만 원짜리 장거리 전화카드를 갖추어야 한다. 이러한 선택을 할 수 있도록 고객에게 기회를 주면 고객은 변함없이 둘 중 하나를 선택할 것이다.

▣ 사업계획

어떤 사업을 시작하기 전에 확실한 계획은 매우 중요하다. 무엇이든 사업을 확장해야겠다고 생각한다면 사업계획은 절대적으로 필요한 것이다. 사업계획 시 피해야 할 사항들이 많이 있다.

- **실현 가능성**

  사업을 시작하려는 사람뿐만 아니라, 시장 상황을 잘 이해하고 있는 사람 모두에게 사업계획의 실현 가능성에 관해 물어보아야 한다. 그들은 시장 상황을 주관적으로 이해하고 있을 것이다. 투자자들은 어떤 누구보다도 작성된 사업계획에 동의하지 않을 수도 있다. 외부업체, 컨설팅 서비스 등을 활용하는 것도 좋은 방법이지만 투자자가 만족할 수 있는 실현 가능성 높은 제안을 하는 것이 가장 근본적인 방법이라 할 수 있다.

• 사업계획의 필요성

간단하게 요약된 5~10페이지 정도의 사업계획 개요가 50페이지짜리 사업계획서보다 더 효과적이다. 대부분 투자자들은 서술식으로 길게 기술해 놓은 사업계획서에는 별로 관심이 없다는 사실을 알아야 한다.

• 온라인 정보

사업계획을 필요로 할 경우 온라인상에서 엄청나게 많은 정보를 얻을 수 있다. 사업계획의 모든 공정을 자세하게 설명해 주고 마지막에 사업계획을 하려는 사람이 원하는 결과까지도 안내해 준다. 미국의 www.atlantic-pub.com를 참고하면 quickplan 서비스를 볼 수 있다.

• 현금흐름의 설계

많은 사업계획책들은 6년 동안의 현금흐름 설계를 하라고 한다. 그러나 바 운영에서는 많은 변수들이 작용하기 때문에 매년 작성할 수는 없다. 정확한 예측치를 만든다는 것은 불가능하다. 실현 가능성이 없는 환상적인 숫자를 만드는 오류를 범할 필요는 없다는 것이다.

• 사업계획 개요

사업계획에 대해 영역을 설정했다면 사업계획에 필요하다고 생각되는 자료들을 만들고 주제별로 정리를 해야 한다. 필요하다면 여기에 사용되는 내용을 첨부파일로 넣어도 된다.

▨ 사업계획 개요

Ⅰ. **표지**
Ⅱ. **목적**
Ⅲ. **목차**
Ⅳ. **사업**
    A. 사업설명
    B. 마케팅
    C. 경쟁
    D. 운영절차
    E. 인력
    F. 사업보험
    G. 재정자료
Ⅴ. **재정자료**
    A. 자금조달 상황
    B. 자본과 공급목록
    C. 밸런스 시트
    D. 손익분기점 분석
    E. 수익 프로포마 설계
        1. 3년 개요
        2. 사업 첫해 매달 세부사항
        3. 사업 두 번째, 세 번째 해 분기별 세부사항
        4. 추정자료 근거
    F. 현금흐름 프로포마
Ⅵ. **첨부자료**
    A. 지난 3년간 세금 환금자료
    B. 인건비 구조 명세서
    C. 프랜차이즈 사업의 경우 프랜차이즈 계약서와 기타 자료
    D. 건물 임대상황 자료
    E. 영업 면허
    F. 모든 참여자 이력서
    G. 공급자로부터 받은 여러 가지 공식문서 등

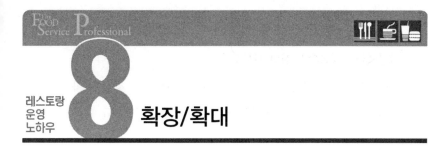

확장/확대

▣ 나이트클럽 사업의 시작

경영하고 있던 바에서 괜찮은 수익이 창출되기 시작한다면 좀더 수익성 있는 시장에서의 사업으로 확장하려 할 것이다. 다음 사업은 무엇이 될까? 나이트클럽에 대해 고려해 본다. 일반적인 바나 레스토랑을 경영하는 것과 달리 나이트클럽과 같은 사업은 다르기 때문에 많은 사업가들이 사업계획을 할 때 이 분야 전문가들의 사업조언에 따라 밑그림을 그린다고 볼 수 있다. 실제로 일부 사업가들은 그들이 하고자 하는 사업을 정확히 인식함에도 불구하고 나이트클럽 사업을 실패하기도 한다. 실제로 전체 나이트클럽의 대략 10%만이 전체 나이트클럽 수익의 80%를 내고 있다. 앞으로 진출하고자 하는 이 분야를 제대로 알지 못한다면 함부로 나이트클럽 사업을 시작해서는 안 된다.

• 개업에 앞선 우선순위

나이트클럽을 이용할 수 있는 고객층에 대한 레저/유흥을 누릴 수 있는 수준의 이해가 전제되어야 한다. 이 부분에서 탁월한 능력을 가진 사업가의 대부분은 접시 닦기와 같은 최하위 종사원에서 경영주와 같은 관리자까지 나이트클럽에서 전 직위를 두루 걸친 사람들이다. 그들은 나이트클럽과 같은 유흥업소의 운영을 정확히 인식하고 있다. 나이트클럽에서 근무한 경험이 없다면 어렵게 획득한 소중한 사업자금을 들여 나이트클럽을 개업하기 전에 한 달 정도의 조사목적의 경험이 필요하다.

• 사업자금을 사용하기 전의 사전조사

사업을 진행하면서 해야 될 일과 해선 안 될 일에 대하여 아주 세밀한 정보자료들은 온라인이나 오프라인상에서 구할 수 있다.

• 경쟁사의 점검 확인작업

현재 나이트클럽 시장에서 성공한 업소와 실패한 업소를 가능한 많이 조사한다. 경쟁사 조사시 비교적 적은 투자로 개점한 업장에서 본받을 수 있는 부분을 점검하여 기록한다면 사업적으로 현지인들에게 공감을 얻어 낼 수 있을 것이다.

• 경쟁시장에서의 틈새공략

큰 이익을 한꺼번에 가져오는 경우는 흔치 않다. 하지만 합리적이고 적합한 규모의 시장을 찾아 고객의 욕구를 만족시킨다면 지속적이고 꾸준한 이익을 낼 수 있다.

▣ DJ 혹은 컴퓨터의 선택

어떤 경우에는 바 업장이나 나이트클럽 규모의 크기에 비례하여 DJ를 채용하는데 이는 바에 적합한 음악인지에 대해 고려해야 한다. 즉 업장의 음악선택이 업장을 찾는 대중의 분위기에 부흥하지 못한다면 방문시 춤추는 장소를 제공하는 데 적합하지 못할 수도 있음을 의미하는 것이다.

• MP3 믹서

MP3000F와 같은 자동선곡 프로그램과 광범위하게 선곡선택을 할 수 있는 MP3의 음향시스템은 일상적인 DJ로부터 들을 수 있는 선곡들로, 연속적으로 일정한 종류의 음향을 밤새 유지시킬 수가 있다. MP3 믹서로 업장 대중의 분위기를 파악할 수는 없지만, 별다른 비용 없이 DJ의 목소리를 중간중간 삽입함으로써 비용절감의 효과가 있다.

● **유능한 DJ의 발굴**

자동 선곡 시스템이 비용을 절감할 수 있는 가장 좋은 방법이긴 하지만, 업장의 분위기를 최고수준으로 유지하기 위해서는 유능한 DJ가 꼭 필요하다. 그러나 업장 대중을 즐겁게 만들 수 있는 유능한 DJ를 발굴한다는 것은 보기보다 그렇게 쉽지 않다. 그래서 이 분야 유망주들을 발굴하기 위해 지역 경연대회를 통해 입선한 우승자에게 업장에서 특별한 DJ 공연 계약을 제공하기도 한다.

● **업장 자체에서 해당 음향기기를 구입**

많은 DJ들은 자기만이 다루고 사용하는 음향기기와 조명 그리고 음악이 있지만, 업장은 굉장히 높은 수수료를 지불하고 있다. 따라서 업소 자체에서 음향기기와 조명기구를 구입하여야 한다. DJ는 시간단위로 계산하면 장기적으로 비용절감에 효율적일 수 있다. 또한 DJ를 장비 없이 고용한다면 다른 DJ를 채용하는 데 어려움을 줄일 수 있다.

● **업장을 찾는 고객에게 즐거움 제공**

간혹 DJ는 업장을 찾는 고객의 즐거움보다 자기 자신의 즐거움만을 고려하여 선곡하는 경우가 있다. 결과적으로, 어떤 경우에는 업장의 무대에 소수의 고객만이 춤을 추는 경우가 발생한다. DJ가 업장에 오는 고객을 유지하도록 만들려면 해당 영업일 방문객 비율에 따라 일당을 배분하면 된다. 이런 방법은 영업상의 안정과 더불어 항상 발생하는 DJ의 잦은 이직률을 방지할 수도 있다.

- ### 비디오CD와 DVD

바의 뒤편에서 CD플레이어나 쥬크박스를 통해 흘러나오는 음악이 업장 고객의 귀를 즐겁게 해주고 업장의 질을 대변하는 그런 시대는 지나갔다. 지금은 시청각위주의 비디오CD나 DVD가 이를 대신하고 있다. 인터넷에서 무상으로 언제 어디서나 음악과 비디오 심지어 가라오케까지 다운로드가 된다. 이와 같은 DVD를 다양하게 구비한다면 업장의 고객들이 음악에 맞춰 춤을 추고 애청곡에 따라 노래를 부를 수도 있게 된다. 그동안은 직원이 디스크를 틀어놓으면 몇 시간 정도는 이것에 구애받지 않고 영업을 할 수가 있었다. 하지만 라이브를 공연하거나 BMI나 ASCAP에 등록되어 녹음된 음악을 틀어놓는 것이 좋다. 해당 곡들은 온라인으로 www.bmi.com/home. asp나 www.ascap.com에서 구할 수 있다.

- ### 자동 선곡기계

만약 업장에 비디오CD 시스템이 구비된 경우라면 자동 선곡기를 이용해 영업시간 동안 DJ나 직원의 수동 선곡조정 없이 선곡할 수 있다. 선곡 순서는 간단하게 사용자 또는 가수나 연주자별로 무작위로 선택되어 프로그램화시킬 수 있다. 비디오CD는 중간 정도 인기곡을 선곡할 뿐만 아니라 좀더 고객 지향적으로 조정될 수 있지만 아직까지 DVD는 이 정도의 수준을 기대하기 어렵다.

▣ 댄스무대를 만들 때 유의점

주중 며칠만을 위한 댄스무대라면 이를 배제하고 업장의 영업을 생각할 것이다. 그러나 무대를 만들 경우에는 이 선택에 대한 유의점들을 생각해 보아야 한다.

- **사각형의 댄스무대**

대부분의 바 사업주는 전체 업장 중 10~15% 정도가 댄스무대로써의 공식 성공비율이라 생각하고 있다. 댄스무대에 많은 수의 고객을 수용할 수 있어야 하지만 너무 크면 업장이 비어 보이거나 공허한 분위기가 될 수 있다. 하지만 만약 업장의 댄스무대가 너무 클 경우, 일반적으로 거리를 두고 춤추게 되어 흥미를 잃을 수도 있게 된다.

- **댄스무대에 집중시킨 시설**

댄스무대가 소수의 고객에게만 치중되어서는 안 된다. 또한 주중에는 거의 댄스무대를 사용하지 못하는 경우도 발생한다. 이런 경우는 라이브 공연을 하며 댄스무대를 활용하거나 댄스무대의 시설을 호환성 있게 갖추어서 댄스 홀 전체를 일시적으로 사용하지 않게 할 수도 있다. 이런 호환성 있는 댄스 스테이지 시설은 www.tuffdeck.com이나 www.dance-2000.com 에서 찾을 수 있다.

- **미끄러운 무대**

무용수라면 반짝반짝한 무대가 좋겠지만 이런 경우 미끄러질 수 있는 위험요소도 가지고 있다. 특히 약간의 취기가 있는 손님에게는 더욱 그러하다. 특히 바닥이 춤추기에 미끄러운 경우 불미스러운 부상에 대한 변상을 피하기 위해 항상 직원들에게 안전 안내판을 배치하도록 하여야 한다.

▣ 음향시스템

일반 라이브 공연 무대라면 완전한 댄스무대 시설을 갖추었든, 그렇지 못한 경우든지 간에 강하고 유연한 음향시스템은 성공적인 바 업장의 영업에 가장 중요한 부분이다. 다음에 나오는 사항들에 유의해 본다.

- **업소에 필요한 사항 고려**

  음향시스템의 시설 정도를 고려할 때, 수용능력 이하의 부자연스런 앰프나 음향이 약한 스피커에 투자하는 것보다는 업장이 갖춘 수용능력 이상을 투자하며 필요사항을 갖추어 두는 것이 좋다.

- **고객에 따라 음향의 조절**

  댄스무대가 업장의 영업의 중요한 부분이지만 상대적으로 대화를 나누고 싶어 하는 고객에게는 방해요소가 될 수도 있다. 따라서 이런 고객을 위한 조용한 공간이 준비되어 있지 않다면 음향을 낮추는 것이 바람직하다. 이는 고객을 안정시키는 것뿐만 아니라 종사원 입장에서는 음료 주문에 있어서 주문을 용이하게 만들어 주기도 한다.

- **음향시스템을 설치시 주 음향시스템의 방향을 선정**

  바 업장이나 고객들을 위한 좌석공간이 라이브 무대나 댄스무대를 향하고 있다면, 업장에서는 큰소리의 음악이 나오는 동안 서비스의 상호교환이 어렵다. 바 구역과 댄스무대 사이 스피커의 위치 선정에 각별한 유의가 필요하다. 영업수익에 도움이 되는 조용한 장소는 음향기기와의 거리가 조금 떨어져 있어야 한다.

- **비디오 영상시설이 갖추어진 벽**

  보통 성능 좋은 음향기기는 인기 있는 구성품과 함께 이루어져 있다. 비디오 영상시설이 갖추어진 무대 벽은 별다른 음향효과의 첨가 없이도 기대 이상의 훌륭한 효과를 만들어 낼 수 있다. 16개 정육면체형의 비디오 영상시설이 된 벽은 낮 동안의 영업시간에 일반 회사의 모임에서 프레젠테이션 기능과 흥미 있는 스포츠 경기 중계가 가능하다. 멀티비전의 비디오와 영상물은 www.vidwall.com에서 알 수 있다.

▨ 오락기의 운영

동전투입식 오락기의 운영은 바의 또 다른 수익원이다. 바의 전기로 작동되는 오락기는 전반적인 업장형태, 규모와 기능, 주변 환경 등과 같이 업장의 특징을 고려함과 동시에 고객에게는 흥밋거리를 제공할 수도 있다. 오락기 운영은 수익증대뿐만 아니라 단순히 기계에 동전을 투입하여 오락이나 유흥을 즐기는 것 외에 또 다른 영업의미를 지닌다. 오락기의 운영은 업장 고객에게 흥미를 제공하기도 하며 고객이 머무르는 시간을 최대화시킬 수 있다. 이러한 영업형태는 전자오락게임에서부터 최신가상현실의 당구장에 이르기까지 업장 고객에게 제공되는 모든 오락형태의 유흥거리를 선택할 수 있다. 물론 이러한 것들은 높은 수익원이 된다.

• 동전투입식 기계 운영을 통한 수익 창출

일부 이런 영업방식은 공급업체로부터 오락기를 무상으로 제공받아 영업할 뿐만 아니라 수익성 또한 이상적이다. 즉 '동전투입식의 영업'이라는 이름만으로 전화번호부에서 해당 업체를 알 수 있으며, 무상으로 오락기 등을 제공하는 업체들이 많이 있다. 이와 같은 경우는 일정한 해당 영업수익을 업소와 공급업체 간의 수익분배 계약을 통해 영업에 도움을 준다. 임대 오락기 등은 공급업체로부터 일정하게 관리유지가 이루어지며 오래된 기기로 인한 고장은 새로운 기기로의 교체 또한 가능하다.

• 오락기 제작업체로부터 직접 구매하여 영업하는 경우

매일 해당 영업기에 대한 관리유지가 선행되어야 하며 전문수리의 경우 해당업체의 출장수리보수가 이루어진다. 비록 초기에는 게임 선택에 제한적인 부분이 있지만 게임 자체를 다른 게임으로 전환할 경우 단지 몇 개의 관련 컴퓨터 칩만으로도 변경이 가능하다. 실제 게임기의 디자인을 그대로 유지한 채 전체 오락게임을 바꾸는 경우도 있다.

- **오작동시의 책임**

  오락기 등의 오작동으로 인한 문제를 담당직원이 몰라서는 안 된다. 오락기가 업소의 소유라면, 오작동으로 인한 손님에 대한 피해는 분명히 책임을 져야 하며 문제가 있는 오락기는 수리해야 한다. 오락기 공급업체는 가능한 빨리 수리·보수하여 해당 오락기를 통해 영업을 할 수 없는 최악의 경우를 대비해야 한다.

- **고객의 선호도가 높은 즉석 사진 판매기**

  업소 고객은 자신들의 사진을 찍기 위해 자연스럽게 돈을 지불하게 된다. 또한 상품도 스티커나 엽서 등에 자신이 담긴 사진을 몇 분 이내에 현상하여 볼 수 있다. 일부 고객들은 즉석 사진이 낭비라고 생각하지만 같이 온 친구나 동반한 애인과 함께 찍을 수도 있으며, 앞으로 미래 자신의 자녀가 어떻게 나올지를 볼 수 있는 사진 상품도 있다. 수익성이 좋은 영업도구이며 사진 속에 비친 업소를 노출시킴으로써 2차적인 광고홍보 효과도 있다.

- **댄스기계(DDR)**

  댄스기계인 DDR은 인기 있는 고객 참여형 오락기이다. 업장의 고객은 동전 몇 개를 넣고 길게 늘어진 조명들이 있는 댄스무대에 서게 된다. 모니터에 비치는 영상 속 댄서의 움직임에 따른 지시등에 맞추어 춤을 추는 것으로, 중독성이 있는 참여형 게임이며 게임을 즐기는 동안 주변에 많은 사람들이 지켜보게 된다. 업장에 그렇게 특별한 영향을 미치지도 않을 뿐만 아니라 지역전화부에서 해당업체를 찾아 쉽게 공급받을 수 있다.

● **현실 같은 가상현실의 오락게임**

이제 일정하게 업장에서 골프 게임장, 야구장, 경마장 하키장을 장치하는 모습을 쉽게 찾아볼 수 있다. 이런 유형의 오락기는 오락비가 다소 비싸고 최상의 오락게임을 제공한다는 것 외에는 다른 동전투입식 게임기와 동일한 형태라고 볼 수 있다. 공간적인 면에서 할애되는 공간이 좀더 넓지만 수익성이 훨씬 높고 가치가 있다.

● **오락기 종류의 다양성**

업소에서 생각하는 모든 종류의 게임을 찾아볼 수 있다. 미식축구, 에어하키, 비디오 게임, 사격게임, 스키볼, 농구경기 심지어 비디오 포커나 블랙잭 오락기는 업소의 분위기에 맞추어 설치할 수 있다. 투자비용을 조금만 늘리면 무상으로 좀더 젊은 신규 고객을 유치할 수 있다.

▣ 핀볼 기계

신뢰할 수 있는 핀볼 기계는 1800년대 말부터 옛 기계 방식 그대로 현재 이용되고 있다. 단순한 사고방식을 통해 핀볼 기계는 업장의 고소득원이 될 수 있다.

● **업장의 대기공간에 핀볼 오락기 배치**

대기시간을 줄이는 데 가장 좋은 방법이다. 주변에 있는 고객에게 불편을 주지 않을 정도의 낮은 소음만 유지할 수 있다면 좋은 영업원이 된다. 동전투입기 제작/영업운영을 주로 하는 업체는 최신의 가장 좋은 핀볼 오락기를 무상으로 제공할 수 있으며 매월 말에 해당 영업이익을 분배하게 된다. 만약 한 게임당 500원일 경우 하루에 10게임만 매상으로 계산해도 한 달이면 15만 원 정도의 영업이익분배가 이루어진다. 투자 없이 이 정도 수익이면 그렇게 나쁜 편은 아니다.

260 레스토랑 운영 노하우

• 오래된 기계

영업수익을 오락기계 제공업체에 분배하지 않는다면 최신의 핀볼 게임기보다 오래된 구식 핀볼 기계에 투자하는 편이 유리하다. 오래된 기계는 최소의 구매비용과 유지비용이 소요되며, 오락기를 이용하는 손님에게는 옛 추억을 상기시켜 영업이 훨씬 더 유리하다. 이와 같은 기계들은 eBay와 같은 인터넷 경매사이트에서 구입할 수 있다(www.ebay.com).

• 핀볼 게임기 선택에 있어서 바른 구매

영업 자체에서 핀볼 기계를 선별하여 구매할 경우, 잘 분류된 광고나 최고조건의 지역 경매를 통해 조사할 수 있다. 물론 자체적으로 구입한 경우 관리유지의 책임이 있으며, 최근에는 이런 기기들은 부품별로 제공받을 수 있다. 기계가 오래될수록 해당 수리부품을 구하는 데 오랜 시간이 소요된다.

▣ 다 트

오랫동안 바 업장에서 볼 수 있는 오락으로 구식 다트보드는 최신의 기술로 만든 다트보드로 바뀌는 추세이다. 옛날 다트기계는 다트를 과녁에 던져서 일일이 점수판을 확인했지만, 최신 것은 다트가 던져진 자리에서 자동으로 점수계산이 이뤄진다.

• 신기술

오늘날의 시장에서 이용 가능한 것이 무엇인지를 조사하여야 한다. 가장 신뢰할 수 있는 다트보드는 신기술의 영향을 받는다. 동전투입기 영업을 할 수 있는 다트 시스템은 고객의 점수를 유지할 뿐만 아니라 새로운 영업원으로 활용된다. 턴키시스템(Turnkey System)[4]은 제작업체와 영업

---

[4] Turnkey System : 제작 설치 등 주문에서부터 가동까지 모든 시스템을 관리하여 주는 것

이익분배 조건으로 구매될 수 있다. 비록 다트의 도구가 변화되어 왔지만 다트를 애호하는 고객들은 신기술로 제작된 기기도 선호하기 때문에 이를 위해 투자를 해야 한다.

- **치중된 공간**

    동전투입식의 다트가 다소 불편하지만 토너먼트나 리그는 일정한 고객을 확보할 수 있으며, 대부분 이러한 다트 이용고객들은 술을 마시지는 않는다.

▨ 당구를 칠 수 있는 공간

많은 사람들은 당구를 좋아한다. 사실 많은 바의 기본적인 게임의 종류로서 예전부터 행해지던 게임들이다. 게다가 테이블에서 경기가 이루어지기에 주로 테이블에서 수익이 도출되는 '테이블 게임' 형태이다.

- **투자**

    유지비가 적게 드는 동전투입식의 기계에 투자하고 싶다면 당구게임을 추천한다. 당구게임은 다른 게임에 비해 고장시 수리가 상대적으로 비교적 간단하다. 그리고 당구게임은 많은 고객들이 선호하는 게임이다. 컴퓨터 동전투입식 게임과는 다르게 당구게임은 잦은 업데이트 비용이 들지 않는다. 당구 공급업자의 도움을 받아 영업한다면 영업이 한결 수월하고 편리하지만 많은 수익을 기대하기는 어렵다. 최소비용으로 최대의 수익창출에 힘써야 한다.

- **공간**

    당구게임 고객들이 가장 불편하게 느끼는 부분은 부족한 공간이다. 따라서 각 당구 게임공간의 확보가 필요하다. 당구게임시 공간의 협소함으로 인해 발생하는 불편함을 아무도 좋아하지 않는다.

• 당구게임 장비의 유지

휘어진 당구채, 사라진 공, 초크의 분실들은 사소한 것이지만 당구게임 고객에게 불편을 초래할 수 있다. 당구게임 고객들도 돈을 지불하며 게임을 즐기고 있다는 사실을 고려해야 한다.

• 토너먼트 당구게임 운영

매주 상금과 함께 당구 토너먼트를 개최한다면 고객들은 이에 흥미를 느껴 친구, 당구를 구경하고 싶은 사람 등과 함께 방문할 것이다. 단순한 경기를 통해 많은 고객을 창출할 수 있도록 노력해야 한다.

• 대규모 고객 방문을 위한 무료 당구게임 제공

당구게임은 주요한 수익의 원천이다. 그러나 주중 한번이라도 당구고객을 위해 무료로 게임을 제공하는 것도 고려해 볼 만하다. 당구게임으로 인해 많은 고객들이 창출된다는 것은 당연한 사실이므로 만약 주중 업장에 한가한 시간대에는 무료 당구게임을 제공하는 것은 좋은 방법이다. 이는 스윙타임에 고객을 업장에 채울 수 있을 뿐 아니라 방문한 고객으로부터 음료 수익이 창출될 수도 있다.

▨ 쥬크박스

오랫동안 외식산업에서 쥬크박스는 대중에 대한 어필이나 수익성을 보여주었고 지금도 쥬크박스의 호응이 크게 변화하지는 않았다. 실제로 일부 업소에서는 쥬크박스가 수익뿐만 아니라 업소의 재방문을 유도하는 작용까지도 하고 있다.

● **업장에 전형적인 쥬크박스를 배치하지 않음**

쥬크박스 공급사 중 가장 큰 업체는 이전부터 대중들이 애청했던 곡뿐만 아니라 비인기곡들까지도 채워진 경우가 있기 때문에 업소 자체에서 쥬크박스를 구매할 경우 그 지역주민에게 인기 있는 곡들로 선택하는 것이 훨씬 좋다. 초기에 적지 않은 비용이 소요되게 된다. 만약 쥬크박스에 포함되지 않은 선택된 곡이 있다면 수록된 CD로 대체시킬 수 있다. 전체적인 수익이 늘어나며 공급업체와 수익을 배분하지 않아도 된다.

● **음높이에 주의**

바의 직원들은 지나치게 큰소리로 쥬크박스를 틀어놓아서도 안 되며 너무 소리가 작아 들리지도 않을 정도로 해서도 안 된다. 큰소리를 좋아하는 일부 고객들도 있지만 큰 소음의 쥬크박스는 업장 고객에게 나쁜 영향을 미친다.

● **비디오를 활용한 영상형 쥬크박스**

비디오CD 쥬크박스는 간단한 이유로 좀더 흡입력을 불러일으킬 수 있다. 즉 업소에서 자체 비디오CD를 제작하여 일반적인 유행에 맞추어 나가는 것이다. 예를 들어, 업장에서 고객이 열창하는 모습이 담긴 영상을 즉석에서 TV 모니터를 통해 출력할 수 있다. 대부분의 업소에서 사용하는 것은 아니지만 유행에 예민하게 반응하는 업소는 이보다도 획기적인 전략을 사용하기도 한다.

● **테이블탑 쥬크박스**

과거에 많이 사용되었던 것이지만, 시점판매 영업방식으로 수익을 올릴 수 있는 방법이기도 하다. 이런 장치는 부스를 만들어 동전투입식으로 음악을 청취할 수 있다. 선호도에 의해 음악을 선택할 수 있고 최소한 업장에 나쁜 영향을 미치지는 않는다.

▣ 맥주 이외의 커피 음료

커피 중심의 음료는 바의 고정메뉴로서 오랫동안 사용되어 왔지만 시간이 지남에 따라 현대의 고객들은 단순히 오래된 커피기계에서 나오는 커피로는 만족하지 못하게 됐다.

● 에스프레소

오늘날의 커피를 마시는 고객들은 업소에서 구매한 커피의 품질을 알고 싶어 하며 에스프레소가 아니면 이용하지 않는 경우가 많다. 커피 제조에 있어서 지난 10년 동안 전례 없이 좀더 정교해지는 추세이기도 하다. 만약 업장 능력이 고객의 이런 흐름에 미치지 못한다면 미리 에스프레소 기계를 배치하는 것이 유리하다.

● 바리스타

커피기계를 잘 아는 전문 종사원을 둔 업소들은 '바리스타'로 잘 알려져 있다. 진정한 바리스타는 에스프레소 기계에 능통한 전문가이다. 높은 수익의 급료와 에스프레소 기계 왕국의 최고 전문가가 업장에 필요한 것은 아니다. 경쟁업체와 견주어 비슷한 수준으로 숙련된 바리스타 수준의 종사원 정도만 있으면 된다. 새로운 종사원으로 커피기계를 업장의 한 부분으로 만든다면 업장의 단골고객은 매우 만족해 할 것이다.

● 투자

성능이 좋은 에스프레소 커피기계는 저렴하지는 않지만 아름다운 커피 잔에 담긴 커피를 생각한다면 결코 손해가 아니다. 커피제조에 필요한 기기나 기구에 대한 투자가 수개월에 걸쳐 이루어진다면 종전 업장의 주류 판매에서 얻어진 이윤을 유지할 뿐만 아니라 좋은 수익을 낼 수 있으므로 투자해야 한다.

● **판촉**

필요하다면 무료시음이나 특별시음을 통해 새로운 커피메뉴상품을 홍보하여야 한다. 아니면 임시로 커피메뉴를 바꾸어 제공하여도 된다. 업장영업 동안 술과 유흥에 지친 단골고객들에게 커피 한 잔의 서비스는 고객의 귀가를 한층 안전하게 만들지도 모른다.

● **업장의 주변 분위기 연출**

고객이 커피를 즐기는 경험은 중요한 부분이다. 에스프레소 커피기계를 스포츠 바에 배치한다고 해서 카페인 중독자들의 낙원이 되지는 않는다. 주변의 좌석배치, 주변 화분에 의해 그늘진 테이블보, 부드러운 재즈선율, 따스한 램프불빛, 좋은 와인메뉴 등이 조화롭게 연출되어야 한다.

▣ 바업장의 시가(궐련Cigar) 영업 필요성

일반적인 요즘 추세는 흡연이 하향곡선을 나타내지만 미국 바에서의 시가 흡연은 일부 상승곡선을 나타내고 있다. 더욱더 편안한 흡연을 위해 뭔가 특별한 시가를 찾는 고객들이 있다. 이것이 업장에 의미하는 것은 고객이 원하는 것을 제공함으로서 또 다른 수익원을 만들 수 있는 기회라는 것이다. 수익원의 대안으로서 시가판매 영업이 잘 이루어진다면 좋은 현금 영업의 한 방법으로 고려될 수 있다. 시가 흡연은 습관 이상의 것이 있다. 다시 말해서 관습적인 성격이 있다는 것이다. 업소에서 시가를 판매할 경우에는 이런 영업 분위기와 조화를 이룰 수 있는 기구나 분위기의 연출이 필요하다는 것이다.

• 분위기 연출 활용

시가 흡연은 편안함 그 자체이다. 그렇기 때문에 기본적인 바 스타일인 나무로 제작된 커피테이블과 같은 목재가구들과, 가죽소파 등은 아주 훌륭한 구성요소가 된다. 업장 배경음악 선율은 낮고 부드럽게 하며 물론 좋은 환기시설과 바 영업과의 분리는 마지막 작업이 된다. 이런 분위기로 연출하여 객실과 같은 공간이나 구역이 서로 조화를 이룬다면 조용한 경험을 즐기는 고객들을 흡수할 수 있다.

• 증정품 부여

업장의 로고가 새겨진 무언가를 고객에게 준다면 집으로 돌아간 고객은 그 로고를 보고 다음에 또 업소를 방문하게 된다. 성냥에서부터 라이터나 시가 커터기기 등과 같이 저렴한 비용으로 제작 가능한 기념품 등은 업소를 찾게 하는 좋은 판촉물이 될 수 있다.

• 시가(Cigar) 저장시설의 중요성

시가는 아주 민감하여 외부환경조건에 매우 예민하다. 시가 바 업장은 온도조절장치가 된 시설을 배치하고 있다. 기존의 시설물이나 자유롭게 설치될 수 있는 구조물을 통해 준비될 수 있다. 잘 마련된 시가시설이 업장 시가를 잘 유지할 수 있다면 영업의 훌륭한 전시효과까지 기대할 수 있다.

• 시가(Cigar) 커팅기의 중요성

많은 시가 커터기들은 재판매가 가능하다. 좋은 시가 커터기의 가격은 스타일이나 날의 정도와 품질과 재질에 따라 천차만별이지만 보통 몇 천 원에서 수천 배에 이르는 것도 있다. 이런 다양성이 영업의 핵심적 역할을 할 수 있다. 좋은 종류의 시가 커터기가 판매된다면 커터기상에 업소의 로고를 넣어 줌으로써 작은 투자로 커다란 광고수익 또한 기대할 수 있다.

- **시가(Cigar) 장식품 제공**

  시가 바의 중요한 영업 지향방식은 업장 한 부분에 많은 시가를 담고 있는
박스를 진열함으로써 바 업장의 고급스런 분위기를 연출할 수 있다. 또한 각
각 낱개로 포장된 시가 케이스는 시가영업의 훌륭한 부가재료가 될 것이다.

- **시가(Cigar) 성냥**

  일반적인 성냥과는 상당한 차이가 있다. 시가 애호가들은 일반적으로 황
이 씌워진 성냥으로 켠 시가 맛을 좋아하지 않는다. 하지만 삼목으로 만든
성냥은 좀더 길게 연소되고 향이 그렇게 독하지 않기 때문에 시가의 불을
붙이는 데 유용하다. 또한 각각의 성냥갑에는 업소의 로고를 넣어 광고를
할 수도 있다. 이외에도 시가 성냥을 저렴하게 판매하거나 시가를 구입하
는 고객에게 서비스로 제공할 수 있다.

- **시가(Cigar) 라이터**

  일회용 담배 라이터와 달리 시가 라이터는 부탄을 사용한다. 이런 속성의
근거는 삼목으로 만든 성냥과 같은 이유로, 부탄은 깨끗이 연소되고 시가
맛에 가장 적게 영향을 미치기 때문이다. 영업의 이익을 위해서 이 시가 라
이터의 구매비용이 높게 책정하게 되긴 하지만 고가라는 것이 단점이다.

- **재떨이**

  또 다른 시가 바 업장의 중요한 점은 물론 일반적인 재떨이도 제 기능을
하지만 깊게 구멍이 있는 재떨이를 사용하는 것이 좋다. 왜냐하면 재떨이에
있는 시가 연기를 흩트리지 않고 연기를 가라앉힐 수 있는 효과가 있기
때문이다. 시가 재떨이는 여러 가지 재질로 제작되는데 유리 혹은 세라믹
이나 대리석에 금속성으로 제작된다. 이는 시가 바 업장의 분위기를 한층
북돋울 수 있다.

3

레스토랑
운영 노하우

케이터링 운영

레스토랑 사업에서 급성장하고 있는 분야 중의 하나는 행사지원 음식업 (social caterer)이다.

미국 레스토랑 협회의 산업 예측 자료에 따르면 행사지원 음식업은 레스토랑 산업분야에서 급성장하는 부문 중의 하나이다. 한국의 경우 출장 케이터링 사업과 연회서비스를 포함하여 전화번호부의 상호편에 3,894개의 출장뷔페가 등록되어 있다. 국내 출장뷔페의 매출규모는 확실하지 않으나 미국의 출장뷔페 연간 매출액이 7~8조 원에 이른다는 보고로 볼 때 국내의 업계도 지속적인 성장이 가능할 것으로 전망된다.

케이터링은 단순하고 기본적인 닭고기 요리에서 프라임 립 뷔페에 이르기까지 긴 역사를 지녔다. 미국 레스토랑협회 의장이면서 클리브랜드 새미즈 (Sammy's)의 대표이사 겸 사장인 데니스 마리 퓨고(Denise Marie Fugo)는 요즘 고객들은 케이터링 업체에서 제공하는 음식과 서비스가 레스토랑 보다 더 낫기를 기대한다고 말했다. 퓨고와 그 남편 랄프 디오리오(Ralph Diorio)는 1981년에 소규모의 개인 사업체로 연회 서비스와 출장 케이터링을 시작하였다. 그 후 새미즈 케이터링 업체가 크게 번창하자, 퓨고는 출장 케이터링에 전념하기 위하여 레스토랑 사업을 접었다.

케이터링은 이윤을 창출해내고 직업에 대한 만족도를 얻을 수 있는 유망한 직종이다. 그러나 장시간 근무를 해야 하고 개인적인 여가 시간이 없는 사업이기도 하다. 또한 다양한 과업을 수행할 수 있어야 하고 정확하게 시간에 맞추어 서비스를 제공해야 한다. 종종 최선을 다할지라도 일이 뜻대로 안 되고 실패하는 경우도 있다.

한 가지 예를 들어보면 버지니아주 찬탈리에서 아티스트리 케이터링이란 행사지원 음식업을 운영하는 베브 골드버그(Bev Goldberg)는 "의뢰인의 집에서 칵테일 파티를 여는 데 필요한 마스터 목록을 확인하고 리넨, 접시, 유리잔, 탄산음료, 장식물, 전채요리, 얼음을 챙기고 파티에 필요한 모든 것을 재차 확인한 후에 직원과 함께 행사 장소로 이동했다. 도착해 보니 주인도 손님도 아무도 없었다. 파티를 신청하고 계약한 사람은 파티를 완전히 잊어버리고 집에 없었다"고 웃으면서 이야기했다. 30년 이상 케이터링 사업을 해온 골드버그는 케이터링의 급속한 발전을 몸소 체험하였다. 하지만 그녀는 "나는 케이터링 사업을 정말 좋아하고, 많은 사람들이 이 직업을 매력적이라고 생각하지만, 사실은 힘든 직업 중의 하나이다"라고 말했다.

이 책은 케이터링 사업자에게 일을 쉽게 할 수 있는 방법을 여러 가지 비법과 제안점을 알려줌으로써 레스토랑 운영에 큰 도움을 줄 것이며 창업을 하는데 있어 일을 올바르게 하는 방법을 알려줄 것이다.

레스토랑
운영
노하우

사업계획

▨ 케이터링의 수익성

개인 행사 등 소규모 위주의 케이터링을 하든지, 일 년에 한 번 수천 명을 상대로 대규모 케이터링을 제공하든지 간에 케이터링 사업의 수익성은 상당히 높다. 일부 케이터링 사업자는 세전 수익률을 66%로 예상한다. 이 수치가 믿기지 않겠지만, 케이터링 사업이 실제로 직접 경비가 거의 소요되지 않는다는 것을 알고 나면 이해가 될 것이다. 한때 케이터링 사업자의 70%가 해마다 이익을 남길 수 있었다고 한다. 그러나 케이터링 사업에 뛰어들기 전에, 제일 먼저 명심해야 할 것은 창업하기에 좋은 장소를 살펴봐야 한다는 것이다. 다음의 수치를 보면 케이터링의 수익성을 예상하는 데 도움이 될 것이다.

- **보유한 주방 활용시 투자비 100만 원으로도 사업이 가능**

    지금 가지고 있는 주방을 활용한다면 100만 원만 있어도 사업을 시작할 수 있다. 그러나 각종 장비를 고루 갖춘 전문 주방 시설로 운영을 시작한다면 1억 원 이상의 비용이 소요될 수 있다.

- **2억 원에서 20억 원의 매출시, 세전 이익은 약 5,000만 원에서 10억 원이 가능**

- **10억 원의 매출을 올리는 레스토랑이라면 2억 원의 추가 이익이 가능**

  즉 10억 원의 매출을 올리는 레스토랑에서 케이터링 사업을 병행한다면 고정 비용은 이미 지불되었기 때문에 운영 첫 해의 순이익은 추가로 2억 원을 남길 수 있다.

- **수익성 증가의 비밀은 매출액이 아니라 회계 구조에 있음**

  매출액이 증가한다고 해서 반드시 이익이 증가되는 것은 아니며, 어떻게 지출하느냐가 더 중요하다.

▨ 케이터링 사업에 적합한 인물

뛰어난 요리사인가? 예술적으로 음식을 연출하는 능력을 가지고 있는가? 사업에 관한 기본 지식이 있고 다른 사람들과 함께 일하기를 좋아하는가? 이런 것들이 바로 성공적인 케이터링 사업자가 되는 기본 요건들이다. 훌륭한 요리를 만들 수 있는 조리 기술을 가지고 있는가? 상당 규모의 레시피 목록을 가지고 있는가? 이런 것도 갖추고 있다면 지금까지는 좋다. 그러나 명심할 것은 위의 사항을 준비하는 방법을 아는 것뿐 아니라, 음식을 맛있게 보이고 군침이 돌게 하는 방식으로 연출할 수 있어야 한다. 케이터링 사업을 전개하기 전에 먼저 고려해야 할 몇 가지 요소는 다음과 같다.

- **음식 연출**

  음식을 연출하는 기술이 있어야 한다. 케이터링 사업의 성공여부는 음식 연출에 달려 있다고 해도 과언이 아니다. 회사의 크리스마스 파티나 결혼식과 같은 특별한 목적을 가진 파티 행사에 케이터링 서비스를 제공한다면 고객이 기대하는 것 이상의 특별한 것을 제공할 수 있어야 한다. 음식의 연출 기술은 바로 이와 같은 행사의 중요성을 반영하는 중요한 요소이다.

음식의 품질도 중요한 요소임에 틀림없지만, 사람들은 먼저 눈으로 먹고 결국에는 입과 혀끝으로 음식을 평가하게 된다.

• 계획 및 조직화 기술

일부 케이터링 분야는 어느 정도의 계획과 조직화의 기술을 필요로 한다. 그러나 출장 케이터링을 운영할 경우 매 행사마다 행사를 계획하고 조직화해야 한다. 뜨거운 음식을 뜨겁게, 찬 음식을 차게 하는 데 필요한 것들을 준비하고, 직원 중에 누군가가 접시의 개수를 잘못 계산했는지, 실버웨어의 개수를 부족하게 준비하진 않았는지를 확인해야 한다. 행사가 시작되면 이후 4시간 동안에는 매시간 업무로 꽉 짜여지는데 20분 동안 부족한 준비물들을 어떻게 조달할 수 있겠는가? 레스토랑 업무의 약 70%는 음식과 관련된 업무이고 나머지 30%는 서비스 또는 조직관리와 관계된다. 즉 음식 배달, 운반, 임대 기구나 장비를 이용한 음식 진열, 직원 관리 등의 업무이다. 레스토랑의 경우 매일 유사한 패턴으로 운영되지만, 케이터링 사업은 매일, 매 행사마다 다르게 운영되기 때문에 조직관리기술이 매우 중요하게 요구된다.

• 스트레스 조절 능력과 효율성

타 음식업계와 마찬가지로 케이터링에서 효율성은 매우 중요하다. 또한 어느 정도의 스트레스 하에서 일을 잘 해낼 수 있는지를 스스로에게 질문해 볼 필요가 있다. 케이터링은 다른 전문 직종에 비해 스트레스를 많이 주는 직종이다. 그러나 음식을 제공하는 과정에서는 스트레스를 스스로 관리해야 할 뿐만 아니라, 고객 앞에선 절대 스트레스를 보여서도 안 된다. 직원들의 속마음이 어떠하든지 간에 언제나 웃을 수 있어야 한다. 스트레스 받는 것에 대해 너무 스트레스 받지 않는 것이 좋다. 일단 고객이 음식을 먹어보고 감탄의 말을 시작하면 그때 비로소 마음의 긴장을 풀 수 있다.

- **돌발상황 예측**

　발생 가능한 문제를 예상하고 그 문제들을 즉각적으로, 독창적으로 해결하기 위해 항상 준비한다. 케이터링 서비스에 있어서 문제해결 기술과 위기관리 능력은 매우 중요하다. 출장 케이터링의 경우, 어떤 때는 익숙하지 않은 곳에서 음식을 서빙해야 하고, 배달 장소의 입구나 주차장소를 찾아헤매는 등 행사 장소와 관련된 문제에 부딪힐 수도 있다. 현실을 받아들이고 문제가 발생할 수 있는 상황에 직면하면서 케이터링에서 살아남는 법을 배워야 할 것이다.

- **자신감과 의사소통**

　소유주나 관리자는 외향적 성격을 지녔는가? 고객이 고용한 것은 회사가 아니라 바로 소유주 혹은 직원이라는 점을 기억해야 한다. 고객에게 개인적으로 강한 인상을 남기지 못한다면 거래는 성사되지 않을 것이다. 첫인상을 좋게 만들어야 한다. 앞서 언급한 모든 자산을 갖추었지만 강한 인상을 주는 데 자신이 없다면 저녁 시간을 활용하여 화술 강좌를 듣든지, 의사소통과 프레젠테이션 기술을 향상시키는 책이나 오디오를 빌려 본다.

- **세일즈맨 성격**

　케이터링 사업을 위해 세일즈맨을 고용할 수도 있겠지만, 사업을 시작했을 때 결국 사업자 자신이 세일즈맨으로 활동하게 될 것이다. 또한 영업 상대는 기업의 간부, 파티 플래너, 신부들과 같이 다양할 것이다. 고객에게 기억될 만한 연회를 제공하는 것은 물론이고 정시에 행사 서비스를 제공하고, 행사에 지장 없이 매혹적인 음식과 서비스를 조용히 제공할 것이라는 확신을 줄 수 있어야 한다.

• 기타 활동

선택사항에 제한을 두지말고 창의력을 발휘한다. 케이터링 사업을 통해 자연스럽게 발생되는 수많은 활동들이 있다. 예를 들어, 꽃, 얼음 조각, 사진, 파티 위치나 파티 주제를 결정하는 코디네이터로 일할 수도 있을 것이다. 만약 고객들이 행사의 초점을 메뉴에 두었다면, 대개는 레스토랑에서 행사를 치를 것이라는 점을 명심하고, 항상 유연하게 대처해야 한다. 대부분의 케이터링 시설에서 위와 같은 활동들은 선택사항이 아닐 수도 있다. 특히 호텔 케이터링의 경우에는 유연성이 거의 없다. 만약 소규모의 행사를 마케팅 한다거나 자원을 유연하게 활용할 수 있다면, 메뉴를 행사의 수준에 맞게 제시해야 한다. 이것을 시작점으로 하여, 고객의 요구에 따라서 유연성 있게 행사를 계획하되 이윤을 남길 수 있는 기회를 놓치지 않도록 제안해야 한다. 구운 돼지고기 요리 하나로 단순한 바비큐 파티를 하와이언 파티로 바꿀 수도 있다. 모든 행사가 기억될 만한 파티가 될 수 있도록 설계해야 한다.

▣ 지역 내 케이터링 사업의 시장 규모

잠재고객층에 대한 주의 깊은 분석이 필요하다. 이 과업은 그 지역에서 케이터링 행사 요청이 얼마나 될 것인지를 예측하고 사업 수행에 필요한 추진력과 재능을 가지고 있는지를 예상하는 것 이상이다. 또한 경쟁자를 탐색할 필요가 있으며, 경쟁 상대가 누구이며 그의 시장 점유율은 얼마나 되는지를 알아야 한다. 정확한 정보 없이는 케이터링 사업에 성공을 거둘 수 없다. 경쟁 상대에 대하여 장기적으로 면밀하게 따져 보아야 한다. 이와 관련하여 몇 가지를 제시하면 아래와 같다.

- **지역 통계청 혹은 기록기관 접촉**

  그 지역 내 출생자수, 결혼자수, 사망자수를 조사한다. 이것은 그 지역에서 제공되는 행사의 수를 잠정적으로 산출하는 데 도움이 된다.

- **지역신문의 지역 동정 코너 점검**

  이것은 그 지역에서 일어나는 결혼 발표와 사교 행사에 관한 정보를 제공하고, 사교계의 주요 인사들의 이름을 알려준다. 이들 이름을 메모해 두었다가 마케팅 활동 대상자 리스트에 추가한다.

- **조직**

  지역의 클럽, 교회뿐 아니라 비영리조직, 공제회를 조사하여 이들 조직에서 몇 건의 행사가 일어나는지를 알아본다.

- **필요한 자료 수집**

  지역의 상공회의소나 중소기업청에 관련 자료를 요청한다. 이런 정보는 지역 중소기업청의 홈페이지(www.smba.go.kr)에서도 찾을 수 있다.

- **전화번호부 상호편 참조**

  지역 전화번호부의 상호편을 점검하여 경쟁 상대를 파악한다. 그러나 소규모의 많은 업체들은 광고비용 부담 때문에 상호편에 전화번호를 등록하지 않는다는 점을 감안해야 한다. 또한 웹사이트를 찾아보면 경쟁상대를 찾아볼 수 있다. 근래에는 많은 사업자들이 웹주소를 가지고 있으므로 검색을 통하여 경쟁업체가 얼마나 되고 그들의 주요 고객은 누구인지를 파악할 수 있다.

▣ 케이터링 상호 선정

신생아의 이름을 짓는 것이 재미있는 일이라면 새로운 상호를 만드는 것은 더 흥미로운 일일 것이다. 케이터링 상호는 바로 업체의 이미지이며 케이터링 업계에서 본 기업의 현 위치를 고객에게 알려주는 것이다. 상호명을 결정하는 몇 가지 지침은 아래와 같다.

- **실험**

  '아리랑' 또는 '경복궁' 등 고객의 마음에 남을 수 있는 상호명을 붙여 본다든지 '좋은 자리 출장뷔페'와 같은 상호로 사업주의 개인적인 취향을 반영하여 상호명을 작성한다. 사업주가 지역의 유명 인사나 유명 요리사인 경우 그 이름을 따서 상호명을 정하면 사업 기회를 얻는 데 도움이 될 수 있다.

- **회사명을 통한 서비스 판매**

  상호명이 가장 우선적인 판매 도구로 활용되어야 함을 명심한다. 손님에게 제공하는 음식이 맛있게 느껴질 수 있는 이름을 찾아내는 데 기지를 발휘해야 한다.

- **발음하기 쉬운 상호 선택**

  상호명은 짧아야 고객의 기억 속에 오래 남는다. 두음법칙을 활용하거나 재미있는 말로 표현하는 것이 좋다. 예를 들어, '파티파티 출장뷔페'는 고객들이 쉽게 기억할 수 있다. 이들 상호는 사업체에서 제공하는 케이터링의 유형을 암시해 주기도 하는데, '채식사랑출장요리'는 채소 위주의 음식을 제공하는 업체임을 알려준다.

- **상호명의 중복 피하기**

   선정한 상호명을 등록하고 사용가능 여부를 확인한다. 상호는 사회적인
기록 자료이므로 다른 사업자가 사용하고 있지 않는 것으로 선정한 뒤에
는 상호명 등록 신청양식을 작성하고 등록비를 지불한다.

- **법적 요건**

   케이터링 회사를 설립할 때 꼭 거쳐야 하는 법적 사항들이 있다. 이와
관련하여 몇 가지 기본사항을 살펴보면 다음과 같다.

> ■ 사업체 형성 : 사업 조직을 개발하는 데 있어 법적인 자문을 구한다. 대개의
> 경우 주식회사나 구성원이 유한 책임만 지는 유한 책임회사를 만들기를 원
> 할 것이다. 이 회사들은 채권자와 고객이 제기하는 소송으로부터 사업주를
> 최대한 보호해 줄 것이다. 그러나 회사에 영향을 주는 다른 법적인 문제나
> 세금 문제에 관해서 변호사, 회계사와 상의해서 점검해야 한다.
> ■ 사업자 등록번호 획득 : 일명 사업자 고유 번호를 교부받는 것인데, 관할세무
> 서 민원봉사실에 사업자등록신청서를 작성하여 제출하면 된다. 사업세에 관한
> 자세한 정보는 국세청의 홈페이지(www.nts.go.kr)를 방문하여 얻는다.
> ■ 지역 구청 위생과에 신고 : 지역 구청 위생과에서 부여하는 라이센스는 필수
> 적이다. 식품위생의 법 규정에 근거하여 실행하는 상업용 주방 시설 검열에
> 통과하고 나면 합법적으로 영업행위를 할 수 있다.

- **중소기업 경영자문봉사단**

   2004년에 출범한 '중소기업 경영자문봉사단'은 대기업 퇴직경영자가 중
소기업의 경영도우미로 나서는 무료 컨설팅 조직이다. 이 단체를 이용하면
창업자들이 갖는 수많은 질문에 해결책을 얻을 수 있다. www.fkilsc.or.kr
에 접속하면 지역별 사무소에 관한 정보과 사업 상담 그리고 '해결방법'
기사에서 정보를 얻을 수 있다.

▨ 보험 요건

사업자들은 보험을 구매하고 보험료를 지불할 만큼 여유가 없다고 생각하겠지만, 잘 따져보면 지불 능력이 있을 것이다. 아래의 보험을 반드시 가입하여 피해를 당하지 않도록 한다.

- **제조물 책임보험**

  고객의 음식에서 이상한 물체가 발견되어 고객이 사업체를 고소하는 상황을 상상해 보자. 이러한 상황에서 보호받기 위해 가입하는 것이 바로 제조물 책임보험이다. 만약 결혼식 행사 케이터링에서 신부는 가장 친한 친구가 직접 만든 케이크를 서빙하길 원한다고 가정하자. 신부 친구는 제조물 책임 보험에 가입하지 않았고 자격증도 없으며, 사업허가증도 없는 상태에서 집에서 직접 케이크를 만들 것이다. 더욱이 제품이 어떻게 만들어졌는지는 전혀 알 수 없다. 이럴 경우 케이터링 사업자는 이 부분에 대해서 케이터링 업체에 책임이 없다는 면책증서에 신부의 서명을 받아야 한다. 신부가 면책증서에 서명함으로써, 케이터링 업체에서 만들지 않은 음식을 신부와 그 하객들이 먹고 발생하는 식품위해사고에 대해서 신부는 법적 대응 권리를 포기하게 된다. 물론 신부는 케이터링 사업자로부터 케이크를 구매하여 위와 같은 번거로운 문제에서 벗어날 수 있다.

- **책임보험**

  케이터링 사업체를 방문하는 잠재고객들이 물기있는 바닥에 미끄러지고 넘어져서 상처를 입었을 경우 혹은 직원이 뜨거운 소스를 서빙하다가 엎질러 고객의 비싼 의류가 손상되거나 다리에 심하게 화상을 입을 경우에 보상해 주는 보험이 책임보험이다. 앞에 예시한 모든 사건에 대해 사업주를 보호해 주는 보험이다. 책임보험은 식품과 관련된 문제를 대비하기 보다는 기기나 직원에 의해 발생되는 손해를 대비하기 위한 것이다.

- **화재보험**

  보험을 선택할 때는 폭넓은 혜택, 예를 들면, 바람, 폭풍, 가스, 폭발, 악성 재난 등을 보상해 주는 보험에 가입한다.

- **자동차 보험**

  직원이 개인 차량을 이용하여 업무를 수행하다가 사고가 날 경우 사업주가 사고에 대한 법적 책임을 진다는 점을 알아야 한다. 직원이 사업주를 대신하여 업무를 수행하다가 사고가 난 경우 케이터링 사업자는 직원의 행동에 직접적으로 관여하지 않았다 할지라도, 소송 상대는 여전히 사업주이다. 보험회사는 이러한 손실을 보장해 준다. 5대 이상의 차량을 보험에 가입한 경우에는, 저렴한 자동차보험 상품들이 있다. 보험대리점에 연락하여 다른 할인 혜택의 제공이 가능한지를 문의해 본다.

- **작업자 보상보험**

  직원에게 보상보험을 제공하여 직원이 청구하는 소송의 위험에서 벗어난다. 미국의 경우 대부분의 주에서 직원이 한 명 이상인 사업체는 반드시 보상보험에 가입할 것을 요구하고 있다. 케이터링은 고위험 직종으로 다른 사업에 비해 사고의 위험이 높다. 안전한 작업 장소와 안전한 도구 및 훈련을 제공하고, 작업상의 위험을 알려주는 것은 유익한 정책이며, 소속 직원을 안전하게 보호하기 위한 출발점이다. 케이터링 사업주 본인도 보험에 가입되어 있어야 한다. 해당지역의 노동자 보상 관청이 어디에 있는지 웹에서 확인해 본다.

- **복리후생보험**

  건강, 치아, 상해보험과 같은 복리후생보험은 중소기업에서 구매하기에는 매우 비쌀 수 있다. 그럼에도 불구하고 일부 사업체는 기본적인 의료보험, 단체생명보험, 상해보험, 퇴직보험 등을 제공한다. 직원에게 이들 보험을 제공함으로써 보다 충성스럽고 믿을 만한 직원을 얻을 수 있게 된다면 그만한 가치가 있기 때문이다. 지역 전화번호부에서 보험업체를 살펴보고, 구매를 결정하기 전에 몇 가지 질문사항을 확인한다.

2 케이터링의 유형

레스토랑
운영
노하우

▣ 가정 기반 케이터링의 찬성과 반대

케이터링은 음식과 음료를 제공하는 행위로 정의된다. 오늘날 케이터링은 운영규모에 관계없이 여러 가지 면을 고려해야 한다. 미국의 경우 가정집에서 일부시설을 활용하여 케이터링 서비스하는 소규모 업체도 있고 대규모의 케이터링 업체도 있다. 대부분의 경우에 가정에 기반을 둔 케이터링 운영자는 경험이 적고, 사고에 대비하여 소규모의 보상 보험에 가입하고, 위생에 관한 지식이 적다. 사실, 이들 사업자들은 대규모의 케이터링 사업자와 경쟁상대가 되지 않는다. 왜냐하면 가정에 기반을 둔 케이터링 사업자들은 지출 비용의 규모가 적고, 공인 케이터링 사업자보다 저렴한 경비와 저렴한 가격으로 음식을 제공할 수 있기 때문이다. 만약 가정집 시설을 활용하여 케이터링 사업을 구상하고 있다면 다음의 요소를 고려해야 한다.

● 보건당국 법규

일반 가정에서 방을 사무실로 개조하여 케이터링 서비스를 하기로 결정하고 가정내 부엌을 음식 생산공간으로 사용하려 한다면, 먼저 해당지역에 적용되는 케이터링 사업 관련 보건당국의 법규를 점검해야 한다. 추측은 금물이다. 보건 법규에 관한 세부적인 사항을 간과한다면 폐업의 위기에 처할 수도 있다. 케이터링 사업을 할 수 있도록 허가를 받는 것이 급선무이고 만약 인가를 받지 못한다면 사업을 수행할 수 없다.

• 대여 주방 이용

레스토랑, 학교, 교회 등의 주방을 필요할 때마다 빌려 사용하는 것을 고려해 본다. 이 경우, 주요 이점 중의 하나는 정규직원을 고용할 필요가 없고, 필요할 때에만 일하는 임시직 종사원을 고용할 수 있다는 것이다.

• 주방이 구비된 시설에서만 행사 제공

작업할 주방을 찾지 못한다면 주방이 완비된 곳에서만 행사를 제공하는 것을 검토해 본다. 이 경우 사업 초기에는 사업자의 능력을 충분히 발휘하지 못할 수도 있겠지만, 나중에는 장소나 장비를 마련하는 데 필요한 자본금을 만들 수 있는 기회가 된다.

• 중소기업 육성 프로그램

많은 지역에서 소규모 사업체를 육성하는 프로그램이 있다. 이들 프로그램들은 기업가에게 개인정보망 형성 이외에 다양한 정보를 제공하며 이들 중에 몇몇 프로그램은 임대비용을 받고 주방을 빌려준다. 국내 중소기업청을 방문해서 검색해 본다.

• 식기류와 가정의 기본적인 기구

개인이 소유한 주방과 요리기구를 사용하기로 결정했다 할지라도, 필요한 식기류 등은 임대하는 것이 효율적이다. 케이터링 업계에서 도자기, 얇은 접시, 유리제품, 텐트, 그리고 그 밖의 것을 포함하여 거의 모든 품목을 빌려 준다. 이런 종류의 물품을 빌릴 수 있는 곳은 지역의 업종별 전화번호부에 '파티용품'란에서 찾을 수 있다.

- **개인적 취향 부가**

가정에 기반을 둔 케이터링 운영자라는 이유 때문에 대규모의 케이터링 사업자와 같이 다양한 제품과 서비스를 제공할 수 없는 것은 아니다. 사실 상 소규모 운영자는 음식의 연출과 서비스에 개인적인 취향을 부가함으로써 더 나은 품질의 케이터링을 제공할 수 있다. 음식 제공뿐만 아니라 식탁과 의자 설치, 냅킨, 식사용기, 청소 서비스의 제공도 검토해 볼 만하다.

- **음식의 맛 만큼이나 세심한 서비스도 중요**

지나치게 사업을 크게 벌이지 않도록 한다. 감당할 수 없는 규모의 행사를 맡아하다 보면 서비스의 질과 사업자의 명성에 손상을 입을 수 있다. 전형적인 가정기반의 사업은 규모보다 오히려 개인적인 서비스와 음식의 질에 주력하는 것이 더 낫다. 20명에서 100명 정도의 손님이 참석하는 행사 정도의 규모는 케이터링 직원들이 충분히 감당할 수 있을 것이다. 만약 이 보다 더 큰 규모의 파티를 맡게 된다면 적은 재원으로 역부족인 상황이 전개될 수 있으므로 일일이 사람의 손으로 만들어야 하는 음식보다는 편이식품 활용을 검토해 본다. 예를 들어, 만두를 제공할 경우 직접 만들기보다는 수제만두 가게에서 직접 만든 것을 구매하여 제공하는 것이 시간, 경비를 절감하면서 높은 품질의 음식을 제공하는 방법일 수도 있다. 필요하다면 직원을 한 명 더 고용하는 것도 좋은 방법이다.

- **큰 행사를 맡게 될 경우 메뉴 선택에 유의**

20명 규모의 칵테일 파티 행사에서 오이를 두른 새우요리, 포도잎과 라스베리로 속을 채운 요리, 브리 타틀릿[1]과 같은 손이 많이 가는 메뉴를 만들기는 쉬운 편이다. 그러나 100명 이상의 손님에게 노동력이 많이 필

---

[1] brie tartlet : 브리 치즈를 넣은 작은 파이의 일종

요한 이런 종류의 애피타이저는 부적절하다. 이 규모에서는 구아카몰[2]과 같은 냉채요리나 여러 종류의 치즈나 새우 전채요리 등 조리법이 단순한 메뉴를 이용하는 것이 효과적이다.

• 가정 요리사

가정 요리사 사업은 지난 몇 년 동안 인기를 얻고 있다. 가정 요리사는 고객의 집을 방문하여 1주에서 2주 정도 먹을 수 있는 분량의 음식을 만들어 고객이 편리하게 이용할 수 있도록 냉장고에 보관해 준다. 가정 요리사는 메뉴를 계획하고 시장을 보는데 필요한 모든 기구를 가지고 온다. 가정 요리사를 활용하면, 업소형의 주방도 필요하지 않고, 대형 규모의 행사에 케이터링하는 것보다 더 다양한 종류의 음식을 제공할 수 있다. 가정 요리사에 관해 더 알고자 하면 한국 조리사회중앙회의 웹사이트 www.ikca.or.kr 을 방문해 본다.

▦ 야외 출장 케이터링

야외 출장 케이터링은 점포 케이터링보다 확실한 장점을 가지고 있다. 사실 출장 케이터링에서 필요한 것은 다른 장소에서 제공할 음식을 만들 수 있는 주방 시설 뿐이다. 아주 특별한 장소에서 생면부지의 고객을 대상으로 특별한 이벤트를 제공하는 일을 즐기는 케이터링 서비스 사업자라면 출장 케이터링에 더욱 매료 될 것이다. 차량을 이용한 이동식 케이터링은 케이터링 분야에서 아주 재미있는 면이 있다. 몇몇 회사들은 산림 소방대원, 재난 보호자, 건설현장 노동자, 캠핑 여행자, 수학 여행자를 대상으로 전문적으로 케이터링 서비스를 제공한다. 계절 메뉴와 시설을 잘 갖춘 트럭 뒤에 피크닉 테이블 개념을 도입하고 대개는 뜨겁거나 찬 샌드위치, 음료, 수프, 커피, 베이글, 브리토[3]와 같은 음식을 제공한다. 출

---

2) guacamole : 아보카도를 으깨 토마토·양파·양념을 한 멕시코 샐러드

장 케이터링 사업을 경영할 때 명심해야 할 몇 가지 중요한 사항은 아래와 같다.

- **팀워크**

  강한 리더십과 협동심을 요구한다. 점포 밖에서 음식과 서비스를 제공하는 출장 케이터링의 운영에서 요구되는 협동심은 사업을 더욱 번성하게 만들어 준다. 팀워크를 통해 직원들은 문제점을 해결하는 방법을 배우게 될 것이며, 더욱 중요한 것은 케이터링 업체의 고수익 가능성을 높여 준다. 팀워크는 출장 케이터링의 필수요소이다.

- **예술성과 과학성**

  출장 케이터링은 예술이고 과학이다. 자본, 인력, 식자재 등 정확한 계산과 재무관리가 필요한 반면 음식과 분위기를 창조한다. 기억할 것은 많은 케이터링 행사가 고객에게 일생에 한 번의 행사라는 점이다. 고객의 생애에 단 한 번 일어나는 행사이므로 일을 올바르게 할 기회는 단 한 번 뿐이다. 만약 고객을 만족시킬 수 없다면, 케이터링 업체는 다른 기회를 얻지 못하게 될 것이다.

- **서비스 대행업체 활용**

  출장 케이터링에 소요되는 운영 비용은 일반적으로 점포 케이터링보다 낮기 때문에, 예산 범위 내에서 꽃 장식, 음악, 엔터테인먼트와 같은 일부 행사를 하도급자에게 용역을 줄 수 있다. 이와 같은 서비스는 직접 제공하는 것보다 대행하는 편이 오히려 비용면에서 효율적일 수 있다. 이런 종류의 서비스 대행업체는 여러 곳에 분포한다. 전화번호부의 '엔터테인먼트'란에 보면 대행업체를 찾아볼 수 있다. 이 분야에서는 네트워크 기술을 활용해야 한다. 다른 케이터링 사업자를 알고 있는가? 다른 케이터링 사업

---

3) Burritos : 고기 치즈를 토틸라에 싸서 구운 멕시코 음식

자는 꽃을 어디서 공급받는가? 지역사회에서 활동하는 음악 분야의 종사자를 아는가? 만약 그렇다면 쉽게 접촉할 수 있는 안정적인 재원을 확보한 것이다.

• 다른 지역의 사람들에게 음식과 서비스 외 제공

행사를 계약하기 전에는 반드시 행사 장소를 방문해 봐야 한다. 소유하고 있는 급식시설에서 수백 명의 사람들에게 급식할 수도 있겠지만, 똑같은 일을 이전에 결코 가본 적이 없는 교회시설에서 할 수도 있다.

• 성공을 위한 다섯 가지 요소

출장 케이터링 사업을 시작하기 전에 살펴봐야 할 다섯 가지의 중요한 요소는 아래와 같다.

• 예기치 않는 사태에 대비

케이터링에는 언제 발생할지 모르는 수많은 사고의 위험성을 지니고 있으며, 이로 인해 잘 진행되고 있는 다른 일들도 실패로 끝날 수도 있다. 예를 들어, 남자 성년식 행사에 케이터링 서비스를 한다고 가정하자. 유대교도에게 적합한 핫도그와 일반 핫도그의 차이를 조리사가 인식하지 못한 채 음식을 만들었고, 매니저도 행사장에서 음식을 풀기 전까지 이를 인지하지 못했다면 어떻게 하겠는가? 항상 차선의 계획을 가지고 있어야 한다. 유대교도가 먹는 핫도그의 경우 차선책은 근처 가게로 직원을 급파하여 약속된 제품을 구매하도록 하는 것이다.

• 철저한 사전 준비

모든 일은 미리 계획하고 조직화하여, 케이터링 행사에 필요한 모든 측면을 미리 가시화한다. 케이터링 사업자로 일하다 보면, 여러 가지 리스트의 작성이 필요함을 알게 될 것이다. 행사를 진행하기 전에 이들 리스트를 4번 정도 검토하고 다른 사람에게 이 사항들을 다시 검토하게 한다면 혹시라도 간과한 사항들을 바로잡을 수 있다.

● **행사장소 사전답사**

케이터링 서비스를 할 경우 반드시 행사장소를 사전 방문해야 하며 이는 계획 초기단계에 실행한다. 그리고 행사일이 다가오면 한 번 더 행사장을 방문하여 점검표의 내용과 실제 상황을 비교하여, 행사를 성공적으로 수행하는 데 필요한 모든 것을 구비했는지를 확인한다.

● **현명하게 행동**

사업주는 케이터링 활동의 중심에 서서 세세한 부분까지 관여해야 사업이 성공할 수 있음을 명심해야 한다. 고객에게 피드백을 요청하거나, 케이터링 직원이 업무기준을 확실하게 수행하고 있는지를 철저히 살펴본다. 또한 행사 중에 테이블을 치워야 할 때, 혹은 커피를 리필해야 할 때 직접 뛰면서 직원을 도와주는 것도 필요하다.

● **아마추어로 행동하지 않기**

고객을 상대할 때에는 정중하고 신뢰감을 줄 수 있도록 고객 중심적인 전문가로써 행동해야 한다. 메뉴에 대해서는 더욱더 정직해야 한다. 광고를 잘못하거나, 파티의 가격 책정시 마지막 순간에 불공정하고 예상치 않은 별도의 가격을 부가하는 일은 없도록 한다. 고객이 경쟁업체의 가격을 알려주었을 때 경쟁자의 가격보다 낮게 요구하여 아마추어처럼 보이지 않게 한다.

● **경쟁자와의 차별성**

경쟁자를 모방하지 않는다. 독창적인 메뉴와 서비스를 제공하여 경쟁자와의 차별성을 강조해야 한다. 최선을 다하는 것은 무엇인가? 다른 일을 추가하기보다는 최선의 방책에 집중한다. 만약 채식주의자를 위한 메뉴를 만든다면, 케이터링 업체만이 가지고 있는 독특한 메뉴를 적어도 한 가지 이상 포함시킨다.

- **침착성 유지**

  고객은 소리를 지르고, 한편에서는 브리오슈(버터와 달걀이 든 빵)가 타고, 직원은 손을 베는 등 이런 어수선한 상황의 결과는 스트레스 뿐이다. 이러한 상황을 다루는 방법을 알아야 한다. 올바른 해결책은 바로 시간을 효과적으로 관리하는 것이다. 현실적인 목표를 설정하고 인생에 향후 5년의, 매년의, 매주, 매일로 나누어 계획을 철저히 수립하고 실행에 옮긴다.

▣ 점포 케이터링

점포 케이터링은 기능별로 조직화된 물리적인 시설을 갖춘 곳에서 개최되는 행사에 음식과 서비스를 제공하는 것으로 정의된다. 점포 내 케이터링은 미국 내 케이터링 서비스 매출액의 약 2/3에 해당되는 것으로 추정된다. 만약 소규모의 점포 케이터링 사업자이라면 이 유형의 서비스 요구도가 점차적으로 증가되고 있으므로 더욱 낙관적이다. 특히 소규모의 점포 케이터링 사업자들은 가격구조면에서 간접 비용이 낮기 때문에 유연성이 크다는 이점을 갖는다. 다음에 소개하는 내용은 규모에 상관없이 모든 점포 케이터링 사업자가 활용할 수 있다.

- **경쟁사 활용**

  계획 단계뿐만 아니라, 항상 경쟁업체를 예의 주시하고 최신 정보를 입수한다. 예를 들면, 이 분야의 최고 사업자를 탐색하여 그 사업주의 시설을 방문해 보고 그곳 고객들의 의견을 들어 본다.

• 전문화

점포 케이터링 사업의 틈새시장을 찾는다면, 웨딩과 컨벤션 케이터링의 가능성을 타진해 볼 수 있다. 특히 웨딩은 행사에 수반되는 추가적인 구매가 많기 때문에 높은 수익을 낼 수 있다. 이때 신뢰성을 보증하기 위해 결혼 상담 전문가를 직원으로 채용하여 활용한다. 예를 들어, 사업자가 웨딩 케이터링 사업의 성공과 실패를 판가름하는 미묘한 문화적 차이와 요구조건을 이해한다면 아마도 더 나은 경쟁적 위치에 설 수 있을 것이다. 그리고 케이터링 사업자는 전통적인 웨딩 의식과 결혼하는 커플과 그들의 부모들이 가질 수 있는 관심거리를 잘 파악하여야 한다. 웨딩을 전문적으로 기획하는 사람들의 웹사이트를 방문하여 결혼 예비 커플들의 주요 관심사를 파악해 본다. 유용한 웹사이트들 중 하나는 더블유(www.wearew.com)를 탐색해 본다.

• 작업 흐름

점포 내 작업시설의 레이아웃은 일하기에 편리하도록 설계되어야 한다. 특히 스트레스를 많이 받는 환경에서 일을 할 때 편리성은 매우 중요한 요소이다. 점포 케이터링이 갖는 뚜렷한 장점은 작업에 필요한 모든 것이 손에 닿기 쉬운 곳에 위치한다는 점이다. 예를 들어, 손님이 좋아하지 않는 스테이크를 제공받은 경우 점포 케이터링에서는 큰 어려움이 없이 다른 메뉴로 교체해 줄 수 있으나 출장 케이터링에서는 다른 메뉴로 대체하기가 어려울 것이다.

• 편안함

점포 내 케이터링에서는 기존 시설에 얼마나 많은 사람들이 편안히 앉을 수 있는지를 확인할 필요가 있다. 특히 여흥을 제공할 수 있는지, 행사 종료 때까지 다양한 메뉴를 계속 제공할 수 있는지를 검토한다.

● **클럽**

만약 개인 클럽을 운영한다면, 클럽의 멤버들에게 케이터링 업체를 홍보하고 개인 파티나 축하 모임에 특별히 우대를 해 준다. 부유한 컨트리 클럽은 웨딩, 댄스 등과 같은 케이터링을 유치하기에 더욱 유리하다. 도시 클럽은 사업 분야에 표적집단을 맞추고 법인체 회의, 이사회 오찬모임, 시민 행사 등에 전문적으로 케이터링을 하는 것을 고려해 본다. 이처럼 단골고객 개발을 위한 마케팅 기회들은 여기저기에 있다. 지역 상공회의소 및 지역 활동에 적극적으로 참여하고 모임을 통해 새로운 사업과 개인적 정보망 형성의 기회를 얻는다.

▣ 출장 케이터링과 점포 케이터링의 동시 운영

급식시설이 있는 곳에서 특별 행사를 지원함은 물론이고, 주방시설이 없는 곳에서 출장 케이터링 서비스를 제공하는 레스토랑 사업자가 많다. 두 가지를 모두 제공하는 경우에 여러 가지 이점을 갖는데, 그 이유는 레스토랑 경영자가 전문적인 생산 기기를 구매하고 투자할 수 있기 때문이다. 두 시장에 모두 서비스를 제공하면, 매출 규모가 점차적으로 증가되고 이에 따라 고정 비용을 낮출 수 있다. 또한 돈을 투자하여 주방이나 식당을 확장하지 않아도 매출액의 증대를 꾀할 수 있다. 두 가지 사업을 같이 병행하는 경우 다음의 사항을 달성하기 위해 노력해야 한다.

● **유연성 증대**

회사가 소유하고 있는 장소에서 음식을 제공하거나 다른 장소로 음식을 제공해 주는 케이터링 사업을 병행함으로써 얻을 수 있는 유연성을 적극 활용한다. 점포 내 케이터링과 출장 케이터링을 병행하는 레스토랑은 외부의 인력을 활용하여 음식을 만드는 일에서 해방되는 즐거움을 누릴 수 있을 것이다.

● 전문성 증대

주방이 있는 장소에 음식을 제공하는 것과 외부로 음식을 제공하는 것을 동시에 운영하면 유연성이 증대되어 케이터링 업체는 더 많은 전문 인력을 활용할 수 있다. 이것은 케이터링 업체가 더 다양한 규모의 행사를 수용할 수 있음을 의미한다.

● 독창성 증대

특정 고객을 확보하는 것은 케이터링 사업자에게 큰 도움이 된다. 케이터링 업체 고유의 독창적인 표적 집단을 정의하고 사업에 적합한 특정 고객을 미리 정한다. 이와 같이 표적 집단을 확보하는 것은 시장에서 다른 케이터링 사업자에 비해 자사에 전략적인 이점을 제공한다. 고객의 요구에 부합하고 기대 이상의 음식과 서비스를 제공하게 된다면 케이터링 사업의 독창적 분야에서 업체의 인지도가 높아지고 시장 점유율도 높아질 것이다.

● 계절 행사 개발

두 가지 유형을 동시에 운영하는 케이터링 사업자는 연중 특별 이벤트를 염두에 두어야 한다. 이 행사들은 점포 내 케이터링이나 출장 케이터링에 관계없이 음식의 준비와 조리는 모두 케이터링 업체의 주방에서 이루어진다. 출장 케이터링의 이점은 보유하고 있는 급식시설 규모보다 더 많은 고객에게 음식과 서비스를 제공할 수 있다는 점이다. 그러나 주방의 설계나 기기의 구비 정도에 따라서 출장 케이터링을 할 수 있는 능력이 결정됨을 반드시 알아야 한다.

레스토랑 운영 노하우

3 계약서 작성

▨ 계약서 작성하기

계약서가 없다면 돈을 지불하지 않는 고객으로부터 받아낼 근거가 없음을 발견하게 될 것이다. 간단히 말해서 계약이란 '꼭 필요한 것'이다. 계약은 양자를 묶어두는 합의이며, 케이터링 업자에게는 음식과 서비스를 제공하도록 의무를 부과하고, 고객에게는 이것에 대한 대가를 지불하도록 요구한다. 따라서 계약서 작성시 다음과 같은 사항들을 간과해서는 안 된다.

● 계약은 서면으로 작성

모든 계약사항은 반드시 서면으로 작성하며, 서면으로 된 계약만이 유효한 것으로 인정받는다. 서면 계약은 협상 초기 단계에서 케이터링 업체가 고객이 제공되어야 할 추가적인 서비스를 요구하는 것에 대해 힘을 실어 줄 것이다.

● 보증금 요구

계약시 선 보증금을 요구하도록 한다. 보증금을 받지 못하는 경우에는 행사 시작 전 마지막 순간까지도 계약 취소의 위험에 처하게 된다. 보증금 정책이란, 예를 들어 케이터링 운영자가 예약을 받을 때 전체 비용의 1/3을 지급받고, 행사일 한 달 전에 1/3, 그리고 행사 당일날 1/3을 받는 것을 말한다. 다른 방법으로는 계약금으로 전체 비용의 10%를 지급받고, 한 달 전에 50%, 그리고 당일날 잔금을 받는 경우도 있다.

• 계약서의 어조

명심해야 하는 사항은 계약서 작성시 어조가 너무 딱딱하고 공격적이면 고객을 잃기가 쉽고, 반대로 너무 약하면 손실을 볼 수도 있다. 따라서 계약서 내용의 어조에 대해 주의 깊게 생각하여 고객의 기분을 상하지 않게 하면서 동일한 정보를 전달할 수 있도록 해야 한다. 미국의 기본계약서 형식이나 참고 사례는 www.catersource.com, www.restaurantbeast.com 에서 찾아볼 수 있다.

• 결혼식 케이터링 계약시 각별히 유의

결혼식에 케이터링 서비스를 제공하는 경우 계약서 작성시 더욱 주의를 기울여야 한다. 결혼식 행사는 파혼에 따른 행사 취소 위험성이 높으므로 행사 준비과정에 발생하는 비용을 보상받기 위해서 양가로부터 가능한 많은 사람들의 서명을 받아둔다. 법적인 절차를 밟아야 하는 일이 발생할 수 있기 때문에 나중에 후회하는 것보다 안전한 것이 더 낫다.

▨ 수수료 결정

케이터링 서비스시 가격 결정 요소는 여러 가지가 있으므로 그에 따른 가격 결정법도 다양하다. 우선은 허가비, 사무실 집기들, 마케팅과 광고비 같은 간접비용뿐만 아니라 음식과 인건비 같은 직접비용을 계산해야 한다. 이 비용의 계산은 고객과 함께 음식과 서비스 비용을 인정하는 계약서를 작성하기 전에 이루어져야 한다. 여기에서는 서비스에 대한 비용들을 결정하는 데 도움이 될 만한 가이드라인들을 제시한다.

• 가격 제시 수준의 결정

고객과 반복 거래를 희망하던 현재 사업의 호황을 바라던 간에, 우선적으로 현실감있고 케이터링 업체에 이익을 남겨 주는 가격 수준을 제시해야 한다. 이를 위해 그 지역의 가격, 케이터링 행사의 유형을 고려하여 가격을 결정한다.

• 경쟁자 분석

경쟁자의 가격을 그대로 채택하는 것은 바람직하지 않다. 그러나 경쟁자를 통해 일을 진행할 수 있는 가격 범위에 대한 아이디어는 얻을 수 있을 것이다. 경쟁자 사업체에 익명으로 전화를 걸어 몇 가지 샘플 메뉴를 요청함으로써 정보를 얻을 수 있다. 또한 많은 사업자들이 웹사이트를 가지고 있으므로 온라인에서도 정보를 구할 수도 있을 것이다.

• 손익계산서 작성

일회성 이벤트일지라도 각 파티나 행사마다 손익계산서를 별도로 작성하는 것이 좋다. 이렇게 하면, 행사 유형별로 재정적 성공 여부를 가름해 주는 적정 이익금 수준을 산출할 수 있다.

• 10퍼센트 수준의 여유분

예약한 고객수보다 더 많은 손님이 참석할 수 있는 가능성 또는 음식의 손실이나 낭비의 가능성을 감안하여 전체량의 10%를 더 준비한다. 식재료 비용을 결정하면 행사를 준비하는 데 소용되는 비용을 계산할 수 있다.

• 식재료비

일반적으로 케이터링 운영자는 매출액의 30% 선에서 식재료 비용을 정한다. 특별한 메뉴 품목의 식재료 비용을 결정하기 위해서는 조리법에 대한 비용을 산출해 볼 필요가 있다. 일반적으로 식재료 비용은 메뉴가격 혹은 전체 매출액의 비율로 표현된다. 개별 메뉴 품목의 식재료 비용은 메뉴 가격을 식재료 비용으로 나누어 계산하며, 일반적으로 비율로 표시한다. 오렌지 소스를 곁들인 구운 오리 가슴살 요리를 메뉴로 제공한다고 가정하자. 첫째는 재료에 대한 청구서를 보고 식자재비를 결정해야 한다. 이 비용은 오리, 원재료 그리고 다른 사이드 디시에 곁들이는 가니시의 비용을 포함해야 한다. 만약 계산 결과 4,200원의 비용이 소요되고 식재료 비율을 30%로 정한다면, 오리 가슴살 요리의 가격은 14,000원으로 책정된다.

4,200원(식재료 비용)÷0.30(식재료 비율 30%)=14,000원(판매가격)

메뉴 품목의 판매 수익을 결정하기 위해서는 비용, 메뉴가격 그리고 판매기록을 살펴보아야 한다. 총 매출액을 메뉴에 소요된 비용으로 나눠 본다면, 특정 행사에 대한 식재료비의 비율을 계산할 수 있다. 예를 들어, 200명 규모의 행사를 제공한다면,

84만 원(총비용 : 비용 4,200원×200명)÷280만 원(매출액 : 가격 14,000원×200명)
= 30%이다.

● **인건비**

메뉴가격 계산에는 반드시 인건비를 포함시켜야 한다. 조리 직원들은 일반적으로 정규직원으로 대우하며, 서빙직원들은 시간제 직원으로 개별 계약에 의해 고용된다. 인건비 계산시에는 정규직, 시간제 직원의 인건비를 모두 포함시키도록 한다. 200명분의 파티를 준비하는데 10시간이 소요된다면, 시간당 10,000원으로 계산하면 총 10만 원의 인건비가 필요하다. 이처럼 4명의 서비스 직원이 식사서비스에 4시간 일하고 4시간 기준으로 75,000이 지급된다면 시간제 직원의 인건비는 30만 원이다.

4명×인당 75,000원(각 4시간 기준)=30만 원

또한 풀 서비스 레스토랑은 전체 비용의 30% 이하 수준에서 인건비를 맞추도록 노력한다. 인건비에 식재료비를 고려하여 메뉴가격을 계산해 보자. 첫째는 메뉴에 대한 일인당 인건비를 산출해 내기 위해 노동비를 200명으로 나눈다.

30만 원(시간제 종사원)+10만 원(조리사)=40만 원/200(명)=2,000원

간접비를 제외한 전체 비용은 위에서 얻은 식재료비 4,200원, 인건비 2,000원이므로 총 6,200원이다. 따라서 음식 가격이 14,000원이라면, 44% 의 이익(간접비 제외)을 얻을 것이다.

(6,200원÷14,000원)×100=44%

● **간접비**

간접비는 각각의 작업수행에 대해 개별적으로 적용되기 때문에 적용사례를 다루지는 않았지만, 메뉴가격을 산정할 때 간접비를 계상해야 함을 잊지 말아야 한다.

▣ 연회장소 결정하기

케이터링 서비스가 레스토랑의 내부 또는 다른 외부 공간 어디에서 이루어지던지 간에 식사공간에 편안히 앉을 수 있는 사람의 수를 결정해야 한다. 공간 배치 방법은 행사를 대행하는 케이터링 사업자에게 또 다른 도전이다. 연회 행사에 일반적으로 사용되는 몇 가지 공간 배치 방법들이 있다. 다음은 행사 공간을 결정할 때 알아야 할 사항들이다.

● **공간 배치 관련 전문용어 습득**

공간 배치와 관련한 전문용어를 잘 이해해야 한다.

■ 연회 스타일

이 방식은 대부분의 저녁, 점심 이벤트뿐만 아니라 결혼식에 주로 사용된다. 일반적으로 8~10명이 앉을 수 있는 둥근 연회 테이블을 설치한다.

■ 교실 스타일

이 스타일은 세미나 혹은 유사한 행사에 사용된다. 6개 내지 8개의 다리가 달린 긴 책상을 방의 정면을 마주보게 설치하여 교실처럼 꾸민다.

■ 이사회 스타일

이사회 혹은 임원 회의와 같은 작은 회의를 위해 사용된다. 행사 공간은 일반적으로 하나의 커다란 테이블이 설치되고 그 주위에 참석자들이 자리를 채운다.

■ 극장 스타일

이 방식은 교실 스타일과 같은데 다만 테이블이 없고 의자만 있다.

• 계산기 활용

특히 출장 케이터링 서비스를 제공하는 경우에 계산기를 반드시 가져가야 한다. 각각의 공간이 얼마나 사람을 수용할 수 있는지에 대해 계산해 볼 필요가 있다. 예를 들어, 371.6m^{2}의 공간에서 200명이 참석하는 피로연에 대해 신부와 의논한다면, 방 안에 몇 개의 라운드 테이블을 놓을 수 있는지 결정해야 한다. 또한 뷔페 식사를 위한 공간을 고려하고, 웨딩 케이크 테이블, 디제이 혹은 밴드, 댄스 플로어 공간 그리고 바 공간도 고려해야 한다.

• 점포 케이터링

점포 내 케이터링 서비스만 운영한다면 우선 레스토랑 면적을 파악하고 다양한 배치방법에 따라 시설에서 수용할 수 있는 인원을 계산하고 관련 정보들을 바인더로 묶어 항상 휴대해야 한다. 예상 고객과 회의할 때 바인더를 휴대하여 고객에게 행사 장소의 배치방법과 공간 사용에 관한 선택권을 보여준다.

- **소프트웨어**

  미국의 경우 대형 호텔들 대부분이 공간의 수용능력을 결정하기 위해 관련 소프트웨어를 사용한다. 이벤트 계획을 위한 소프트웨어의 예는 www.certain.com에서 찾을 수 있다. 이곳의 프로그램인 '이벤트 플래너 플러스'는 공간의 레이아웃을 만들어 내는 것과 더불어 참석자 파악, 예산 작성, 여행과 숙박 일정관리, 공급업체의 견적 비교, 업무리스트 작성 등의 기능이 있다. 미국의 www.catermate.com, 국내 오아시스스토리(www.oasyss.co.kr)에서도 룸 배치, 고객 추적, 이벤트 시트와 그 밖의 업무 수행에 필요한 소프트웨어를 제시하고 있다.

- **기타 장비**

  종종 음식이 행사의 한 부분에 불과한 경우가 있으므로 진행해야 하는 행사가 어떤 경우에 해당하는지를 알아볼 필요가 있다. 행사에 프레젠테이션이나 세미나가 포함되는 경우라면 연단, 연사를 위한 무대, 국기걸이, 프로젝터, 조명, 헤드 테이블과 배경 음악과 같은 부가적인 도구들이 필요할 것이다.

■ 기본 계약조건과 고려해야 할 사항들

다음의 조건과 고려사항들을 단지 가이드라인에 불과하며 반드시 준수해야 할 사항은 아니다. 케이터링 서비스 계약서를 개발할 때 관심을 가져야 할 몇 가지 기본적인 요구사항은 다음과 같다.

- **계약 당사자의 세부사항들**

  계약서를 만들 때, 첫 번째로 사업자의 성명, 주소, 전화와 팩스번호를 기입하고, 다음으로는 고객의 성명, 주소, 전화와 팩스 번호를 기입한다.

- **서비스 날짜와 시간**

   계약의 일자를 명시한 후에 전체 파티의 시작 시간과 종료 시간뿐만 아니라 서비스가 행해지는 이벤트의 날짜와 요일을 기입한다. 각각의 활동에 할당된 명확한 소요시간은 특히 중요하다. 그 이유는 서비스하는 사람이 초과 근무를 한다면 이를 고객에게 청구해야 하기 때문이다.

- **최소 고객수의 확정**

   가능한 한 서비스 받는 고객의 숫자를 명확하게 설정한다. 이것이 가능하지 않다면 적어도 최소 고객 인원수를 정해야 한다. 또한 최소 예상 인원보다 손님이 더 적게 참석한 경우에는 1인당 가격을 올려 청구한다는 조항을 계약서에 명시해야 한다. 특정 일자까지 최종적으로 예상 참석인원을 알려줘야 한다는 조항도 계약서에 명시한다. 대부분의 케이터링 사업자는 고객에게 행사 3일 전까지 최종 참석인원에 대해 통보해 주도록 요구하고 있다. 이것은 케이터링 사업자가 재료를 구매하고 적정한 양의 음식을 준비할 수 있도록 알맞은 시간을 제공하는 데 매우 중요하다.

- **참석인원수 확인 방법**

   참석한 손님의 수를 확인하는 방법에는 티켓, 출고된 그릇, 냅킨으로 싸놓은 실버웨어, 그리고 회전식 출입문 등이 이용된다. 오늘날 대부분의 행사는 초대장 발송시 참석여부를 회신해 줄 것을 요구하고 있다. 참석여부에 대한 회신을 통해 참석자의 수를 좀더 명확하게 파악할 수 있으며, 케이터링 사업자는 좀 더 정확한 수요 예측을 할 수 있다. 참석 여부에 관한 회신이 없는 이벤트일지라도 얼마나 많은 음식을 준비해야 하는지 수요예측은 반드시 필요하다.

● **참석자수 결정방법**

얼마나 많은 손님들이 참석할지를 결정하기 위해 사용하는 가장 간단한 공식은 다음과 같다.

예상 손님의 숫자 = 초대된 손님 숫자 × 0.66 × 1.15

예를 들어, 300명 초대시 예상 손님의 숫자는 228명이 된다. 상수 0.66은 참석하지 않을 인원을 고려한 것이며, 상수 1.15는 초대되지 않은 사람들이 참석하는 비율을 고려한 것이다.

● **명성 유지**

케이터링 제공자가 음식을 부족하게 준비한다면 명성에 금이 간다는 점을 기억해야 한다. 손님들은 초대한 사람의 인원을 적게 예상한 것을 알지 못할 것이고 관심도 없을 것이다. 음식이 부족한 경우 손님들은 음식이 모자라는 것은 케이터링 사업자의 잘못이라고 생각할 뿐이다. 여분의 음식을 준비하는 비용을 포함시킴으로써 이러한 딜레마를 극복해야 한다. 그리고 먹지 않은 음식들은 고객들이 집으로 가져갈 수 있다는 것을 알려준다. 일반적으로 사업자들은 실제 고객수뿐만 아니라 보증 고객수라는 용어를 사용한다. 보증인원은 전체인원의 3~5% 정도가 된다. 다시 말하면, 이벤트에 200명이 참석한다면, 케이터링 사업자들은 보증인원을 3%로 계산하여 206명분을 준비할 것이다.

● **제공 메뉴 조항을 계약서에 명시**

제공할 메뉴는 구체적으로 계약서에 명시하여 빠뜨리는 메뉴도 추정되는 메뉴도 없어야 한다. 만약 메뉴에 주요한 변화가 필요하다면 계약서를 새로 작성해야 한다.

- **이벤트 가격**

  이벤트 가격은 고객이 케이터링 업체를 선택하는 순간에 정해지므로 계약서에 제시된 가격은 단지 추정 가격임을 명시해야 하고, 예정에 없던 부가사항이 추가될 때 케이터링 사업자가 가격을 조정할 수 있다는 조항을 포함시켜야 한다. 대형 이벤트는 거의 행사 6개월 전에 계약되지만, 이에 반해 작은 이벤트들은 상대적으로 짧은 기간을 남기고 계약이 이루어진다. 대부분의 케이터링 사업자는 행사 대행을 수락할 수 있는 최소한의 날짜에 대한 가이드라인을 가지고 있다. 예를 들어, 케이터링 사업자가 이벤트 3일 전까지 계약할 것을 요구하는 것 등이다.

- **지불 정책**

  고객과 사업자가 합의한 일정에 따라 대금의 지불방법과 지불 일정을 명료하게 언급을 하는 조항을 계약서에 삽입한다. 일반적으로 이벤트의 규모가 대형이고 고가일수록 보증금이 많아진다.

- **종사원 구성**

  서비스에 대한 적절한 요금뿐만 아니라 행사를 지원하는 종사원의 수, 그들이 일할 시간을 명시하는 조항을 넣는다.

- **남은 음식과 주류에 관한 방침 설정**

  남은 음식과 음료에 관한 방침은 이벤트별로 결정될 수 있다. 고객의 집에서 개최되는 40명 규모의 디너 파티에 케이터링할 경우 남은 음식을 박스에 담아 처리하든지 서빙했던 집에 그대로 남겨둘 것이다. 반면에, 대여한 홀에서 150명 규모의 결혼식 피로연 서비스를 한다면 아마도 신랑 신부가 가져가야 할 음식만 남겨두고 나머지 음식은 전부 케이터링 사업자가 직접 수거해서 직원들에게 나눠줄 것이다. 행사가 진행되는 동안 신랑과 신부는 식사할 틈이 없기 때문에 신랑 신부를 위한 음식을 따로 챙기는 것은 아주 적절한 조치이다. 또한 미성년자나 만취한 사람에게 알코올 음료 제공에 관한 케이터링 업체의 규정을 반드시 언급해야 한다.

• 취소/환불 정책

다음의 섹션에서 자세하게 토의가 되겠지만 취소와 환불에 대한 케이터링 업체의 정책은 계약서상에 분명하게 표기되어야 한다.

• 케이터링 사업자와 고객의 서명

계약에 꼭 필요한 서명이 없는 경우 계약이 법적으로 보호받지 못한다는 것을 명심해야 한다.

▣ 취소와 환불

취소를 요청하는 경우 대부분의 사업자들은 고객이 예치한 보증금을 공제할 것이다. 그러면 보증금의 일부 혹은 전부를 환불해 줄 것인가 아니면 전혀 환불을 해 주지 않을 것인지를 정해야 한다. 일반적으로 여기에 명쾌하게 선을 긋는 해답은 없으므로 사례별로 케이터링 업체의 방침에 따라 결정해야 한다. 방침을 결정하는 데 있어 행사의 취소 시기는 대단히 중요하다. 고객이 이벤트 수개월 전에 행사를 취소하고자 한다면, 아마도 그 날에 다른 행사를 예약 받을 수 있지만 고객이 일주일 전에 취소를 한다면, 다른 예약을 받기 어려울 수 있고 물품 대여 보증금을 쉽게 잃거나 혹은 식재료 구입에 비용을 지불했을 수도 있다. 환불 정책에 대한 정당한 과정을 결정할 때 다음과 같은 사항들을 고려한다.

• 호텔의 단계적 환불 정책

호텔들은 단계적으로 적용되는 환불 정책을 갖고 있다. 예를 들어, 케이터링 서비스의 계약서를 작성한 후 고객이 3개월 이내에 취소를 한다면 호텔은 보증금 전액을 환불해 준다. 1개월 전이면 보증금의 30%, 20일 전은 50%, 10일 전은 10%를 환불해 준다. 이런 유형의 단계적 정책은 케이터링 사업자가 감수해야 할 비용을 상쇄시키는 데 도움이 될 것이다.

• **고객이 행사 예정일 1개월 전에 취소를 한다면 다음과 같이 처리한다 :**

■ 보증금 전액을 환불해 준다. '보증금 전액 환불' 정책은 고객과 계약을 체결할 때 영업 전략으로 많이 사용한다. 고객들은 케이터링 사업체 간의 서비스를 비교할 때 보증금 전액 환불 항목이 있는 케이터링 업체를 선호할 것이다.

■ 행사 예정일 1개월 이내에 행사가 취소된다면, 고객과 개인적으로 이 일에 대해 토의해 본다.

■ 예를 들어, 중요한 참석자 가운데 한 명의 사정으로 인해 마지막 순간에 이벤트가 취소된다면, 고객과 환불을 논의하기 전에 주요 참석자의 사정에 맞춰 시간을 조정해 본다든지 기다리는 것이 최선의 방책이 될 수도 있다.

■ 계약 취소를 어떻게 처리해야 할지 확신이 서지 않는다면 결정을 연기한다. 행사 준비를 위해 얼마의 돈과 시간이 이미 사용되었는지를 매니저에게 확인해야 한다고 고객에게 말한다. 이렇게 하면 투여한 비용에 대한 합리적인 금액을 계산하는 데에 시간적인 여유를 가질 수 있을 것이다. 그리고 나머지 금액을 환불해 준다.

▣ 계약서 사례

다음 계약서 사례는 사업체에 적합한 계약서를 작성하는 데 도움을 줄 것이다. 이것은 단지 가이드라인에 불과하며 실제는 전문적인 법률 상담을 구해야 한다.

○○○케이터링

케이터링 사업자 XXX(업자명 기입, 이하 '갑'이라 한다.)은 발주인 XXX(고객명 기입, 이하 '을'이라 한다.) 씨를 위하여 2008년 X월 X일에 있을 이벤트에 대해 첨부하는 청구서에 따라 업무를 수행할 것을 계약하며, 발주인 XXX은 다음과 같은 조건들에 대해 동의한다.

1. 개인적인 특성을 고려해 준비를 원하는 경우, 참석자는 적어도 행사 7일 전 낮 12시까지 '갑'에게 개별적으로 연락을 취하여야 한다. 실제 참석 인원이 계약시의 확정 인원보다 많은 경우, '갑'은 모든 참석 인원에 대한 충분한 음식을 제공하는 것을 보증할 수 없다. '갑'은 이에 대해 1인당 가격을 올릴 권리를 갖는다.

2. 이벤트 일자를 예약하기 위해, '을'은 청구서 금액의 50%에 해당하는 보증금과 함께 본 계약서의 사본을 제출해야 한다. 잔금은 행사일 이전에 지불되어야 한다.

3. '을'이 예정대로 지불을 하지 못할 경우 본 계약은 취소되거나 케이터링 사업자에 의해 계약 이행이 거부될 수 있으며, '을'은 '갑'이 이후로 계약에 명시된 서비스들을 제공하는 데에 구속받지 않는다. '을'은 지불 실패나 취소와 같은 일로 인해 발생하는 '갑'의 손해에 대한 정당한 보상에 대한 합리적인 평가가 되는, 벌칙이 아닌 정리 손실분에 대한 보상으로 '갑'이 보증금의 50%를 공제할 수 있다는 것에 동의한다.

4. 메뉴 요구사항들은 '을'과 협의하고 동의한 바에 따라 준비되어질 것이다. 모든 음식과 음료들은 X%의 세금과 X%의 봉사료가 가산된다. '갑'에 의해 사전에 허가받지 않고 '을'이나 게스트 혹은 초대받은 사람들에 의해 어떤 종류의 음료도 반입하는 것이 허용되지 않으며, '갑'은 반입을 허용할 경우 음료들에 대한 서비스 비용을 청구할 권리를 갖는다.

5. 본 계약의 수행은 노조 문제, 파업, 천재지변, 정부 강제명령, 여행/운송/음식/음료 공급 제한 문제 혹은 '갑'이 업무를 수행하는 것을 방해해 통제 능력을 넘어서는 다른 원인들에 의해 불가피하게 제약받을 수 있다. 이 경우 '갑'은 계약의 파기, 보증 혹은 다른 조건들과 상관없이 손해에 대해 면책받는다.

6. 행사에 참석한 사람들에 의해 발생되는 손해, 도난 혹은 '을'의 재산의 손실(무제한, 장비, 음식, 조리도구와 운반차량을 포함)이 발생했을 경우 '을'은 '갑'에게 변상을 하고 손해를 끼치지 않을 것에 동의한다.

직원 채용과 인사관리

레스토랑
운영
노하우

▣ 직원 채용과 인사관리의 기본을 철저히 파악

케이터링 사업자가 직면하는 가장 커다란 도전 중의 하나는 무엇인가? 바로 인력문제이다. 인력문제는 주방장, 조리 종사원, 서비스 종사원(정규직과 임시직을 모두 포함)과 영업 직원의 고용에 관한 내용을 다룬다. 케이터링 사업활동의 영역은 매우 다양하고 가변적이기 때문에 케이터링 사업에 알맞은 종사원을 모집하는 일은 상시 지속된다. 케이터링 사업에 적절한 종사원을 찾아내는 일은 어려운 일이 될 수도 있고 쉬운 일이 될 수도 있다. 시간급으로 일하기를 원하는 사람들이 많이 있을 것같아 보이지만, 실제는 잠재적인 종사원들을 찾는 것은 결코 쉬운 일이 아니다. 지금 함께 일하고 있는 동료 종사원도 다른 케이터링 업체에서 좋은 조건을 제시하면 이직할 가능성이 높다는 것을 항상 염두해야한다. 노동력 부족은 적정 직원을 보유하고 구축하려는 사업주의 노력을 헛되게만든다. 여기에서는 직원 문제를 해결하는 방법에 관하여 몇 가지 실용적인 제안을 하고자 한다.

• 구호 채택

'직원수는 적게 근무시간은 길게'라는 구호를 채택한다. 대형 회사들은 주방장, 조리 매니저, 접객원 그리고 판매와 마케팅 직원과 같은 소수의 정규직원을 고용하고 있으나, 대부분의 케이터링 업체는 일이 있으면 연

락을 하는 호출 대기 직원에게 의존한다. 일을 위해 연락할 수 있는 믿음
직한 인력의 목록을 개발해야 한다. 케이터링업에 종사하는 사람들은 되
도록이면 오랜 시간을 일하기를 원하므로 새로운 사람을 구하기 전에 이
들을 고용하고 근무시간을 제시한다.

- **균형**

  종사원 구성의 열쇠는 정규 종사원과 호출방식의 임시직들 간의 균형을
  적절한 유지하는 것이다. 종사원의 규모를 결정할 때 가능한 정규 직원수
  를 적게 유지한다. 일이 없을 때 직원에게 나중에 다시 올 것을 요구하면
  서 잘라내는 것보다 필요할 때 인력을 더 고용하는 것이 더 효과적이다.

- **급여비용**

  일반적으로 급여비용은 매출액 중 18~30% 범위여야 하며 시간제 임금
  이외에 복리후생비 항목도 잊지 말아야 한다. 대부분의 사업에서 급여와
  복리후생은 가장 많이 차지하는 간접비용이라는 것을 인식해야 한다. 또
  한, 정규 직원을 많이 고용함으로 인해 과도하게 세금을 지불하는 것은
  피해야 한다.

- **정규직 직원 개발**

  고정적으로 인건비를 지급하는 정규 직원의 채용은 행사참여시에만 인
  건비를 지급하는 임시직 직원을 진급시켜 주는 개념으로 활용한다. 이를
  감안한다면 일선 종사원을 모집하는 데 많은 시간을 할애하고 신중히 결
  정해야 한다.

- **개인적인 참여**

  인건비는 유일하게 탄력적으로 조정할 수 있는 부분이므로 사업 초기에
  인건비를 줄여 현금흐름을 좋게 하기 위해 사업주가 하루에 12~14시간을

일할 경우도 있을 것이다. 또한 사업이 성장하고 성공적으로 운영되어도 여전히 이 시간만큼 일을 계속하게 될 것이다. 12~14시간을 일하는 과정에서 직원들과 더욱 친밀한 관계를 맺을 수 있다.

● 행복한 종사원과 생산성

현명한 케이터링 사업자는 행복한 종사원들이 높은 생산성을 보인다는 것을 잘 알고 있다. 좋은 직원들을 지속적으로 보유하고 생산성을 높이기 위해서는 직원들과 적절한 관계를 만들어가는 것이 중요하다.

● 열린 대화

직원들에게 그들의 직무 수행에 관한 피드백을 제공한다. 한 직원이 다른 케이터링업체에서 경험했던 일을 장황하게 말할 때, 경쟁업체에 대해 공개적으로 이야기하는 것이 얼마나 어리석은 일인지를 설명해 준다. 그래도 이런 유형의 대화를 계속한다면 그 직원을 해고하는 것이 낫다.

● 긍정적 마인드

종사원들이 너무 단조로움을 느끼지 않도록 직원의 임무를 정확히 알려주도록 한다. 음식을 준비하는 동안 음악을 틀어주되 이로 인해 그들의 일에 방해가 되지 않도록 할 것을 요구한다. 종사원들과 함께 즐겁게 일을 하고, 지금 하고 있는 일이 허드렛일이라기보다 즐거운 경험이 될 수 있게끔 분위기를 만들어서 많은 사람들의 마음속에 우아한 음식을 준비하고 격조 높은 고객에게 서비스하는 것을 멋진 직업이라는 생각이 들 수 있도록 한다. 케이터링 종사원을 찾을 때 이 점을 이용할 수 있을 것이다.

● 업무를 명확하게 묘사

종사원에게 직무를 제대로 설명해 주지 못하는 것은 직원 이직을 부추기는 주요 원인으로 작용한다. 현재 직무 수준을 명확하게 묘사하고 이

내용이 현실과 별 차이가 없음을 보여주도록 한다.

- **다중업무**

  직원을 채용하다 보면 다양한 업무 경험을 지닌 사람을 고용할 수도 있고 전혀 경험이 없는 사람을 고용할 수도 있다. 때로는 대인 섭외력과 친화력이 있는 직원이 필요한 경우도 있다. 종사원들은 고객과 접촉하며 일할수도 있고 주방 안에서만 일할 수도 있다. 그러나 어떤 사람들은 특정 분야를 선호할 수 있으므로 종사원의 강점을 발휘할 수 있는 업무를 분담하는 것이 중요하다. 이것이 바로 일을 하는 사람이나 고용인에게도 이득이 된다.

- **노동관계법**

  국내 노동관계법을 숙지해야 한다. 예를 들어, 최저임금은 시간급 직원은 시간당 4,000원이라는 것을 알아야 한다. 또한 미성년자가 식기수거/접시닦기 그리고 테이블 세팅 등을 수행할 경우 '18세 미만자의 근로시간의 제한'에 관한 법률 내용에 주목해야 한다. 자세한 내용은 노동부 웹사이트에서 확인한다.

- **외국인 고용허가제**

  불법 외국인이나 관광 방문자를 고용하지 않도록 주의를 기울인다. 외국인을 고용할 때 외국인 고용허가신청서를 작성해야 한다. 동시에 출신국에 따른 개인적인 차별에 연루되지 않도록 주의해야 한다. 이에 관한 더 자세한 내용은 한국산업인력공단 홈페이지(www.hrdkorea.or.kr)를 방문하여 알아본다.

- **채용시험**

  직원 채용시험이 일과 연관되며 사업상 필요한 것이라는 것을 증명할 수 없다면, 채용시험을 시행해서는 안 된다. 특히 장애인을 색출하기 위한 목적으로 시험을 보게하는 것은 더욱 문제가 된다. 장애인 법에 대한 자세한 정보는 노동부 홈페이지(www.molat.go.kr)에서 찾아본다.

■ 종사원 모집

얼마나 많은 직원을 고용해야 하는가? 직원 모집의 본격적인 과정으로 들어가기 전에 사업체 운영에 대한 전반적인 청사진을 완성할 필요가 있다. 직원의 자격 요건은 무엇인가? 자격 요건에 맞추어 직원을 모집해야 한다. 예를 들어, 사업체가 진정으로 뛰어난 조리 기술을 가진 주방장을 필요로 하는지 혹은 자격증이 없는 조리인력이라도 가능한지를 스스로에게 질문해 본다. 아마도 케이터링 사업에서는 조리 매니저, 음식 준비 인력, 서빙 종사원, 호출 방식의 바텐더와 뒷정리 인력을 필요로 할 것이다. 서빙 직원들은 종종 음식 준비와 조리 직원처럼 다중업무를 할 것이다. 결혼식이나 연회 서비스를 특화한다면, 프랑스식 서비스 교육을 받은 전문 서비스 직원을 고용할 필요가 있을지도 모른다. 여기에서는 케이터링 운영을 위한 적절한 직원모집에 도움을 줄 수 있는 방법을 제안하고자 한다.

• 고객수 대비 직원수의 산출 지침

고객수 대비 필요한 직원수를 계산하는 데 일반적으로 적용되는 지침은 다음과 같다.

■ 경험적으로 셀프 서비스의 더운 음식의 제공을 위해 고객 50명당 서빙 직원 10명과 조리인력 1명이 필요하다.

■ 풀 서비스 식사의 경우 주방인력은 손님 35~40명 당 1명, 서빙인력은 손님 20~25명 당 1명이 필요하다.

■ 와인, 맥주 그리고 비알코올 음료를 서빙하는 간단한 바를 운영할 때, 손님 70~75명 당 바텐더 1명이 필요하다. 격식을 갖추어 서빙하는 바의 경우에는 손님 50명 당 바텐더 1명이 필요하다.

> ■뷔페 서비스는 테이블 서비스를 하는 행사에 비해 적은 수의 직원이 필요하다. 50명을 위한 뷔페 행사에서 조리 직원은 1명, 뷔페 음식을 채워주는 직원 1명이 각각 필요하고, 서비스 직원 2~3명과 바텐더 1명이 필요하다. 테이블 서비스의 경우 조리인력과 서비스 인력 각 1명씩 더 필요하게 될 것이다.

● 잠재 직원의 공급원은?

> ■대학생들 : 2년제 대학이나 종합대학 주변에 사업체가 있다면 학생들을 호출 직원으로 활용할 수 있을 것이다. 지역에 있는 요리 학교 또한 외식산업 경영 교육을 시키는 2년제 대학들처럼 지속적으로 정규직원을 제공하는 좋은 공급원이다.
>
> ■현직 종사원의 추천 : 현 직원에게 함께 일하기에 편안하고 추천할 만한 사람이 있는지를 물어본다. 좋은 사람을 추천한 직원에 대해 금전적인 인센티브를 제공하는 것도 좋은 방법이다.
>
> ■주부와 나이든 사람 : 직원이 될 수 있는 이 잠재적 인력풀을 간과해서는 안 된다. 그러나 나이든 임시직원을 정규직원으로 전환하는 것은 삼가해야 한다.
>
> ■시급제 일용직원 : 모든 케이터링 사업자들이 시급제 일용직원을 사용하기 때문에 경쟁 사업체에서 일하는 종사원들을 활용하는 경우가 많다.

● 내부 승진

회사 내에서의 직급 상승은 직무 환경이 열악하다고 인식하는 종사원 후보자들에게 매력을 느끼게 해줄 수 있다.

● 웹상의 자원

수준 높은 종사원들을 찾을 수 있는 몇 개의 웹사이트를 활용할 수도 있다. 한국조리사회중앙회(www.ikca.or.kr), 외식과 사람들(www.foodwork.co.kr), 잡쿡코리아 등 외식 관련 채용 사이트의 활용이 직원 채용에 도움이 될 것이다.

• 응시자 심사

직무 지원서는 운영하고 있는 케이터링에 적합한 성격 유형과 관련된 질문들을 물어볼 수 있도록 만들어야 한다. 생일, 종교, 인종, 결혼 여부 혹은 부양가족의 수 등을 지원서상이나 면접시에 질문하는 것은 주의를 해야 하는 일이다. 지원자를 고용하기로 결정한 후에도 민감한 질문은 하지 않는 것이 바람직하다. 그러나 직업에 최소 연령요건(예를 들어, 바텐더)이 있다면 어려 보이는 지원자에게는 확실하게 나이를 확인하는 질문을 해야 할 것이다.

• 테스트 절차

취업 지원자들 중 2차 심사 대상자를 결정하기 전에 쟁반 나르기, 성실성, 체력 등과 같은 간단한 테스트를 시행한다. 심지어 약물 테스트도 필요할 수 있으며 특히 지원자가 영업이나 관리직에 지원했다면 인사 직원이 면접심사해야 할 것이다.

• 기타 선발방법

선발방법과 관련하여 지원서 양식, 직무 정의, 자기소개서, 인터뷰 가이드라인, 평가방법과 다양한 선발 및 고용 테스트에 관한 내용들은 '외식경영학', '급식경영학' 관련 서적의 인적자원 관리 부분에서 찾아볼 수 있다.

• 이력 조회

지원자가 사전 면접을 통과한다면, 이력을 점검해야 한다. 되도록이면 채용예정자 전원에 대해 이력 조회를 실시한다. 중책을 맡는 자리일수록 더욱 철저하게 이력을 점검해야 한다. 특히 범죄 기록, 운전 기록, 배상 기록, 신용 등급, 교육과 이전 고용 정보에 대한 것들을 반드시 체크하도록 한다.

▣ 오리엔테이션, 훈련 및 동기부여

바쁜 케이터링 업계에서는 직원 선발과정에서 오리엔테이션, 직무 훈련, 동기부여 등을 간과하기 쉽다. 그러나 부담이 되는 일이라도 꼭 실행하는 것이 좋다. 새로 온 직원에게 시간을 들여 오리엔테이션, 교육과 동기를 부여하는 것은 시간을 잘 사용하는 것이다. 간단히 말해, 행복해 하고, 설명을 잘 듣는 직원들은 계속 직장에 머무르기 때문에 번거로운 채용과정을 반복하지 않도록 해준다. 신입사원 채용 후 다음의 사항들을 주목한다.

- **전반적 사업체 설명**

  예를 들어, 당신의 사업철학과 사업의 목적을 종합하여 '종사원 핸드북'을 만들어 제공한다. 신입 종사원들에게 시설물을 둘러보게 하고, 상위 감독자와 동료들에게 소개를 해준다.

- **규칙**

  문제가 발생할 때까지 기다리지 말고 출근 첫날 업무에 관한 주요한 규칙과 제도들을 설명하고 필요에 따라서는 실연을 해준다.

- **개별 공간 제공**

  신입직원을 위한 주차 공간, 탈의실 공간을 배정해 주고, 이름표를 나눠준다.

- **교육훈련**

  오리엔테이션이 끝나면, 교육 훈련에 들어 간다. 이것은 일반적으로 그룹 단위 혹은 현장 실습으로 구성된다.

- **교육훈련에 대한 책임**

  사업규모가 크다면, 위생 안전, 고객에 대한 예절, 불만 처리방법, 마약과 주류 인지 등과 같은 일반적인 교육훈련은 인사부가 담당한다. 반면 개별적이며 직무와 관련된 훈련은 케이터링 부서가 수행하는 것이 더 적합하다. 서비스 운영 규모에 상관없이 대부분의 교육훈련은 공식 교육 이외에 비공식 교육도 병행해야 한다. 예를 들어, 높은 수준의 정교한 서비스는 지속적인 교육훈련을 요한다.

● **교육훈련 가이드라인**

미국의 경우 호텔 세일즈·마케팅 국제협회의 식음료위원회(The Food & Beverage Committee of the Hotel Sale & Marketing Association International)에서 케이터링 사업자들이 활용할 수 있는 교육훈련 가이드라인을 개발하였는데, 이 자료를 활용하면 신입직원들이 직무활동을 쉽게 습득하는 데 도움이 될 것이다.

● **교육훈련 프로그램**

신입직원의 교육 프로그램을 마련할 때 고려해야 할 몇 가지 요소들을 아래와 같다.

■ 대인관계기술이 비교적 높게 평가되는 특정 사람에게 교육훈련 프로그램의 책임자로 위임한다.
■ 지속적으로 신입직원을 평가하는 방법을 결정한다.
■ 절차상의 변화를 반영하도록 정기적으로 프로그램의 내용을 갱신한다.

● **프로그램 내용**

프로그램을 단순화한다. 교육은 집단교육으로 15분에서 30분이면 충분하며 주제는 음식을 나르는 방법, 매력적인 진열방법, 파스타의 조리, 육류 카빙, 와인 서빙 등과 같은 내용이 포함될 수 있다. 교육기간 동안 그룹별 논의를 통해서 직원의 참여를 권장해야 한다.

● **동기부여**

　동기부여는 모집 프로그램의 성공과 실패를 좌우하는 결정적인 요소이다. 고객이 원하는 바를 항상 마음속에 담아두고 있으면서, 종사원의 능력과 수행력을 최대한 발휘할 수 있게 만드는 동기부여 방법을 배우고 실천한다. 종사원들에게 두각을 발휘할 기회를 주고, 후에 종사원의 훌륭한 성과를 인정한다.

● **협동심 함양 방법**

　다음 사항을 이용하여 협동심을 함양한다.

> ■적어도 경쟁업체의 급여 수준으로 종사원의 임금을 지불하고, 종사원 처우를 적절하게 해줄 것
> ■안전한 작업환경을 조성해 줄 것
> ■올바르게 일하는 종사원들에 대한 보상방안을 마련해 줄 것
> ■일을 잘못하는 사람들과 문제를 자주 일으키는 사람들에 대한 훈육을 실시할 것
> ■확고하고 공정하게 리더십을 발휘하는 것
> ■종사원들이 매일의 고객서비스 문제를 스스로 해결하는 것을 격려하고 그들이 결정한 내용을 지원해 줄 것
> ■최고의 종사원들이 회사 내에서 승진할 수 있는 기회를 만들어 주는 것
> ■계획과 운영조직에 종사원을 참여시키고 사기를 진작시키는 종사원 회의를 통해 활기찬 이미지를 만들 것

● **유연성**

　종사원들과의 관계를 유연하게 유지한다. 대부분의 케이터링 업체는 많은 수의 정규직원을 고용하지 않기 때문에 케이터링 업체의 종사원들은 몇 가지 일을 병행하게 된다. 종사원들은 가족부양과 기타 책임을 지고 있는 일 뿐만 아니라 다양한 행사를 맡아 진행하면서 여러 가지 어려움에 겪을

수 있다. 행사 일정에 따라 일하면서 그들에게 유연하게 대처한다면 종사원들도 소유주의 노력에 대해 감사해야 하며 충성심으로 보답을 할 것이다.

• 관련 협회의 교육재단 활용

한국음식업중앙회의 교육재단은 많은 훈련과 교육 기회들을 제공한다. 이에 대한 상세한 정보는 www.ekra.or.kr을 찾아본다. 미국의 국립 레스토랑협회 내 교육재단(www.restaurant.org)도 유익한 교육 정보를 제공한다.

■ 보 상

케이터링 사업자들이 사업상 회의석상에서 논쟁을 많이 하는 주제 중의 하나는 종사자의 임금 지불에서 종사자를 독립된 계약자로 볼 것인지, 아니면 피고용인으로 볼 것인지에 관한 것이다. 국민연금이나 고용보험 같은 사회보장 비용과 의료보험료, 실업수당 혹은 독립계약자에 대한 보상보험 같은 것을 회사가 부담할 필요가 없게 된다면, 전체 임금 비용의 20% 정도까지 비용을 절감할 수 있다. 보상 관련 문제를 처리할 때 다음 사항에 대해 명확히 할 필요가 있다.

• 종사원 연금보험

종사원 연금보험은 일반적으로 임금에 대한 세금처럼 지불된다. 일반적으로, 종사원이 임금의 4.5%, 사업주는 종사원 임금의 4.5%를 지불한다.

• 임의 혜택

예를 들어, 건강, 치아, 안구 그리고 생명 보험과 같은 것을 할인된 가격으로 종사원들에게 제공할 수 있다. 스톡옵션, 무료 식사, 유급 휴가와 연가, 부양가족에 대한 보험과 교육비 등을 제공하는 것을 고려한다.

• 노동조합

노동조합은 휴일 수당뿐 아니라 시간외 수당을 직원에게 많이 지급해 주려는 경향이 있다는 점을 명심한다. 예를 들어, 실제로 일한 초과시간의 2배에 해당하는 금액을 지불할 것을 요구하기도 한다.

• 계약직과 정규직 종사원

종사원을 독립적인 계약자로 재분류한다면 세무적인 문제에 맞닥뜨릴 수 있다는 것을 생각해 본 적이 있는가? 직원들이 지불하지 않았던 종사원 연금을 다시 지불해야 하고 게다가 국세청에서 부과하는 과징금까지 낼 수도 있다. 그러나 케이터링 업체가 행사를 주관하는 단체와 계약하고 그 단체, 즉 고객사가 종사원에게 직접 임금을 지불하도록 체계를 잡아놓는다면 케이터링 업체는 계약내용에 대해 주의깊게 검토해 볼 필요만 있을 것이다. 또한, 종사원들을 감독하는 책임이 누구에게 있는지를 명확하게 해야 할 것이다. 법은 변경되는 일이 있기 때문에 관련 문제에 대해 잘 알고 있어야 하며, 세무에 관한 정보는 국세청(www.nts.go.kr)에서 찾아본다.

• 종사원 보상 패키지

식음서비스 산업에서 전형적인 보상 패키지는 급여, 임금, 커미션, 상여금, 팁 등인데, 다음과 같은 사항들을 알아둘 필요가 있다.

• 관리 직급

관리 직급은 일반적으로 고정 급여를 받으며, 상여금과 커미션은 보상 패키지의 일부가 될 수도 있다.

• 영업, 마케팅 직원의 급여 형태

영업과 마케팅 직원은 월간, 주간, 시간급 또는 전적으로 커미션 베이스 또는 이들의 혼합형태로 급여를 지급받게 한다. 케이터링업에서 커미션은 일을 대행하고 받는 수수료의 일종이며 일반적으로 성사 금액의 2~10% 정도이며 지역에 따라 다를 수 있다. 커미션을 계산할 때 운송과 대여 비용, 서비스 비용 등을 제외하는 것을 잊지 말아야 하며, 일반적으로 전체 음식과 음료 비용에 대해서만 커미션을 지급한다. 커미션 제도는 생산성을 높인다는 점을 기억한다. 대리점과는 별도로, 영업결과를 도출해 내는 영업관리 직원들에 대해서도 일정 수준의 커미션을 급여의 상단에 표시하는 것을 고려해 본다.

● **관용**

관용에 관한 충고 한마디를 한다면 다음과 같다. 대개 종사원들의 급여 수준은 최저생계비를 약간 넘는 정도로 낮으므로 사업체가 종사원에게 제공할 수 있는 최대한의 수준이 되도록 노력해야 한다. 그러면 종사원들은 사소한 행사일지라도 신경을 쓰고 최선을 다해 일하게 될 것이다.

● **출장비 지급**

종사원들이 준비된 행사 장소로 이동할 때에는 편도 출장에 소요되는 시간을 기준으로 교통비를 지불한다. 이것이 고용주와 종사원 모두를 위해 일반적으로 적용되는 규칙이다.

● **시간 외 근무**

시간 외 근무는 사전에 계획되어야 하고 경영진에게 승인을 받아야 한다. 그러나 예정된 종료시간을 초과하여 케이터링 행사가 연장 운영되는 경우와 혼동되어서는 안 된다. 이런 경우에는 초과 근무수당을 지급해야 한다.

● **충분한 양의 음식 준비**

행사에 서빙할 음식수를 계산할 때, 종사원의 수도 감안하여 충분하게 준비한다. 케이터링과 레스토랑 종사원은 실제 상황에서 휴식 시간이 많지 않기 때문에 식사제공과 같은 작은 배려에 감사해야 할 것이다.

▣ 유니폼

케이터링 사업이 정형화될수록 종사원들에게 복장을 갖춰 입혀야 한다. 종사원들에게 유니폼을 갖춰 입히는 것은 좀 더 전문적 사업체처럼 보이게 할 뿐 아니라 실제로 종사원에게 소속감을 부여하여 종사원들이 동일화된 팀의 일원임을 느끼게 한다. 케이터링 종사원들에게 가장 세련되고 전형적인 복장은 흰색 턱시도 셔츠, 검정 바지 그리고 나비 넥타이(일반적으로 검정색)이지만 상황이 여의치 않다면 최소한으로 회사의 이름과 로고가 인쇄된 앞치마라도 착용하게 한다. 케이터링 운영을 위해 올바른 스타일의 유니폼을 선택하는 일반적인 방법들은 아래와 같다.

▣ 계층별 유니폼

• 경영진

사업주 혹은 매니저의 경우 종사원과 같은 유니폼을 착용할지 그 여부를 결정해야 한다. 대형 행사에서는 당신이 대표자라는 것을 알려줄 수 있도록 가급적 돋보이는 것을 입는다. 예를 들어, 웨이스트 밴드나 넥타이 색깔을 직원과 다른 색으로 선정하여 구분되게 한다.

• 조리 직원

주방장, 요리사 그리고 조리인력들은 흰색 셔츠, 가운 그리고 앞치마를 갖춰 입어야 한다. 머리망이나 쉐프 캡(위생모)의 착용은 필수이다.

- **웨이터/웨이트리스**

    웨이터/웨이트리스를 위한 전통적인 유니폼은 흰색 셔츠에 검정색 나비 넥타이를 곁들인 검정 바지 혹은 스커트이다.

- **시간제 근로자**

    시간제 근로자들은 일반적으로 개인이 유니폼을 관리하도록 되어 있다. 시간제 직원이 필요한 유니폼을 직접 사거나 혹은 업체에서 공급을 해준다. 새로운 직원에게 유니폼 한 세트씩을 지급하고, 임금에서 그 비용을 공제하는 것이 일반 관행이다.

- **여벌의 유니폼**

    행사시 발생할 수 있는 돌발상황(예 : 물을 엎질렀을 경우)을 대비하여 몇 벌의 유니폼을 여분으로 준비한다.

- **일반적인 외모와 위생**

    종사원들이 움직이기 시작할 때 유니폼을 입고 있다는 사실을 강조한다. 음식을 다루거나 서비스하기 전에 손을 철저하게 씻고 항상 얼굴이나 머리에 손을 대지 않는 것을 습관화하게 한다. 그리고 종사원들이 냄새제거제(예 : 디오드란트)와 구취제거액을 사용할 것을 요구하고 이를 자주 닦도록 해야 한다. 긁힘, 상처, 타박상과 상해 등 위생과 안전에 관해서는 사소한 것이라도 감독자에게 보고하도록 만들어야 한다. 침을 뱉는 행위는 즉각적인 해고감이다.

- **케이터링 사업에서의 복장 규정의 예**

  - 검정 스커트
  - 흰색 턱시도 셔츠
  - 어두운 색상, 깨끗하며 광이 나는 구두
  - 짧고 깨끗한 손톱
  - 남자의 경우 귀걸이 금지
  - 남자의 경우 검정 양말
  - 여성의 경우 수수한 화장
  - 여성의 경우 뒤로 말아 넣은 머리

▣ 행사 주문서

서비스 종사원들에게 행사 주문서를 제공하는 것을 확실히 한다. 이 주문서는 종사원이 행사를 성공적으로 수행하는 데 필요한 정보를 제공해 주며, 행사에 챙겨야 할 장비와 음식의 목록으로써 작용할 것이다. 다음과 같은 주문서의 예를 참조해 본다.

- **작업계획표**

  국내 웹사이트에서 작업계획표에 관한 정보를 얻을 수 없으나 미국의 경우 www.restaurantbeast.com에서 작업계획표를 다운받을 수 있고, www.wedoitallcatering.com에서도 유사한 형태의 작업계획서를 찾아볼 수 있다.

- **행사 주문서**

  행사에 관련된 모든 업무가 서면으로 상세하게 기술되어 있고 작업지침으로 활용된다. 행사 주문서의 예는 다음과 같다.

행사 주문서

고객명 : ○ ○ ○	계약자 : ○ ○ ○

전화번호 : 000-000-0000
행사일 : 2007. 12. 12
행사장 : ○ ○ ○
고객 번호 : 60   행사준비완료 시간 : 오후 5시
행사유형 : 직원 크리스마스 회식

일정	
오후 5 : 00	행사 진행 요원 도착
오후 6 : 00	손님 도착/ 애피타이저 제공/ 바 오픈
오후 6 : 30	저녁 식사 제공
오후 7 : 45	디저트 제공
오후 9 : 00	손님 이탈
메뉴	훈제 연어 크래커에 과일과 치즈 샤워크림과 캐비어로 채운 감자요리 발사믹 식초를 뿌린 쇠고기 텐더 로인 버섯 칵테일 음료 구운 그린빈 요리 빵과 버터 초콜릿 슈플레 케이크
장비대여	둥근 식탁용 천 60개, 25cm 둥근 팬 60개, 152.4cm 방켓 테이블 두 개
유의사항	오후 5 : 30분까지 꽃장식가가 중앙 장식용 꽃 배달 고객은 개인 접시나 서빙 집기 사용을 원하지 않음

**레스토랑
운영
노하우**

5 주방과 서비스 기구

▦ 시설 요건 및 주방 배치

새로운 주방에 필요한 기기를 선정하고 액세서리를 선택하기 이전에 먼저 해야 할 일은 도시계획과 건축물의 용도가 케이터링 사업에 적합한지를 검토하는 것이다. 상업용 주방을 설치한다는 것은 생각만큼 쉬운 일이 아니다. 다음과 같은 실제적인 문제를 고려한다.

• 외적 요구조건

해당지역의 구청 위생과에 의뢰하여 상업형의 주방을 설치하는 데 필요한 허가 유형을 결정한다. 식당 운영시간에 관한 규제가 있는가? 공급업체가 물건을 배달하는 용도나 직원용도의 주차공간은 충분한가? 쓰레기와 오수정화시스템의 설치가 필요한지 등을 점검한다.

• 검수

검수구역은 주방 설치에 있어서 가장 중요한 구역 중 하나이다. 일반적으로 100kg 용량의 선반형 저울, 입고제품 검사용 저울, 포장의 파손이나 오류 검사에 필요한 스탠드식 책상이나 선반과 구매 물품을 이동하는 데 사용하는 대형 카트가 필요할 것이다.

- **주방 레이아웃**

  주방의 레이아웃을 계획할 때에는 식품이 한 방향으로 움직일 수 있도록 흐름을 고려한다. 검수 구역에서 전처리 구역을 지나 생산과 서비스 구역을 거쳐 식기세척, 기물세척, 위생과 같은 지원활동의 흐름을 고려하여 설계한다.

- **접근성**

  건물의 특성상 주방에 들어 올 때나 한 부서에서 다른 부서로 지나갈 때 반드시 엘리베이터를 사용해야 하는 곳이라면 여기에 주방을 설치하는 것은 피하는 것이 좋다. 즉 접근성이 나쁜 곳에 주방 설치는 바람직하지 않다.

- **조명**

  적절한 조명(가스나 220볼트 전기)을 설치하고, 최대한 자연조명을 활용한다.

- **환기**

  자연환기를 충분히 이용할 수 있도록 주방을 배치한다. 또한 오븐, 레인지, 스팀솥의 위치를 신중하게 결정하여 이들 기기 위에 설치되는 배기시설이 효율이 최대로 작동될 수 있게 한다. 조리지역 위에 설치하는 배기후드에는 자동 소화장치가 장착되어야 한다.

- **방충망**

  모든 문과 창문에 방충망을 설치하여 해충의 침입뿐 아니라 곰팡이 등의 발생을 제거하도록 한다.

● **쓰레기 처리 서비스는 필수**

대형 쓰레기통을 주방 근처에 구비한다. 지나치게 주방 가까이에 설치할 경우 곤충의 피해를 입을 수 있으므로 이를 고려하여 설치한다.

● **여유 공간**

기구 배치시에 통로 공간을 충분하게 확보해야 하며, 특히 중앙공급식 유형의 운영형태에서 계산, 조직, 포장, 저장 및 운송하는 용도의 추가 공간이 필요함을 명심한다. 출장 케이터링을 병행하는 레스토랑의 경우에는 레스토랑 내부 행사뿐만 아니라 출장 케이터링시 필요한 작업활동을 하는데 충분한 공간이 마련되어 있어야 한다.

● **싱크대 분리**

싱크대를 조리용, 청소용, 기물 세척용으로 분리해서 사용할 수 있도록 적어도 싱크대는 3대를 구비한다.

● **건조 저장**

건조창고는 습기가 없고 환기가 잘 되어야 하고, 12.8~15.6℃로 온도가 유지되어야 한다. 또한 적정 온도 확인을 위해 눈에 띄는 장소에 온도계를 설치한다. 건조창고 선반은 적어도 바닥에서 20.3cm(8인치) 떨어지게 설치하고, 선입선출이 가능하도록 보관한다. 곡류나 밀가루, 설탕류를 높게 적재하는 것을 피하고, 비싼 식품이나 기구를 보관할 수 있도록 잠금장치가 있는 캐비닛을 준비한다.

● **냉장고**

운영 규모에 따라서 한 개 혹은 여러 개의 냉장고가 필요하다. 그러나 불필요하게 큰 냉장고나 냉동고는 에너지를 낭비하고 운영 경비를 증가시킨다는 것을 명심해야 한다. 소량 구매로 배달 비용이 추가되는 경우라면 냉장고의 수를 늘이는 것이 바람직할 수 있다.

▨ 주요 기기

필요한 기구를 결정하기 위해서는 많은 요인을 분석해야 한다. 평상시의 고객수를 감안한다면 기기 구매에 소요되는 비용을 결정하는 데 도움이 될 것이다. 아래에 몇 가지 기본 요건을 제시하였다.

• 서빙할 메뉴 고려

예를 들어, 차가운 카나페⁴⁾를 제공한다면 이동형 선반과 냉장고를 확보해야 하며, 전채요리용의 튀김을 판매한다면 플라스틱 용기와 냉동상태의 원재료를 보관할 수 있는 시설이 필요할 것이다.

• 바(Bars) 용품

운영되는 바의 서비스 유형을 반영하는 유리그릇, 바 용품, 음료 바에 투자하는 비용을 제한하여 적정수준으로 투자한다. 알코올 음료와 비알코올 음료를 함께 제공하는 경우에는 쉽게 교체할 수 있는 표준형 디자인의 유리잔을 구매하는 것이 좋다.

• 접시

서비스 유형에 따라 필요한 접시류가 다르겠지만, 고급 케이터링을 전문적으로 한다면 은도금 접시, 크리스탈 유리잔 및 최고급 기구가 필요할 것이다. 바비큐 파티를 위한 케이터링을 한다면 일회용의 견고한 플라스틱 제품이 필요할 것이다.

---

⁴⁾ Canapes : 얇은 빵에 치즈를 얹은 전채요리

- **구비된 기구의 활용**

  행사장에 구비되어 있는 기구를 활용하는 것은 출장 케이터링 업체에게 매우 중요하게 고려할 사항이다. 예를 들어, 바(bars)가 설치되어 있는 장소에서 파티를 자주 대행해 주는 케이터링 업체라면 행사에 필요한 기기를 대여하는 번거로움을 많이 줄일 수 있을 것이다.

▨ 케이터링 사업 운영에 필요한 기기

주방기기에 투자한 비용은 케이터링 사업을 종료할 때 대개는 회수되는데, 그 이유는 식음서비스에 필요한 기기가 양호한 상태로 유지된다면 재판매가 가능하기 때문이다. 다시 말해 케이터링 사업을 시작할 때 중고 기기 시장을 활용하는 것이 현명하다는 의미이다. 케이터링 사업시 아래에 제시한 기본적인 주방기기를 구비해야 한다. 이들 품목은 사업 운영 동안 빈번히 사용하게 될 것이므로 시간을 갖고 신중하게 구매한다.

- **냉장고/냉동고**

  적어도 분리형 냉장고 1대와 큰 냉동고 1대는 필수적이다. 냉장고의 용량은 큰 규모의 행사를 위해 냉장 보관해야 할 음식량의 2배 정도가 좋다. 잔식을 보관하기 위해 여분의 공간이 필요한 것도 명심한다. 보통 상업용 냉장고의 경우 이러한 요구사항을 모두 갖추고 있다. 다시 말하지만 항상 문제가 발생할 수 있으므로 긴급한 상황에 이용할 수 있도록 여분의 냉장고와 냉동고를 갖추는 것이 좋다.

- **레인지와 요리용 철판**

  고가이지만 중고시장이나 경매에서 쉽게 구입할 수 있다는 이유로 가스레인지는 업소용 주방에서 인기가 많다. 그러나 가스레인지를 설치할 경

우 주방 면적을 많이 차지하고 후드의 구매와 설치가 필요하므로 그 비용
도 많이 소요된다.

- **오븐**

만약 아직 레인지를 구매하지 않았다면 1/2 크기의 컨벡션 오븐을 구매
한다. 이 정도 크기면 커다란 칠면조 3마리 정도를 조리할 수 있다. 컨벡
션 오븐은 가볍고, 휴대가 가능하며 사용이 매우 편리하다. 그러나 미국
일부 지역의 보건 당국은 업소용 주방에서 가정용 오븐과 가스레인지의
사용을 금지하고 있고, 더구나 오븐을 사용하면 음식의 표면이 쉽게 마르
는 경향이 있기 때문에, 최근에 케이터링 사업자들은 스티머보다 스팀 컨
벡션 오븐을 점차적으로 많이 선택하는 경향이다.

- **식기세척기**

적어도 2조 탱크 업소용 식기세척기를 구비한다. 식기세척기 내 트레이에
유리잔을 보관하면 시간을 절약해 준다. 식기세척기에서 발생하는 열로 인
해 문제가 발생할 경우에는 식기세척기 위에 콘덴서를 설치하도록 한다.
업장의 요구조건에 맞게 설계된 식기세척기를 선택한다. 이용 가능한 공간
과 레이아웃, 동선, 잔반의 양과 종류, 물의 경도와 같은 요소들을 고려하
여 결정한다.

- **세탁기와 건조기**

앞치마, 타월, 냅킨 그리고 유니폼은 정기적으로 세탁해야 한다. 따라서
처음부터 견고한 세탁기와 건조기에 투자하고, 용량이 크고 견고한 모델을
선택한다.

- **운송 차량**

  음식과 필요 용품을 행사장소까지 운반하기 위해서는 적어도 한 대 이상의 운송 차량이 필요하며 케이터링 전문 차량으로 손색이 없고 실용적인 것을 구입한다. 그러나 대형업소에서는 냉장 트럭이 필요할 것이다. 운송 차량 선택시에는 먼저 업소에 가장 적합한 트럭의 사이즈를 결정한다. 일반적으로 예상되는 음식 운반량이 얼마이든 간에 항상 운송 차량 용량이 부족함을 느끼게 된다. 예를 들어, 밴(vans)을 구입하면 출장 케이터링 사업자에게 실용적이고 매우 경제적이다. 특히 행사용 테이블과 의자를 소유하기보다는 이벤트가 있을 때마다 대여하는 케이터링 사업자의 경우 더욱 그렇다. 반면에 트럭은 가격이 비싸기 때문에 구매하는 것보다 대여하는 것이 훨씬 경제적이다. 트럭을 구입할 경우 발전기가 장착된 자급식 냉장 방식을 선택할 것인지, 아니면 외부 전력 공급에 의한 냉장방식을 선택할 것인지를 결정해야 한다. 트럭 내부의 구성은 소형과 중형 품목을 운반하기 위해 선반을 설치해야 하고, 대형장비의 운반을 위해 트럭의 바닥 공간을 여유있게 확보해야 한다. 선반이 튼튼한지와 운송 중에 미끄럼의 피해를 방지할 수 있도록 선반의 주변에 경계 울타리를 설치했는지를 확인한다.

- **장비 대여**

  만약 큰 장비를 소유하고 있지 않으면 대여점을 확인해 본다. 대여 문의 시, 대여 비용을 비교하고 대여점에 케이터링 사업자임을 반드시 알려준다. 만약 대여업체의 장비를 이용할 경우, 대여 비용은 고객의 견적서에 반드시 포함시킨다.

- **온장고**

  음식을 운송하고 설치하는 과정에 음식을 뜨겁게 유지시켜 주는 온장고, 혹은 캠브로(cambro)가 필요하다. 이 기기는 디너롤, 구이, 칠면조 요리,

닭가슴살 요리 그리고 그 밖의 더운 음식들을 적정온도로 유지하면서 특정 장소로 운송할 때 사용된다.

● **아이스박스**

큰 아이스박스를 보유하는 것은 매우 현명한 생각이다. 아이스박스 사용으로 음료와 과일, 야채, 유제품 등 운송 중에 차갑게 보관되어야 하는 품목들을 안전하게 보관하여 운송할 수 있다.

● **차핑디시(chafing dish)**

뷔페식사 제공시 음식을 따뜻하게 유지하면서 서빙할 수 있도록 2~3개 정도의 차핑디시를 구매한다. 차핑디시는 풍로가 달린 보온기구이며 서빙되는 음식을 따뜻하게 유지한다.

● **핸드폰**

모든 종사원들의 핸드폰 사용은 필수이다. 직원들이 핸드폰을 가지고 행사 장소에 나가게 되면 서로 연락이 닿아 잘못된 사항이나 챙기지 못한 품목들을 전달할 수 있고, 추가 인원을 요청할 경우도 매우 유용하다. 또한 수송과정에서 생길 수 있는 여러 가지 문제들을 의사소통할 수 있는 안전장치로 이용된다.

● **기타 소품들**

마른 행주, 쓰레기봉투, 비닐 팩 그리고 구급상자 등의 물품을 직원들이 항상 구비하고 다니는지 확인한다.

• 케이터링 사업용 기기 물색

- 식당 기기 경매 : 경매는 케이터링 관련 기기를 찾는 데 유용한 시장이다. 그러나 여러 가지 물품을 소량 구매할 경우 경매는 유용하지 않을 수 있다. 하지만 대부분 품목들의 가격이 저렴하기 때문에 그릇 한 가지만 필요하더라도 그릇이 포함되어 있는 조리기기 상자를 한 번에 구매하는 것도 나쁜 방법은 아니다.

- 식당 기기 상점 : 단일의 품목이나 소형 기기를 구매할 때 중고 식당 기기 상점을 이용한다.

- 소매 상점 : 도자기류나 호텔 품질 수준의 팬류를 구하기 위해서 황학동 중앙시장 주방기구 전문상가를 찾아본다. 이곳에서 원하는 품목이 있을 수도 있고 그렇지 못한 경우도 있겠지만, 만약 구매하려는 물품이 있다면 그 가격은 저렴할 것이다.

- 대여 : 같은 분야에 종사하는 사람에게 도움을 요청한다. 만약 시간제로 케이터링 사업을 하는 곳이라면 필요한 물품을 대여하거나 새로운 장비를 사용하고 비용을 분담한다.

- 이베이 : 구매대행 사이트. 이베이에서 구매하려는 기기를 찾을 수도 있고 찾지 못할 수도 있겠지만 자세히 살펴볼 만한 가치가 있다. www.ebay.auction.co.kr에 들어가 회원가입을 한다.

- 중고품 염가판매 : 서비스용 큰 접시나 용품 등의 주방기구를 구매할 수 있는 좋은 장소이다.

▣ 조리 기기

출장 케이터링 사업가로서 조리 기기를 대여할 것인지 아니면 구매할 것인지를 결정하는 것은 전적으로 상황에 따라 달라진다. 케이터링 사업에서 일반적인 견해는 기기 사용 횟수가 연간 6회 이상이면 그 기기를 구매하는 것을 권장한다. 조리기기 대여 및 구매에 있어 다음 사항을 유념하도록 한다.

• 장비 대여의 장단점

■ 장비를 소유하는 것보다 대여할 때, 고객에게 장비 대여료를 부과하기가 더 쉬울 것이다. 대여 물품의 사용료를 부과하는 경우 소비자들은 별다른 질문을 하지 않겠지만 소유하고 있는 장비에 대한 사용료를 부과하면 청구 항목도 애매해질 수 있고 소비자의 반감을 살 수 있다.

■ 대여 업체에서 훨씬 다양한 종류의 품목을 빌려 사용할 수 있다.

■ 단점으로는, 대여한 품목의 배달하는 시간은 대여업체의 상황에 따라 달라진다. 게다가 소규모의 주문에 대한 배달 서비스는 제공되지 않으므로 물품을 싸게 대여한다면 물품 운송은 직접 해야 할 것이다.

■ 케이터링 사업가가 대여했던 물건을 되돌려줄 때 물품의 수를 확인하는 과정에서 일부 손상되거나 손실된 물품에 대해서는 배상금을 요청받을 수 있다. 또는 실제 가격보다 비싸게 원가격을 부풀려서 배상을 요구할 수도 있다.

• 기기 구매

조리 기기를 구매하기로 결정했다면 현재 사업상 필요한 양 만큼만 구매하는 것이 가장 좋다. '최소한의 공간에 최소한의 기기만 보유'를 원칙으로 한다.

• 꼭 보유해야 할 소형 기기들

아래에 제시한 기기 없이는 케이터링 사업 수행이 어려울 수 있다.

■ **만능조리기** : 다수의 조리사들이 음식 조리시, 식재료를 다지거나 썰거나 가는 작업을 기계만큼 빠르게 수행할 수 있다고 주장하고 있지만 100인분의 음식을 조리하는 데 있어서 기계를 사용하는 것이 훨씬 효율적인 것은 사실이다. 소규모 업소의 경우 쿠진아트의 푸드 프로세서를 이용할 수 있지만, 이 유형의 프로세서가 너무 비싸다면 다기능의 만능 프로세서를 구매하기 전에 다른 제품을 찾아보는 것도 좋은 방법이다.

- **믹서** : 한일 믹서기는 소규모의 상업시설에서 많이 사용한다. 만약 다량의 재료를 섞어야 하는 경우, 업소용 믹서기를 선택하는 것이 더 나을 수 있다. 왜냐하면 가정용 믹서기로 소량씩 분산하여 반죽할 수 있지만 시간이 많이 소비되기 때문이다. 믹서는 벨트 구동형(belt-driven)과 기어 구동형(gear-driven)이 있고 후자 형태의 믹서가 더 많이 사용된다.
- **전자레인지** : 특히 가정에서 파티를 열 때, 특히 도자기 전골냄비에 담긴 음식물을 재가열하는 경우 편리하다.
- **커피메이커** : 적어도 2~3개를 구매한다. 여과식 커피메이커는 다량의 커피를 최소한의 노력으로 만들 수 있기 때문에 아마도 가장 편리할 것이다. 물론, 드립식 커피메이커가 더 좋은 맛의 커피를 만들어 내지만 계속적인 주의를 요구하기 때문에 실용적이지 않다.
- **전기 주전자와 전기 냄비** : 뷔페 테이블에서 차를 끓이거나 혹은 음식을 적절한 온도로 보온하기 위한 용도로 사용한다.

▣ 주방 기기와 서빙 기기

주방 기기는 외형도 중요하지만 실용적인 면도 반드시 고려해야 한다. 회사에서 기획하고 있는 이미지를 포함하여 실용성과 내구성, 외관을 고려하여 기기를 선택한다. 예를 들어, 유리로 만들어진 펀치용 볼은 외관이 아름답긴 하지만 운반과 포장이 어렵다. 따라서 유리 대신 플라스틱으로 제조된 세공 유리를 사용하는 것을 고려해 볼 수 있다. 또한 산성식품은 서빙 기기에 도금된 성분과 화학적으로 반응할 수 있다. 그러므로 다음 사항을 유의하여 올바른 유형의 서빙 기기를 선택한다.

• 가격의 고려

구매 대신에 대여 가능성을 살펴본다. 만약 구매하게 된다면 판매자와 협상하여 정가와 50% 할인 가격 사이로 구매 가격을 결정한다. 중고 기기들은 새 기기들에 비해 훨씬 저렴한 가격에 구매할 수 있다. 미적인 요소가 최우선 순위가 아닌 경우라면 중고 기기의 구입이 경제적이다.

● **칼 세트**

예산의 이용 범위 내에서 최고품의 조리사 칼(일명 프렌치 나이프), 고기 절단 용도의 대형 칼(슬라이서), 대형 톱니모양 칼과 몇 개의 과도를 구매한다. 칼을 가는 기구와 칼 가는 숫돌 또한 칼 세트에 포함시킨다. 특별한 용도를 위해 생선 저미는 용도의 칼(fillet knife)과 뼈 자르는 칼도 필요할 수 있다. 칼을 오래 사용하기 위해서는 숫돌을 이용하여 정기적으로 칼을 갈고, 1년에 한 번 정도 칼을 날카롭게 간다.

● **도마**

적어도 작은 도마 2개와 큰 도마 2개를 보유해야 한다. 위생을 고려하여 나무재질이 아닌 플라스틱 도마를 구매한다. 폴리에틸렌 도마의 음식 냄새나 얼룩은 염소 소독제로 쉽게 제거된다.

● **저울**

적어도 다양한 용도의 저울 3개를 보유한다. 하나는 허브나 계핏가루와 같은 가벼운 식품의 무게를 정확히 잴 수 있는 정밀용이고, 다른 하나는 3kg 내외의 무게를 측정하는 용도이며, 세 번째 것은 적어도 10kg을 측정할 수 있는 대형량 저울 용도이다.

● **냄비와 팬**

상업적으로 사용되는 모든 사이즈의 냄비를 구매하는 데 보통 큰 솥 1개, 대형 소스팬 2개, 소형 소스팬 2개, 큰 스튜용 냄비 2개와 작은 스튜용 냄비 2개가 필요하다. 위생적인 메뉴를 제공하려면, 테플론으로 가공 처리

하여 눌러 붙지 않는 팬을 구매하는 것이 좋다. 또한 몇 개의 채반(strainer)
과 대용량의 상업용 밧드팬이 필요하다. 이러한 기물들은 가정용 팬에 비
해 고가이지만 중고 조리용품 판매점에서 쉽게 구매할 수 있다.

- **기타 품목들**

  이외에도 서빙을 위해 꼭 필요한 품목들을 구비하는 것이 좋다. 예를 들
  면, 큰 접시, 바구니, 다양한 모양과 용량의 볼, 서빙 접시 등이 포함된다.

- **도자기, 접시류, 유리 식기류**

  가장 적합한 형태의 도자기와 접시, 유리 식기류 등을 구매하는 것은
  쉽지 않다. 만약 무엇을 구매해야 할지가 불확실하다면 실용적이면서 외관
  이 세련되고 취급이 용이한 중간 무게의 접시와 식기류를 선택한다. 유리
  식기류는 호화스러운 후식의 표현과 바(바)에서 제공되는 음식에 스타일
  을 더욱 돋보이게 해 준다. 그러나 이런 품목을 구매할 때 가장 유의해야
  할 점은 외형뿐만 아니라 대체성과 내구성을 고려하는 것이다.

- **물품 대여**

  여러 가지 물품을 구입하는 것보다 대여하는 것을 고려해 본다. 대여업
  체에는 행사에 필요한 품목들을 항상 구비하고 있다. 도자기류나 접시를
  대여할 때 가장 좋은 점은 반납시, 간단하게 세척하여 돌려주면 된다는
  것이다. 서빙한 식기류를 하나하나 닦지 않아도 되기 때문에 노동 비용을
  줄일 수 있다.

- **로고**

  만약 도자기나 유리 식기류에 사업체의 로고를 새기고 싶다면 신중하게
  결정해야 한다. 광고하는 것처럼 보여서는 안 된다. 로고를 광고매체로

활용하고 싶다면, 업체명이 인쇄된 커다란 유리컵이나 큰 파르페 그릇에 특별한 후식을 담아 제공한다든지 레스토랑 고유의 음료를 제공해 본다.

● **리넨과 식탁보**

케이터링 업체 자체적으로 린넨을 소유하면 분명히 여러 가지 이점이 있다. 그러나 대여업체를 이용하는 것도 나쁘지 않다. 다만, 위생적이고 청결한 냅킨을 공급해 줄 수 있는 양질의 대여업체를 구할 수 있고, 그 업체가 똑같은 서비스를 제공하는 다른 케이터링 업체에 이 사실을 알려주지 않는 경우에 한해 대여업체의 활용을 검토해 본다. 대여업체를 활용한다면 린넨을 세탁하고 건조하는 작업을 하지 않아도 된다.

● **장식품**

작은 장식품에서부터 큰 것에 이르기까지 다양한 종류의 장식품을 찾을 수 있다. 게다가 매혹적인 촛대와 꽃병, 식탁 장식물들이 필요할 것이다. 우선 특별 행사를 위하여 특별한 소품을 수집하고 제공하여 그 고객을 위해 특별히 계획된 것이라는 생각이 들게 만든다.

레스토랑
운영
노하우
음식 준비 및 메뉴

▩ 메뉴 결정시 주요 요소

케이터링 사업가 입장에서 케이터링 사업은 고객이 원하는 음식과 서비스를 고객이 제시한 가격으로 원하는 시간과 장소로 제공하는 한편, 케이터링 업체에도 이익을 남길 수 있어야 한다. 그러므로 고객에 대해 많이 알수록 고객의 목표는 물론이고 사업주의 목표도 달성될 수 있다. 다음의 사항들을 고려해 본다.

- **능력과 신뢰의 예측**

  고객을 위해 특별하고 신선하며, 고객이 직접 디자인한 음식을 만들고자 노력하는 회사의 이미지를 반영하기 위해 메뉴를 적극 활용한다. 진부한 표현을 피하고 제공하는 메뉴의 특성을 깊이 생각하여 표현한다.

- **고객과 함께 메뉴 협의**

  고객과의 면담 초기에 고객의 예산에 관해 논의해야 한다. 그래야 현실성이 없는 행사 메뉴에 관한 무의미한 논의를 없앨 수 있고, 시간도 절약할 수 있다.

- **현실적인 목표**

  보유하고 있는 주방 시설의 수용능력을 점검한다. 이것은 특히 출장 케이터링에서 중요하다. 적정 크기의 냉장과 냉동 공간, 오븐의 크기와 유형, 레인지, 그릴, 그리고 메뉴를 준비하고 보관하는 데 필요한 기타 주방 기기를 점검한다.

▨ 메뉴 추세

외식 추세를 파악하고 이런 추세를 고객의 원하는 가격에 맞추어 제시해 준다. 대부분의 고객이 예산에 민감하면서 추구하는 가치는 높은 것이 오늘날의 추세이다. 그러나 유행을 따른다는 것은 사람들에게 동질감을 느끼게 해준다. 예를 들어, 웰빙음식과 같이 건강을 추구하는 음식이 전국적으로 유행하는 추세라면 케이터링 메뉴에서도 이러한 추세가 일반적이다. 그러므로 새로운 메뉴에 도전해 보는 것을 두려워하지 말고 시행해 본다. 일반적인 메뉴 추세를 따라가는 것은 생각보다 쉬우므로, 다음의 사항들을 고려하여 시도해 본다.

● 최근 추세

행사 메뉴를 계획할 때 케이터링 사업에서 적용되는 몇 가지 추세는 다음과 같다.

- 스테이션 : 몇 개 구역의 서빙 장소를 설치하는 행사에서 각 스테이션마다 특색있는 요리를 제공한다. 이들 코너에 민속요리가 종종 활용되는데, 한 곳에서는 이탈리아 음식을 제공하고, 다른 곳에서는 중국 음식, 그리고 또 다른 코너는 디저트 등을 제공한다.
- 실연식 파티 : 행사는 파티에 참석한 사람에게 직접 음식 조리과정에 참여시켜 요리를 경험하게 할 수도 있다. 이와 같은 파티는 '요리강좌'에 참여하는 것과 유사한 형식으로 구성된다.
- 테마 : 오늘날 연회행사의 가장 주요한 추세 중 하나가 바로 '테마'이다. 사실상 음식 그 자체가 바로 행사의 테마를 결정할 수 있다. 예를 들어, 고객이 중국음식이나 베트남식을 원할 경우, 행사준비에 필요한 소품이나 장식들

도 그 음식의 분위기에 맞추어 제공한다. 고객은 같은 테마에 금방 싫증을 내기 때문에, 각 행사마다 독특한 테마로 진행해야 함을 명심한다. 요즘 가장 인기 있는 행사 중 몇 가지는 세계 유명 지역의 요리를 테마로 제공하는 것이다. 학회나 회의장에서 오후 휴식시간에 간단한 음식을 제공하는 경우에 '테마'이벤트를 제공하여 분위기를 바꾸어 본다. 곡물 스낵과 신선한 과일을 제공하는 '건강한 휴식'의 테마나 초콜릿을 제공하는 '초콜릿 애호' 테마를 시도해 본다.

• 협회 가입 및 업계 잡지 구독

관련 협회 회원으로 활동하면 다양한 업계 관련 정보를 손쉽게 얻을 수 있다. 국내 주요 협회조직은 다음과 같다.

- 한국조리사회중앙회(www.ikca.or.kr)
- 한국음식업중앙회(www.ekra.or.kr)
- 대한영양사협회(www.dietitian.or.kr)

• 레스토랑 산업 예측지수(Restaurant Industry Forecast)

미국 레스토랑협회에서 매년 작성하는 레스토랑 산업예측지수 보고서는 레스토랑 산업계의 매출액과 예상 추세에 관한 정보를 제공한다. 최근에 미국 레스토랑 전문가들이 제시한 전망을 보면, (1) 멕시칸, 남서부 음식, 아시아, 인도, 캐러비안, 케이준과 같은 민속음식, (2) 테이크아웃 시장, (3) 저지방의 건강 메뉴의 선택, (4) 신선한 재료로 가정에서 만든 수제 음식 등이 현재의 추세로 지적된다. 이같은 추세는 국내에서도 마찬가지이다.

• 외식 경험

다른 외식업체나 케이터링 사업체들이 무엇을 하고 있는지를 살펴본다.

경쟁업체가 어떤 일을 하고 어떤 일을 하지 않는지 살펴보면 경쟁자의 성공과 실패로부터 많은 것을 배울 수 있을 것이다.

- **'월간식당', '월간호텔·레스토랑'과 같은 업계 관련 잡지 구독**

  업계 관련자나 일반 대중을 위해 출간된 이런 잡지들은 요즘 유행하는 음식과 식당의 추세들을 확실하게 알려준다. 미국은 고메(gourmet), 본에 피타이트(Bon Appetite)와 같은 잡지가 유명하다.

- **텔레비전 시청**

  미국 케이블 TV에서는 '푸드 네트워크(Food Network)'에서 '마샤 스튜어트(Martha Stewart)', '아이언 셰프(the Iron Chef)'에 이르기까지 식품 관련 프로그램을 다양하게 방영하고 있다. 이들 채널의 시청을 통해 최근의 경향을 파악할 수 있다. 국내의 경우 EBS의 '최고의 요리비결', SBS의 '맛대맛', MBC의 '찾아라 맛있는 TV' 같은 프로그램이 있다.

- **여행**

  음식 추세를 파악할 수 있는 재미있는 방법 중의 하나가 여행이다. 형편이 된다면 여행을 하면서 그 지역의 음식을 경험해 본다. 이는 국내 또는 세계 다른 지역들의 추세를 알려줄 뿐 아니라 케이터링 사업을 위한 창의적인 아이디어와 새로운 영감을 얻는데 도움을 줄 것이다.

▣ 제공 메뉴의 유형 결정

서비스의 유형은 대개 메뉴의 유형을 부분적으로 결정한다. 예를 들면, 40명의 손님에게 식사를 제공하는 행사 메뉴와 300명 규모의 연회에 제공되는 메뉴는 분명 차이가 있을 것이다. 접시에 담아 제공하는 정찬용에 적합한 메뉴를 뷔페 서비스 행사에 제공한다면 적절하지 않을 것이다. 고객이 좀더 저렴한 식사를 원할 경우, 인건비와 음식 준비 비용이 적게 드는 뷔페 형태의 식사가 적절할 것이다. 반면, 형식을 갖춘 식사를 원할 경우에는 테이블로 식사를 제공하는 정찬식 디너가 더 적합할 것이다. 제공할 메뉴 유형을 결정할 때 다음의 사항을 고려한다.

- **행사 분위기 결정**

  행사의 분위기를 결정하기 위해 고객에게 다음의 몇 가지 사항들을 질문한다. 이 질문들은 고객이 원하는 서비스를 결정하는 데 도움이 된다.

  - 행사의 격식 수준
  - 참석자 인원
  - 제공하고 싶은 음식
  - 고객의 좌석 지정/비지정 여부

- **샘플메뉴**

  고객에게 호감가는 샘플메뉴를 제시하면 고객의 입맛을 돋구울 것이다. 샘플메뉴는 고객에게 케이터링 업체의 능력을 알려주는 좋은 매체이다. 우선 잘 알고 있는 메뉴부터 작업을 시작한다. 가장 친숙한 느낌을 주고 가장 성공적인 메뉴를 판매해야 한다. 가장 단순한 것이 가장 좋을 수 있다. 예전부터 사용하여 검증된 레시피나 잡지책에서 자세하게 제시하는 레시피를 활용한다.

- **고객을 조정**

  불가능한 아이디어에 고객이 현혹되지 않도록 한다. 종종 고객들이 불가능한 아이디어를 내는 경우가 있는데 이때에는 매우 신중해야 한다. 먼저 고객의 아이디어가 참신함을 칭찬한 다음, 그 제안에 대해 심사숙고하겠다는 표현을 한 후, 고객에게 객관적인 측면에서 아이디어를 실행했을 때 문제점에 대해서 질문을 던져본다. 예를 들어, "그것 참 좋은 아이디어입니다. 그런데 만약 그렇게 많은 양의 샐러드를 제공하면, 그 뒤에 준비된 주요리들을 과연 손님들이 맛있게 먹을 수 있을까요?" 등의 질문을 해보는 것이다. 이외에 "혹시 우리 케이터링의 와도프 샐러드 사진을 본 적있으세요? 이 샐러드는 코스에서 첫 번째로 나오는 음식으로써 큰 감동을줄 것입니다"라고 말해 본다. 항상 그렇듯이, 모든 사람을 행복하게 만드는 비밀은 칭찬임을 명심한다.

• 새로운 메뉴에 대한 열망

업계는 새로운 메뉴를 지속적으로 원하므로, 결코 현 상태에 만족하지말고 새 메뉴 개발을 위해 노력해야 한다. 다른 사업자들은 매일같이 새로운 메뉴를 개발하고 이를 효과적으로 표현하려고 애쓴다. 대부분의 식음서비스 매니저와 요리사들은 신규 메뉴를 실제로 조리해 보고, 부족한 부분들을 보충하여 더 맛있는 음식, 더 효과적인 연출을 위해 노력한다. 다른사람의 아이디어를 개선하여 새로운 메뉴를 만든다. 한 예로 계란을 가지고완숙란이 만들어졌고, 이것이 점차 변경되어 오믈렛, 네덜란드 소스, 지금의 수플레[5] 등으로 다양하게 개발 · 진화되었다.

• 특수 용도의 식사

식이요법이 필요한 고객들에게 더 많은 관심을 기울여야 한다. 요리사와케이터링 사업자는 고객들의 특별 요구사항들을 수용해야만 한다. 일반적인 원칙은 사업주가 제공하기를 원하고 제공할 수 있다면, 특별식을 제공하는 것이 좋다. 고객이 요구하는 정도에 맞춰 가격을 조정한다. 특히 큰행사를 계획할 때에는 채식주의자를 위한 배려를 잊지 말아야 한다. 아마도채식주의자를 위한 룸을 별도로 만들어야 할 것이다. 고객의 필요를 충족시켜 줌으로써 고객에게 깊은 감동을 안겨줄 수 있고, 잠재고객으로 인한

---

[5] Souffle : 달걀의 흰자 위에 우유를 섞어 거품내어 구운 요리

사업의 발전도 기대해 볼 수 있다. 당뇨병 환자나 심장질환자와 같이 식이를 제한하는 손님들을 위해서는 디저트로 과일을 충분히 제공한다.

▦ 수량 및 1인 분량

1인 분량을 정하는 것은 쉽지 않은 일이다. 만약 점심 파티를 준비한다고 가정해 보자. 생일을 맞이한 사람과 가족, 친지들을 포함하여 200여 명의 손님이 올 것이라고 예측하고, 메뉴는 망고 살사를 곁들인 닭가슴살 구이와 파스타 샐러드, 과일, 미니 포카치아 샌드위치, 그리고 미니 디저트 바로 결정하였다. 뷔페가 끝나고 남은 음식을 보니 닭가슴살 요리가 반이나 남았다면 왜 이런 일이 벌어진 것일까? 이유는 여러 가지에서 찾을 수 있을 것이다. 우선 손님의 1/3 이상이 10대 여성이었다고 가정하면 이들의 경우 보통 적은 양을 먹기 때문에 음식이 남은 것일지 모른다. 또 다른 이유는 만약 행사가 덥고 습한 오후에 열렸다고 가정한다면 대부분의 사람들이 가벼운 음식만을 먹어서 남았을 것이다. 즉 이 사례를 통해 1인 분량을 정하는 것이 여러 가지 요소에 의해 영향을 받을 수 있음을 알 수 있다. 1인 분량을 정하는 것이 어떤 면에서는 케이터링 업자가 조절 가능하지만 어떤 경우에는 조절 불가능함을 인지하고 다만, 중요한 사실은 음식이 남는 것이 모자라는 것보다는 낫다는 점을 감안하여 행사에 대비한다.

- **1인 분량에 대한 일반적인 지침은 다음과 같다.**

> ■ 애피타이저 : 개인당 6~8종류
> ■ 육류 주요리 : 정찬용 170~227g, 점심용 85~142g
> ■ 감자 : 1개
> ■ 밥 : 2/3컵
> ■ 파스타 : 1~1.5컵
> ■ 미니 디저트 : 2~3개

• 레시피 지침

파티용 음식을 준비할 때에는 이전에 한 번도 제공해 본 적이 없었던 음식은 제공하지 않는 것이 좋다. 다음에 제시된 비율로 메뉴를 계획한다.

> ■ 새로운 메뉴 혹은 도전 메뉴는 전체 메뉴 품목의 20% 이내로 제한한다.
> ■ 전체 메뉴 품목의 60~70%는 미리 준비가 가능한 메뉴로 정한다.
> ■ 전체 메뉴 품목의 20~40%는 구매해서 바로 제공이 가능한 메뉴로 정한다.

▣ 메뉴 계획의 세부사항

성공적인 메뉴를 개발하는 것은 쉬운 일이 아니다. 성공적인 메뉴는 현실적이면서도 환상적인 요소가 가미되어야 한다. 무엇보다 비용 손실 없이 최대의 이익을 창출하고, 고객들이 원하는 것을 제공해야 한다. 따라서 다음의 사항들을 유심히 읽어둘 필요가 있다.

• 인기(비인기) 메뉴 품목

메뉴 품목의 인기도를 조사하여 '인기도 추적표'를 개발하고 이를 활용한다. 예를 들어, '가'에서 '하'까지의 메뉴(예 : 메로구이, 바닷가재요리, 샤브샤브, 소시지구이, 케밥 등)를 제공하는데, 메로구이의 매출량이 1,082식, 바닷가재요리 28식, 샤브샤브 486식, 소시지구이 602식, 케밥 497식이라면, 다음 사분기 동안은 바닷가재요리를 메뉴에서 삭제하든지 혹은 영구적으로 메뉴에서 삭제한다.

• 균형

성공적이며 활용도가 높고, 이윤을 많이 내는 메뉴를 계획하고자 한다면, 중요한 요소는 영양적 또는 재료별 균형과 타이밍이다. 4가지 기초 식품군, 즉 어육류 및 단백질군, 과일과 야채, 곡류군, 우유와 유제품이 메뉴에 포함되도록 메뉴를 계획한다. 예를 들어, 2~3개 정도의 메인요리를 제공하는 저녁 뷔페를 고기로 준비한다면 모든 메인 메뉴를 사용하지 말고 고기요리, 해산물요리, 야채요리로 준비하여 고객이 선택할 수 있게끔 한다. 뷔페를 계획할 때에는 마음속으로 테이블 위 음식 색상의 조화를 그려 본다. 식탁이 너무 단조로운 색으로 구성되지는 않았는지를 항상 확인한다.

• 준비 시간

메뉴를 개발할 때, 그 음식을 만드는 데 소요되는 시간과 식재료비를 점검하여 식품 비용과 조리 소요시간 사이에 균형을 맞추도록 노력한다. 레시피 파일을 만들고 조리시간도 함께 기입한다. 레시피 파일은 인건비와 필요한 재료들을 결정하는 데 도움을 준다. 미국의 경우 셰프텍 소프트웨어(Cheftec software)는 레시피 작성과 가격 설정에 도움을 주는 프로그램이다. www.atlatic-pub.com에서 이 프로그램을 구입할 수도 있고 이에 대한 정보도 얻을 수 있다.

• 시간 맞추기

행사 소요시간에 적합한 메뉴와 양을 계획한다. 예를 들어, 칵테일 파티에서는 약간의 안주거리만 제공해도 되지만, 3시간 정도의 파티에 손님을 초대했다면, 식사가 될 수 있도록 충분한 양의 칵테일과 전채요리를 제공해야 한다.

• 서비스

파티 분위기에 알맞은 서비스를 선택하는 것은 매우 중요한 사항이다. 뷔페, 피크닉 형태 혹은 격식을 갖춘 착석 식사 형태 등 어떤 형태의 서비스가 제공되든지 서비스 스타일에 어울리는 요리를 선택한다. 카레를 곁들인 바닷가재 수프는 결혼 피로연에는 어울리지만, 해마다 즐기는 여름

피크닉에는 적절치 않다. 더욱이 몇몇 음식들은 뷔페에서 장시간 적정 품질을 유지할 수 없고, 위생상 사용되어서도 안 된다는 사실을 명심한다.

- **각본 만들기**

  의도적으로 인상적인 요소들을 메뉴에 포함시킨다. 그래서 고객들이 메뉴를 보고 적어도 한 번은 '와우' 하고 감탄하게끔 만든다.

- **반복 피하기**

  일반적으로 메뉴 조리법이나 조리 스타일이 반복되면 손님들은 감동을 받지 못한다. 만약 애피타이저로 연어 무스를 제공하고 디저트로 초콜릿 무스를 내놓는다면 메뉴의 반복성 때문에 바람직하지 않다. 식재료 또한 반복하여 사용하지 않도록 한다.

- **메뉴 순환**

  시장상황을 고려하여 계절별로 새로운 메뉴를 개발한다. 메뉴의 이용이 불가능한 상황이나 예산 범위를 초과하는 가격일 때를 대비하여 항상 교체할 수 있는 대안책을 마련해 둔다. 일반적으로 양질의 서비스를 제공하는 업체들은 매 분기마다 메뉴를 교체한다. 메뉴 구성을 살펴봐서 인기가 낮은 메뉴 품목은 3개월마다 새로운 메뉴 품목으로 교체한다.

▨ 음식 준비

연회 담당자에게 시간은 중요한 요소이며, 특히 시간을 정확히 준수하는 것은 더욱 중요하다. 많은 음식들을 사전에 랩으로 포장하거나 냉장실 혹은 냉동실에 저장함으로써 몇 주에서 몇 개월 간에 걸쳐 미리 준비할 수 있다. 다음은 음식 준비과정을 능률적으로 도와줄 몇 가지 사항들이다.

- **사전 준비**

  행사 전 날 준비할 음식은 다음과 같다.

  - 치즈를 담은 접시(덮어서 냉장 보관)
  - 과일과 야채(딸기는 제외)는 잘라서 비닐백에 담기
  - 파이류(빵)
  - 과일과 야채를 담은 쟁반
  - 딥스(찍어 먹을 것)
  - 패스트리
  - 양념에 재운 고기
  - 야채
  - 치즈 덩어리
  - 빵과 크래커

- **야채**

  브로콜리, 당근, 셀러리, 콜리플라워, 무 등은 신선도와 아삭함을 유지하기 위해 행사 당일날 얼음물에 담가 둔다. 보통 행사에 많이 이용되는 야채는 잘게 썬 브로콜리, 셀러리, 당근, 콜리플라워, 오이, 호박, 서양호박, 그리고 무 등이다. 만약 100명의 손님들에게 야채를 제공한다면 4.5kg가량의 야채가 필요할 것이다.

- **과일**

  과일 요리를 준비하기 위해서 멜론, 딸기, 체리, 토마토, 바나나, 오렌지, 사과 등의 껍질과 과심, 씨를 제거하고 적당한 크기로 썬다. 100인분의 과일 요리를 준비하는데 약 9kg 정도의 과일이 필요하다. 사과와 바나나와 같은 일부의 과일들은 갈변현상을 막기 위해 레몬주스에 담가 두어야 한다. 딸기는 금방 무르기 때문에 서빙 직전에 씻어 제공한다.

- **샌드위치**

  행사에서 손님들에게 샌드위치를 제공하는 경우가 많다. 구운 고기나 햄, 칠면조 혹은 소시지 등의 고기류는 수분 보유를 위해 행사 당일 날 썰어서 준비한다. 양상추, 토마토, 붉은 양파와 같은 야채나 고명거리도 마찬가지이다. 100명의 손님을 대접할 경우, 칵테일용 샌드위치는 약 9kg의 고기가 필요하고, 보통 크기의 샌드위치에는 약 14kg의 고기가 필요하다.

- **빵류**

  빵이나 롤빵류 위에 촉촉한 페이퍼 타월을 서빙 직전까지 덮어두면 행사 동안에도 부드럽고 촉촉하게 유지된다. 대부분의 빵류는 수분간만 방치해도 단단해지고 맛이 없어짐을 명심한다. 특별함을 위해 작은 씨앗이 들어가는 롤류를 제공한다. 이 롤류는 다른 빵과는 달리 빨리 건조해지지 않고, 오랜 시간 동안 촉촉함을 유지할 수 있다. 보리, 밀가루, 호밀로 만든 빵류를 섞어서 제공한다.

- **해산물**

  해산물 요리는 각별한 주의가 요구된다. 별다른 방법은 없다. 보통 신선한 생선은 눈이 맑고 투명하며 껍질 표면에 점액 물질이 없으나 부패하면 암모니아 냄새가 나기 때문에 이와 같은 해산물이나 생선은 사용을 금한다.

- **과즙 음료**

  펀치 파운틴[6]을 사용할 경우, 셔벗이나 걸쭉한 과일 과즙은 펀치 레시피로 사용하지 않는 것이 좋은데, 그 이유는 이들 과즙입자로 인해 파운틴이 막힐 수 있기 때문이다. 따라서 과즙음료는 유리 그릇이나 크리스탈 펀치볼에 담아서 제공한다.

---

[6] Punch fountain : 펀치 음료를 담는 용기의 일종

- **기타 준비 사항들**

  준비 사항들을 미리 계획한다. 풀서비스를 제공하는 케이터링 사업자는 행사 1주일 전에 음식 준비, 행사장 장식, 접시 밑에 사용할 작은 냅킨 준비, 은제품과 거울의 광택 내기, 냅킨 접기 등과 같은 일들을 미리 계획하고 준비한다. 또한 집게와 수저, 국자 같은 도구도 깨끗하게 닦아서 준비해 둔다. 이외에도 세심한 사항에도 주의를 기울인다.

- **고객 참여 이벤트**

  고객이 직접 참여하여 음식을 조리하는 것은 최근 유행되는 추세이다. 고객들은 요리에 참여하여 그들이 지닌 요리 기술을 보여주는 것을 즐긴다. 따라서 고객 참여 스테이션을 기획해 보도록 한다. 고객들에게 직접 고른 재료를 사용하여 음식을 만들 수 있는 코너가 있다는 것을 사전에 알려준다. 예를 들어, '피자 만들기 코너'라는 고객 참여 스테이션을 만들고 손님들이 직접 고른 고기나 생선을 담은 접시에 이름을 붙여 음식이 완성되면 찾아갈 수 있도록 한다. 이와 같은 이벤트는 재미와 음식 제공이라는 일석이조의 효과를 준다.

▣ 음료 행사를 위한 케이터링

음료 행사는 다양한 목적으로 개최된다. 보다 효과적인 계획을 위해, 연회담당자는 사전에 고객과 중요 사항들을 충분히 협의할 필요가 있다. 예를 들어, 행사 목적이 생활의 재충전을 위한 친목 도모인지, 아니면 관계 형성을 위한 사교모임인지를 파악한다. 음료 행사는 식전에 제공되는지 혹은, 식후에 제공되는지에 따라서 제공해야 할 음료의 종류가 달라지고, 음료의 서비스 형태도 달라진다. 이런 모든 사항들을 고객과 사전에 확실하게 논의해야 모든 면에서 고객이 만족할 수 있는 행사를 계획 할 수 있다. 유의할 사항들은 다음과 같다.

• 지식

출장 케이터링 사업자는 다양한 음료의 상표와 품질에 대해 잘 알아야 한다. 고객들은 출장 케이터링 사업자의 권유로 음료를 선택하고 맛과 서비스를 보장받는다. 케이터링 사업자의 음료에 관한 전문적인 식견은 고객이 케이터링 사업자를 선택하느냐 외면하느냐를 결정하는 요소가 될 수 있다.

• 고객이 바텐더를 요청 할 경우 더욱 신중

바텐더들이 충분한 훈련을 받지 못해 기대 이하로 업무를 수행하는 경우가 종종 있다. 바텐더들이 바(바) 뒤에서 흡연을 하는 것은 고객들이 흔히 불평하는 사항이다. 바텐더의 이런 행동은 사업주의 노력이나 의지와는 상관없이 나쁜 결과를 가져올 수 있다. 즉 업장의 이미지나 명성을 실추시키고 고객에게 서비스 또한 엉망이었다는 인상을 남길 것이다.

• 격식을 갖춘 전통적인 음료 행사

이런 종류의 행사에 참석하는 고객들은 대개 전형적인 음료 메뉴인 레드와인, 화이트와인, 맥주, 청량음료류, 혼합 음료, 그리고 스카치, 진, 보드카, 버본, 럼, 데킬라, 캐나디언 위스키를 선호하므로 이 음료들을 종류별로 1종 이상씩 제공한다.

• 비공식적인 행사 모임

고객이 선호하는 음료 메뉴를 개발한다. 고객 선호도가 높은 무알코올 음료나 저알코올 음료를 메뉴로 제공한다. 요즘 추세는 알코올 음료 특히 위스키 판매는 줄어들고, 저알코올의 수입산 자가 제조된 맥주나 특별 음료의 판매가 증가하는 경향이지만, 음료 메뉴판에 보드카와 스카치는 반드시 포함시켜야 한다. 스카치는 여성에게 인기 있는 음료인 반면 보드카는 남성에게 인기 있는 술이라는 통계결과가 있다.

- **고객의 기호도에 맞춰 음료 제공**

  음료의 기호와 소비경향은 고객 특성과 지역에 따라 차이가 있음을 명심한다. 예를 들어, 정찬과 연회를 제공하는 모임에서 1인당 평균 음료 소비량을 비교해 보면, 미국의 경우 라스베이거스는 5.5잔, 시카고는 5.0잔, 샌프란시스코는 2.5잔으로 차이를 보인다.

- **음료량 계산**

  다음의 공식을 이용하여 유료량을 계산한다.

  - 총무게=손님의 인원수 × 1인당 평균 음료 소비량(잔) × 한 잔당 용량
  - 총음료 수량=총 무게 ÷ 음료 한 병의 크기
  - 술병의 개수 × 3 = 탄산음료와 주스의 수량
  - 1인당 0.9~1.4 kg의 얼음이 필요

- **가격 설정**

  고객들은 행사시 제공받는 브랜드명이나 품질보다 잔당 가격, 병당 가격, 봉사료에 더 많은 관심을 갖는다. 손님이 선택한 음료에 대해 고객이 개별적으로 가격을 지불하는 경우에는 단순가격 설정법을 이용하여 가격을 설정한다. 오픈 바(open 바)에서의 가장 일반적인 가격 설정 방법은 병당 가격을 매기는 방법이다. 컴비네이션 바(combination 바)에서는 손님의 첫잔은 호스트가 지불하고 두 번째 잔부터는 손님들이 가격을 지불한다. 또 다른 방법은 소비량이 제한된 바(limited consumption 바)인데 호스트가 지불하는 일정 금액만큼 음료가 소비되면, 무료 음료 제공이 종료되고 고객이 직접 사서 마시는 유료 형태의 바(cash 바)로 운영하는 방법이다.

- **와인**

  보통의 리셉션에서 1인당 와인 소비량은 평균 3잔 정도이다. 많은 사람들이 화이트와인을 더 선호하기 때문에 화이트와인과 레드와인의 비율을 4 : 1로 제공한다. 와인의 가격을 결정할 때, 원가가 낮은 와인은 원가비율을 높여 가격을 책정하고, 원가가 높은 와인은 원가비율을 낮게 가격을 책정해야 한다는 사실을 명심한다. 예를 들어, 도매 단가가 5,000원인 와인을 15,000원으로 가격을 매기고, 도매 단가 10,000원인 와인은 20,000원으로 가격을 책정하는 것이 바람직하다.

- **맥주**

  주류 메뉴에 맥주를 포함시킨다. 맥주를 격조 낮은 술이라고 간주하는 시대는 지났고, 여성의 맥주 소비량이 점점 증가하고 있다.

- **낭비 최소화**

  주류의 낭비를 줄이기 위해서는 음료를 미리 개봉하지 말고, 음식이 제공되기 직전이나 직후에 개봉하는 것이 좋다.

▩ 알코올 음료 케이터링시 법적 사항

음료 케이터링 사업자는 주류 음료 제공을 위해 관련된 법적 사항을 정확히 알아야 한다. 다음의 정보들은 주류음료 행사를 제공하는 까다로운 케이터링 사업을 운영하는 데 유용할 것이다.

- **주류 판매를 위한 판매 허가증을 취득**

  미국의 경우에 출장 케이터링 사업자들이 주류를 판매할 수 있는 방법은 2가지가 있다.

■ 고객에게 주류 제공은 허용되나 판매는 금지되는 경우 : 출장 케이터링 사업자는 손님이 주문한 술의 양만큼만 주류 상인에게 구매를 요청하고 가격 지불은 손님이 직접 주류 상인에게 지불하게 한다.
■ 주류 판매 면허증 획득 : 술의 판매와 제공을 위해 주류 판매 면허증을 취득한다. 예를 들어, 주류 판매 허가증이 있는 레스토랑 운영자는 출장 케이터링에서도 술을 판매할 수 있다.

• 미성년자를 대상 주류 판매 금지

미성년자를 대상으로 한 주류 판매는 중죄이다. 부모님과 성인 배우자를 동반하는 경우에만 미성년자에게 주류 판매를 허용하는 일부 지역도 있으나 대개는 만 20세 미만의 미성년자에겐 주류 판매를 금한다.

• 만취고객 대상 주류 판매 금지

만취한 고객에게는 주류를 판매할 수 없다. 미국의 경우에 지역별로 차이가 있으나 일반적으로 혈중 알코올 농도가 0.05 이상(음주단속 기준)이면 법적으로 취객으로 간주한다. 고객이 취했는지 안 취했는지를 확실하게 파악할 수 있는 방법은 없다. 따라서 취한 것처럼 보이는 고객에게는 술을 판매하지 않는 것이 안전하다. 특히 만취한 고객과는 가급적 대립을 자제하고 고객으로부터 격리시킨다.

• 만취고객 대상 주류 판매 결과

만취한 고객이나 미성년자를 대상으로 술을 판매하여 그들이 나가서 사고를 일으키면, 그 책임이 술을 판매한 영업자, 종사원, 호스트에게 돌아갈 수 있다.

• 알코올 1인 분량 규정

알코올 판매에 따른 피해 보상을 피하기 위해 미국의 경우 일부 지역에서는 알코올 음료 1잔의 양을 제한한다. 예를 들어, 더블, 피쳐 맥주, 전통의 머푸드슬라이드, 롱 아일랜드 아이스 티, 스코피온 등의 제공을 금할 수도 있다. 국내에도 알코올에 의한 피해를 줄이기 위해 이와 같은 규정을 마련할 필요가 있다.

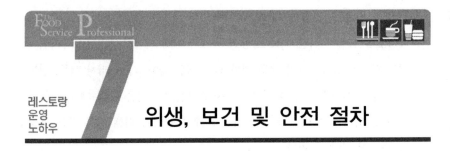

위생, 보건 및 안전 절차

▣ 식중독 질환의 원인

식품안전은 매우 중요한 문제이다. 식중독 사고는 사업의 실패와 심각한 법적 파장을 불러 일으킨다. 더욱 심각한 문제는 케이터링 사업에서 식중독이 발생하면, 한사람에게만 피해를 주는 것이 아니라 많은 사람들에게 피해를 준다는 것이다. 대개의 경우, 식중독은 빠르게 동시다발적으로 대부분의 고객에게로 전파되며, 신문 1면을 식중독 사건으로 장식하고 결국 사업체는 문을 닫게 될 것이다. 고객들은 이 기사에 주목하고 모두 똑같은 것을 먹고 마셨다고 생각하게 될 것이다. 회사의 명성에 대한 피해는 말할 것도 없고 소송을 제기당할 가능성도 높다. 식중독 질병 사고를 예방하는 것이 사업의 성공을 위한 필수요소라는 것은 더 이상 언급할 필요가 없을 것이다. 다음의 주요 사항들을 고려한다.

• 물리적, 화학적, 생물학적 오염 방지

조리시, 머리는 뒤로 묶고 위생모를 착용한다. 귀걸이, 반지 등의 장신구 착용은 금지한다. 합성세제, 첨가제, 살충제와 같이 화학적 오염을 일으키는 제품 사용에 특히 더 주의한다. 세균은 식중독 질환을 일으키는 주요 원인균 중 하나이다. 고기, 달걀, 가금류, 고기류, 유제품과 같은 음식은 세균의 주요 번식지이기 때문에 취급시에는 각별히 주의한다.

- **바이러스**

  바이러스는 식중독을 일으키는 생화학적인 원인체이다. 음식 취급자가 각 조리과정마다 손을 깨끗이 씻었는지를 확인해야 한다. 손 세척은 사람을 매개로 한 바이러스 전파를 예방하는 가장 쉽고도 확실한 방법이기 때문이다. 화장실을 다녀 온 후에는 물론, 재채기, 기침 후나, 코를 만진 다음에도 반드시 손을 씻어야 한다. 이같은 원칙들을 근무계약서에 명시하여 관리한다. 이것은 과잉 정책이 아니며, 사업체가 처할 수 있는 위험을 사전에 예방하는 필수정책이다.

- **반드시 알아야 할 기본 정보**

  식품위생에 대한 무지가 치명적인 결과를 초래할 수 있다. 다음의 기본적인 사항들을 반드시 숙지한다.

  - **살모넬라(*Salmonella*)**: 살모넬라는 가금류, 고기류, 생계란(마요네즈 제조 시 사용한 것)은 물론, 치킨이나 햄 샐러드와 같이 조리된 음식 중에서도 발견된다. 살모넬라증은 살균 처리되지 않은 기구들을 사용하는 등 종사원의 부적절한 개인 위생에서 비롯된다.

  - **포도상구균(*Staphylococcus aureus*)**: 가장 흔한 식중독세균인 포도상구균은 가공 햄 제품, 샐러드, 유제품, 크림이 함유된 식품에서 독소 물질을 생성한다. 취급 과정이 복잡한 음식물일수록 종사원 간에 포도상구균에 오염될 위험도가 높기 때문에 더 주의해야 한다. 만일 음식이 식중독 위험 온도에서 오랜 시간 방치될 경우, 가열이나 냉동으로 이 균을 살균할 수 없다. 따라서 음식물은 7.2℃ 이하나 57℃ 이상으로 유지하도록 한다. 절대 음식물을 실내온도에서 보관하지 않는다. 이런 경우 식중독 사고의 위험이 굉장히 크다. 포도상구균은 건강한 사람에 의해서도 전파될 수 있으므로 주의해야 한다. 이 균은 특히 베인 상처나 화상, 기타 감염에 의해 잘 번식하고, 재채기, 기침, 피부 접촉을 통해서도 전염된다. 따라서 화상이나 상처가 있는 종사원들의 음식 취급과 기물 세척을 금지한다.

- 대장균(*E. coli*): 소의 장에서 발견되는 이 오염물질은 주로 도살장에서 쉽게 오염된다. 대장균은 다진 고기, 구운 고기, 햄버거, 살균처리 안 된 우유에서 발견된다. 이 박테리아를 살균하기 위해 최소 18.3℃ 이상에서 육류를 조리해야 한다.

- 시겔라균(*Shigella*), 켐필로박터균(*Campylobacter jejuni*), 리스테리아균(*Listeria*), 여시니아균(*Yersinia*): 이러한 박테리아의 식품오염은 개인 위생이 불량하고 수분이 많은 식품취급이 주원인이다. 켐필로박터세균은 가금류와 살균 처리되지 않은 우유에서 자주 발견된다. 리스테리아균은 연성치즈, 따뜻하고 습기찬 곳에 보관된 고기파이, 덜 익힌 닭고기, 비위생적으로 조리한 샐러드 등에서 번식한다.

- 클로스트리듐 보툴리누스균(*Clostridium botulinum*), 클로스트리듐 퍼프린젠스균(*Clstoridum perfringens*): 클로스트리듐 보툴리누스균은 보툴리누스 독소가 원인물질이며, 통조림 식품에서 발견된다. 뚜껑이 움푹 들어가거나 불룩 튀어 나온 통조림 식품의 제공을 피한다. 반면 클로스트리듐 퍼프린젠스균은 고기류와 가금류에서 많이 발견된다. 가금류나 고기류가 부적절하게 가열조리, 냉장, 재가열된 경우 오염사고가 발생된다.

- 화학조미료(글루타민산소다; MSG): 화학조미료와 반응하여 생기는 또 다른 형태의 식중독, 즉 화학적 식중독에 주의해야 한다. 중국음식점을 포함하여 일부 식당에서 음식에 풍미를 더하기 위해 화학조미료를 많이 사용하고 있다. 화학조미료는 음식의 맛을 변화시키며 화학적 식중독 사고의 원인이 될 수 있다.

- **식중독 질환과 알레르기에 관한 정보 제공 웹사이트**

  아래 웹사이트는 식중독과 알레르기에 관한 많은 정보를 제공한다.

- 질병관리본부(www.cdc.go.kr)
- 한국음식업중앙회(www.ekra.or.kr)
- 식품의약품안정청(www.kfda.go.kr)

▦ 종사원 위생

개인 위생은 최근에 대두되고 있는 중요한 문제이다. 케이터링 사업에 있어서 위생관리 문제는 정면으로 부딪쳐 해결하는 방법 밖에는 왕도가 없다. 종사원들에게 개인 청결에 관하여 강조하는 것이 진부한 것으로 보일 수 있으나 선택의 여지가 없다. 이와 관련된 몇 가지 지침은 아래와 같다.

● 위생규칙을 문서로 작성

종사원의 위생을 교육하는 가장 쉬운 방법은 위생의 중요성과 법규를 종사원이 이해하기 쉽도록 교육용 팸플릿으로 제작하여 전 직원에게 나눠주고 읽게 하는 것이다. 아래에 도움이 될 만한 몇 가지 위생 규칙을 제시하였다.

> ■ 직원이 질병 증세를 보이면, 심지어 감기 증세일지라도, 음식 취급을 금한다.
> ■ 종사원은 작업을 수행하기 전 또는 화장실을 다녀온 후에는 반드시 손을 씻어야 한다.
> ■ 손세척은 온수를 이용하여 흐르는 물에서 적어도 20초간 비누를 이용하여 비벼 씻어야 한다. 일반적으로 대부분의 식품 오염은 불결한 손에서 비롯된다.
> ■ 주방 직원은 식품을 취급할 때 1회용 비닐장갑을 사용해야 한다. 그러나 열과 접촉하면 쉽게 녹거나 해지는 장갑은 사용을 금한다.
> ■ 음식 준비과정 중에는 머리망 또는 모자를 항상 착용하도록 한다.
> ■ 주방 종사원은 장신구 착용을 금하고, 홀 종사원은 최소한의 장신구 착용만 허용한다.
> ■ 서빙 직원은 접시, 유리잔, 대접, 컵 등의 식기류 가장자리(고객 입이 닿는 곳)를 맨손으로 절대 만지지 않도록 한다.
> ■ 바닥에 떨어진 그릇이나 냅킨, 식탁용 식기류(접시, 나이프, 포크, 스푼 등)를 새것으로 교체하게 한다.

- **식품 알레르기 관련 지식 제공**

  직원에게 식품 알레르기에 관한 정보를 제공해야 한다. 특정식품에 알레르기 반응을 일으키는 손님이 있을 수 있으므로, 고객이 음식에 포함되는 식재료에 대해 물어본다면 직원은 명확히 대답해 줄 수 있어야 한다. 한국 식품면역연구회의 웹사이트(www.foodimmunology.or.kr)에서 식품 알레르기에 대한 정보를 얻을 수 있다.

- **위생법규**

  음식 생산구역이나 식기 세척공간 등 눈에 잘 띄는 곳에 위생 기준과 정책을 게시한다.

▨ 위생 검열

지역 소재 구청 위생과는 급식소의 위생 점검을 불시에 실시한다. 법적 기준을 피해 갈 수 없으므로 다음의 사항을 고려하여 식품안전에 만전을 가한다.

- **한국음식업중앙회**

  한국음식업중앙회에서는 일반음식점 영업자를 위한 위생교육 교재를 발간하였다. 이 교육과정은 급식 관리자에게 기본적인 위생원칙은 물론, 종사원에게 위생교육을 실시하는 방법과 동기를 유발하는 방법도 알려준다.

- **신뢰할 수 있는 곳에서 식품 구매**

  농림부에서 고시한 농식품인증제도인 위해요소중점관리(HACCP), 우수 농산물관리(GAP), 친환경농산물인증마크를 획득한 식품들은 건강에 유익하고 안전한 식품이므로 이 식품들을 구매한다. www.maf.go.kr에서 보다 많은 정보를 얻을 수 있다.

• 식품의 미생물 증식 억제

식품의 저장, 조리, 배송, 서비스시 각 과정마다 적절한 온도로 유지하여 미생물의 증식을 방지해야 한다.

• 깨끗한 유니폼 착용

직원은 유니폼을 착용하고 머리카락이 흘러내리지 않도록 단정히 묶고, 개인 위생을 완벽히 숙지해야 한다.

• 용품 및 기기의 청결 유지

주전자 등 모든 기구들은 기름기와 음식 찌꺼기가 없게 관리한다.

• 쓰레기통과 디스포저

쓰레기통과 디스포저[7]에 뚜껑을 덮고 쥐, 바퀴벌레와 같은 위생 동물이 접근할 수 없도록 하며 깨끗하게 관리한다.

• 바닥, 벽, 천장의 법적 기준에 따른 건축

바닥, 벽, 천장은 법적 기준에 따라 건축하고 유지하기 쉽고 배수가 원활히 되도록 설계한다. 바닥에 까는 매트는 교체하기 쉽고, 수리와 세척이 가능해야 한다. 조명은 적당한 밝기를 유지하고, 설치물들은 항상 청결해야 한다. 기기의 후드는 법적 요건에 맞게 배기관을 갖추어야 한다.

• 세탁물 보관

깨끗한 세탁물과 오염된 세탁물은 따로 보관한다.

---

[7] disposal : 음식찌꺼기 분쇄처리기

▣ 식품 취급

케이터링 산업에 종사하는 직원의 업무는 식품을 저장, 조리, 서비스하는 과정에서 식품이 오염되지 않도록 하는 것이다. 식품 중의 미생물은 위험온도 범위대인 5~57℃에서 활발하게 증식한다. 식품이 이 온도 범위대에서 가능한 빨리 벗어날 수 있도록 식품을 재빨리 냉장, 냉동 또는 가열 조리할 것을 직원에게 교육하는 것은 매우 중요하다. 식품을 취급하는 사람은 다음의 사항을 반드시 숙지해야 한다.

- **실내온도**

  냉장보관 음식물을 서빙하기 전에 실내온도에서 1시간 이상(최대 2시간 이상) 방치하는 것을 금한다.

- **이상적인 식품온도**

  다음에 제시한 식품의 적정 온도가 유지되는지 탐침 온도계를 사용하여 확인한다.

  > ■ 냉동식품과 냉동고의 온도는 -18~-9.4℃로 유지한다(냉동 가금류, 고기, 생선, 냉동과일, 냉동야채, 아이스크림 보관).
  > ■ 찬 음식은 5℃ 이하로 유지한다.
  > ■ 냉장고의 온도는 냉장식품이 0~5℃로 유지되도록 관리한다.
  > ■ 더운 음식은 최소 74℃ 이상 가열조리한다.
  > ■ 재가열한 식품은 최소 74℃로 가열되어야 하고 급식 전까지 그 온도를 유지한다.
  > ■ 우유는 살균처리된 것과 유제품만을 사용하고 7.2℃ 이하로 유지한다.

- **아이스크림**

  흐르는 물에 담가 놓은 아이스크림용 스쿠프를 사용하여 아이스크림을

서빙한다. 깨끗하게 세척, 건조된 용기나 아이스크림 전용 그릇에 담아
제공한다.

• 날계란이 들어가는 레시피의 제공 금지

사고가 발생하여 후회하는 것보다 예방이 최우선임을 명심한다. 예를 들
어, 야채 샐러드나 가열조리 없이 제공하는 요리에 날계란 사용을 금지한다.

• 마요네즈

마요네즈는 특별히 주의하여 다루어야 한다. 따뜻하거나 직사광선이 비
추는 곳에 마요네즈를 보관할 경우 종종 식중독이 발생한다. 마요네즈를
적정한 곳에 보관하지 않는 경우, 마요네즈의 성분들이 분해되고 세균이
빠르게 증식하며, 더구나 공기 중에 노출되면 파리 등 곤충의 해충 증식
이 우려된다.

• 야외에서 음식 제공시

냉장 보관해야 하는 음식을 랩으로 싸서 냉장고에 보관했다가 서빙 직전
에 진열한다. 음식 진열을 준비할 수 있는 그늘진 곳을 물색해 둔다.

• 의심 가는 음식의 폐기처분

오랫동안 따뜻한 곳에서 보관된 음식은 모두 버려야 한다. 잘못될 경우
사업장의 명성과 고객의 건강을 해칠 수 있는 위험요소임을 명심한다.

• 운송

차가운 상태로 제공해야 하는 음식은 행사장으로 운반하기 전까지 차게
유지한다. 저장과 배송시 음식의 온도를 5℃ 이하로 유지한다. 뜨거운 음식
은 74℃ 이상으로 온도를 유지한다. 출장 케이터링 사업자는 운송 단계에
서 음식의 오염사고가 많이 발생한다는 점을 명심해야 한다. 모든 음식은

물론이고, 서빙 기구, 용품을 안전하게 랩으로 포장한 후에 운반한다. 냉장 식품이든 조리된 음식이든 간에 음식은 항상 적정 보관 온도로 일정하게 유지되도록 관리한다.

■ 안전 절차

안전은 가장 중요한 문제이다. 위험요소가 될 만한 요소는 사전에 철저히 제거하고, 안전 절차 수칙을 문서로 작성하여 잘 보이는 곳에 게시한다. 또한 긴급 상황 발생시에 모든 직원은 안전하게 대처하는 방법을 100% 숙지하고 있어야 한다. 직원과 고객을 사고에서 안전하게 대처하도록 하는 방법을 재평가하고 갱신한다. 다음의 안전대책이 항상 실행되는지를 확인해야 한다.

• 바닥

바닥은 항상 깨끗하고 건조하며 보수가 완벽히 이루어진 상태로 유지한다. 바닥상태에 따라 '주의', '바닥에 물기 있음' 등의 표지판을 사용하여 직원에게 알려준다.

• 특정 기기의 운영을 훈련된 직원에게만 허용

훈련된 직원에 한해 특정 기기를 운영할 수 있도록 제한한다. 기기를 다룰 때에는 필요에 따라 보안경과 보호장갑을 착용하게 하고, 이들 기기는 본래의 용도로만 사용하도록 제한한다.

• 칼은 날카롭게 유지

무딘 칼은 크고 작은 사고들의 원인이다. 칼을 다룰 때는 손가락을 아래쪽으로 구부린 채 음식을 자르고, 칼날이 신체의 바깥 방향으로 향하도록 하여 칼질을 한다. 주방 종사원들에게 칼 사용법을 알려 준다.

- **올바른 적재 및 운송방법 훈련**

  무거운 물건과 접시들의 안전한 적재방법과 운송방법을 종사원들에게 교육해야 한다.

- **음료 구역과 튀김 구역은 떨어진 곳에 배치**

  찬 음료가 뜨거운 튀김 기름에 엎질러질 경우, 대형 폭발사고로 이어질 수 있다.

- **오븐**

  대형 프로판 가스를 열원으로 사용하는 오븐, 브로일러, 그릴 등은 가급적 실내에서 사용을 금지한다. 외국의 경우 실내에서 부탄 연료를 사용할 경우에 해당지역 관청에서 허가를 받아야 한다.

- **화재**

  화재는 케이터링 사업자에게 치명적인 것이다. 소화기는 화재 발생의 위험이 있는 곳마다 비치하고, 소화기가 잘 작동하는지도 확인한다. 케이터링 시 음식 수송 차량에도 최소 1개 이상의 소화기를 설치한다.

- **구급상자는 작업현장과 운송차량에 반드시 구비**

  종사원에게 하임리히 구명법[8]을 교육해야 한다. 질식사고는 특히 술을 너무 많이 마시거나 음식을 급하게 섭취할 경우에 많이 일어나며, 언제든지 발생할 수 있음을 명심하고 응급환자에게는 하임리히 구명법을 조치한다.

---

[8] Heimlich Maneuver : 목에 이물질이 걸린 사람을 위한 응급조치법으로, 사람을 위에서 안고 흉골 밑을 세게 밀어 올려 이물질을 토하게 하는 방법

- **사고일지**

  크고 작은 사고는 모두 사고일지에 기록한다. 케이터링 근로자 보상 보험사, 한국산업안전공단(www.kosha.or.kr) 또는 회사에서 가입한 보험회사에 사고일지 사본을 제출하면 심사 후 보상을 받을 수 있다.

- **비상시 응급조치 절차**

  누군가가 쓰러진 경우 가장 먼저 확인해야 할 사항은 대상자의 호흡 여부이다. 호흡이나 혈액순환에 문제가 있는 경우에는 벨트, 브래지어, 코르셋 등을 즉시 제거한다. 또한 의치를 삼켰는지도 살펴본다. 알코올로 인한 응급사고도 많다. 알코올로 의식을 잃고 구토하는 과정에서 질식하여 사고를 당하는 경우도 흔히 발생된다.

▒ 감탄 창출 요인

최근 고객들은 케이터링 행사에서 제공되는 음식의 품질 그 이상의 것을 기대한다. 즉 고객들은 진열된 음식의 외양에 눈길을 끌 수 있기를 원한다. "사람들은 눈으로 먼저 먹는다"는 말이 있듯이 음식을 연출할 때, 이색적인 케이터링 서비스를 제공하는 여러 가지 비법을 활용하면 도움이 된다. 생일이벤트 행사의 예를 들어 보자. 남편이 아내의 40번째 생일을 기념하여 함께 프랑스로 여행을 떠나기 전, 전송 모임에 몇몇의 친구와 가족들이 깜짝 파티를 준비했다. 참석한 손님들에게 감동을 주기 위해 케이터링 업체는 케이터링 이벤트에 익숙한 예술가 한 명을 고용하고 음식을 각양각색으로 연출하여 제공하였다. 이 예술가는 서빙 테이블 위에 오래된 전축(45S)과 조그만 기타를 진열하고 그 둘레에 음식을 배열하였다. 다양한 색깔, 질감, 높이를 연출하기 위하여 다양한 야채를 사용하고, 신선한 허브로 장식하였다. 이와 같이 고객의 감탄을 자아내는 몇 가지 연출방법은 아래와 같다.

• 음식 맛은 눈으로 먼저

사람은 입이 아닌 눈으로 먼저 맛을 느낀다. 따라서 음식을 매혹적으로 보이게 만들어야 하며 가장 간단한 음식도 아주 매력적인 것으로 변화시킬 수 있다. 성공적인 케이터링 사업자가 되기 위해 음식의 맛도 좋아야 하지만 시각적으로 두드러진 음식의 연출도 매우 중요하다. 즉 창의력, 상식 그리고 완벽한 결과를 이루어낸다는 자부심이 필요하다. 만약에 전채요리로 찍어먹는 생야채를 진열한다면 흥미를 느낄 수 있는 모습으로 야채를 자른다. 즉 장미 모양의 무, 꽃 모양의 당근을 만들되 접시에 지나치게 많이 담지 않았는지를 확인한다.

• T 배열, 혹은 나선형 배열

결혼식 연회에 좋은 배열 방법으로 입증된 'T'형 배열을 사용한다. 'T'형 배열은 고객이 테이블의 양측에서 셀프로 음식을 이용할 수 있기 때문에 줄서서 기다리는 시간을 줄여주고 주변 사람들과 친교를 나눌 수 있도록 도와준다. 음식을 먹고 싶다는 욕구가 일어나도록 진열한다.

• 행사마다 개별 맞춤형의 배열을 제공

예를 들면, 테이블을 다양한 색상의 꽃으로 장식하거나 화려한 실크와 금, 은 같은 금속으로 짠 직물로 장식한다. 아니면 유리 블록이나 거울을 사용한다. 뷔페 테이블에 까는 테이블보 밑에 박스나 케이크 스탠드를 놓고 그 위에 커다란 접시를 올려 둠으로써 음식 진열 높이를 다르게 연출할 수 있다. 또한 고객의 성향을 고려한다. 신부가 특별히 좋아하는 꽃이 있다면 테이블 위의 센터피스로 그 꽃을 장식한다.

• 근사한 디저트 제공

고객의 감탄을 자아내기 위해서 매력적인 디저트를 제공한다. 한식 디저트류를 제공한다면 잎사귀 위에 신선한 딸기를 얹고 그 옆에 호두강정, 찰떡말이, 개성주악을 곁들인다. 이 후식은 복잡한 것 없이 간단한 연출을 통해 매우 특별한 요리가 된다. 단순하면서도 강한 인상을 주어야 한다. 만약 빵을 굽는 기술이 부족하다면 후식을 만들어 줄 훌륭한 제과점을 찾아낸다. 후식 공급처를 찾기 위해서는 그 지역의 레스토랑도 체크한다. 대부분의 레스토랑은 제빵 조리사를 고용하지 않기 때문에 레스토랑의 소유자나 매니저에게 물어보면 훌륭한 후식 공급처를 찾을 수 있다.

● **많은 양보다는 소량으로 연출 효과 배가**

당근으로 아름다운 국화를 만든다. 비트 퓨레[9]로 만든 수프 위에 소량의 수영[10]과 가르비 스플레[11]를 놓아 장식한다. 이것은 고객에게 강한 인상을 주는 방법이며, 많은 량의 야채를 세로로 홈을 세워 장식하거나 가두리를 따라 장식한 접시보다 훨씬 더 효과적인 방법이다. 강한 인상을 주는 방법은 비례와 균형감각이 들도록 음식을 배열하는 것이다.

● **자연스러운 느낌을 주도록 연출**

효과적으로 음식을 연출하는 비밀 중의 하나는 자연스럽고 연출하기 쉬운 듯한 느낌을 줄 수 있도록 음식을 연출하는 것이다. 음식을 재미있는 패턴으로 배열함으로써 이 효과를 낼 수 있다. 아름다운 장식물을 선택하거나, 한 가지 재료로 요리를 장식하는 것도 한 방법이다. 이 전략은 절대 실패하지 않는다.

● **고객의 요구를 반영하여 배열**

테이블 위에 놓는 접시의 크기뿐 아니라, 색다른 느낌을 주는 접시를 사용해 동적인 느낌을 주도록 배열한다. 테이블 위에 동일한 형태로 정적으로 배열된 접시를 보는 것보다 더 지루한 것은 없다.

---

9) 비트 등의 야채를 삶아 거른 것

10) 마디풀과의 다년초. 산이나 들의 풀밭에 나는데, 줄기는 홍자색을 띠며, 높이는 30~80cm. 소루쟁이와 비슷하나 잎이 가늘고 작음. 초여름에 담홍색 꽃이 핌

11) scallop souffle : 오믈렛의 일종으로 가르비를 넣고 달걀을 거품 내어 구운 요리

▣ 음식 담는 용기의 선정 및 디자인 지침

서빙용 접시는 상황에 따라 다르게 선택한다. 서빙할 접시를 결정할 경우, 음식의 색깔을 고려한다. 보통 밝은 색깔의 접시는 하얀 배경의 접시보다 눈에 띄는 반면에 동시에 요리의 장점을 퇴색시킨다. 다음 목적이 달성되도록 관리한다.

● 중점 요소

중점 요소는 접시나 요리용 그릇에서 눈이 자동적으로 모아지는 부분을 말하는데, 이 중점 요소를 음식 연출시에 활용한다. 예를 들어, 접시 위에 중심이 되는 초점 부분이 있고 이를 중심으로 샐러드를 놓으면서 고명으로 장식하면서 사방으로 펼쳐나가는 직선과 곡선의 조화를 활용할 수 있다. 센터피스부터 사방으로 뻗어 나오는 선과 함께 직선의 효과를 창출하도록 노력한다.

● 구조

요리를 접시에 담을 때 음식의 모양, 조리, 얇게 썬 상태, 표면, 배열상태가 적절한지 확인한다.

● 높이

높이는 음식의 연출에 있어서 또 다른 중요한 요소이다. 큰 덩어리의 구운 고기 혹은 요리용 접시의 중앙에 갤런틴[12)]을 놓음으로써 높낮이를 다양하게 연출한다. 갈비의 덩어리는 인기 있는 품목 중 하나이다. 고기를 얇게 썰어 접시에 돌려 놓으면서 층 사이에 과일을 통째 흩어 뿌리면서 계속 쌓는다. 접시에 너무 많은 양을 담지 않는다.

---

12) galantine : 닭이나 송아지고기를 주재료로 만든 서양의 냉요리

- **접시를 캔버스로 간주하고 채워 넣을 음식을 구상**

    예를 들어, 접시에 요리를 담아 서빙해 주는 정찬식사의 경우, 얇게 저며 구운 돼지고기 옆에 완두콩과 으깬 감자를 단순히 놓는 것보다 3가지를 하나로 묶어 제공한다. 감자를 접시의 중앙에 높게 쌓고 돼지고기를 감자 주변으로 돌려가며 놓는다. 익힌 챠이브에 완두콩을 묶어두고, 감자의 다른 면에 비스듬히 기울여 둔다.

- **균형**

    균형 때로는 불균형으로 조화를 맞춘다. 보통 음식은 색이나 크기, 촉감에 의해 시각적인 느낌이 달라진다. 배열은 결속력이 있어 보여야 하는데 접시에 놓인 모든 식재료들이 조화를 이뤄 하나의 제공물처럼 보이도록 배열한다. 다시 말해, 식재료 간에 부자연스럽지 않도록 통일하고, 간결한 느낌을 유지한다.

- **라인**

    강한 라인은 강렬한 인상을 주기 때문에 라인은 매우 중요하다. 강한 라인은 고객의 시선을 요리로 집중시켜 준다.

- **색깔**

    음식을 연출할 때, 촉감과 색깔을 반드시 고려한다. 이목을 최대한으로 끌 수 있도록 노력한다. 예를 들면, 붉은 고추를 길게 감아올리거나 다진 녹색 야채를 연어 위에 놓으면 연어가 더욱 돋보이게 된다.

- **먹기 쉽게**

    방금 전에 만들어진 예술적 음식은 결국 고객이 먹을 것이라는 점을 명심한다. 장식이 너무 화려해서 쉽게 먹을 수 없거나, 음식을 자르기 힘들게 만들어서는 안 된다.

● 특별한 접시에 평범한 음식 담기

크림 치킨이나 칠리 같은 평범한 음식을 특별하고 흥미로운 식기에 담
으면 더욱 먹음직스러운 음식으로 보이게 될 것이다.

■ 표현, 장식 및 배열의 주요 요소

고객의 감동을 이끌어 내는 데 있어서 첫 번째 원칙은 당연히 음식을 맛있게
만드는 것이다. 그러나 음식이 맛있다는 것은 음식 조리에 의해서만 좌우되는
것은 아니고 음식을 연출하는 방법도 중요하다. 즉 음식의 맛은 적절한 조미와
기본적인 조리원칙의 준수, 식재료의 질과 일관성에 의해 좌우된다. 그렇지만
음식의 외양은 무시할 수 없는 매우 중요한 요인이다. 일반적으로 음식의 연출
에 영향을 미치는 것은 음식 배열, 구성, 적합성 그리고 채소나 고기를 자를 때
의 균일성이다. 또한 음식의 연출에 대한 다음 사항들을 명심해야 한다.

● 도안

음식을 연출하는 데 있어서 생각을 조직화하기 위해 그림을 그려본다.
이와 같은 작업은 음식의 위치, 크기, 형태를 결정하는 데 도움이 될 것이다.

● 단순성

단순하지만 매력있는 시각적인 표현을 만들기 위해 노력한다. 즉 큼직하
고 복잡한 구성 대신에 가볍고 우아한 터치를 가한다.

● 맛, 색, 질감의 균형

맛과 색, 질감이 조화를 이루도록 노력한다. 자신만의 독특한 스타일로
장식하고 꾸미는 한편 케이터링에 대한 헌신과 열정이 표현되도록 한다.

- **최대 효과를 위한 다양한 질감 표현**

  음식의 질감, 즉 바삭바삭함, 부드러움, 쫄깃함 등을 다양하게 표현한다. 동시에 강렬한 맛도 지녀야 한다.

- **색과 질감의 혼합**

  색과 질감의 조화를 이루고 고객들의 감동을 이끌어낸다. 요리의 질감과 맛에 영향을 미치지 않고, 불필요한 장식은 피함으로써 조화를 이끌어낸다. 예를 들어, 뜨거운 요리에 곁들이는 음식 아래에 상추잎, 장미 모양의 토마토, 사과로 만든 새, 또는 소스를 곁들인 레몬 왕관과 같은 장식들은 피해도 되는 불필요한 장식들이다.

- **대조**

  색과 촉감의 대조를 만들어 낸다. 예를 들면, 두 가지 야채, 즉 초록색과 다른 색깔의 야채를 제공하여 색의 대비를 이루는 것은 간단하면서도 매우 효과적인 연출법이다. 구운 완두콩에 아주 가늘게 썬 붉은 고추를 올려 장식한다.

- **강조 색상 활용**

  음식의 전반적인 색을 다른 색깔로 강조하여 흥미를 자아낸다. 예를 들어, 사프란 쌀과 순무와 같은 노란색상의 음식을 빨강이나 초록으로 강조한다. 가능하다면 요리를 돋보이게 할 수 있는 강렬한 색상을 활용한다.

- **새로운 아이디어**

  항상 새로운 아이디어를 만들어낸다. 다양한 잡지와 요리책을 탐독하고 자신만의 독특한 장식법과 장식품을 개발한다. 결코 식상하지 않으며, 새로운 것을 늘 연구하고 준비해야 한다.

▣ 고객의 감탄 유도

케이터링을 하면서 고객을 감동시키는 방법은 어떤 것이 있을까? 다음 제안
들은 고객의 감탄을 자아내는 검증된 방법들이다.

• 나폴레옹 애피타이저

나폴레옹 애피타이저는 바삭하고 얇은 페스트리 또는 튀긴 만두피 위에
맛있는 재료를 넣어 쌓아올린 애피타이저이다.

• 전통 멕시칸 딥(dip) 제공시 신선한 볼거리를 시도

7가지 재료를 쌓아올린 멕시칸 딥을 전통적인 방식으로 서빙하는 대신
마티니 잔에 1인 분량씩 음식을 담아 서빙한다.

• 통째로 조리된 생선

머리를 남겨 두고 생선을 바싹 튀기고 굽거나 찐다.

• 치킨이나 가금류

치킨이나 가금류는 나비모양으로 평평하게 벌려서 굽는다.

• 만돌린(mandolin)을 사용

감자를 얇게 썰어서 튀기고 이것을 샐러드의 크루톤[13]으로 사용한다.

• 쌀로 만든 와플

맛있는 애피타이저의 기본 재료로 쌀로 만든 와플을 사용한다.

• 호두와 계피의 달콤한 타말레(Tamale)

옥수수 가루, 다진 고기, 후추로 만든 멕시코 음식인 타말레에 새콤한

---

[13] crouton : 빵을 조그만 조각으로 잘라 튀긴 것

청량음료인 크림 프레스카를 함께 제공한다.

- **꽈배기 모양의 빵에 캐비어를 곁들여 제공**

  보드카 시음기간에 같이 곁들여 제공한다.

- **주요리**

  25cm 크기의 포르치니 버섯에 최소한의 장식을 곁들여 제공한다.

- **연어**

  길게 자른 연어를 서로 교차시켜 정방형 그물 모양으로 만들어 찐다.

- **태국 왕새우**

  조개껍질 위에 왕새우를 얹어 굽고, 큰 바나나 잎 위에 얹어 제공한다.

- **블랙베리와 블루베리 셔벗**

  진분홍빛 튤립컵에 제공한다.

- **줄기 달린 복숭아**

  복숭아에 카타몬14) 바닐라 소스를 넣은 후 레드와인을 넣어서 반숙한다.

- **하트모양의 라비올리15)**

  발렌타인데이 애피타이저로 많이 이용되며, 라비올리에 선명한 빨간 소스를 곁들여 제공한다.

- **식용 꽃과 꽃잎**

  최고의 감동을 위해 식용 꽃과 꽃잎을 샐러드와 후식에 넣어 제공한다.

---

14) cardamom 생강과의 식물

15) ravioli 양념한 고기를 밀가루 반죽으로 싼 요리

● **메뉴**

인쇄물의 힘을 과소평가하지 않는다. 요리를 묘사하는 방법은 음식의 연출에도 중요한 영향력을 미친다. 예를 들어, '전채요리'라고 간단하게 표현하는 대신에 '턱시도를 입은 웨이터가 은접시에 담아 서빙하는 뜨겁고 차가운 다양한 종류의 전채요리'로 언급할 수도 있다. 이와 마찬가지로 메뉴를 단지 '뷔페'로 표현하지 말고, 오히려 '고객 한 분 한 분께 직원이 서빙하는 뷔페'로 표현한다. 또한 메뉴의 가격도 '한 사람당' 대신에 '고객 한 분당'으로 표현하는 것이 더욱 격조 높은 느낌을 준다.

레스토랑 운영 노하우

마케팅 및 가격

▣ 마케팅이 필요한 이유

마케팅은 케이터링 사업을 시작할 때뿐만 아니라 지속하는 데 있어 필수적 사항이며, 기업의 장기적 성공을 보장하기 위해 절대적으로 중요한 요소이다. 영민한 케이터링 사업자의 목적은 제품과 서비스를 위한 새로운 시장을 찾는 것이다. 그러나 먼저, 어떤 시장을 목표로 할 것인지에 대해 심도 있게 생각해 볼 필요가 있을 것이다. 표적 고객에게 최선으로 다가갈 수 있도록 어떤 광고 매체를 선택해야 하는지 또는 어떤 마케팅 접근을 시도해야 하는지 다음과 같은 방법들을 적용해 본다.

• 시장 정의

어떠한 마케팅 프로그램에서든 첫 번째 단계는 지역시장 내 잠재고객을 상세히 분석하는 것이다. 첫째로, 잠재고객의 유형을 결정한다. 즉 규모가 작은 그룹에게 서비스하기를 원하는지 아니면 큰 규모의 이벤트를 원하는지 결정한다. 운영하는 케이터링 사업의 유형을 결정하면, 잠재고객의 분석을 시작할 수 있다. 틈새시장을 결정하기 위해서는 지역 내 인구통계 정보를 알 필요가 있다. 국가통계포털(www.kosis.kr) 같은 사이트를 이용하면 대량의 인구통계 정보를 찾을 수 있다. 인구통계 정보자료를 제공해 줄 수 있는 추가적인 웹주소 목록은 다음과 같다.

> ■ 한국의 주요 통계자료 : 국가통계포털(www.kosis.kr) 사이트는 경제, 인구, 지리 그리고 가정 통계를 포함해 인구조사 데이터를 찾고, 검색을 하며, 지도화(mapping)하는 것을 가능하게 해준다.
>
> ■ 한국외식연감 : 한국외식연감은 외식산업분야와 관련한 각종 통계치를 제공한다.
>
> ■ 한국무역협회, 국내 무역과 서비스에 관한 통계 요약 자료 : www.kita.net의 웹문서는 판매종사원들, 종사원 임금대장 그리고 기타 비즈니스 통계자료들을 제공한다.

• 경쟁상대 정하기

경쟁상대에 대해 가능한 많은 정보를 수집하고, 그들이 특히 어떤 점에서 성공적이고 강점인지를 파악한다. 전화번호부에서 식음료서비스 업체들을 찾아 전화해서 메뉴 사본을 우편으로 보내줄 것을 요청하는 한편, 어떤 종류의 이벤트들을 특별하게 제공하고 있으며 최근에 어떤 고객들을 상대하는지를 간접적으로 파악해 본다.

• 케이터링 행사 경험

예술 행사 개관이나 펀드 기금 증액 행사 등이 있을 때 가능하면 참가하도록 한다. 식음료서비스가 제공되는 행사에 참석해 봄으로써 경쟁상대를 파악하고 자사 이벤트를 구상할 수 있다.

• 케이터링 서비스 사업자와의 대화

일반적으로, 식음료 산업은 매우 경쟁적이다. 그러나 특정 케이터링 운영에 있어 직접적인 경쟁관계가 아니더라도 케이터링 대표나 매니저가 의견을 서로 교환하는 것만으로도 유익한 정보를 획득할 수 있다.

• 경쟁자 관련 정보원

다음의 내용은 경쟁에 대한 다른 정보원들이 될 수 있다.

■ **전호번호부** : 이것으로 적어도 경쟁자들의 숫자와 위치를 알 수 있다.

■ **상공회의소** : 여기에서는 종종 지역 사업체 명단을 가지고 있다. 그러나 이 명단을 사용하는 데는 주의를 기울여야 한다. 왜냐하면 이 목록들은 종종 지역에 있는 모든 사업체 목록이라기보다는 회원에 가입한 사업체 명단에 불과하기 때문이다.

■ **상거래 잡지** : 특별히 지역적인 거래 정보를 취급한다면 경쟁자 정보원이 될 수 있다.

■ **지역신문들** : 상업광고와 구인광고로부터 경쟁업체에 대한 감을 잡을 수 있다. 대부분의 지역광고지는 많은 식당들에 대한 가격과 메뉴 등 각종 정보들을 알려준다.

■ **한국 음식업중앙회** : 한국 음식업중앙회에서 보유하고 있는 다양한 성과물과 예상 매출 목표 그리고 종사원 숫자 등 등록 회원 음식점의 정보들을 찾을 수 있다.

▣ 고객 정의하기

시장을 정의하는 것과는 별도로, 고객 특성을 정의할 필요가 있다. 예를 들어, 결혼 피로연 혹은 기업 단체행사를 목표로 하는가? 맞춤형 요리 혹은 좀더 가정적이고 일상적인 형태의 음식에 초점을 두는가? 아래에 고객 정보를 이끌어내는 방법들을 제시한다.

• 잠재고객과의 인터뷰

케이터링 사업의 특징과 표적 시장을 결정하였다면, 고객이 될 가능성이 있는 사람들과 인터뷰를 한다. 그 대상은 친구 혹은 이웃 주민이 될 수도 있다.

● 상거래 잡지

월간식당(www.foodbank.co.kr), 쿠켄(cookand), 에쎈(www.essen.ismg. co.kr) 같은 잡지들은 일반적인 고객 정보를 위한 좋은 정보원이 된다.

● 케이터링 산업의 전문 잡지와 웹사이트

우리나라에는 케이터링 전문 잡지가 없지만 미국의 경우 '케이터소스 전문지(CaterSource Journal)'가 있다. 이 잡지는 케이터링 사업자들을 위한 여러 가지 지원 정보들을 제공한다.

▣ 사업계획과 시장 분석

사업계획서의 일부로서 시장 분석 부분을 기술할 필요가 있다. 이 부분은 전형적인 고객을 설명하고, 표적시장을 정의하며, 사업을 촉진시키기 위한 광고 방법, 가격 전략과 성장과 확대의 가능성에 대한 생각들을 담아야 한다. 사업계획서는 사업 시작에서 매우 중요한 문서이므로 단순히 즉흥적으로 작성하지 말고 전문가의 조언을 구하는 것이 좋다. 따라서 직접 작성할 수도 있지만 컨설턴트를 고용하여 사업계획서를 작성하는 것도 좋은 방법이다.

● 중소기업협회

이 연합회는 사업계획서를 작성하는 방법을 포함한 풍부한 정보를 담고 있는 '소규모 경영을 위한 자원 목록'을 제공한다. 무료 복사를 위해 가까운 협회 사무실에 연락하거나 중소기업청(www.smba.go.kr)에 로그인해 본다.

● 퇴직경영자 자원봉사단

이 단체는 워크숍과 무료 카운슬링을 제공한다.

- **비즈니스 정보센터**

    이 센터들은 사업을 위한 자원과 현장 카운슬링을 제공한다. 중소기업
    협회 개발 프로그램과 서비스에 대해 좀더 알고자 한다면 중소기업중앙
    회(www.kbiz.or.kr)에 접속해 본다.

▣ 사업계획 마케팅

사업계획을 마케팅하는 것은 초기 단계에서 특별히 중요하다. 서둘러 진행하
려고 하지 말고, 양질의 광고에 투자해야 한다. 또한 마케팅 비용을 효율적이고
생산적으로 사용해야 한다. 마케팅의 효과는 항상 돈의 형태로 보상되는 것은
아니다. 간혹 명성으로 보상되는데 명성은 경제적 보상과 대등한 가치를 지니
며, 궁극적으로는 더 가치로울 수 있다. 여기에서는 마케팅에 대한 유용한 몇
가지 조언들을 모아 놓았다.

- **고객의 욕구에 민감**

    케이터링 사업을 마케팅할 때 왜 고객들이 케이터링 식음서비스를 받기
    원하는 것인지를 이해해야 한다. 정성이 담긴 요리를 원하는 고객들 중 많
    은 수가 그들이 수준 높은 케이터링을 이용할 수 있다는 것을 과시하고 싶
    어하기 때문에 이와 같은 과시욕을 만족시킬 수 있는 서비스를 마케팅한다.

- **간접 마케팅**

    고객은 작은 것에 감동받고 그 감동은 '품질서비스'의 명성으로 이어질 수
    있다. 만족한 고객은 그들이 받은 서비스가 얼마나 훌륭한 것이었나에 대
    해 구전을 하게 되며 이것은 확실히 장기적인 면에서 이익으로 돌아온다.
    예를 들어, 가정 요리사로서 일을 한다면 아침식사용 머핀을 준비하여 귀가
    하는 고객들에게 작은 답례 표시로 선물한다.

- **결혼행사**

　만약 결혼식 행사 식음서비스에 관심이 있다면 화훼장식가들, 백화점 부서장, 음악가들, 결혼식 예약 담당자들을 접촉하고 싶어 할 것이다. 또한 결혼행사를 계획하는 업체들을 위해 만들어진 웹사이트에 케이터링 업체를 회원 등록할 수도 있다.

- **기업체 케이터링**

　지역 안의 모든 회사들을 접촉한다. 상공회의소는 지역 내에 있는 모든 기업체 명부를 제공한다. 또한 기업 고객들은 우선적으로 필요와 편의에 따라 구매를 하게 된다는 점을 명심한다.

- **네트워킹**

　시민단체(로터리, 라이온스), 교회 그리고 동창회 모임, 동호회 등의 그룹들에 가입해 활동적인 멤버가 된다. 그러나 그들에게 케이터링을 구매하도록 요구하지 말아야 하며, 가입 목적은 이 사람들과 첫째로 관계를 구축해 나가는 것이라는 점을 기억한다. 같은 동호회 회원들이 구매를 할 준비가 되었을 때 자연스럽게 연락할 수 있도록 해야 한다.

- **캠페인형 마케팅 가능성 조사**

　캠페인형 마케팅은 지역사회 내의 자선단체를 도와줌으로써 회사는 자선행사를 통해 손쉽게 광고효과를 얻는 것을 의미한다. 모든 도시에는 공공 라디오 기금 운동, 기금 마련 걷기대회 등 다양한 행사가 있다. 전화 응답 자원봉사자를 위해 무료 점심을 제공하는 것이나 걷기 모금활동의 참여자에게 간단한 간식을 제공하는 부스를 설치하는 것 등을 고려해 본다.

- **지역사회 서비스 조직과 관계 형성**

  사업체에 대한 일반 대중의 인지도를 긍정적으로 활성화시킨다. 예를 들어, 그 지역의 집 없는 사람들과 함께 중고의류 바자회를 전개할 수도 있고, 고객과 직원들과 함께 걷기 대회에 참가해 본다. 자선행사시 레스토랑의 공간을 대여해 주고 직원을 성금 모금 자원봉사자로 일하도록 배려함으로써 업체의 선행을 지역사회(상공회의소, 지역 성직자들, 동창 모임 혹은 다른 시민단체)와의 접촉을 통해 알린다.

- **광고 대행 미디어 결정시 소규모 주간지를 활용**

  소규모의 주간지와 같은 신문들은 주요 출판물이나 텔레비전 방송국보다 적극적으로 기사거리를 찾아다닌다. 접촉할 미디어를 결정하고 나면, 보도자료를 준비하고 위에 언급한 대로 진행한다.

- **미디어와 작업**

  비즈니스 혹은 식당 전문 기자가 누구이며, 연락하기에 가장 적절한 시기가 언제인지를 알아내기 위해 신문사에 전화해 본다. 그 다음에 적절한 시기에 맞춰 담당자와 전화 통화를 한다. 이때 짧고 친근하며, 요점 중심으로 기사 내용을 알려 준다. 편집장들은 광고주들을 위해 기사를 게재해 주지 않기 때문에 신문에 사업체를 광고한다는 것을 말해서는 안 되며, 편집자나 리포터들에게 선물을 보내면 뇌물로 생각할 수 있으므로 조심한다. 그들과 적대적인 관계가 되어서는 안 되며, 케이터링 사업과 관련하여 부정적인 비난을 하지 않도록 한다.

- **웹 마케팅**

  케이터링 사업을 마케팅하기 위해 몇 개의 온라인 포털사이트에 케이터링 업체를 등재하고 웹 마케팅 활동을 전개한다.

▣ 마케팅 도구

새로운 고객들을 모집하는 데 다소 시간이 걸리더라도 올바른 방법으로 마케팅하는 것이 사업 확대를 위해 효과적일 수 있다. 언론 보도, 매체 할당, 메일 캠페인과 전화 권유 등으로 표적시장에 접근한다. 오늘날 웹사이트는 반드시 구축해야 한다. 일부 극소수의 회사들만이 광고에 사용할 충분한 예산을 가지고 있을 뿐이며 다수의 식음서비스 업체들은 혁신적이며 비용이 적게 드는 마케팅적인 접근방법을 모색해야 한다. 많은 마케팅 컨셉이 최소의 비용으로 완성될 수 있다. 더불어, 광고에 일정액의 지속적인 투자는 필요하다. 이는 지역 시장에서 사업을 가능한 최대로 노출되도록 하기 위해서이다. 다음의 마케팅 도구들을 고려해 본다.

- **포트폴리오 작업**

  고품질의 카메라를 구입하고 케이터링에서 서비스하는 모든 독특하고 차별화된 이벤트를 사진에 담는다. 사진촬영이 취미인 직원을 이용할 수 있고 그 작업에 대한 대가를 지불한다. 사진 안에는 유니폼을 입은 직원, 진열된 음식 그리고 음식을 맛있게 먹고 있는 고객의 모습이 담겨 있어야 한다. 브로셔나 우편 안내장에 사용하기 위해 가장 잘 찍은 사진들을 선정하여 여러 종류의 카탈로그를 개발하고, 대외홍보용 메뉴와 함께 조리사나 운영팀의 인물 소개 등을 내용으로 담는다. 추천사 또한 중요한 항목이다. 그러나 독자를 지나치게 압도하는 것처럼 보이는 포트폴리오 작업은 지양한다.

- **브로셔의 활용**

  많은 케이터링 사업자들은 브로셔를 과도하게 활용한다. 일등급 브로셔에는 컬러 사진과 홍미로운 내용들을 담아야 한다. 먼저 독자에게 사업 운영 경력, 저명한 고객들, 수상 경력 등을 독자에게 알림으로써 신뢰감을 준다. 사업체에서 제공하는 음식과 서비스에 대한 정보를 담고 서비스를 보증하는 문구도 삽입한다. 브로셔는 읽기 쉽게 만들고 가능한 간략하게 메시지를 전달한다.

● **명함과 다이렉트 메일 광고**

명함과 다이렉트 메일 광고(DM)[16]는 고객을 유인하는 오래된 방법이다. 근처의 기업 사무실들에 광고 전단을 보내고, 최근 사업자 명단을 확보해야 하므로 주기적으로 지역 상공회의소의 최신자료를 확인해 본다. 명함과 사무용품은 서비스업체의 이미지를 반영해야 하며, 직원들은 유니폼 셔츠나 재킷 주머니 안에 명함을 넣고 다니다가 재빨리 꺼낼 수 있도록 해야 한다. 다이렉트 메일은 업체의 로고가 새겨진 작은 봉투에 케이터링 업체의 메뉴 목록, 브로셔, 사보 그리고 판촉자료들을 넣어 고객에게 발송한다.

● **구전**

촉진할 필요가 있는 가장 중요한 마케팅 도구는 구전이다. 앞서 발전해 나가는 열쇠는 바로 고객과 연결고리를 만드는 것이다. 대형 혹은 차별화 된 연회를 제공할 때마다 관련 상거래 출판물에 사진과 함께 이벤트의 설명 자료를 실어 교역단체나 기업에 보낸다. 고객이 이벤트에 만족하고 있으면, 몇 마디의 추천사를 얻어내도록 하고, 이때에는 카탈로그나 브로 셔에 그 고객들의 추천문구를 사용해도 좋을지에 대해 물어본다. 대부분 의 신부들, 기업들 그리고 기타의 고객들은 무명의 케이터링 사업자와 접 촉함으로써 발생할 수 있는 혼란을 원치 않을 수 있다. 사실, 많은 케이터 링 사업자들은 만족해 하는 의뢰인과 손님들의 호의적인 피드백에 기초

---

16) direct mail campaigns : DM으로 알려져 있다. 광고주가 선정한 사람에게 우편물 광고, 우송 광고, 직접 광고, 통신 광고 등을 하는 것

하여 마케팅 계획을 완성한다. 다른 케이터링 사업자들도, 당신과 마찬가지로, 최근의 행사를 훌륭하게 대행했다고 생각할 것이다.

• 효과적인 보도자료 작성

적어도 일 년에 여섯 번 정도의 보도자료를 작성한다. 지역신문을 읽고 라디오 방송을 들으며, 그들이 다루고자 하는 것이 무엇인지를 파악해야 한다. 이를 통해 관련 기사는 짧고 핵심만을 언급한다. 가장 중요한 정보는 보도자료의 서두에 적는다. 그리고 메시지를 명확하게 작성한다. 기사를 요약한 헤드라인을 기사 머리에 적어 넣고 행사 사진을 넣는다. 보도자료를 쓸 때 자신을 매체에 대한 리포터라고 생각을 하고 작성을 해야 하는데, 즉 객관적이어야 하고 육하원칙에 맞게 작성해야 한다.

• 간판, 로고 그리고 업체명

쉽게 알아볼 수 있고 전문적으로 보이는 간판과 로고에 투자한다. 자신의 이름을 따서 회사명으로 사용하려고 한다면, 예비 사업체명을 여러 개로 제시하고 이들의 간판, 로고 등을 여러 개씩 만드는 번거로움을 덜 수 있다.

• 시식코너 마련

잠재고객에게 음식 샘플을 제공할 것을 고려한다. 이를 통해 얻을 수 있는 큰 이점은 케이터링 사업자들이 실제로 예상 고객과 마주 앉아 메뉴에 대해 토론하고 시간을 보내는 과정에서 사업 성장 기회가 높아질 수 있다.

• 요리 교실

또 다른 유용한 마케팅 도구는 요리수업시간을 제공하는 것이다. 케이터링 시설에서 요리 교실을 운영하는 형태가 될 수도 있고 대중에게 노출 기회를 더 높이기 위해 쇼핑몰의 작은 간이 판매대 같은 곳에서 시범을 보일 수도 있다.

■ 인터넷과 전자상거래

인터넷은 국내외 케이터링 시장에서 새로운 기회를 열어준다. 웹사이트는 흔히 사람들이 특별한 제품이나 서비스들을 찾을 때 들여다보는 첫 번째 관문이다. 최근, 대다수의 잠재고객들은 의문사항이 생기면 먼저 인터넷 검색하여 해답을 찾고 있으며 이 추세는 더 증가할 것이다. 웹사이트는 사실상 당신의 서비스를 소개하는 중요한 역할을 할 것이다.

• 전문 웹 디자이너와 카피라이터를 고용하여 홈페이지 구축

케이터링 시장에서 웹사이트를 가지는 것은 명백한 필수 요건이다. 전문가를 고용하여 방문자 수를 높일 수 있도록 웹사이트 내용을 구축해야 함을 명심한다. 웹사이트들은 최소한의 비용으로 극도의 효과와 노출을 제공할 수도 있다. 그리고 확실히 가장 간단하면서도 효율적으로 잠재고객들과 커뮤니케이션할 수 있는 방식이다. 국내 포털사이트에서 '홈페이지 구축 회사'를 검색해 본다. 이 회사들은 전문적으로 웹사이트를 개발해 주는 업체들로 케이터링 업체를 광고하고, 수익을 올리며, 고객들을 유인하고, 판촉활동을 하며, 판매와 수익을 증대할 수 있도록 고객의 요구에 맞추어 적정 가격으로 웹사이트를 만들어 줄 것이다.

• 웹사이트에 다양한 행사 사진과 포트폴리오 첨부

이를 통해 케이터링 업체는 여러 가지 성과를 알릴 수 있을 것이다. 만족해하는 고객들의 사진들을 웹에 올린다고 해서 해가 될 일은 결코 없으며, 이 사진들은 결국에는 케이터링 업체의 수익을 올리는 데 큰 가치를 발휘할 것이다.

▨ 판매와 매출 결산

판매는 마케팅과 함께 케이터링의 성공적 운영을 위한 필수 요소이다. 그러나 전반적인 판매 전략을 결정하기 전에 먼저 표적 고객층에 대해 집중 분석을 할 필요가 있다. 먼저 시장의 수준을 어디에 둘 것인지를 결정한다. 즉 사업이 적합한 고객의 유형을 설정하고 고객을 정해야 한다. 거래 가능성이 없는 소비자를 대상으로 마케팅하는 것보다 의미 없는 일은 없다. 이를 위해 다음과 같은 방법들을 시도해 본다.

● 적합한 고객부터 시작

어떤 고객들은 케이터링 업자에게 신뢰감을 인식할 때 마음을 놓는다. 그러나 일부 고객은 결코 쉽게 마음을 열지 않을 것이다. 후자 유형의 고객들에게 판매 시도에 열중하여 시간낭비를 하지 않도록 한다.

● 지불

고객이 서비스에 대한 지불 능력이 있는지를 재빨리 그리고 신중하게 파악해야 한다. 고객의 지불 능력에 의심이 가는 경우, 경쟁업체를 소개시켜 주는 것도 한 방법이다. 약속된 예약금이 정해진 날짜에 입금되지 않을 경우 특히 주의를 기울인다. 이미 행사 준비가 많이 진행된 경우라면, 고객이 좋고 나쁨을 떠나 더 이상의 행사 진행을 거부해야 한다. 무리한 약속으로 케이터링의 전반적 운영에 해가 되지 않도록 한다.

● 영역 구분

한 번에 여러 개의 표적 시장을 마케팅한다면 마케팅 전략과 직원을 세분화하는 것이 필요하다. 많은 회사들이 영업직원들을 기업 담당 혹은 개인 담당 케이터링으로 세분화하든지 혹은 결혼, 리셉션, 디너 또는 특별한 엔터테인먼트 관련 이벤트와 같은 행사 유형별로 세분화한다. 전문분

야의 전문 직원을 육성하여 그 분야의 전문성과 특정 직무수행에 친숙감
을 높일 수 있도록 만든다.

• 전문화

케이터링 사업에서 어떤 유형의 이벤트를 가장 잘 해 내는가? 경쟁업체
와 비교하여 경쟁 이점은 어디에 있는가? 예를 들어, 대규모 연회(약 500
명 규모)를 이익이 나게끔 운영할 수 없다면 표적 리스트에서 그 규모의
고객들을 지워버리고 싶을 것이다. 반면에, 사업체가 우아한 결혼리셉션
을 치를 전문 지식과 설비를 가지고 있다면 시장 세분영역은 적절한 규모
의 매출이 가능하도록 표적화되어야 한다.

• 선두로 발전 및 유지

모든 분석과 전략은 궁극적으로 유형적인 산물과 이익금 발생으로 전환
되어야 한다. 판매 결산을 하는 첫 번째 단계는 선두를 만들어 내는 것이
다. 가장 성공적인 영업직원들은 공격적으로 리드를 만들어 내고 추구하
는 사람들이라는 것을 기억한다. 고객 정보를 데이터베이스화할 때 이름과
주소뿐만 아니라 얻어낼 수 있는 모든 정보를 포함시키고, 잠재고객들과
가졌던 접촉 내용들을 모두 자료화한다. 영업 직원이 향후의 판매와 연관
된다고 느끼는 신변 코멘트와 같은 사소한 내용도 포함되도록 한다.

• 가능한 많은 수의 고객 명단 보유

고객 명단 확장은 선점 선전물 보내기, 광고 그리고 때때로 공격적인
전화걸기를 통해 달성될 수 있다. 사활이 여기에 걸려 있는 만큼(물론 사
실이다) 적극적으로 일을 수행한다. 가장 성공적인 영업인력은 가장 화사
한 웃음을 짓는 사람도 가장 우아한 프레젠테이션을 하는 사람도 아니며
가장 꾸준하게 일하는 사람인 것이다. 고객 정보를 얻을 수 있는 한 가장

빠르게 어떤 행사나 단체들이 케이터링이 가능한 지역으로 오는지에 대해 많은 관심을 갖도록 한다.

• 새로운 고객을 개발하기 위해 현재 고객을 이용

선두로 도약하는 주요 방법 중 하나가 현재 고객과의 접촉을 통해 네트워크를 형성하는 것이다. 고객이 진행된 이벤트에 만족하면 몇 마디의 추천사를 얻어내고, 어떤 경우에는 판매 카탈로그나 브로셔에 고객 평가를 사용해도 좋은지를 물어본다. 대행한 행사에 영향력이 있는 참석자들은 모두 데이터베이스에 포함시키도록 한다.

• 사후 점검

주최했던 연회에서 소개받았던 사람과 사후 연락을 취하는 것은 전혀 문제가 되지 않는다. 케이터링 업체가 고객들과 거래하기를 원하고 이를 감사하게 여긴다는 것을 고객이 잊지 않도록 열심히 활동하는 것은 당연한 일이다. 덧붙여 그들이 다른 케이터링 사업자와 접촉하는 것을 꺼리게끔 만들어야 한다. 어느 회사나 가지고 있는 가장 중요한 자산은 평판이다. 평판을 보호하고 평판을 활발하게 홍보한다.

▣ 가격 책정시 고려요건

모든 케이터링 행사는 협상이며 관계이다. 가격 잠재력을 극대화하기 위해서, 먼저 고객에게 무엇이 중요한 것인지를 명백히 알아내야 한다. 가격에 상관없이 상당한 계획이 요구된다. 케이터링 사업자가 고객으로부터 얻어낼 수 있는 것은 오직 정보뿐이며, 만족해 하는 고객이 없으면 비즈니스도 없다. 케이터링 사업자와 고객이 모두 만족하기 위해서 전체 과정을 통해 원활하게 의사소통을 하는 것은 필수적 요소이다. 가격을 협상할 때 다음의 문제들을 고려한다.

• 일인당 비용에 포함되어야 할 요소들

일인당 청구비용은 공간 임대비용을 포함한다는 것을 명심한다. 고객들은 영업 항목에 이런 부분이 적혀 있는 것을 원치 않으므로, 목록을 추가하는 대신에 전체 비용에 포함시킨다. 그러나 주류는 일반적으로 일인당 가격에 포함되지 않고 소비량을 기준으로 별도로 가격을 지불하게 되며, 다만 오픈 바[17] 캐시 바[18] 그리고 가격에 큰 차이가 있는 하우스 브랜드 주류 또는 고급 브랜드 주류 등을 선택 사항으로 제시한다. 부가적으로 공급되는 서비스는 기본 견적 항목에 추가하여 청구한다. 기본적인 린넨류는 일인당 가격에 포함되지만 테마를 지닌 특별한 린넨류는 추가비용을 지불해야 한다. 의자 커버와 다른 편의 설비도 같은 형식으로 청구된다.

• 기타 추가 비용을 모두 청구

대여, 마진, 서비스 비용, 할인과 기타 비용에 관한 가격 결정을 하는데 있어, 야외 출장 케이터링 사업자들은 위 비용 이외에 다른 추가 비용들이 더 들어가는 경우를 겪게 된다. 이러한 비용들을 모두 청구서에 포함시킨다. 예를 들어, 운송비용에는 운반수단을 구입하는 비용이나 임대하는 비용 등을 포함시킨다. 또한 주유, 주차료, 통행료, 보험 그리고 주차 티켓이나 견인 비용 등도 계산에 포함시켜야 한다. 프라이팬을 감싸는 플라스틱 랩, 접시 세척용 세제, 상자, 알루미늄 호일, 플라스틱 장갑 그리고 행주 같은 소모품들은 흔히 간과하기 쉬운 비용들이다.

• 정교한 출장 케이터링일수록 추가비용 청구

어떤 행사들은 추가비용 지불을 기정사실화해야 한다. 예를 들어, 한강 가운데서 열리는 선상 이벤트는 실내 연회보다 더 복잡하고 추가인력도

---

[17] open 바 : 무료로 음료를 제공하는 바
[18] cash 바 : 유료로 음료를 제공하는 바. 즉 음료를 마시는 사람이 비용을 지불

더 필요하다. 당연히 평범하지 않은 이벤트에는 추가비용이 더 청구되어야 한다.

- **행사장 세팅과 가격**

  고객이 지불하기로 동의하는 것 이상으로 행사장을 결코 준비하지 않도록 한다. 고객의 지불금액 안에는 서비스 종사원과 주방 종사원의 활동에 대한 인건비가 포함된 것이다. 행사장의 편의를 위해 여분의 테이블을 세팅할 경우 고객들은 실제 계약한 식사보다 더 많은 수의 식사 제공을 기대하게 되므로 이로 인해 마찰이 생길 수도 있다. 업체에서 확고한 규정을 세워놓지 않았다면 행사장 세트 변화를 통해 고객과 가격 논쟁에 빠지지 않도록 유의한다.

- **거래 확정하기**

  가격이 확정되면 고객에게 행사의 세부사항을 점검하고 확정짓도록 요청한다. 또한 이 때에 고객에게 서비스되는 예상 고객 수와 이미 동의된 음식과 음료들의 개별적인 양을 계약서를 통해 확인하도록 요청한다.

- **보증**

  얼마나 많은 손님들이 음식을 먹든지 관계없이 고객이 지불하는데 동의한 손님수를 근거로 매출 보증을 받아야 한다. 일반적으로 계약서에는 보증내역을 계약 손님수의 5%를 초과하여 명시하는데 이는 식음업자가 예상보다 많은 고객의 참여에 대비하여 음식을 준비하는 데 동의한 정도이다. 어떤 식음업자들은 행사 24시간 전에 예약식수의 변경을 요청하면 자동적으로 계약식 수와 보증식 수를 계산하여 수정할 수 있다는 조항을 구체적으로 명시하기도 한다.

- **팁**

  몇몇 식음업자들은 청구서에 서비스하는 인력에 대한 팁 비용을 추가하기도 하고 몇몇은 하지 않기도 한다. 일반적으로 팁은 전체 음식과 음료 비용의 15~25% 정도이다.

▨ 가격책정 가이드라인

일부 케이터링 사업자들은 일인당 가격에 음식과 음료에서부터 식기와 식탁보 등에 이르기까지 모든 비용 또는 대부분의 비용을 포함시킨다. 일부 사업자들은 음식과 음료 이외의 비용을 개별 마진항목으로 간주해 개별 견적 항목에 넣고, 일인당 가격은 음식과 음료에 국한하여 계산한다. 그러나 어떤 방법을 이용하든 간에 케이터링 사업자들은 유사한 목적을 갖는다. 즉 합리적인 이익을 위해 충분히 남은 잔여물에 대한 비용을 보상해 주는 것이다. 가격 결정을 하는 바람직한 기술은 수익을 올리기에 충분할 정도로만 청구를 하는 것이며, 대부분의 제안서에 대한 기회 상실을 할 정도로 과도하게 하는 것은 아니다.

- **케이터링 행사에 대한 전형적인 청구 방법**

  식음업자들은 일반적으로 행사시 일인당 금액으로 청구를 한다. 요율은 행사의 유형과 음식에 기초하여 다양하다. 점심 연회 같은 경우 일반적인 가격의 범위는 15,000원에서 30,000원 정도이다. 저녁은 20,000원 정도까지 떨어질 수도 있다. 그러나 일인당 10,000원까지 하는 경우도 있다. 식음업자는 간접비와 손익분기점이 얼마인지를 알고 있어야 하며 사업을 영위하기 위해 이 금액보다 더 많이 청구해야 한다. 논리적으로 숫자가 늘어나면 날수록, 이익은 더 커지게 된다. 이러한 이유에서 대형 식음시설에서 '최저 금액' 정책을 운영한다. 예를 들어, 업체는 간접비를 충당하고 적정 이익을 보기 위해서 일인당 15,000원에 최소 250명의 예약 인원수를 보증해야 한다고 요청한다.

• 뷔페와 리셉션의 가격 결정

손님 수 혹은 제공한 서비스 건수에 따라 청구한다. 여기서 서비스 건수로 청구한다는 의미는 구체적으로 명시된 품목을 특정 수량만큼 제공하고 세팅하기로 약속한 서비스 항목을 의미한다. 고객이 필요하다거나 혹은 원한다거나 아니면 그 이상으로 요청한다면 이러한 추가내역을 고객에게 청구해야 하며 이러한 요청에 미리 대비해 둔다. 고객의 추가 주문에 미리 대비하여 요리사에게 제공하기가 용이한 메뉴 품목 리스트를 만들 것을 요청한다. 물론, 미리 준비한 것들이 고객에게 필요치 않게 되는 경우 그 비용을 고객에게 전가할 수가 없기 때문에 일정 금액과 음식을 낭비하게 될 수도 있다.

• 뷔페 식사 가격 결정

뷔페 식사에서 가격은 일반적으로 고객 일인당으로 책정된다. 실제적으로 제공된 숫자를 결정하기 위해 그릇 수를 세는 방법이 있는데 행사의 직전과 직후에 그릇 수를 세워두어야 한다. 뷔페 식사는 때때로 보증 식수와 예약 식수가 있고, 의자를 사용한 숫자에 의해 식사가격을 청구하기도 한다.

• 고객이 가격 인하를 요구하는 경우

흔히, 견적가격의 인하를 요구받게 된다. 바람직한 원칙은 행사에서 다른 부분을 감하는 것이 없을 경우 가격을 인하해 주지 않는 것이다. 가격 인하가 불가피할 경우 전체 요리에서 해산물 대신에 닭과 같은 비교적 값싼 요리로 대체한다든지 아니면 3~4가지의 전체 요리를 2가지로 제한하는 것을 협의할 필요가 있다.

● 케이터링 행사에 대한 가격 결정의 일반적인 접근방법으로서 다음과 같은 가이드라인들을 고려해 본다.

> ■ 첫째, 경쟁자들이 같은 서비스에 대해 얼마를 청구하는지를 알아본다.
>
> ■ 둘째, 음식을 만들어 내는 데 들어가는 비용을 결정한다.
>
> ■ 간접비와 인건비를 계산하기 위해 특정 조리에 필요한 총원가를 구한다.
>
> ■ 임대료, 보험료, 사업소득세, 설비, 감가상각, 기타 등과 같은 연간 전체 비용 (음식과 관련된 비용은 제외)을 추가한다. 이런 전체 비용을 가지고 일별 간접비용을 유추해낼 수 있다.
>
> ■ 같은 방법으로 인건비를 계산한다.
>
> ■ 손쉬운 가격 결정 방법 : 좀더 쉬운 방법들은 단순히 재료비에 3배를 곱하거나 4배를 곱해서 소유주가 원하는 수익금에 도달하는지를 확인하여 결정하는 방법이다. 예를 들어, 특정 음식의 준비시간에 따라 어떤 경우에는 재료비의 3배가 될 수 있고 어떤 경우는 재료비의 4배로 가격을 책정할 수 있다.

레스토랑
운영
노하우

예산과 회계

▣ 회계시스템

고객과 더불어 예산을 이해하면, 고객 만족과 사업체에 수익 창출을 위한 메뉴를 계획하는 데 도움이 될 것이다. 아름답고 정교한 연회를 계획하고 수행하여 손님들에게 좋은 인상을 남겼지만, 금전적인 면에서는 손해를 본 행사를 제공했다면 당분간은 자랑거리가 될 것이나 성공의 척도인 수익성 측면에서 보면 실패한 경우이다. 아래에 이익을 창출하는 데 도움이 되는 몇 가지 잘 알려진 비법을 제시하였다.

- **전산화**

    케이터링 운영 규모나 유형에 상관없이 케이터링의 운영에 전산화가 되어야 한다. 적어도 어느 정도까지는 컴퓨터의 활용 없이는 성공적으로 경쟁해 나가기가 매우 어렵다. 오늘날 컴퓨터나 회계 프로그램에의 투자비용은 백만 원에서 2백만 원 정도면 된다. 전산화를 위한 투자를 통해 회계비용의 절감과 경영상의 통찰력을 향상시킬 수 있다.

- **(주) 카드밴넷의 포스시스템**

    일반 식당 및 전문 레스토랑에 적용 가능한 포스시스템으로 인력관리, 매장관리는 물론이고 매출관리를 정확히 수행할 수 있다(www.firstdatapos.

co.kr). 카운터에서 자동등록하면 주문내역이 자동 출력되고 현금, 카드, 외상 포인트 결재도 가능하다. 배달관리, 예약관리, 테이블 이동배치 등 사용자 편의에 맞게 설계되어 있다.

▣ 회계 차트

레스토랑 회계는 특정한 과정을 요구하는데 기본적인 것에 집중을 해야 하며 다음과 같은 방향으로 실행하는 것이 적절하다.

● **수입과 비용을 기록하는 데 사용하는 회계는 다음과 같은 항목들을 포함한다.**

● **수입 회계**

■음식 수입	■음료, 바(바) 수입
■장비 설치에 의한 수입	■화훼와 장식 수입
■음악과 엔터테인먼트 수입	■기타 서비스에 대한 수입

● **수입 비용(판매 회계의 비용)**

■판매 비용 : 음식	■판매 비용 : 음료, 바 설치 비용
■판매 비용 : 장비	■판매 비용 : 화훼와 장식
■판매 비용 : 음악과 엔터테인먼트	■판매 비용 : 기타 서비스

● **임금 및 관련 비용(직접 운영비)**

■유니폼	■세탁비	■수선비
■소모품비	■교통비	■면허와 허가비
■잡비	■광고판촉비	
■설비비	■부가세 납부비	

● **일반 경비**

> ■사무용 소모품, 인쇄, 우편비　■통신료
> ■인터넷 사용료　■지급수수료와 구독료
> ■보험료　■협회 가입비
> ■수선 및 유지보수료　■임대료와 리스료

▨ 예산의 기본 요건

성공적인 식음업자는 항상 행사의 매출과 비용의 균형을 맞출 수 있는 사람들이다. 그러나 회계 관련 사무를 해본 경험이 없는 사람에게는 어떻게 진행해야 할지 두렵기만 할 것이다. 따라서 여기에서는 예산과 회계의 기초를 잡아나가는 데 도움이 될 만한 몇 가지 사항을 설명하고자 한다.

● **매일의 운영을 토대로 한 기록체계**

수입과 비용은 발생 즉시 매일 기록한다. 최근의 수입·지출 기록을 유지하지 않고 회계내용을 누락시킬 경우 정부로부터 과징금을 부과받을 수 있다.

● **총수익 대비 순이익**

총수익 대비 순이익은 중요한 회계개념으로 이 내용을 잘 파악할 필요가 있다. 총수익은 행사를 통해 발생된 수입매출액에서 행사를 수행하는 데 지불된 식재료비, 음료원가, 꽃장식비 등과 같은 직접 비용을 차감하고 남은 금액이다. 총수익으로부터 기타 운영 경비를 공제하면 세전 순이익이 나오게 된다.

● **간접비**

사업상 어떤 항목들이 간접비에 속하게 되는지를 파악하는 것은 매우 중요하다. 즉 임대, 장비 리스 지급, 인건비, 보험료, 구입된 장비 등이 간접비에 들어가며 아래와 같이 두 가지 산출 방법이 있다.

> ■첫 번째 계산방법은 달력에 기초하여 계산 : 세금과 일반경비를 포함해서 연간 전체 간접비를 더한 후 12개월로 나누어 산출한다.
> ■두 번째 방법은 금액 백분율을 산출 : 직접 행사비, 간접비, 세금 그리고 순이익 등에 대한 매출액 기준 백분율을 산출하여 예상한다.

• 공인회계사가 대신할 수 없는 업무

회계시스템은 공인회계사로 대신해 줄 수 없다. 공인회계사는 사업을 좀더 효율적으로 운영할 수 있게끔 기본 틀을 제공할 뿐이므로 회계시스템을 운영 관리하는 것은 일반 직원에 의해서 꼼꼼하게 수행되어야 한다.

• 자산

자산에는 현금, 외상매출금, 재고, 건물과 장비가 포함된다.

▣ 손익계산서 및 대차대조표

손익계산서와 대차대조표는 사업의 재무상태를 보여주는 것이다. 손익계산서는 일정 회계기간 동안에 순이익(혹은 순손실)을 보여주는 것이고, 반면에 대차대조표는 특정 시점에서 사업 운영의 재무 건전성을 일견하는 자료이다. 이것은 총자산에서 부채를 공제하고 나오는 숫자를 보여주므로 회사의 순가치뿐만 아니라 자산과 부채를 설명해 준다. 따라서 손익계산서 계산에 대한 기초적 이해가 필요하다. 다음과 같은 방법으로 시작해 보자.

• 첫째, 용어를 이해한다.

> ■운영 수입 : 운영 수입이란 고객으로부터 받는 매출 수입이다.

> ■ 운영 비용 : 운영 비용이란 임금, 급여와 같이 운영하는 데 들어가는 비용과
> 고객에게 서비스를 하는 데 사용된 재료비를 의미한다.

- **손익계산서를 만들어 내는 기본 공식은 다음과 같다.**

  운영 수입 – 운영 비용 = 총수익

  총수익 – 일반 경비 = 순수익

- **대차대조표**

  대차대조표에 영향을 주는 다음의 네 가지 요소들에 집중한다.

> ■ 사업에 투입한 자본
> ■ 신용 혹은 임차자본을 확보할 수 있는 능력
> ■ 시장에서 경쟁할 수 있는 능력
> ■ 지역 경제 여건뿐 아니라 사업장의 위치

- **일반적으로 대차대조표는 다음과 같은 세 가지의 주요 요소로 구성**

> ■ 자산 : 사업체가 보유하고 있는 것
> ■ 부채 : 사업체가 신용제공자에게 빚지고 있는 것
> ■ 자본 : 특정일에 보유하고 있는 주식의 가치와 소유주가 사업을 시작할 때
> 투자한 금액인 소유주 지분의 합산 금액

▨ 현금흐름의 이해

　사실, 사업은 현금흐름상에 문제가 생기면 실패하게 된다. 아무리 보유하고 있는 자산이 많을지라도 당장에 지불해야 할 현금이 부족하다면 사업상 큰 어려움을 겪게 된다. 그러므로 당장 사용할 수 있는 현금을 확보하고 매일의 현금흐름 관리가 필요한 중요성을 이해해야 한다. 현금은 은행 통장에 있는 돈이나 사업하면서 보유하고 있는 돈을 의미한다. 재고나 외상채권 혹은 자산은 여기에

속하지 않는다. 자산은 미래의 특정 시점에 현금화할 수 있으나, 여기서 말하는 현금은 손 안에 쥐고 있는 돈으로 임대료와 임금 등을 바로 지불할 수 있는 돈을 의미한다. 한편, 이윤은 모든 고객들이 제때에 돈을 지불하고 비용이 일정하게 지출되는 상황에서 사업주가 벌어들이기를 기대하는 금액 정도를 의미한다. 이윤은 매일 계산되는 것은 아니다. 중요한 점은 이익이 나지 않고 힘들게 사업이 운영되는 동안 사업 운영을 위해 필요한 현금을 지니고 있어야 한다. 현금흐름을 관리하는 방법은 케이터링 운영의 성공과 실패를 판가름하는 주요한 요소이므로 기초적인 내용을 학습해야 한다.

● **현금흐름**

이 용어는 정해진 시기에 사업상의 입출되는 현금의 흐름을 말한다. 현금이 나가는 것보다 들어오는 것이 많다면, 회사는 긍정적인 현금흐름을 갖게 될 것이다. 반대의 경우라면 아마도 현금흐름의 불균형을 바로잡기 위해 불용 재고를 처분하는 것 등을 고려해야 할 것이다.

● **연간 현금흐름 계획**

이것은 모든 소규모 사업에서 의무적으로 해야 하는 사항 중의 하나이다. 사실상 대부분의 지분 투자자들이나 임차인들이 장기 현금흐름 계획을 요구할 것이다. 그러므로 현금흐름 계획을 어떻게 준비를 해나갈 것인가에 대한 계획을 미리 생각해 두어야 한다.

▪ **1단계.** 예상 순수익금과 순손실금을 계산 : 순수익금, 순손실금을 계상하고 나서 감가상각비와 같은 비현금 항목으로 조정한다.

▪ **2단계.** 시간 차이로 조정 : 보험, 재산세는 매월 비용으로 잡히지만 매달 지불하는 것이 아니라 일 년에 한 번 내야 하는 것이므로 필요한 시기에 맞춰 현금 확보가 필요하다. 차입 패키지나 다른 자금 조달방법을 계획하고 있다면, 손익계산서, 대차대조표 그리고 현금흐름 명세서와 조화를 이루도록 확실하게 해두는 것이 중요하다.

- **분기 혹은 연간 계획으로 현금흐름의 전략 작성**

  예를 들어, 첫해 연도에 대해 월별 현금흐름 계획을, 2차 3차 연도에는 분기별 계획을, 4, 5차년에 연간 계획을 수립할 수 있다. 경상 현금흐름을 투자와 재무 조달활동으로부터 분리시키는 것이 좋다.

- **경상 현금흐름**

  종종 운영 자본을 의미하기도 하는데, 이것은 사업 운영의 원천인 케이터링 서비스 판매로부터 생성되는 현금을 말한다.

- **투자 현금흐름**

  내부적으로 비경상활동에 의해 생성되는 것이다. 이것은 공장, 장비 혹은 다른 고정 자산 등에 투자하는 것을 포함한다.

- **재무 현금흐름**

  외부자원으로부터 들어오거나 외부자원으로 나가는 현금흐름을 의미한다. 즉 대부자, 투자자 그리고 주주와 같은 사람들을 상대로 오가는 현금흐름이다. 여기에는 신규 차입, 차입금 상환, 현금흐름 명세서의 일부인 주식과 배당금 발행을 포함한다.

- **고객의 청구서 지불기간이 길어질수록 현금흐름은 악화됨**

  과거로부터 교훈을 얻는다. 예전에는 행사 2~4주 후에 음식과 서비스 비용을 청구하는 것이 일반적인 관행이었다. 기업형 케이터링이 성장함에 따라, 다수의 케이터링 사업자들이 지불 정책을 고객의 재정적 지불 정책을 수용하는 쪽으로 바뀌었다. 고객들은 행사 후 45일에서 90일 사이에 최종 금액을 지불하려고 한다. 이러한 현금흐름상의 문제를 피하고자 한다면 좀더 현명한 사업주가 되어야 한다. 즉 재정상의 필요성과 케이터링 운영의 미션에 기초하여 공식적이고 문서로 된 지불정책을 만들고 이를 계약서에 반영하여 고객이 바로 지불하는 체제로 만든다.

• 지불 방침

계약에 서명을 할 때 전체 행사금액의 1/3 그리고 나머지는 행사 전 혹은 행사 당일에 지불하도록 요청하는 것이 바람직하다. 그러나 지불정책은 행사와 고객의 유형에 따라 탄력적으로 운용될 수 있다.

• 현금흐름에 영향을 미치는 개별 소득과 비용

예를 들어, 보험료, 설비 보증금과 같은 기지급 비용들을 반영한다. 임금 비용은 행사일 일주일 이내에 일반적으로 지불을 하며, 현금흐름에 대한 영향은 크지 않다.

▣ 자금조달과 자금기록 유지

사업 활동에 필요한 자금조달을 위해 외부 자원으로부터 투자를 받고, 투자자본을 효율적으로 통제하기 위해 사업 운영의 장단기 재무 수요를 예상하는 것은 매우 중요하다. 사업의 장기적인 유지 가능성만을 명확히 예견함으로써 제시되는 중요한 역할을 과대 강조하는 것은 불가능하다. 그렇게 하는 것은 사업자와 사업에 치명적이 된다. 리스크와 수익 사이에 건전한 균형을 만들어 내기 위해서, 첫째로 견고한 재무 운영절차를 확립해야 한다. 성공적인 자본 증대, 자본 공급자들과의 관계 구축, 신용 정책의 연루 그리고 완성된 회계와 예산 시스템의 원리를 적용하고 이해할 필요가 있다. 케이터링 사업자로서 자금 시장에서 투자를 얻어 내는 능력은 주로 그 사업을 얼마나 오랫동안 해 왔는지에 달려 있다. 예를 들어, 일 년 이하인지 아니면 1년 이상인지에 따라 달라진다. 케이터링 운영에 필요한 투자 자본이나 자금조달 방안을 찾을 때 다음과 같은 중요한 논점들을 고려한다.

● **자금 조달 재원의 탐색**

자금 조달이 가능한 모든 재원을 첫 번째로 찾아본다. 외부 조달 자본을 찾기 전에 우선 내부적으로 만들어낼 수 있는 자원들을 모두 찾아내야 한다. 이러한 노력이 필요한 자본금에 못미친다 할지라도, 외부 자본조달 요구에 대한 부담을 상당부분 해소해 줄 수 있다. 회사 내부에서의 투자는 이자 비용을 줄이며, 상환 의무를 낮추고 통제로 인한 피해를 줄일 수 있다. 게다가 자본을 내부적으로 조달하고, 운영을 통제하는 사업주의 능력은 외부 투자자와 대부자들에게 신뢰를 배가시킬 것이다. 외부 자금 조달 회사들이 케이터링 회사에 자신들의 자본을 기꺼이 투자하려는 도미노 효과를 얻을 수 있을 것이다.

● **주식에 의한 자금 조달**

주식 발행, 유보금 혹은 감가상각으로 만들어진 자본을 통해 투자금을 증액하는 자본 조달 가능성을 알아본다. 부채와는 달리, 지분 자본은 사업에 영구히 투자하는 것이다. 회사는 투자된 금액에 대한 이자 상환의 법적 의무가 없다. 지분 투자자는 기본적으로 사업의 소유권을 공유하며, 이익 배당금을 통해 수익의 분배에 참여할 수 있는 자격이 주어진다. 투자자들의 사업 참여 수준은 소유한 주식 비율에 따라 달라짐을 명심해야 한다.

● **지분 투자자의 채무**

채무는 기업에 투자된 금액만큼으로 제한되며, 투자자가 소유한 어떠한 개인적인 자산에도 해당되지 않는다. 전형적으로 지분 투자자는 이익 분배(주주들에게 나눠주는 이익금), 자본 이득(사업 매각으로 실현), 지분을 다른 파트너에게 매각함으로 해서 얻어지는 형태의 수익으로 보상이 될 것을 기대한다.

• 지분 투자자는 실질적인 위험을 안고 있음을 이해

사실, 확보된 채권자와는 달리 지분 투자자들은 사업의 어떠한 자산에 대해 개별적인 클레임을 할 수 없다. 단지 모든 채권자들의 상환요구가 금전으로 해결된 후, 나머지 자산이 분배에 이용된다. 이때에도 지분 투자자의 참여는 보유하는 지분의 비율만큼으로 국한된다. 이것이 소규모 사업들에서 지분 투자자가 일반적으로 대부자보다 더 높은 투자 이익(약 20~50% 또는 그 이상) 획득을 기대하는 이유이다.

• 채무 자금 확보

채무 자금은 일정한 기간 내에 되돌려줘야 하는 빌린 돈이라는 것을 잊지 말아야 한다. 더 나쁜 것은 대부분의 경우에 높은 이자를 상환해야 한다는 것이다. 그러므로 일반 회계, 급료 거래계좌, 당좌예금계좌를 거래하는 은행에 접촉해 본다. 은행은 어느 정도 보수적인 대부 형태를 지니고 있다는 것을 이해해야 하고, 평소에 관계를 맺어놓아야 한다. 은행에 현실적이고 명확한 수치의 재무보고서를 제공하고, 은행의 상세한 질문에 대한 답을 준비해 둔다.

• 은행 차입

은행들은 일반적으로 대부를 결정할 때 다음과 같은 요소들을 고려한다.

■ 사업 운영 기간
■ 사업의 특성
■ 대표자의 개인적 성격
■ 자본 차입이 소유주에 의해 보증되는 경우 상환능력
■ 담보 물건의 존재, 즉 차입금을 상환하지 못하면 개인 재산이 압류될 수 있음
■ 건물에 대한 지분, 개인 예금 계좌 등

- **중소기업청 보증 차입금**

  중소기업청 보증 차입금을 얻어낼 수 있는 가능성을 고려해 볼 수 있다. 이러한 차입금은 때때로 상업적인 차입금(단기차입금)에 대한 자격이 없는 기업가들에게 허용된다. 상환기간이 7~8년 정도이다.

- **차입은 최소한으로 유지**

  어떠한 유형의 자금 조달방법을 결정하든 상환의 짐은 일일 현금흐름뿐만 아니라 사업의 궁극적인 생존에까지 심각하게 영향을 미칠 수 있다. 케이터링 사업을 성공적으로 운영하고 있는 경우일지라도 차입금에 대한 이자 때문에 사업체가 망가질 수 있다는 것을 명심해야 한다.

The
FOOD
Service Professional
GUIDE TO

4

레스토랑
운영 노하우

레스토랑 메뉴

메뉴관리는 레스토랑 산업의 이익 창출에 있어서 가장 중요한 요소 중 하나이다. 판매 및 이익 증가, 원가관리를 위하여 인사 관리를 하는 것과 마찬가지로 메뉴관리를 철저히 해야 한다. 대다수의 레스토랑 매니저들은 메뉴 디자인을 인쇄소에 맡기든지 메뉴 개발을 위한 시간과 비용을 충분히 할애하지 않고 있다.

메뉴가격을 책정할 때, 보통 식품비, 인건비 및 경비를 포함시킨다. 이외에도 고객이 얼마나 지불하기를 원하는지, 경쟁사는 유사 메뉴에 대해 얼마의 가격 책정을 해놓았는지, 또한 본 레스토랑이 경쟁사와 비교했을 때 유리하게 내놓을 수 있는 가격은 어디까지인지 등도 고려해야 하는 사항이다. 가장 기본이 되는 것은 메뉴의 가격은 모든 원가가 포함되어야 하며 거기에 이익이 포함되어야 한다는 것이다. 기본이 되지 않으면 레스토랑을 운영할 수가 없다. 메뉴관리가 복잡한 일 중에 하나이지만 엄두를 못 낼 일만은 아니다. 여기에 소개된 방법을 이용한다면 이익을 최대로 올릴 수 있도록 메뉴관리를 하는 데 도움이 될 것이다.

메뉴관리란 가격을 결정하는 일 이외의 많은 것이 포함된다. 높은 이익을 위해서 가격을 높게 책정하는 것 또는 판매량을 늘리기 위해서 가격을 낮게 책정하는 것은 항상 이익을 증가시키기 위한 최선책은 아니다. 레스토랑에 일정한 수익을 유지하기 위해서는 레스토랑 사정에 맞는 메뉴 프로그램을 가지고 있어야 하며, 이 프로그램에는 인사 관리뿐만 아니라 마케팅 계획, 낮은 가격 책정방법, 구매 및 생산관리 등이 포함되어야 한다.

보통 메뉴 개발, 가격 책정 및 메뉴관리를 하는 데에는 많은 요소들이 필요하지만 이익을 증가시키는 방법으로서의 메뉴관리는 간과되는 경우가 많다. 여기서는 레스토랑의 이익을 증가시키기 위해서 당장 사용할 수 있는 방법들을 소개한다.

레스토랑
운영
노하우

1 출 발

▣ 레스토랑의 특징

레스토랑의 매니저는 매일 많은 의사결정을 해야 할 상황에 놓이게 된다. 그 중에서도 가장 복잡한 결정 중의 하나는 어떤 메뉴를 추가할 것이며, 메뉴의 가격은 얼마로 정하느냐 하는 것이다. 이것은 단순하게 결정할 수 있는 것처럼 보이지만 실제로는 양적·질적으로 많은 요소들을 고려해야 하는 복잡한 과정을 거치게 된다. 가격을 결정하기 전에 일단 메뉴를 결정해야 하며, 메뉴를 결정하기 위해서는 레스토랑의 성격을 명확하게 판단하고 있어야 한다.

• 예비조사

레스토랑에 투자를 하기 전에 레스토랑의 유형 구분뿐만 아니라 외식산업 안에서 자신의 레스토랑의 성격은 어떤 것인지 분명히 해둘 필요가 있다. 레스토랑의 성격 및 서빙될 음식의 특징 등을 결정하는 것은 잠재 고객에게도 매우 중요한 일이라는 것을 명심해야 한다.

• 주 고객 특징 파악

고객들이 오후 일을 하기 전 가벼운 점심을 원하는지 또는 가족 생일잔치를 위한 장소를 찾고 있는지 잘 살펴야 한다. 레스토랑과 케이터링은 쇼핑몰 단지, 산업 단지, 교외, 시내 등등 곳곳에 산재되어 있다. 본인의 레스토랑은 이 중 어디에 위치해 있는가를 정확하게 파악해야 한다.

- **기초사항**

  다음과 같은 질문에 답을 해보면 레스토랑의 잠재고객 파악 및 메뉴
  개발과 가격 책정에 도움을 줄 것이다.

> ■ 운영하는 레스토랑의 형태 - 풀 서비스 뷔페, 패스트푸드 레스토랑, 케이터링
> ■ 주요 운영 시간 - 아침, 점심, 저녁
> ■ 레스토랑 장식 방법
> ■ 사용 식기 및 기구 - 정통 사기그릇 및 흰색 식탁보, 플라스틱 그릇 및 종이
>   냅킨
> ■ 주 고객 - 가족, 맞벌이 부부, 노인층
> ■ 레스토랑 이용 방법 - 포장 위주의 즉석 요리, 특별한 날에 찾는 고급 레스
>   토랑
> ■ 메뉴 형태 - 제한적 메뉴, 다양한 메뉴

▨ 고객 특징

레스토랑이 위치한 곳의 인구학적 특징은 무엇인가? 통계청 자료에 따르면,
2008년 2인 이상 가구가 사용하는 월평균 식료품비는 575,872원이며, 이 중
45.7%를 외식비로 지출하는 것으로 나타났다. 이는 2002년도의 식료품비 지출
(460,006원) 중 외식비가 차지하는 비율 41.5%로 집계된 이후에 해마다 꾸준히
증가하고 있는 추세이다. 고객을 분석할 때에는 통계청 자료와 같은 통계 정보
를 이용하면 유용한 정보를 얻을 수 있다. 일정 시간을 레스토랑 관련 연구 결과
나 잡지 등을 보는데 할애하면 고객의 외식관련 특징을 쉽게 파악할 수 있다.
고객 파악을 위하여 다음과 같은 사항을 고려한다.

- **표적시장**

  메뉴를 바꾸거나 가격을 결정하기 전에 표적시장 안의 잠재고객을 분석해야 한다. 고객 분석에 포함되어야 할 사항은 다음과 같다.

■ 연령층	■ 가구수	■ 평균 수입
■ 가족 형태	■ 학력	

- **교외 부근**

  레스토랑이 교외에 위치해 있고, 주 고객이 3~4명으로 이루어진 가족이라면 중저가 패밀리 레스토랑이 제격이다.

- **시내**

  레스토랑이 시내에 위치해 있다면 다음과 같은 사항을 고려해야 한다.

■ 회사 성격	■ 회사수	■ 근무시간

- **비즈니스 메뉴**

  레스토랑이 사무실 밀집 지역에 위치해 있다면 근무시간을 반드시 알아야 한다. 이 정보는 메뉴 개발과 가격 결정에 많은 도움을 준다. 비즈니스맨들은 거래고객들을 위하여 품격 있는 식사를 원한다. 따라서 이 지역에 있는 레스토랑은 고급스러운 분위기와 비즈니스 런치나 디너를 위한 와인리스트를 추가한 최고급 메뉴를 제공하여 일반 패밀리 레스토랑과는 차별화해야 한다. 표적 시장 안에 사무실 밀집 지역이 들어가느냐 그렇지 않느냐 하는 것은 레스토랑의 운영시간 및 메뉴 선정에 도움을 준다.

▣ 경쟁사

고객뿐만 아니라 경쟁사에 대해서도 잘 알고 있어야 한다. 즉 그 지역에 있는 다른 레스토랑에 대해서 알아야 하며, 특히 동종 업체에 대해서 정보를 가지고 있어야 한다.

- **경쟁사 메뉴 연구**

  경쟁사의 메뉴와 가격을 조사한다. 만약 경쟁사에서 등심 스테이크 200g을 22,000원에 팔고 본인의 레스토랑이 같은 메뉴를 25,000원에 판다고 하자. 등심 스테이크에 특별한 조치를 취하든지 레스토랑의 분위기를 경쟁사보다 아주 좋게 한다면 같은 메뉴를 비싸게 팔 수도 있지만, 그렇지 않으면 당연히 고객은 경쟁상대인 레스토랑으로 갈 것이다.

- **암행고객**

  경쟁사의 최근 동향을 알아보는 쉬운 방법은 암행고객이 되어 경쟁사를 방문하여 음식을 먹어보는 일이다. 많은 레스토랑에서 포장 서비스를 해주기 때문에 음식을 포장해 올수도 있다.

- **인근 잠재고객과의 대화**

  대부분의 사람들은 자신들이 살고 있는 지역의 레스토랑의 메뉴나 그 밖에 많은 의견과 희망사항을 가지고 있다. 그 지역에 오래 살고 있는 거주자들과의 대화는 의외로 레스토랑 운영에 많은 도움을 주는 정보를 얻을 수 있는 원천이 된다.

▣ 시장 설문조사

잠재고객과 경쟁사에 관한 정보를 수집하고 분석하는 가장 쉬운 방법은 시장 설문조사를 실시하는 것이다. 다음의 예는 설문조사 구성 방법을 개발하는 데 도움을 줄 것이다. 이와 같은 정보는 공공도서관이나 시청, 상공회의소 및 중소기업협회 등을 통해서 얻을 수 있을 것이다.

다음의 예를 바탕으로 설문조사서를 작성해 보자.

시장조사 - 잠재 고객

1. 대상 지역의 대략적 인구수 ─────────────

2. 세대수 ──────────────────

3. 평균 가족의 크기 ──────────────

4. 연령
   18~24 ───── %
   25~34 ───── %
   35~50 ───── %
   51~64 ───── %
   64 이상 ───── %

5. 가계 월 소득(만원)
   200만 원 이하 ───── %
   201~300만 원 ───── %
   301~400만 원 ───── %
   401~500만 원 ───── %
   501만 원 이상 ───── %

경쟁상대 조사

경쟁업체의 이름(상호) ────────────────

위치 ─────────────────────

주변의 주요 도로 ───────────────

간판(표지) ──────────────────

주차시설 ──────────────────

부근의 버스 노선 또는 다른 공공 교통수단 ────

건물 외부의 전반적인 형태(모양) ──────────

건물 내부의 전반적인 형태(모양) ──────────

경쟁상대 조사

레스토랑 내부의 구체적 묘사(칸막이 좌석 또는 테이블, 테이블보의 종류)

운영 일시
중점 영업시간 : ☐ 아침   ☐ 점심   ☐ 저녁
음식의 제공방법 : ☐ 포장   ☐ 배달   ☐ 뷔페식
술을 제공하는가? : ☐ 한다   ☐ 안 한다
좌석 수
판매 음식 종류
좌석 회전율
평균 예상 매출액
이벤트(오락) 제공여부
애피타이저의 가격대
→ 주요리(정찬요리)
→ 디저트

▒ 예비조사

두 번째 단계는 본인의 레스토랑에 주의를 기울이는 것이다. 타당성 조사는 레스토랑의 성공 가능성과 이익 창출 가능성을 분석하는 것이다. 타당성 조사는 모든 정보를 한눈에 볼 수 있도록 도와준다. 레스토랑의 이익 창출을 위해서는 가격 책정을 해야 하며 다음과 같은 사항을 고려한다.

• 예비조사에 포함되어야 할 비용

리넨류, 종사원 유니폼, 기기, 식기류, 보험, 각종 공과금, 임대료, 사무용품, 인건비, 세금, 광고비용, 수리비, 식품비, 고용보험료 등 기초적인 비용을 조사한다.

- **전체적 검토**

  지금까지 수집한 정보를 요약하는 시간을 가져야 한다. 기존 판매 정보와 함께 비용에 관한 정보는 레스토랑의 건전한 운영을 위한 청사진을 제시에 도움을 줄 것이다. 또한 이와 같은 정보들은 레스토랑의 운영 유지와 이익 창출을 위하여 메뉴가격을 어떻게 책정해야 하는지에 대한 기초자료를 제공한다.

- **예비조사에 도움을 줄 수 있는 곳**

  미국 레스토랑협회(NRA)는 예비조사의 예를 제시하고 있어 우리나라의 각 레스토랑에서도 응용이 가능하다. NRA의 정보를 얻기 위해서는 www.restaurant.org를 방문해 본다.

▨ 마케팅 전략요소로서의 메뉴 이용 방법

레스토랑의 개점 목적과 잠재고객, 경쟁사에 대해서 충분히 파악했다면 중요한 숙제를 끝냈다고 할 수 있다. 그 다음은 이렇게 시장조사와 예비조사를 통해 얻은 정보를 실제로 메뉴 개발 및 관리에 이용할 수 있어야 한다.

- **정체성**

  메뉴 디자인은 레스토랑의 특성을 살리면서도 잠재고객의 눈에 띌 수 있도록 설계되어야 한다. 잠재고객 및 경쟁사를 견제할 수 있도록 레스토랑의 장·단점을 파악함으로써 효과를 극대화시킬 수 있는 메뉴를 디자인할 수 있다. 레스토랑이 속해 있는 시장과 그 안에서 레스토랑의 위치를 파악하는 것으로도 메뉴가격 결정에 한 발 다가섰다고 할 수 있다.

- **내부 마케팅 도구로서의 메뉴**

  디자인의 완성도가 높은 메뉴는 판촉이 필요한 메뉴에 고객의 관심을 끌 수 있으며 더 나아가 고객이 그 메뉴를 선택하게 함으로써 결과적으로 이익을 내는 데 도움을 줄 수 있다. 예를 들어, 특정 메뉴가 박스처리되어 있다면 당연히 고객의 눈은 그 박스로 향하게 될 것이다.(메뉴를 보지 못하면 그 메뉴는 팔리지 못한다.) 이와 같은 방법은 높은 이익을 보장하는 메뉴를 이용하여 이익 목표를 달성하는 데 도움을 줄 것이다.

• 레스토랑 특징 강조

메뉴에 사용된 디자인을 명함이나 간판, 테이블 텐트, 기념품 및 로고에 이용하는 등 다른 마케팅 도구들과 연계하여 사용할 수 있어야 한다.

■ 레스토랑에 관한 의사소통

메뉴는 고객이 레스토랑에 들어와서 유일하게 읽는 매체이다. 따라서 메뉴는 레스토랑의 이미지를 고객에게 알리는 훌륭한 도구가 된다. 메뉴는 레스토랑의 분위기, 서비스 스타일, 가격 범위 및 음식의 형태를 짐작할 수 있도록 디자인되어야 한다. 즉 고객이 메뉴를 펼쳐 들었을 때, 그 레스토랑에서 서빙되는 음식에서부터 스타일에 이르기까지 레스토랑의 특징을 한눈에 알아볼 수 있어야 한다. 메뉴의 마케팅 전략을 개발하고자 한다면, 네 가지 마케팅 요소(제품, 판매촉진, 유통, 가격)가 적절히 조화되어야 한다. 이 네 가지 요소들은 재료비를 낮추고 마진을 높이는 등 여러 가지 방법에 이용되어 레스토랑의 목표를 달성하는 데 도움을 줄 것이다.

• 제품

제품은 레스토랑에서 판매되고 있는 모든 것을 지칭한다. 즉 음식 자체뿐만 아니라 음식의 분량, 접시에 담겨져 있는 모양 등도 포함된다. 케이터링을 운영하고 있다면 음식 이외에 제공되는 꽃장식이나 오락 등도 제

품에 포함될 수 있다. 다음은 제품을 응용하여 이익을 증대시킬 수 있는
방법의 예이다.

> ■ 특정 메뉴의 1인 분량을 줄인다.
> ■ 1인 분량을 늘이고 가격을 높인다.
> ■ 사이드 메뉴를 추가하고 가격을 높인다.

● **판매촉진**

　판매촉진은 고객이 특정 메뉴를 선택하게 하는 모든 수단을 의미한다.
즉 테이블 텐트, 낱장메뉴, 도안 등이 포함될 수 있다. 다음은 판매촉진을
이용하여 이익을 증대시킬 수 있는 방법의 예이다.

> ■ 잘 팔리지 않는 메뉴 품목은 테이블 텐트를 만들어 비치해 본다.
> ■ 고객이 테이블에 안내되기를 기다리는 동안 애피타이저 샘플러 등을 제공하
> 　여 실제로 그 메뉴를 주문하도록 유도한다.

● **유통**

　레스토랑에서의 유통은 테이블 서비스, 드라이브 인(drive-in)[1], 배달,
출장 및 내부 케이터링 등 고객이 실제로 음식을 먹게 되는 장소를 의미
한다. 다음은 유통을 고려하여 이익을 증대시킬 수 있는 방법의 예이다.

> ■ 서비스 수준을 높이면 가격을 상승시킬 수 있다.
> ■ 배달 서비스나 테이크아웃 서비스를 추가하여 이익을 증가시킨다.

---

[1] drive-in or drive-thru : 차에 탄 채 이용할 수 있는 서비스 형태

• 가격

가격은 고객의 메뉴 선택에 큰 영향을 준다. 하지만 저렴한 가격이 항상 우선시되는 것은 아니다. 레스토랑의 스타일을 잘 파악하고 과연 저렴한 가격이 고객을 끌어들일 수 있는 방법이 되는지 결정해야 한다. 가격은 원가, 레스토랑 목표 이익, 고객의 희망 가격 등의 세 가지를 반드시 반영해야 한다.

다음은 가격을 이용하여 이익을 증대시킬 수 있는 방법의 예이다.

■ 고객 수가 적은 한가한 시간대에 그 시간의 메뉴가격을 낮춰본다. 특정 시간대에 '얼리 버드(early bird)[2]' 스페셜을 준비하거나 특정 메뉴의 가격을 낮추는 것도 한 방법이다.

---

[2] early bird : 부지런하게 일찍 오는 고객

The
Food
Service Professional

레스토랑
운영
노하우

2 메뉴 개발

▥ 메뉴 유형

메뉴 유형은 팔고 있는 메뉴 개수에 의해 결정된다. 메뉴 수를 결정하기 위해서는 주방 크기, 인건비 관리 등이 먼저 결정되어야 한다. 다양한 메뉴는 고객에게 많은 선택의 기회를 주게 되어 다시 찾아오게 만든다는 것을 기억해야 한다. 제한 메뉴(limited menu)를 운영하는 경우 적은 메뉴 수와 간편한 조리 방법 때문에 레스토랑의 운영을 단순하게 할 수 있고, 원가관리도 쉬운 편이다. 확장 메뉴(extensive menu)를 서빙하고 있는 중식 레스토랑이나 멕시칸 레스토랑을 보면 제한된 식재료를 이용하여 쉽게 조리할 수 있는 다양한 방법을 동원하여 메뉴를 구성하고 있다. 반면 다양한 식재료를 이용하여 메뉴를 개발하는 곳도 있는데, 이것은 고급 레스토랑에서 많이 사용하는 메뉴 유형이다. 메뉴 유형을 결정할 때에는 다음의 사항을 염두에 두어야 한다.

● 레스토랑 특성에 맞는 메뉴 유형 선정

제한 메뉴나 확장 메뉴 모두 나름대로의 장점을 가지고 있다. 제한 메뉴는 식재료 구입비, 생산비 및 서비스 원가를 낮출 수 있다. 원가를 줄인다는 것은 가격을 낮출 수 있다는 것을 의미한다. 따라서 이와 같은 메뉴는 저렴한 가격을 추구하는 고객에게 어필하여 판매량을 늘려 결국 이익을 증가시킬 수 있다. 확장 메뉴는 좀더 다양한 고객을 확보할 수 있는 장점이 있다. 물론 원가는 높아지겠지만 그에 따라 가격을 높일 수 있으며, 다양한 고객층 확보와 높은 가격의 책정으로 인한 이익 상승을 기대해 볼 수 있다. 두 가지를 비교하여 레스토랑의 특성에 맞는 메뉴 유형을 선정하는 것이 중요하다.

● **제한된 자원으로 운영되는 레스토랑**

　주방의 규모가 작거나 조리사의 기술이 높지 않다면 제한 메뉴가 바람직하며, 양보다는 질로 승부를 걸어야 한다는 점을 명심하여 메뉴 유형을 결정해야 한다.

● **전문 조리사의 고용 여부**

　다양한 재료의 사용과 다양한 메뉴 구성은 확실한 인적·물적 자원이 갖추어진 경우에만 생각해 볼 수 있다. 확장 메뉴를 운영하여 최대 이익을 올리려고 한다면 뛰어난 기술을 가진 조리사가 필요하며 고급 레스토랑 주방에서 가능하다.

● **다양성**

　일단 몇 가지 메뉴를 제공할 것인가 생각해야 한다. 가장 일반적인 방법은 레스토랑의 정체성, 주방 종사원의 기술 정도 및 식재료비 등을 고려하여 결정하는 것이다. 고객에게 다양한 메뉴를 제공하는 것이 최상이지만, 이때에는 재고 및 원가관리 비용을 염두에 두어야 하며 생산 능력과 서비스 종사원의 능력도 고려된 범위 안에서 이루어져야 한다.

● **메뉴 확장**

　메뉴에 변화를 준다는 것은 이익을 증가시킬 수 있다는 것을 의미한다. 예를 들면, 패스트푸드 레스토랑은 일반적으로 제한된 메뉴를 제공한다.

그러나 요즘은 고객층을 넓히면서 다양한 메뉴를 선보이고 있다. 따라서 패스트푸드 레스토랑을 운영한다면 전통적 메뉴에 다른 메뉴를 추가하는 것도 이익을 증가시킬 수 있는 한 가지 방법이 된다. 기존 메뉴에 새로운 사이드 메뉴나 디저트 메뉴를 추가하는 방식을 사용해 본다.

● 조리 기술자의 고용

메뉴를 확장하여 이익을 올리는 가장 빠른 방법은 기술이 좋은 조리사를 고용하는 것이다. 좋은 기술을 가진 조리사의 고용으로 맛과 품질이 뛰어난 다양한 메뉴를 제공할 수 있다. 물론 조리 기술이 뛰어난 조리사는 많은 임금을 주어야 하지만 메뉴를 재구성하는 경우 이를 고려하여 이익 마진을 산출하면 문제가 없을 것이다. 양질의 음식을 제공함으로써 높은 가격을 책정할 수 있게 되며 새로운 고객들을 끌어들여 이익을 높일 수 있다.

▣ 제한 메뉴 제공 : 좌석회전율 증가

제한 메뉴 제공시 메뉴 확장을 고려하지 않고, 이익을 높일 수 있는 방법도 있다. 그 중 한 가지 방법은 좌석 회전율을 증가시키는 방법이다. 대부분의 패스트푸드 레스토랑이나 그 외 저렴한 가격을 추구하는 레스토랑들의 이익은 좌석 회전율이 관건이 된다. 주문회수를 증가시키고 좌석 회전율을 높이기 위해서 다음과 같은 방법을 사용해 볼 수 있다.

● 간략한 메뉴 설명

메뉴판에 메뉴를 간략하게 설명해 주면 고객들에게 메뉴를 보고 주문할 음식을 신속히 결정하게 함으로써 시간을 단축시킬 수 있다.

- **퇴식구 배치**

  고객이 스스로 테이블을 치울 수 있는 시스템으로 되어 있다면 종사원이 테이블 정리에 들이는 시간을 단축할 수 있다.

- **레스토랑 분위기**

  빠른 리듬의 음악과 밝은 색깔의 레스토랑 인테리어는 좌석 회전율을 높이는 데 도움을 준다.

- **플라스틱 및 종이 용기의 사용**

  플라스틱 및 종이 용기의 사용은 패스트푸드가 서빙된다는 것을 의미하며 실제로 식기세척에 들어가는 노동시간을 감소시킬 수 있다.

▦ 메뉴의 형태

메뉴는 여러 가지 방법으로 나눌 수 있다. 서빙되는 시간에 따라서는 조식, 중식, 석식 메뉴로 나눌 수 있으며 가격에 따라, 서비스 방식에 따라 비상업적 또는 상업적 메뉴 등으로 나눌 수 있다. 레스토랑에 따라 다음과 같은 메뉴로 분류하고 있다.

- **알라카르떼(á la carte) 메뉴**

  알라카르떼 메뉴는 샐러드, 사이드 메뉴 등 메뉴 품목별로 가격이 정해져 제공되는 메뉴이다.

- **세미 알라카르떼(semi á la carte) 메뉴**

  세미 알라카르떼 메뉴는 주요리에 샐러드와 사이드 메뉴 한두 가지를 포함하여 가격을 정하는 메뉴이다. 보통 수프, 디저트, 애피타이저는 품목마다 가격을 책정한다.

- **프리픽스(Prix fix) 메뉴**

  프리픽스 메뉴는 애피타이저, 주요리, 디저트가 모두 포함된 정식 세트 메뉴를 말하며 보통 5개의 메뉴 품목이 코스로 제공된다.

- **고정 메뉴**

  새로운 메뉴가 인쇄될 때에는 가격만 바꾸는 경우가 대부분이다.

- **계절 메뉴**

  계절 메뉴의 장점은 제철에 생산되는 신선한 재료를 이용할 수 있다는 것이다. 이것은 조리사들의 창의력을 발휘하는 데 도움을 준다. 또한 계절 메뉴는 식재료비를 낮추는 데 도움을 줄 수 있다.

- **구두 메뉴**

  구두 메뉴는 서비스 종사원의 말로 전달되는 메뉴를 의미한다. 이 메뉴는 고급 레스토랑에서 종종 사용하거나 메뉴판의 보조적인 역할로 사용될 수 있다. 많은 레스토랑에서 그날의 스페셜 메뉴나 제안 판매를 위한 용도로 사용하기도 한다. 다른 메뉴판이 준비되어 있지 않고 구두 메뉴만을 사용한다면 종사원의 교육에 매우 신경을 써야 한다.

▣ 레스토랑 유형의 결정

고객의 정보를 이용하여 레스토랑에 맞는 가격형태를 결정하는 것은 매우 중요한 일이다. 프리픽스 메뉴를 사용하는 패밀리 레스토랑이라도 점심 고객이 많다면 고객들이 적은 양의 음식을 주문할 수 있도록 알라카르떼 메뉴를 사용해 보는 것을 대안으로 생각해 볼 수 있다. 대부분 사람들이 저녁을 위하여 가벼운 점심을 원하기 때문에 점심 고객들은 이와 같이 유연한 가격체계를 가진 레스토랑에 호감을 느끼게 함으로써 재방문을 유도할 수 있다.

- **단체급식 메뉴의 요령**

학교, 대학교, 병원, 요양소 등 단체급식 메뉴를 사용할 때에는 항상 메뉴세트에 변화를 주어야 한다는 것을 명심해야 한다. 단체급식에서는 보통 일정기간을 가지고 변화하는 순환 메뉴를 사용하며 전통적 순환 메뉴 이용시에는 다음 순환 주기의 전과 같은 요일에 같은 메뉴가 제공된다. 따라서 고객들이 지루해하지 않도록 순환 주기를 조절하여 변화를 주어야 한다.

- **순환 메뉴의 이용 가능성**

순환 메뉴의 이용가능성은 상상외로 크다. 예를 들면, 순환 메뉴는 계절적 요소나 특별한 기념일 등을 반영할 수 있다. 단체급식에 있어서의 메뉴관리에 대한 정보는 다음의 국내외 웹사이트에서 얻을 수 있다.

- 재치영양사 : www.yori.co.kr
- 영양사 도우미 : www.kdclub.com
- American School Food Service Association : www.asfsa.org
- National Association of College and University Food Service : www.nacufs.org
- American Society for Healthcare Food Service Administrators : www.ashfsa.org

- **메뉴 유형의 선택이 자유로운 상업적 레스토랑**

상업적 레스토랑의 경우 위에서 언급한 여러 가지 메뉴 형태의 사용을 고려해 볼 수 있으나 가장 많이 사용하는 메뉴의 형태는 고정 메뉴와 계절 메뉴이다. 그러나 레스토랑에서의 메뉴 개발은 그 범위가 매우 넓고 다양하고 새로운 형태의 메뉴 창출이 가능하다.

- **특별 메뉴**

    특별 메뉴는 레스토랑이나 케이터링에서 결혼피로연, 연회 등 특별한 행사에 고객이 원하는 부분을 고려하여 제공하는 메뉴이다. 일단 고객이 선택할 수 있도록 기본 메뉴 리스트를 개발해야 한다. 다양한 주요리, 샐러드, 채소요리 및 후식 메뉴를 준비하여 고객이 가격이나 품질면에서 만족할 만한 구성을 할 수 있도록 해야 한다.

- **주 메뉴 변경**

    메뉴항목을 추가하고자 할 때 대부분은 계절 메뉴를 고려하게 된다. 계절메뉴의 사용은 레스토랑의 장단점을 파악하게 해주는 기회가 될 것이다. 예를 들어, 미국의 홀리 힐 인(Holly Hill Inn) 호텔 레스토랑에서는 새로운 사장이 온 후로 매달 새로운 메뉴를 선보였다. 즉 이탈리안 특선 또는 아시아 특선과 같은 주제의 메뉴를 매달 새롭게 선보였다. 이와 같은 방법은 어떤 메뉴가 이 레스토랑 컨셉에 맞추어 지속적으로 서빙될 수 있을지 결정하는 도구가 되었으며 주방 종사원들이 다양한 조리법을 익히는 교육훈련의 효과도 가져왔다.

- **비상업적 급식 메뉴의 주의점**

    비상업적 급식소에서는 보통 회사원이나 공장 종사원 등 고정 고객을 확보하고 있다. 보통 단체급식소는 이익을 내는 것보다는 손익분기를 제로로 하는 것을 목적으로 하고 있다. 그러나 이와 같이 손익분기를 맞추려고 할 때에도 꾸준히 고정 고객을 확보하여 재정관리에 문제가 없도록 상업적 레스토랑과 유사하게 급식소를 운영해야 한다. 따라서 고객의 선호도를 파악하는 것이 중요하다.

▨ 케이터링 메뉴

레스토랑에서 케이터링 서비스를 병행하는 경우 케이터링만을 담당하는 매니저를 고용하는 경우가 많다. 다음은 케이터링 운영에 사용되는 메뉴에 관해 고려할 사항이다.

● 메뉴 연출

케이터링 메뉴판은 한눈에 사로잡을 수 있도록 디자인 되어야 한다. 레스토랑의 메뉴 선택은 한 사람에 의해서 결정되지만 케이터링의 경우에는 보통 여러 사람에 의해서 결정된다. 케이터링의 메뉴는 고객이 담당자와 상의하기 전 먼저 가져가거나 여러 케이터링의 메뉴를 비교하면서 면밀히 검토되는 경우가 많다. 이와 같은 이유로 한눈에 들어오는 케이터링의 메뉴판은 중요한 마케팅 도구이자 고객과의 의사소통 도구가 된다.

● 메뉴판 겉표지

케이터링 메뉴판의 디자인 형태는 케이터링에 어떤 메뉴 품목을 포함시킬지에 따라서 결정된다. 보통 케이터링 메뉴판의 적합한 사이즈는 A4 크기 정도로 광고용 우편봉투에 들어갈 수 있는 크기가 좋다. 보통 메뉴는 펼쳤을 때 두 면으로 되어 있는 것을 많이 사용한다.

● 내용

대다수가 공통으로 좋아할 수 있는 메뉴를 포함시키고 그와 어울리는 한두 가지 메뉴를 추가한다.

▨ 케이터링 메뉴가격 결정

케이터링에서의 가격 결정은 매우 민감한 사안이며 특히 종사원들의 능력 한계를 고려해야 한다. 너무 높은 가격 책정으로 대규모의 계약을 잃거나 고객

관계를 악화시키지 말아야 한다.

• 가격 구조

일반적으로 다음과 같은 가격 결정법을 생각해 볼 수 있다.

- 고정 가격(따블도우떼 또는 프리픽스)
- 혼합 가격(세미 알라카르떼)
- 개별 품목 가격(알라카르떼)

• 출발점

다음은 가격 결정을 하는 데 도움을 주는 예들이다. 개개인의 사정에 따라서 다음의 가격 결정법을 응용해 보도록 한다.

- 고정가격 : 이 방법은 제공되는 모든 메뉴를 포함시켜 1인당 가격을 산출한 것이다.

훈제연어와 케이퍼 소스 SMOKED SALMON W/CAPER
신선한 생선회 FRESH RAW FISH
생선초밥 RAW FISH W/SOUR RICE
문어초회 OCTOPUS CHILLY PASTE
해파리냉채와 겨자소스 COLD JELLY FISH W/MUSTARD SAUCE
신선한 석화 FRESH OYSTER ON THE SHELL
새우튀김 FRIED SHRIMP
계절 샌드위치 SEASONAL SANDWICH
김밥 KIMBAB

김치 KIMCHI
계절의 나물 KOREAN NAMUL
각종 전류 GRILL PEPPER
훈제 오리 SMOKED WILD DUCK
잡채 KOREAN JAPCHAE
각종야채와 홍어무침 SPIKED SKATE W/ASSORTEDVAGATABLES
1인당 25,000원

■혼합가격 : 혼합가격 결정에서는 세트 메뉴를 준비하고 그 외에 추가되는 것이나 변화되는 코스에 따라 일인당 가격을 더하는 방법이다.

후식 & 음료	Dissert & Drink
신선한 모듬 계절과일(3종) 한국 전통 모듬떡(4종) 고급제과와 미니케이크 식혜 커피	Assorted fruits Assorted rice cake Western style pastries Sweet cinnamon punch Coffee
한 사람 추가시 : 3,500원 추가	

■개별 품목 가격 : 개별 코스 가격은 각 메뉴항목에 1인당 가격이 따로 책정되어 있는 것을 말한다.

■패키지 가격 결정 : 패키지 가격 결정은 매우 간단한 가격 결정법이다. 예를 들어, 패키지 가격 결정 안에는 음식, 음료 이외에 행사비, 각종 꽃장식 등을 포함한 1인당 가격을 제시한다.

◼ 이익 증가를 위한 케이터링 서비스 실시방법

많은 레스토랑에서는 레스토랑 내외에서의 케이터링을 실시하고 있다. 앞서 제시한 메뉴들은 케이터링만을 단독으로 운영하거나 레스토랑 사업의 한 부분으로 운영했을 때에도 사용 가능한 메뉴들이다. 케이터링 운영시에 다음과 같은 사항을 고려한다.

• 한가한 밤 시간의 활용

보통 레스토랑은 월요일이나 화요일 밤이 손님이 적어 운영비용이 판매수익보다 높아지는 경우가 많아 휴무를 하는 경우가 많다. 이와 같은 휴무일을 이용하면 식재료비와 인건비의 소폭 상승이 있겠지만, 한 주로 봤을 때는 생각보다 많은 수익을 얻을 수 있을 것이다.

• 재고의 이용

케이터링 메뉴는 기존 메뉴를 이용하는 것이 좋다. 특히 메뉴 중 재고품목을 케이터링에 활용해 보도록 한다.

• 최근 경향의 반영

케이터링에 관계되는 최근 경향을 주의 깊게 살펴 케이터링 운영에 반영할 수 있어야 한다.

• 테마 이벤트

기념일이나 트로피칼 뷔페 등 여러 가지 테마를 이용한 이벤트 케이터링을 고려해 본다.

• 메뉴 테마별 스테이션 이용

스테이션을 이용한 이벤트라면 여러 가지 음식을 서빙할 수 있도록 몇 개의 서빙 구역이 필요하다. 보통 에스닉 푸드(ethnic foods)가 많이 이용되는데, 예를 들면, 한쪽에서는 이탈리안 음식을 서빙하고 다른 한쪽에서는 중국음식을, 또 다른 쪽에서는 후식을 서빙하는 스테이션을 만들어 원하는 메뉴를 쉽게 고르도록 만든다.

- **핸즈온 파티**

  이 경우는 파티에 참석하는 사람들이 직접 음식 조리에 참여하는 것으로 요리 실습 체험과도 유사하다고 할 수 있다.

- **협동 이벤트**

  케이터링은 레스토랑의 팀빌딩(team building)에 이용할 수 있다. 팀을 이룬 종사원들이 케이터링 운영에 참여하여 협동심을 키울 수 있다.

- **판촉**

  케이터링은 레스토랑을 알릴 수 있는 좋은 기회이다. 반대로 레스토랑 운영이 케이터링을 알릴 수 있기도 하다. 테이블 위에 테이블 텐트나 여러 형태의 사인 등을 이용하여 레스토랑에서 케이터링을 실시하고 있다는 것을 고객이 알 수 있도록 한다. 계산대 등에는 테이크아웃이 가능한 케이터링 메뉴를 알리는 메뉴판을 비치해 본다.

- **광고**

  광고 우편을 발송할 때 우편 봉투 위에 '케이터링 실시'와 같은 스탬프를 찍어 보낸다.

▣ 메뉴판 제작

지금까지 케이터링에 이용할 수 있는 메뉴를 살펴보았다. 다음은 실제 어떤 메뉴가 메뉴판에 들어가야 할지 생각해야 한다. 기존 메뉴가 잘 정리되어 있다면 음식 항목별로 분류가 잘 되어 있을 것이다. 어떤 방법으로 분류가 되어 있든지 케이터링을 운영하는 데 사용하기 편리한 분류로 되어 있으면 된다. 그러나 케이터링을 새로 시작하는 것이라면 다음의 여러 사항들을 순차적으로 결정해야 한다.

● **메뉴 그룹**

　일단 애피타이저, 주요리, 수프, 디저트 등 어떤 메뉴 그룹을 제공할 것인지를 결정한다.

● **메뉴항목 및 제공 메뉴 수 결정**

　주요리 그룹이라면 쇠고기류, 닭고기류, 해산물류, 돼지고기류, 베지테리안, 양고기류, 송아지 고기류 등의 항목들을 제공할 수 있다. 다음은 각 항목별로 몇 가지의 메뉴를 제공할 것인지를 결정한다. 예를 들면, 쇠고기 메뉴 4가지, 해산물 메뉴 3가지, 닭고기 메뉴 2가지, 베지테리안 메뉴 1가지 등으로 구성하는 것이다.

● **세부 메뉴 결정**

　세부 메뉴 결정 과정에서 사용할 수 있는 레시피 관련 정보는 매우 많다. 시중의 요리책이나 실험 조리책 등을 이용할 수 있으며 인터넷을 통해서도 수많은 레시피 정보를 얻을 수 있다. 어떤 정보를 이용하든지 간에 모방이 아니라 응용하여 창의력을 발휘할 수 있어야 하며 주방 종사원들이 만들 수 있는 것이어야 한다.

● **고객에게 전달하고 싶은 정보를 메뉴판에 제시**

　어떤 메뉴 편집 방법을 이용하더라도 고객에게 전달하고 싶은 정보(메뉴 이름, 메뉴 개수)를 메뉴판에 제시해야 한다.

- **메뉴 결정 시 고려사항**

  메뉴 결정 시에는 주방의 크기 및 주방 종사원의 기술을 염두에 두어야
한다. 만약 주방이 작은 크기라면 메뉴의 개수가 제한되어야 하고, 반면
주방 종사원들이 고급 기술을 가진 사람들로 이루어졌다면 다양한 메뉴
를 준비할 수 있을 것이다.

▣ 그 날의 특선요리

많은 레스토랑이 메뉴판에 있는 메뉴 이외에도 특선요리를 제공한다. 특선요
리는 보통 출입구의 게시판에 적어 놓아 들어오는 손님들이 볼 수 있도록 한다.
또한 기존 메뉴판에 다른 속지를 끼워 소개하기도 하며 서빙하는 종사원이 구두
로 설명하기도 한다.

- **특선요리 제공시 이익 증가 가능성**

  특선요리 제공은 판매수익에 영향을 줄 수 있다. 예를 들어, 사용되지
않은 식재료나 창고에 남아 있는 재료를 이용하여 특선요리를 제공함으
로써 레스토랑 경영상 문제가 되는 부분을 해결할 수 있다. 즉 사용하지
않은 식재료나 재고 품목 이용으로 손실 비용을 줄일 수 있다. 만약 다진
야채들이 많이 남아 있다면, 그 다음날 '오늘의 수프'로 미네스트로네를
생각해 볼 수 있다. 또는 닭고기 가슴살을 너무 많이 주문했다면, 다음날
중식 특선으로 그릴드 치킨 샌드위치를 제공할 수 있다.

- **단골고객을 위한 특선요리 활용**

  단골고객에게 정규 메뉴 외에 특선요리의 제공은 권장할 만한 방법이다.
메뉴의 다양성은 단골고객의 관심을 유발시킬 수 있다. 특선요리를 제공
하여 새로운 것을 찾아 떠나는 고객의 발길을 붙잡는 노력이 필요하다.

- **신메뉴**

　특선요리는 기존 메뉴에 신메뉴를 추가하고자 할 때 실험적으로 사용될 수 있다. 즉 일정기간 제공된 새로운 특선요리 중 어떤 것이 가장 인기가 있었는지 평가한 후 정규 메뉴에 추가한다면 실패할 확률이 줄어든다.

- **특선요리 활용시 주의점**

　특선요리를 준비할 경우, 주방 종사원의 창의력을 요하지만 매니저의 최종 승인을 거치도록 해야 한다. 주방장이 요리개발에만 신경을 쓰는 경우, 기존 업무를 소홀히 하고 식재료비의 상승이나 질이 떨어지는 음식의 서빙 등 역효과를 낼 수 있다.

▣ 주류 및 음료 메뉴

　주류는 레스토랑의 판매이익을 증가시키는 주요 품목이므로 음료, 주류 및 와인은 메뉴판을 따로 준비하는 것이 좋다. 특별한 음료를 광고하는 차원에서 메뉴판을 사용하기도 한다. 음료 메뉴판을 따로 마련하는 것이 판매이익 증가에 도움을 줄 수 있을지 결정하기 위해서는 고객들의 성향이나 주류 및 음료에 관한 트렌드를 잘 파악하고 있어야 한다. 음료 메뉴판을 준비하고자 한다면 다음 사항을 고려한다.

- **와인 리스트**

　레스토랑이 소유하고 있는 와인 리스트를 작성하거나 근처 계약을 맺은 와인 판매점에서 판매되고 있는 와인을 메뉴에 함께 제공하는 방법을 생각해 볼 수 있다.

- **개별 와인 리스트 추가**

　메뉴판 이외에 개별적인 와인 리스트는 레스토랑의 분위기를 업그레이드 시키는 데 영향을 준다. 와인 리스트가 있는 레스토랑은 고객들이 보통 고급 레스토랑으로 생각하여 특별한 날이나 기념일에 오고 싶은 마음이 들게 한다. 물론 이런 이유로 레스토랑을 찾는 고객들은 비싼 비용을 지불하는 데 인색하지 않을 것이다.

● 시음을 이용한 와인 판촉 활동

고객이 와인 선택을 어려워하거나 주저한다면 와인 시음을 준비한다. 시음을 통해 고객은 자신이 매우 특별한 대접을 받는다고 느낄 것이다. 보통 시음을 하면, 그 고객은 시음한 와인을 주문하게 된다. 또한 같은 테이블의 다른 고객들도 시음하는 광경을 보고 와인을 주문하게 될 확률이 높다.

● 제품 지식

서비스 종사원은 음료 리스트나 와인 리스트에 대한 지식을 가지고 있어야 한다. 특히 와인을 서빙하는 곳에서는 서비스 종사원들이 어떤 음식에 어떤 종류의 와인이 어울리는지 알아야 하며, '와인 랭귀지'에 정통할 필요가 있다. 또는 와인에 대한 정보를 메뉴판에 설명하기도 하는데 각 메뉴항목의 설명 아래에 어울리는 추천 와인을 덧붙이는 것도 좋은 방법이다.

● 종사원을 위한 와인 시음회

종사원을 위하여 와인 판매 직원이나 소믈리에를 초빙하여 시음회를 개최하는 것도 좋은 방법이다. 만약 고객이 와인에 정통한 사람이라면, 당연히 레스토랑의 서버가 서빙하는 와인에 대해서 잘 알고 있을 것이라고 예상한다. 또한 와인에 대해 지식이 부족한 고객들은 서버가 추천하는 와인을 주문하는 경우가 많이 있기 때문에 종사원들은 레스토랑에서 취급하는 와인에 대한 기본 정보를 파악하고 맛을 알고 있어야 한다.

- **와인 납품업자로부터 와인에 대한 정보 입수**

　와인 납품업자들은 대부분 자신들의 와인을 홍보할 수 있는 테이블 텐트 등 판촉 물품을 가지고 있어 이것을 레스토랑에서 바로 이용할 수도 있다. 다음의 도서들은 와인에 관한 많은 지식을 얻는 데 도움이 되며 더 많은 정보는 국내의 다양한 서점 사이트에서 찾을 수 있다.

> ■ 한손에 잡히는 와인(켄시 히로카네)_베스트홈
> ■ 올 댓 와인(조정용)_해냄
> ■ 친절한 wine book(오은선)_랜덤하우스코리아
> ■ 와인강의(박원목)_김영사
> ■ 세상에서 가장 쉬운 와인(다지마 미루쿠)_바롬웍스

▒ 어린이 메뉴

　어린이는 한 가족이 어디서 외식을 할지 결정하는 데 중요한 역할을 한다. 어린이 고객과 그 가족의 충성심을 얻기 위해서는 어린이를 환영하는 분위기를 만들어야 한다. 이와 같은 분위기를 만드는 주요 방법은 어린이 메뉴를 선보이는 것이다. 다음은 어린이 메뉴 개발시 고려해야 할 10가지 사항이다.

> 1. 주 연령층 : 어린이 메뉴의 주 연령층은 3~12세이다. 그러나 메뉴를 구성할 때에는 주 연령층 뿐만 아니라 다른 연령층도 즐길 수 있는 아이템을 포함시켜야 한다.
> 2. 부모에게도 환영받는 메뉴 : 어린이 뿐만 아니라 부모들에게도 환영받을 수 있는 메뉴를 개발해야 한다.
> 3. 재고의 활용 : 새로운 식재료를 이용하는 것보다 재고가 충분한 식재료를 이용한 어린이 메뉴를 개발한다. 이것은 식재료비의 원가 절감을 기대할 수 있다.

4. 재미있는 메뉴 : 재미있는 음식명을 만들어본다. 해적선이나 동물 등의 주제를 이용한 테마 메뉴를 구상할 수 있다. 어린이를 위한 메뉴판은 그림이나 어린이 눈높이의 언어를 이용하고 너무 어려운 말이나 외국어 등의 사용은 자제한다.

5. 적절한 가격 범위 : 대부분 부모는 아이들이 좋아하면서 허용 가능한 지출 범위의 메뉴를 찾는다. 따라서 어린이 메뉴에 적절한 가격 결정이 중요하다. 일부 레스토랑에서는 성인과 함께 온 12세 미만의 어린이에게 무료로 음식을 제공하기도 한다.

6. 게임 : 어린이 메뉴판에 색칠공부나 퍼즐 등을 삽입하여 어린이들이 주문한 메뉴를 기다리는 동안 지루하지 않도록 배려한다.

7. 먹는 즐거움이 있는 메뉴 : 어린이들이 먹을 음식을 자동차나 배모양 등 어른과는 다른 차별화된 그릇에 담거나 음식의 모양도 어린이들이 좋아하는 캐릭터를 이용해 볼 수 있다. 예를 들어, 빕스의 어린이 메뉴에는 곰돌이 안심스테이크, 곰돌이 새우꼬치 등 곰 얼굴 모양을 이용한 가니쉬를 곁들인다.

8. 어린이를 위한 무료 디저트 제공

9. 유아를 위한 흘림 방지 컵 제공

10. 어린이가 원하는 어린이 메뉴 삽입 : 실제로 본인의 아이들이나 다른 어린이들에게 어떤 메뉴를 원하는지 그리고 요즘은 무엇에 흥미를 느끼는지 물어보는 것이 어린이 메뉴를 결정하는 가장 좋은 방법이다. 어린이들 사이에 유행하는 것을 아는 것이 중요하다. 만약 공룡에 관한 것이 유행이라면 메뉴판에 공룡 그림을 이용한다. 그러나 이때 주의할 것은 그림이나 게임은 유행을 타야 하는 반면, 음식은 꼭 그런 것만은 아니라는 점이다. 어린이들은 항상 새로운 음식을 추구하지만, 보통은 예전에 먹어 봐서 익숙하거나 평소에 좋아하는 음식을 선택하는 경향이 있다.

▣ 메뉴 디자인 소프트웨어

최근 개인용 컴퓨터의 사용과 함께 특히 케이터링을 위한 메뉴 디자인을 도와주는 여러 가지 소프트웨어 프로그램들이 시판되고 있다. 프로그램 구입 시 초기비용이 들기는 하지만, 메뉴 디자인 및 인쇄 비용을 고려하면 향후에는 오히려 비용을 절감할 수 있다.

● **레스토랑 로고에 부합하는 템플릿의 사용**

대부분의 소프트웨어들은 메뉴판에 이용할 수 있는 다양한 템플릿이나 그림들을 내재하고 있다. 여러 가지 색깔, 클립아트, 사진, 도안을 이용하여 메뉴판 구성을 마쳤다면 레이저 프린터를 이용하여 깔끔하게 인쇄한다.

● **테이블 텐트 등의 판촉물 제작을 위한 컴퓨터 활용**

컴퓨터를 이용하여 상상력을 발휘한 판촉물을 만들어 보는 것도 좋은 방법이다.

● **손쉬운 변화**

소프트웨어를 이용하면 디자인 과정의 관리가 용이하기 때문에 필요한 곳의 변화도 가능하다. '오늘의 메뉴' 등을 만들어 이용할 수 있으며, 식재료의 시장 가격 변화에 따라 일시적인 가격 변화를 반영할 수도 있다. 미국의 경우 메뉴판 디자인을 스스로 할 수 있는 MenuPro™과 같은 소프트웨어가 개발되어 있다.

▣ 메뉴의 영양 정보

만약 메뉴판의 한 메뉴항목을 건강 메뉴(예 : 하트 헬씨, 저지방, 저콜레스테롤)로 판매하고 싶다면, 이 메뉴에 대한 영양정보를 쉽게 볼 수 있도록 해야 한다. 명심할 것은 영양정보를 제공할 때에는 정확한 자료에 근거해야 한다.

미국의 경우 1997년부터 레스토랑의 FDA 영양표시법에 영양정보 표시에 대한 법을 제정·공표하였으며, 우리나라에서는 식품의약품안전청의 진행으로 추진되어 2010년부터 본격적으로 대형 외식업소의 영양성분 표시 의무화 제도가 실행되고 있다.

● **정확한 영양표시**

　영양표시를 하는 방법은 레스토랑마다 다르겠지만, 영양표시 정보 출처는 식약청과 같이 공인된 것이어야 한다. 식약청의 영양소 함량 표시기준을 자세히 알기 위해서는 www.kfda.go.kr을 검색하면 된다.

■ **영양관련 입문서**

　건강한 먹을거리는 최근 음식의 주요 경향이다. 따라서 이와 같은 경향을 메뉴에 반영하기 위해 몇 가지 영양학적 기초 정보를 알고 있는 것은 매우 바람직한 일이다. 영양 정보와 관련해서는 다음과 같은 사항을 고려한다.

● **6가지 기초 영양 성분**

　6가지 기초 영양 성분은 단백질, 지방, 탄수화물, 무기질, 비타민 및 수분으로 이루어져 있다. 보통 메뉴 계획에 있어서 초점을 맞추어야 하는 부분은 탄수화물과 지방이다.

● **탄수화물의 이해**

　탄수화물은 보통 전분, 당 및 섬유소를 포함하여 지칭한다. 탄수화물군은 수많은 건강 식이의 기초가 되며 중요한 열량급원이다. 탄수화물에 포함되는 식품으로는 설탕, 서류(예 : 감자, 고구마 등), 빵류, 밥류, 파스타와 과일(예 : 바나나) 등이다. 채소류에도 탄수화물이 포함되어 있긴 하나 매우 적은 양이다.

● 지방

지방은 중요한 열량 급원으로 단백질과 탄수화물보다 약 두 배 이상의 열량을 제공한다. 지방은 그 화학적 구조에 따라 보통 포화지방산과 불포화지방산으로 나누며, 포화지방산은 불포화지방산에 비해 고체의 형태가 많은 편이다. 건강의 관점에서 봤을 때는 포화지방산보다는 불포화지방산이 건강에 바람직하다. 포화지방산의 예로는 쇼트닝이나 버터가 있으며 불포화지방산의 예로는 올리브오일이나 카놀라오일을 들 수 있다.

● 만성질환

우리나라의 많은 사람들은 심장병이나 당뇨와 같은 질병에 시달리고 있다. 이와 같은 질환자들도 레스토랑 고객의 일부가 될 수 있다. 만약 레스토랑의 중심 고객이 생활습관성 질환을 가지고 있는 사람들이 많다면 레스토랑 관리자는 생활습관성 질환에 좋은 다양한 식이 정보를 알고 있는 것이 바람직하다. 이러한 고객이 메뉴를 선택할 때 어떤 메뉴가 가능한 메뉴인지 도와주도록 한다.

▨ 메뉴판을 통한 영양 정보 전달

건강에 좋은 음식을 레스토랑의 메뉴항목에 추가시키기로 결정하였다면 고객에게 그 메뉴에 대한 영양 정보를 전달할 수 있는 최선의 방법을 모색해야 한다.

● 올바르고 정확한 정보

올바르고 정확한 영양 정보를 전달하기 위해서는 영양사에게 건강 메뉴 항목의 점검을 의뢰하는 것도 좋은 방법이다.

- **영양 성분 분석을 도와주는 소프트웨어 프로그램**

  CAN Pro와 같은 소프트웨어 프로그램(한국영양학회 : www.kns.or.kr) 은 영양성분 함량 계산을 도와준다.

- **핵심 영양정보 삽입**

  모든 영양정보가 메뉴판에 들어있을 필요는 없다. 메뉴판의 형태에 따라 다르겠지만 복잡한 영양정보를 첨가하여 메뉴판을 복잡하게 만드는 것은 바람직하지 않다. 그러나 많은 고객들이 메뉴판에 있는 메뉴에 대한 영양 정보를 요구하는 경우가 많다면 복잡하더라도 메뉴판에 정보를 삽입해야 한다. 글로 서술된 정보 대신 심볼을 이용해 볼 수 있다. 예를 들어, 건강식 메뉴 옆에 하트 모양을 표시하는 것인데 주의할 것은 이 심볼이 무엇을 의미하는지 고객이 알 수 있도록 하는 것이다.

■ 알레르기 환자 및 건강식을 요구하는 고객을 위한 대용식 제공

건강식을 메뉴에 포함시키고자 한다면 다음과 같은 정보들을 이용해 볼 수 있다.

- **웹사이트**

  건강식 레시피를 제공하고 있는 사이트들이 많이 있다.

  - 재치영양사 http://www.yori.co.kr/
  - 당뇨병이야기 : http://www.dangnyo75.co.kr/
  - 메뉴판닷컴 www.menupan.com
  - 헬로우쿡 http://www.hellocook.co.kr/

- **관련도서**

  최근 건강식 조리 방법이 포함된 요리책들이 많이 소개되고 있으므로 참고해보도록 한다.

- ■ 기능성 건강식 모듬쌈채(박권우)_허브월드
- ■ 힐링 푸드(최성희)_아카데미북
- ■ 건강간식 70(함소아한의원)_황금부엉이
- ■ 자연을 담은 사계절 밥상(녹색연합)_북센스
- ■ 건강두부요리 100선(편집부)_이지북
- ■ 약선요리55(길영천)_한솜미디어
- ■ 맛있는 치료식(김평자)_웅진리빙하우스
- ■ 콩두부 반찬(편집부)_서울 문화사
- ■ 자연건강 사찰음식(이여영)_열린서원
- ■ 약이 되는 우리음식(조금호)_교문사

● 최소한의 변형

건강 대용식 메뉴 개발에 시간을 최소로 투자하기 위해서는 기존의 메뉴를 이용할 수 있는 방법을 강구해 본다. 다음은 최소한의 변화로 기존 메뉴에 건강 메뉴를 첨가할 수 있는 방법들이다.

- ■ 적어도 한 가지 이상의 메뉴를 포함시킨다.
- ■ 한 가지 이상은 버터나 크림 소스를 첨가하지 않은 주요리를 넣는다. 이와 같이 고열량을 내는 소스를 대체하기 위하여 쳐트니(chutney)나 살사(salsa) 등을 대용으로 넣어본다.
- ■ 재료에 크림이나 우유(whole milk)가 첨가되는 것은 무지방 우유(skim milk)로 대체한다.
- ■ 채소요리에 버터를 사용해야 하는 것은 레몬이나 허브로 대체한다.
- ■ 사워 크림은 요거트로 대체한다.
- ■ 염분이 첨가되지 않은 스톡 통조림을 이용하거나 자체적으로 스톡을 만들어 놓는다.
- ■ 기름에 튀긴 프렌치후라이보다는 오븐에 구운 감자를 서빙한다.

- 샐러드를 충분하게 제공한다.
- 저지방/저열량의 샐러드 드레싱을 준비한다.
- 매쉬드 포테이토에 우유를 첨가하는 대신 닭국물(chicken broth)을 이용한다.
- 버터나 쇼트닝 대신 올리브오일이나 카놀라오일을 이용한다.
- 빵류는 통밀빵을 추가하여 준비한다.
- 샌드위치 재료에 사용되는 마요네즈는 저지방 마요네즈를 사용한다.
- 셔벗(sorbet)을 디저트 품목에 추가한다.
- 구운 배 등 설탕과 지방을 첨가하지 않은 과일 디저트를 준비한다.
- 1인 분량을 조금 줄인 주요리를 준비한다.
- 그 지역에서 생산되는 고기류나 식재료를 이용하고 이를 고객에게 홍보한다.

- **식품 알레르기**

  식품 알레르기는 특정 고객에게 매우 심각할 수 있으며 심지어 생명을 위협하기도 한다. 알레르기 증상으로는 두드러기, 구역질, 구토, 숨가쁨, 과민증상, 호흡곤란 등이 있다. 누구라도 식품 알레르기 증상에 노출될 수 있으므로 다음과 같은 사항을 염두에 두어야 한다.

- 자주 발생되는 알레르기 : 보통 견과류, 난류, 조개류, 땅콩, 밀에 관련된 식품 알레르기가 자주 발생된다.
- 식재료 정보 : 메뉴판을 디자인할 때 각 메뉴의 재료 정보를 포함하도록 신경을 써야 한다. 만약 메뉴판에 이와 같은 정보가 수록되어 있지 않다면 주문을 받는 서비스 종사원이 이와 같은 정보를 고객에게 정확하게 설명할 수 있도록 해야 한다.
- 그 외의 정보 : 식품 알레르기에 대해서 더 많은 정보를 얻으려면 각종 의학 정보 서적이나 웹사이트를 활용해 본다.

레스토랑
운영
노하우

3 메뉴 디자인

▣ 메뉴 디자인

메뉴의 목적은 레스토랑에서 팔고자 하는 음식을 고객이 선택할 수 있도록 유도하는 것이다. 메뉴의 첫 번째 임무는 의사소통 도구로 이용되어 판매와 이익을 최대화시키는 것이다. 고객의 눈길을 사로잡는 방법은 여러 가지가 있다. 그중 하나는 메뉴에서 각 항목의 위치 선정이다. 보통 레스토랑 업계에서는 1장 메뉴(single-page menu), 2장 메뉴(two-page menu), 3장 메뉴(three-page menu), 여러 장 메뉴(multi-page menu) 등 네 가지 형태를 가장 많이 쓴다.

• 1장 메뉴

1장 메뉴에서의 초점은 위쪽 부분의 반에 맞춰야 한다. 이 부분에 수익성이 있는 메뉴항목이나 판촉이 필요한 메뉴를 배치한다.

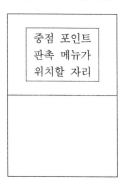

중점 포인트
판촉 메뉴가
위치할 자리

● **2장 메뉴**

　2장 메뉴판에서는 고객의 눈이 책을 읽을 때와 마찬가지로 왼쪽 페이지의 위에서 아래로 가게 되며 같은 방법으로 오른쪽을 보게 된다. 따라서 판촉이 필요한 메뉴는 대부분 왼쪽에 배치하는 것이 좋다.

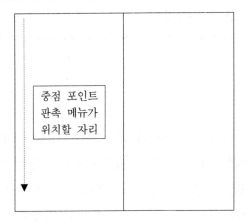

● **3장 메뉴**

　3장 메뉴는 총 6쪽의 면을 이용할 수 있다. 이와 같은 경우는 눈이 중앙의 면으로 가게 된다. 따라서 판촉을 해야 하는 메뉴는 안쪽의 중앙 면에 위치하도록 한다.

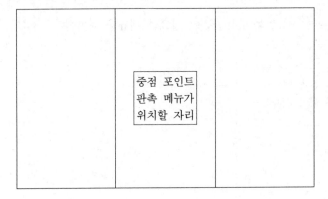

● **여러 장 메뉴**

여러 장을 사용한 메뉴의 경우 중요한 위치를 결정하는 것이 쉽지 않다. 따라서 각 장마다 중점적인 메뉴를 결정하여 2장 메뉴판과 마찬가지로 위치를 잡는 것이 바람직하다.

중점 포인트
판촉 메뉴가
위치할 자리

▨ **메뉴판의 크기와 겉표지**

메뉴판의 겉표지는 레스토랑의 특징을 고객에게 알리는 첫 번째 방법이다. 보통 메뉴판의 크기는 A4용지 크기 정도로 사용하나 실제 사용되는 메뉴판의 크기는 다양하며 주로 레스토랑에서 파는 메뉴의 개수에 따라 좌우된다. 메뉴판을 디자인할 때에는 다음과 같은 사항을 염두에 둔다.

● **취급의 용이성**

보통 레스토랑의 테이블을 생각해 보면 그 위에 물잔, 와인잔, 촛대, 테이블 텐트, 꽃 등이 올려져 있다. 따라서 이와 같은 물건들을 고려하여 메뉴판의 크기는 고객이 다루기 쉬운 범위에서 결정해야 한다.

- **로고, 사진, 내용**

  레스토랑의 최초 설립 배경이나 역사를 사진이나 짧은 글로 나타내는 것도 한 가지 방법이다. 예를 들어, 레스토랑 건물이 역사가 매우 깊은 것이라면 건물의 변천과정 사진이나 그림을 겉표지에 담을 수 있다. 또한 레스토랑이 몇 대에 걸쳐 운영되고 있다면 집안의 음식 철학이라든지 가족의 역사를 삽입할 수도 있다.

- **표지 구성**

  메뉴판 겉표지의 주요 기능은 속지를 보호하는 것이기 때문에 겉표지의 재료는 단단한 것이어야 한다. 따라서 가죽, 비닐, 코팅된 종이나 플라스틱판 등의 재료를 고려해 볼 수 있다. 레스토랑의 특징에 따라 이와 같은 겉표지의 재료는 달라질 수 있는데, 예를 들어, 플라스틱판은 고급 레스토랑에는 어울리지 않지만, 중저가의 패밀리 레스토랑에서는 무난하게 쓸 수 있는 재료이다.

- **색깔**

  메뉴판 색깔의 선정도 레스토랑의 분위기나 인테리어에 맞추어 신중해야 한다. 또 한 가지 명심해야 할 것은 색깔이 사람의 심리에 많은 영향을 준다는 것이다. 따라서 고객의 마음을 기분 좋게 하는 색깔을 선택해야 한다. 재정적인 면을 살펴본다면, 메뉴판에 색깔이 많이 들어가는 것은 인쇄비가 증가되므로 이 점도 고려해야 한다.

- **기본 안내 정보**

  메뉴 겉표지에 레스토랑의 기본적인 안내 정보(영업시간, 주소, 전화번호, 결제 가능한 크레디트 카드 종류 등)를 삽입하기도 하는데, 이와 같은 정보는 단골고객보다 신규고객에게 많은 도움이 된다.

▧ 메뉴판의 내용

메뉴판의 내용은 고객이 메뉴를 선택하는데 많은 영향을 줄 수 있다. 따라서 메뉴판에는 음식에 대한 확실한 설명을 삽입하여 고객이 그 음식을 받았을 때 실망하는 일이 없도록 해야 한다. 메뉴의 내용 또한 레스토랑의 특징을 살릴 수 있는 것이어야 한다. 다음은 메뉴판의 품질을 높일 수 있는 몇 가지 아이디어 이다.

● 고객의 불평 제거

고객들은 점점 더 수준이 높아지고 있다. 예를 들어, 매쉬드 포테이토 가 직접 만드는 것이라면 고객들은 그 사실을 알고 싶어 할 것이다. 만약 고객에게서 불평의 소리가 나온다면, 고객의 기분을 상하게 하는 것은 물 론이거니와 고객을 잃는 것과 함께 잠재이익도 같이 잃게 될 것이다.

● 바람직한 메뉴판

바람직한 메뉴판을 만들고자 한다면, 메뉴 설명은 되도록 간단히 하고 과장된 미사여구 사용은 자제한다. 또한 정확한 조리 전문용어를 사용한다 (예 : 익힌(X)→로스트(O)).

● 과장된 설명 자제

음식에 대한 과장된 설명은 음식을 맛있게 느끼도록 한다기 보다는 음 식에 들어간 재료를 복잡하게만 설명한 것처럼 느끼게 한다. 아래의 문구 중 어느 쪽이 고객의 음식 선택에 영향을 줄 수 있을지 비교해 본다. 두 가지 설명 방법이 모두 같은 정보를 전달하고 있지만, 첫 번째의 경우 역 효과가 날 수 있다. 왜냐하면 이 경우 읽는 순간 배가 불러지는 것과 같은 느낌이 난다. 반면, 두 번째 경우는 음식에 대한 정확하고 간결한 설명으 로 고객에게 어필하는 문구이다.

> **비프 파르미지아나(Beef Parmigiana)** - 부드러운 쇠고기에 빵가루를 살짝 입혀 기름으로 튀긴 다음, 마리나라 소스를 듬뿍 뿌리고 그 위에 모짜렐라 치즈를 얹어 녹인다. 사이드로 푸짐한 파스타를 곁들여 서빙한다.
>
> **비프 파르미지아나** - 살짝 빵가루를 입혀 튀긴 송아지고기 위에 마리나라 소스와 모짜렐라 치즈를 얹어 낸다. 사이드로 파스타를 곁들여 서빙한다.

▩ 메뉴 설명 문구

메뉴 문안은 메뉴명, 메뉴에 대한 부가 설명 및 일반 사항 등 크게 세 가지 섹션으로 분류할 수 있다. 이 세 가지 중 가장 중요하고 신중을 요하는 부분이 메뉴에 대한 설명 부분이다. 어떤 레스토랑에서는 메뉴에 대해 길고 자세한 설명을 붙이는 반면, 짧고 간결한 설명을 이용하는 레스토랑들도 있다. 메뉴 설명의 길이는 서빙하는 음식의 종류, 특별한 재료의 사용여부, 레스토랑의 좌석 회전 속도 등에 따라 달라질 수 있다. 그러나 메뉴에 대한 긴 설명은 주문 과정에 많은 시간이 소요된다는 것을 명심한다. 메뉴에 대한 설명 문구를 만들고자 할 때 다음과 같은 점을 고려한다.

- **메뉴 설명 문구에 포함되어야 하는 기초적 사항**

  - 조리방법(그릴, 소테, 프라이 등)
  - 주재료
  - 서빙방법/곁들이는 음식
  - 재료의 품질 등급
  - 원산지(예 : 영덕대게, 러시아 킹크랩)

- **메뉴명**

  정확한 음식명을 정해야 한다. 햄버거나 로스트 치킨과 같이 간단하고 정확한 메뉴명이 있는 반면, 음식 앞에 레스토랑의 이름을 붙여 ○○○샐

러드, △△△스테이크 등 애매모호한 메뉴명도 있다. 이와 같은 메뉴에는
자세한 설명이 필요하다.

● 메뉴에 대한 부가 설명

이 부분은 재료, 조리방법 및 주요리와 곁들여지는 사이드 메뉴에 대한
설명이 포함되어야 하지만 음식에 대한 과장된 설명은 피한다. 만약 그릴
에 구운 것이라면 그것만 설명하면 되는 것이다. 하지만 중저가 패밀리
레스토랑에서 푸아그라와 같은 고급 메뉴를 제공한다면 이에 대한 적절
한 설명이 필요할 수도 있다.

● 일반사항

일반사항에는 영업시간, 주소 등이 포함되며 간결해야 한다.

● 외국어 사용

외국어는 매우 신중히 사용해야 하며, 사용할 때에는 원래 메뉴명을 원
어 그대로 사용하는 것이 바람직하다. 단어 자체가 이해하기 어려운 것이
라면 부가 설명을 달거나 발음나는 대로 한글로 적어 준다. 고객은 본인
이 이해하지 못하는 메뉴를 주문하지는 않기 때문이다.

▨ 가격의 위치

메뉴판에서 메뉴가격의 위치를 정할 때 고려할 것은 고객이 메뉴가격보다는
메뉴 설명을 먼저 읽을 수 있도록 배치해야 한다.

● 가격 강조 삼가

사례1)과 같이 점선을 이용하여 가격을 적어 놓는 것보다는 사례2)와
같이 메뉴의 설명 뒤에 바로 가격이 오도록 구성하는 것이 고객의 처음

관심을 가격에서 좀 벗어나게 할 수 있다.

사례1)

코코넛 슈림프 - 새우, 야채, 마말레이드 소스 \ 12,500
치킨 샐러드 - 담백한 닭가슴살, 허니 머스타드 소스, 견과류와 야채로스트 캐슈와 야채 \ 13,500
페퍼 스테이크 - 양파, 생강과 통후추로 맛을 낸 쇠고기 등심과 야채 \ 21,500

사례2)

코코넛 슈림프 - 새우, 야채, 마말레이드 소스 \ 12,500
치킨 샐러드 - 담백한 닭가슴살, 허니 머스타드 소스, 견과류와 야채로스트 캐슈와 야채 \ 13,500
페퍼 스테이크 - 양파, 생강과 통후추로 맛을 낸 쇠고기 등심 야채 \ 21,500

또한 인상된 가격을 기존 가격에 겹쳐 써서 고객이 예전 가격이나 지금보다 저렴했던 가격을 보게 하는 것은 피해야 하며 가격을 굵은 글씨체로 강조하는 것을 삼가한다.

▣ 메뉴 내용 배치

가격의 위치에 못지않게 메뉴 내용의 배치도 매우 중요하다. 보통 메뉴의 항목은 애피타이저 → 수프 → 샐러드 → 주요리 순으로 서빙되는 순서에 따라 배치되며, 디저트는 보통 맨 마지막에 온다. 물론 메뉴는 눈이 따라가는 방향에 맞춰 구성되는 것이 중요하지만, 고객이 원하는 메뉴를 쉽게 찾을 수 있도록 배치해야 한다. 메뉴판을 구성할 때에는 다음의 사항을 고려한다.

● 메뉴항목의 배치

레스토랑 컨설팅 전문가들은 대부분 메뉴판의 메뉴항목 배치가 매우 중요하다는 것에 동의한다. 이것은 판매와 직결되기 때문이다. 고객들은 대부분 첫 번째와 마지막에 보거나 들은 메뉴를 기억하게 된다. 즉 레스토랑에서 주요 수익 메뉴항목을 메뉴판의 처음이나 마지막에 배치함으로써 그 메뉴의 판매 기회를 증가시킬 수 있다. 실제로 다음의 메뉴판을 재빨리 읽어보고 어떤 메뉴가 기억에 남는지 생각해 본다.

주요리
시즐링 치즈 서로인 스테이크 ·············₩25,500 (Cheese Sirloin Steak)
아틀란틱 살몬 ·············₩19,500 (Atalantic Salmon)
뉴욕 스트립 위드 베이크 포테이토 (New York Strip with Baked potato) ·············₩28,500
칠리페퍼 치킨 ·············₩15,500 (Chilli Pepper Chicken)
찹스테이크 플레터 ·············₩18,500 (Chopped Steak Platter)
비프 엔 치킨 콤보 화이타 ·············₩22,500 (Beef & Chicken Combo Fajita)
시푸드 김치 필라프 ·············₩11,500 (Seafood Kimchi Pilaf)

• **메뉴 위치의 최대 활용**

메뉴판 중에 아마도 서로인 스테이크, 필라프를 기억해 냈을 것이다. 판매를 원하는 항목은 비슷한 위치에 들어가도록 해야 한다. 위의 메뉴에서는 서로인 스테이크, 살몬이 판매 수익에 많은 영향을 주는 것으로 보인다. 또한 치킨과 필라프류도 식재료비가 적게 들기 때문에 이익 마진에 도움을 줄 수 있는 항목들이다.

- **수익이 낮은 메뉴항목**

  수익이 낮은 항목들은 메뉴판의 중앙에 오도록 배치하여 고객의 관심이
덜 가게 해야 한다.

▣ 메뉴 심리

사용된 색깔에서 메뉴의 배치에 이르기까지 모든 요소들을 적절히 고려하여
구성한 메뉴판은 고객들이 메뉴를 선택하는 데 많은 영향을 준다. 즉 메뉴판은
다른 광고 매체와 함께 고객의 눈길을 특정 위치와 특정 메뉴 품목에 고정시킴
으로써 고객의 구매결정을 레스토랑에서 원하는 대로 유도할 수 있다.

- **왼쪽에서 오른쪽으로**

  서양문화에서는 보통 사람들의 시선이 왼쪽에서 오른쪽으로, 위에서 아
래로 흘러간다. 이러한 기존 형식을 깨는 메뉴판에서의 메뉴항목의 배치
는 지금까지 설명한 것과는 다른 방법을 이용하여 결정해야 한다.

- **특별한 것에 눈길이 머물도록 처리**

  특정 메뉴의 상자 처리나 사진이나 그림 등이 포함된 메뉴는 고객의
눈의 흐름을 기존과는 다르게 움직이게 할 수 있다. 따라서 판매를 증가
시키고자 하는 품목에 대해서는 상자처리나 사진 및 그림을 이용하면 의
도한 대로 판매를 증가시킬 수 있을 것이다.

- **메뉴를 통한 레스토랑 표현**

  레스토랑의 종류가 저가격의 패스트푸드를 취급하는 곳이라면 메뉴는
이를 말해 줄 수 있어야 한다. 즉 메뉴는 이처럼 레스토랑의 전반을 알
수 있도록 디자인되어야 한다. 스피드가 레스토랑의 특징 가운데 하나라
면 어떤 방법으로 이를 메뉴에 반영할 수 있을지 생각해 본다. 색깔이나

도안 등으로 스피드를 나타낼 수 있다. 예를 들어, 옛날 만화에 나오는 로드러너 그림을 포함한 메뉴판을 이용할 수 있으며, 스포츠 카를 의미하는 빨강색이나 다른 밝은 색을 이용하여 가볍고 빠른 레스토랑의 특징을 나타내 볼 수 있다.

▨ 레이아웃과 그래픽

메뉴판에 사용할 서체와 크기를 결정할 때 신중을 기해야 한다. 특히 서체는 레스토랑의 형태와 특징에 부합하는 것이어야 하며, 가장 중요한 것은 고객이 확실히 읽을 수 있어야 한다는 것이다.

● 여백

메뉴판의 전체적인 내용이 어떻게 보이는가는 매우 중요한 점이다. 따라서 메뉴판에 여백이 적당히 있는지를 살펴야 한다. 메뉴가 너무 빽빽하게 적혀 있거나 읽기가 어려운 것은 고객을 신경질적으로 만든다. 반대로 여백이 너무 많다면 '오늘의 메뉴'나 특별한 음료 및 디저트를 광고하는 데 할애하여 적절한 여백을 만들도록 한다.

● 서체

대부분의 워드프로그램은 다양한 서체를 제공한다. 몇 가지 메뉴판에 사용할 수 있는 서체를 들어보면, 바탕, 굴림, 펜흘림 등이 있다. '바탕'은 각 글자를 전통적으로 보이게 하거나 고전적으로 보이게 한다. '굴림'은 단순하고 딱딱하여 모던한 느낌이 난다. '펜흘림'은 읽는 사람으로 하여금 눈의 피로를 야기할 수 있으므로 자제하는 것이 좋다.

● 디자인

다음은 메뉴판 디자인시 사용할 수 있는 유용한 사항이다.

- 위첨자나 아래첨자를 이용해 본다. 위첨자는 음식을 분류하거나 특별하게 관심을 집중시키거나 기본 메뉴항목을 나타내는 데 사용할 수 있으며, 아래 첨자는 메뉴항목에 대한 부가 설명에 이용해 볼 수 있다.

- 메뉴 내용을 구분할 때 굵은 글씨체나 이탤릭체를 사용해 본다. 예를 들면, 메뉴 그룹은 굵은 글씨체로, 그 아래의 메뉴항목은 이탤릭체로, 메뉴에 대한 부가 설명은 일반 서체를 이용해 볼 수 있다.

- 세 가지 이상의 서체를 사용하지 않는다. 너무 많은 종류의 서체 사용은 메뉴판을 매우 복잡하게 만든다.

- 공간에 맞는 글자 크기를 선택한다. 보통 메뉴판의 글자 크기는 12포인트 이하는 사용하지 않는다.

- 글자 간에도 알맞은 여백을 둔다. 보통 워드 프로세싱 프로그램에서는 글꼴 커닝(kerning)이라고 하는데, 이것은 문장을 좀더 쉽게 읽을 수 있도록 만들어 주는 기능을 한다.

- 줄 간격도 알맞게 맞추어야 한다. 줄 간격은 잘 읽을 수 있으려면 3포인트 이상은 되어야 한다.

- 메뉴에 그래픽 요소를 사용하고자 한다면 워드 프로세싱 프로그램 안에 내장된 그래픽을 이용할 수 있으나 사진을 이용하고자 할 때에는 다른 작업들을 거쳐야 한다.

- 사진은 프린터를 이용하여 구성해 볼 수 있다.

- 온라인 상에서 클립아트를 다운받아 이용할 수도 있다. 클립아트를 다운받을 수 있는 곳은,

  http://office.microsoft.com/ko-kr/clipart/default.aspx

  http://www.clipartkorea.co.kr/

  http://www.iclickart.co.kr/ 등이 있다.

- 독특한 삽화를 원한다면 대학생 인력을 활용해 본다. 미술 관련학과에 재학 중인 학생들이 저렴한 가격으로 메뉴판에 들어갈 삽화를 그려줄 수 있을 것이다.

▣ 메뉴판 제작

메뉴판에 사용할 재질은 얼마나 메뉴판을 자주 바꿀 것인가에 의해서 결정된 다. 메뉴판 제작시에는 아래와 같은 사항을 염두에 두어야 한다.

● 메뉴판 제작 빈도

메뉴판을 자주 바꾸는 경우라면 가격이 저렴하고 보통 재질의 종이를 선택하는 것이 좋다. 메뉴판을 자주 바꾸는 경우가 아니라면 품질이 좋은 재질의 메뉴판을 제작하고, 내구성을 높이기 위해 코팅용지를 사용한다. 특히 코팅용지는 메뉴판을 깨끗하게 유지할 수 있어 매우 유용하다. 지저 분한 메뉴판처럼 고객의 입맛을 떨어뜨리는 것도 없다는 것을 명심한다.

● 메뉴판 제작시 기타 고려할 사항

메뉴 속지의 재질과 무게, 색깔, 인쇄할 잉크 등도 고려해야 할 사항에 포함된다.

> ■ 겉표지 재질
> 메뉴의 겉표지는 무게감이 있는 두꺼운 재질의 종이를 고려해 볼 만하다. 일 반 종이는 깨끗한 상태로 오랫동안 유지하기가 어렵다.
> ■ 종이 색깔
> 메뉴의 종이 색깔을 결정하는 데는 레스토랑의 전반적인 분위기와 특징을 고려해야 한다. 만약 아늑하고 로맨틱한 분위기의 고급 레스토랑이라면 밝 고 화려한 색깔은 피하는 것이 바람직하고 은은한 색깔을 택하여 레스토랑 의 분위기를 알리는 것이 좋다.
> ■ 레이저 프린터 용지 이용
> 대부분 사무용품점에서는 레스토랑의 메뉴판이나 메뉴판 겉표지에 사용할 수 있는 레이저 프린터용 용지를 판매하고 있다.

▣ 메뉴 디자인에서 해야 할 것과 하지 말아야 할 것들

메뉴판 디자인 작업은 직접 참여하는 것이 바람직하며 인쇄소에게만 맡겨놓지 않는 것이 좋다. 인쇄소에서는 메뉴의 균형을 잡아줄 수는 있지만, 메뉴판 안에서 실제 어떤 부분이 강조되어야 하는지는 모르기 때문이다. 디자인 작업에 대해서 잘 모르거나 자신이 없을 때에는 메뉴 컨설턴트를 고용하는 것도 한 가지 방법이다.

메뉴 디자인시 고려해야 할 사항은 다음과 같다.

- **여백**

  메뉴판에 글씨가 빽빽이 적혀져 있으면 고객을 질리게 하기 쉽다. 따라서 일반적인 메뉴에 대한 설명으로 메뉴판의 공간을 채우지 않도록 한다.

- **글씨의 크기**

  만일 테이블의 조명을 촛불로 대신한다면 이 사항은 매우 중요하다. 메뉴판을 인쇄하기 전에 메뉴판 샘플을 가지고 실제 테이블에서 촛불을 켠 상태에서 읽을 수 있을지 직접 실험을 해 보아야 한다. 또한 12포인트 이하의 크기는 이용하지 않는 것이 좋으며 서체도 편하게 읽을 수 있는 것으로 선택한다.

- **가격**

  메뉴항목의 가격을 오른쪽 맨 끝에 적는 것은 좋지 않다. 이것은 고객의 관심을 메뉴 자체보다는 가격에 머무르게 만들기 때문이다.

- **교정**

  메뉴판 디자인이 완성되면 인쇄소에 보내기 전에 다른 사람에게 교정을 보게 한다. 메뉴판에 오타가 있는 것처럼 전문가답지 않게 보이는 것이 없다. 따라서 식품용어사전이나 조리용어사전 등을 이용해 정확한 용어를 제대로 썼는지 확인해 본다.

▣ 메뉴판 구성의 예

● 고급 레스토랑

부가설명 : 고급 레스토랑의 메뉴판을 만들 경우 메뉴에 대한 설명을 곁들이는 경우가 많은데, 샐러드 같은 경우는 이름 자체로 설명이 충분하기 때문에 부가설명은 자제하고, 설명이 부족한 메뉴에 대해서는 서비스 종사원이 주문받을 때 설명을 해주도록 한다.

단순화 : 심플한 메뉴판을 만들기 위해서는 그래픽 요소를 배제하고 내용도 여백을 두고 간결하게 배치하는 것이 좋다. 또한 주류용 메뉴는 별도 메뉴판을 이용한다. 메뉴판의 배경 색깔은 베이지색, 글씨는 검정색 등 단순한 것으로 선택하는 경우가 많다.

혼란방지 : 글씨체는 굴림, 고딕, 흘림체 등 다양하게 활용할 수 있으며 글씨 크기도 자유롭게 정할 수 있다. 다만 어떤 글씨체와 크기를 이용하든지 고객의 혼란을 야기시킬 수 있는 것은 피해야 한다.

가격의 위치 : 메뉴판 안에서의 가격의 위치는 메뉴 설명 바로 뒤에 있는 것이 좋은데, 이렇게 하면 고객의 눈이 메뉴의 가격에 초점을 두지 않게 되기 때문이다. 또 한 가지 수익이 좋은 메뉴는 맨 처음과 맨 마지막에 배치하는 것이 좋다.

● 중저가 레스토랑

가정적 분위기 : 중저가의 저렴한 레스토랑이라면 레스토랑의 이름도 가정적이고 편안한 것이 좋을 것이며 메뉴판 안에서도 적절한 그래픽을

사용하여 저렴한 가격과 편안하고 아늑한 가정적 분위기를 자아낼 수 있도록 한다.

가격 : 메뉴항목을 분류하되 분류 안에서의 가격 차이를 크게 두지 말아야 고객이 메뉴 선택시 가격에 큰 영향을 받지 않게 된다.

부가설명 : 메뉴 앞에 '★' 등의 기호를 사용하여 레스토랑 추천 메뉴를 알린다. 이와 같은 기호의 사용은 고객의 선택을 원하는 방향으로 유도할 수 있다.

글씨 : 글씨 크기나 글씨체를 2~3가지 정도로 사용하여 고객이 메뉴 품목별로 쉽게 구분해서 볼 수 있게 한다.

색깔 : 배경은 밝은 녹색이나 노랑과 같이 색깔이 들어간 것을 사용하는 것이 좋고 1장 메뉴와 2장 메뉴가 적당하다. 또한 플라스틱이나 코팅용지를 겉표지로 사용해도 무난하다.

레스토랑
운영
노하우

4 메뉴관리 지원사항

▦ 가격과 수익

레스토랑에 메뉴-가격 결정 시스템(menu-pricing system)을 도입하고자 한다면 더 많은 판매 수익과 총수익을 증가시킬 수 있게 의사결정을 도와주는 기록 유지 시스템을 개발해야 한다. 또한 시스템 개발 전에 한 발짝 뒤로 물러서서 레스토랑 운영 유지를 위한 어떤 종류의 수익이 필요한지 먼저 인식해야 한다.

● 식품 재료비의 항목별 계산

메뉴가격을 결정하기 위해서는 먼저 식재료비를 살펴보아야 한다.

● 월별 총원가 파악

월별 총원가의 구성요소는 경비, 인건비, 식재료비이다. 한 달 간의 총원가를 예상해 보고 가격을 책정한다. 예를 들어, 하루에 주요리가 200개 정도 팔리며, 하루 사용되는 운영비는 240만 원이며, 수익목표는 판매액의 10%라고 가정한다면, 운영비와 목표한 수익을 내기 위하여 주메뉴가격은 적어도 12,000원 이상으로 책정해야 한다.

● 수익성

하지만 모든 메뉴가 12,000원이 될 수는 없으므로, 메뉴 중 12,000원

이상이 되는 항목을 강조할 필요가 있다. 이것은 고객의 메뉴 선택과 판매 이익을 증가시키는데 도움을 줄 수 있을 것이다.

- **판촉**

    디저트 메뉴를 다른 메뉴와는 분리하여 새로운 메뉴판을 사용해 보거나 디저트 카트를 고객의 테이블에 가져가 권해 보는 것도 한 가지 방법이 될 수 있다.

- **고객에게 주는 영향**

    판매하고 있는 주요리가 판매수익에 별 영향을 주지 못한다면 애피타이저, 사이드 메뉴, 음료 및 디저트의 판매에 주력하는 등 다른 방법을 찾아보도록 한다. 이와 같은 방법으로 판매 수익을 올리고자 할 때에는 서비스 종사원의 제안 판매기술(suggestive selling technique)이 매우 중요하다.

▣ 메뉴 판매 분석

메뉴 판매 분석이나 메뉴 스코어는 각 메뉴가 얼마나 팔렸는가를 추적해 보는 것이다. 식재료비 및 메뉴가격과 함께 메뉴 판매 분석을 이용한다면 레스토랑 운영에 매우 유용한 정보들을 얻을 수 있을 것이다.

- **메뉴 믹스**

    메뉴 믹스(메뉴품목의 총 판매량 중 특정 메뉴품목의 판매량이 차지하는 비율)를 살펴보면, 어떤 메뉴항목을 집중적으로 판매해야 하는지 결정할 수 있다. 예측한 대로 수익이 나지 않는다면 인력관리, 식재료 낭비, 과도하게 많은 1인 분량, 식재료비의 상승 등을 살펴보아야 하며, 메뉴 자체에도 문제가 있는지 살펴보아야 한다.

- **철저한 메뉴 믹스 및 식재료비 관리**

  메뉴 믹스를 집중 관리하는 것은 높은 수익을 올리기 위한 가장 좋은 방법이다. 메뉴별로 개별 수익에 초점을 맞추기보다는 전체 수익을 올릴 수 있는 방법을 찾는 데 노력을 기울여야 한다.

- **수익 창출에 있어서의 부정적 요인 제거**

  식재료비를 조절하는 과정에 있어서는 오직 재료비가 적게 들어가는 메뉴 품목의 판매만을 고집해서는 안 된다. 보통 식재료비가 적게 들어가는 메뉴(닭고기 종류 및 채식 메뉴)는 가격도 높지 않다. 만일 고객들이 이 메뉴들만을 선호한다면 원하는 만큼의 수익을 기대하기는 어렵다. 반대로 재료비가 많이 들어가는 품목 및 고가의 메뉴(예 : 스테이크 또는 해산물 메뉴)의 판매만을 고집한다면 식재료비를 상승시켜 수익률을 저하시킬 수 있다.

▦ 메뉴 분석의 단순화

레스토랑마다 각기 다른 방법으로 판매 믹스를 분석하게 된다. 매일 폐점 시간 이후 그날 들어온 판매전표를 살펴본다거나, 직관적으로 어떤 항목이 많이 팔렸는가 결정하는 것, 또는 판매 믹스를 분석하기 위해서 각 메뉴항목을 분류하는 등 다양한 방법을 사용한다. 여러 가지 방법들 중 일부는 이익을 증가시키기 위하여 식재료비의 관리에 초점을 맞추고, 다른 일부는 수익이 높은 메뉴 품목의 판매를 증가시키는데 초점을 맞춘다. 복잡하고 자세한 분석방법들은 분석의 정확성을 높일 수 있지만, 대부분의 레스토랑 매니저들은 판매 분석을 하기 위해서 많은 시간을 투자하기가 힘들다. 다음의 방법은 간단한 판매 분석 방법으로 많은 시간을 들이지 않고 원하는 정보를 얻을 수 있다.

- **메뉴 판매 믹스 분석시 눈여겨 보아야 할 세 가지**

  1. 메뉴 품목별 판매 개수
  2. 메뉴 품목당 원가
  3. 메뉴 품목당 수익

- **전산화**

  전산화 프로그램이 설치된 금전등록기를 이용하면 판매 분석이 훨씬 용이해진다. 이것은 일별, 주별, 월별 등 원하는 항목의 판매 분석을 빠른 시간 내에 할 수 있도록 도와준다.

- **수기 작성**

  전산화된 등록기가 없다면 일정기간의 계산서를 확인하는 것으로 위와 같은 정보를 얻어낼 수 있다. 이 임무는 계산대 직원의 직무에 포함시키는 것이 바람직하다. 즉 계산서에 있는 정보들을 일목요연하게 장부에 옮겨 적어 판매 분석에 이용하는 것이다. 원가는 표준 조리법이나 원가 장부에서 정보를 얻을 수 있다.

■ 레스토랑에 알맞은 정보 편집

판매 분석 자료를 확보했다면, 레스토랑에서 인기가 높은 메뉴, 원가가 높은 메뉴, 또는 이익이 많은 메뉴가 어떤 것인지를 알 수 있다. 이와 같은 정보를 한눈에 파악하기 위해서는 간단한 표로 작성하는 것이 바람직하다. 메뉴항목의 이익 마진(profit margin)이란 한 메뉴가 레스토랑 총이익에 공헌한 정도를 말한다. 각 메뉴의 이익 마진은 월말 재무제표를 통하여 메뉴가격과 식재료비의 차이로 알 수 있다. 즉 총 판매액에서 식품원가를 뺀 것이 이익 마진이 된다. 다음은 이익 마진을 어떻게 산출하는지를 보여주는 예이다.

메뉴	인기도*	원가	메뉴가격	이윤
햄버거 플레이트	36/100	1,240	11,000	9,760
카보나라 스파게티	15/100	3,580	12,500	8,920
시푸드 콤보 플레이트	49/100	6,800	21,900	15,100

* 36/100은 일정 기간 동안 총 100개의 주요리를 팔았다면 그중 36개의 햄버거 플레이트
메뉴가 팔렸다는 것을 의미한다.

● 정보의 활용

위의 정보를 어떻게 활용하여 이익을 증가시킬 수 있겠는가? 일단 완성
된 표를 살펴보자. 위의 표에서는 햄버거 플레이트가 시푸드 콤보 플레이
트만큼 인기가 좋은 것을 볼 수 있다. 그러나 햄버거 플레이트가 원가가
훨씬 적은 것을 볼 수 있다. 따라서 원가가 적게 드는 메뉴의 판매를 집중
함으로써 이익을 증가시킬 수 있다.

● 식재료 원가 감소로 인한 이익 마진 증가

표면적으로는 햄버거 플레이트의 판매를 집중하면 이익을 증가시킬 수
있으나 명심해야 할 것은 판매가격이 높지 않다는 것이다. 예를 들어, 하
루에 100개의 주요리 판매 중에 햄버거 플레이트의 원가는 44,640원을
지출하고 이익 마진은 351,360원이 된다. 반면 45개를 판 시푸드 플레이
트는 306,000원을 원가로 지출하고 이익 마진은 679,500원이 된다. 따라
서 시푸드의 식재료 원가율이 높긴 하지만 이익 마진은 거의 두 배가 됨
을 알 수 있다.

● 수익성이 높은 메뉴항목에의 집중

높은 원가나 낮은 원가에 상관없이 수익성이 좋은 메뉴에 대한 집중이
필요하다. 그러나 기억해야 할 것은 레스토랑에 가장 이익이 되는 것은
무엇인지를 결정하는 것이다. 어떤 전략을 선택하든지, 판매 분석 자료는

레스토랑의 수익을 높일 수 있는 필요한 메뉴를 결정하는 데 도움을 줄 것이다.

▣ 판매 촉진이 필요한 메뉴의 결정

원가 분석을 끝냈다면 다음은 판매를 집중하고자 하는 메뉴를 결정하고, 메뉴판에 어떻게 배치하느냐를 검토해야 한다. 메뉴항목 중 저원가, 고수익 항목은 눈에 잘 띄게 배치해야 하며, 고원가, 저수익 메뉴항목은 눈에 잘 띄지 않도록 해야 하므로 다음의 사항을 고려해 본다.

- 특정 메뉴항목의 인기도를 증가시키기 위해서는 고객의 눈에 쉽게 띄게 메뉴를 배치하여 주문을 많이 받을 수 있도록 해야 한다.

- 수익 증가가 기대되는 메뉴항목에 대한 가격을 증가시키고 전체 판매액에 영향을 미치는지 살펴본다. 가격 상승으로 인해 판매량이 줄어들지 않았다면 이 메뉴 품목으로 인한 이익 증가를 기대해 볼 수 있다.

- 수익 증가를 원하는 메뉴 품목을 서비스 종사원들이 제안 판매할 수 있도록 기술을 훈련시킨다.

- 원가가 높은 품목은 1인 분량을 감소시켜 식재료 원가를 낮춘다.

- 원가가 낮고 잘 팔리지 않는 메뉴 품목에는 저렴한 사이드 메뉴를 추가하여 가격을 올리고 이에 대한 효과가 있는지 관찰해 본다.

▨ 판매 내역서

관리임무 중에 많은 비중을 차지하는 것 중에 하나는 서류작성이다. 그러나 부정확한 기록들은 수요예측을 어렵게 만들고 재고관리 및 인력계획에 많은 차질을 줄 수 있다. 가장 중요한 기본은 이익을 낼 수 있도록 메뉴에 적절한 가격을 책정하는 것이다.

● 판매 내역서 개발

판매 내역서란 구체적인 판매기록을 말한다. 이와 같은 기록은 매일 작성되어야 하며 다음과 같은 항목으로 구성한다.

▪고객수	▪일별 판매액	▪일별 원가

● 부가 정보

판매 내역서의 항목 중 날씨, 지역 내 특별 행사 사항, 레스토랑 내 시스템 변동 사항 등을 포함하면 유용한 정보로 활용할 수 있다. 예를 들면, 지난해 어느 달의 토요일 날 판매 실적이 매우 저조한 것을 발견했을 경우, 과거의 판매 내역서를 보니 심한 눈보라가 있는 날인 것을 알 수 있었다. 날씨 이외에도 생음악을 연주한 날의 판매 효과 등도 분석할 수 있다.

● 판매 내역서의 다양한 작성방법

과거의 기록이 구체적이고 세부적인 사항이 많을수록 판매 상승을 위한 의사 결정시에 도움을 많이 줄 수 있다. 다음은 판매 내역서의 한 예이다.

날짜 1/15/03			
스파게티 수량/판매액	피자 수량/판매액	일일매상	일일판매액
14/222,600	22/305,800	1,299,000	725,800
고객수 : 97			
고객노트 : 새 주방장의 교육이 필요			

- **사례 조사하기**

특정한 날의 판매 내역서와 작년 같은 날의 판매 내역서를 비교해 보면 작년의 원가가 훨씬 적은 것을 발견할 수도 있다. 판매 내역서의 비고란에 있는 그날에 있었던 새 주방장의 교육 훈련을 고려하면 특정한 날 왜 높은 원가가 산출되었는지를 짐작할 수 있게 된다.

- **유용한 부가 정보**

특정 메뉴의 판매를 작년과 비교해 보면 많은 정보를 얻을 수 있다. 작년보다 판매가 저조하다면, 이것은 메뉴에 대한 쇄신이 필요한 시점임을 상기시켜 주는 일일 수도 있다. 따라서 식재료에 변화를 주거나 사이드디시를 첨가하여 특별한 메뉴로 바꾸는 등의 노력이 필요할 것이다. 판매 증가 노력에도 불구하고 판매가 증가되지 않는 경우에는 이 메뉴를 레스토랑 메뉴판에서 제거해야 하는 시점인지도 모른다. 이와 같은 결정은 최근 고객의 성향이나 식품 경향을 분석하여 이루어져야 한다.

- **전산화된 금전등록기**

POS시스템(판매시점관리시스템)을 활용하면 지금까지 설명했던 판매 내역 분석에 관한 내용을 빠르고 편하게 처리할 수 있다. 시중에 다양한 POS시스템 업체들이 있으며, 이들은 인터넷에서 찾아볼 수 있다.

▣ 생산일지

생산일지는 생산의 균형과 통제에 이용되는 일지이다. 생산일지에는 각 메뉴의 판매 수량 및 특정 시간대에 준비되어야 하는 메뉴 수량이 기록된다. 다음은 생산일지의 예이다.

날짜 : 5/14/03 서비스 시간 : 저녁 주방장/매니저 : 홍길동					
항목	요리시간	1인분 원가	전체 식품원가	판매량	실제 원가
립 아이 스테이크	25	8,500	212,500	20	170,000
쉬림프 파스타	16	4,200	67,200	22	92,400

- **생산일지 작성**

  영업시간 후에, 판매된 메뉴 식재료비와 함께 판매수량에 대한 기록을 해야 한다.

- **용이한 수요 예측**

  일별 판매 내역서와 함께 생산일지는 정확한 수요 예측을 하는 데 도움을 준다. 이외에도 생산일지는 미래의 생산계획시 의사결정을 하는데 많은 정보를 제공한다.

- **필요 정보 제공**

  생산일지는 메뉴의 가격이 식재료비를 포함해서 얼마나 적절히 책정이 되었는지 설명해 주는 정보가 된다. 만약 실제 식재료비가 가격 책정시 계산한 식재료비 보다 많다면 메뉴의 가격을 높여야 하는지 고려해 봐야 한다.

■ 식재료 원가 추적

원가는 메뉴가격을 책정하는 데 가장 큰 변수로 작용하기 때문에 수익을 최대로 내기 위한 메뉴가격을 책정하기 위해서는 식재료 원가에 대한 올바른 이해가 있어야 한다. 메뉴의 가격을 설정하기 전에 각 메뉴에 포함된 원가를 계산해야 하는데, 식재료 원가는 보통 표준 레시피로부터 계산이 가능하다.

- **표준 레시피를 기준으로 한 원가 계산**

  표준 레시피에 각 메뉴의 원가를 기록해 놓는 것은 좋은 방법이지만 원가를 기록하기에 가장 적절한 장표는 아니다. 왜냐하면, 표준 레시피에 기록되어 있는 원가는 최근 원가 정보를 반영하지 못하는 경우가 많기 때문이다. 따라서 각 메뉴의 원가가 표준 레시피에만 적혀 있다면 납품서나 다른 구매 장표에 원가 정보를 기록해야 한다. 이것이 식재료 원가에 대한 변화를 쉽게 추적하고 감시할 수 있는 방법이 된다.

- **메뉴 원가의 정기적 갱신**

  식재료 중 신선한 농·수·축산물들의 가격은 수시로 변하기 때문에 메뉴별 식재료 원가는 적어도 월 1회 재료를 조사하고 갱신한다.

- **메뉴가격과 식재료 원가의 정기적 비교**

  이것은 상승된 식재료 원가(특히 식재료 원가는 계속해서 증가하는 경향이 있다.)를 메뉴가격에 반영할 수 있도록 하는데 도움을 준다. 정기적으로 메뉴가격과 원가에 대한 비교 검토를 한다면, 수익 감소가 발생하기 전 메뉴가격을 올릴 수 있을 것이다.

  다음은 원가를 측정할 수 있도록 도와주는 계산서의 예이다.

항목	날짜	원가	메뉴가격
칠리페퍼치킨	2/03	2,180	13,500
	3/03	2,140	
	4/03	2,480	
참스테이크	2/03	4,400	14,500
	3/03	4,400	
	4/03	4,480	

▣ 식재료 원가 산정

원가 정보가 구비되었다면 메뉴가격을 책정하도록 한다. 단, 메뉴가격 산정 시에 식재료 원가 이외에 간접적인 요소들이 항상 영향을 미친다는 것을 간과해서는 안 된다.

• 식재료 원가 계산

식재료 원가는 보통 메뉴가격의 백분율 또는 전체 판매의 일정 비율로 표현된다. 특정 메뉴의 식재료 원가는 식재료비를 판매 가격으로 나누어 비율을 정한다.

$$식재료\ 원가\ 비율 = \frac{식재료\ 원가}{판매가격} \times 100$$

예) 식재료 원가 : 3,800
판매가격　　 : 12,500

$$\frac{3,800}{12,500} \times 100 = 30(\%)$$

• 월별 손익계산서에 전체 식재료 원가기록

월별 손익계산서에 전체 지출된 식재료 원가의 기록은 레스토랑 전체 운영 상태를 측정하는데 좋은 지표가 된다.

• 이용 방법

월별 식재료 원가가 높다는 것은 많은 것을 암시해 준다. 예를 들어, 종사원의 훈련 부재, 원가를 제대로 반영할 수 있는 메뉴가격의 조정, 과잉구매, 식자재 낭비 또는 도난으로 인한 손실 등의 가능성을 예측해 볼 수 있다.

• 목표 설정

현실적인 식재료 원가의 비중을 설정해야 한다.

- **메뉴로부터의 수익 결정**

  원가, 메뉴가격 및 판매 내역서를 기본으로 하여 총 식재료 원가를 총수익으로 나누면 특정 기간의 식재료 원가를 산출할 수 있다.

  예) 식재료 원가 : 3,800

      판매량   : 200

      메뉴가격   : 12,500

$$\frac{3,800 \times 200}{12,500 \times 200} = 0.3(30\%)$$

- **미래 판매 품목 결정을 위한 판매 내역서 활용**

  판매 내역서의 활용은 레스토랑의 구매 활동과 식재료 준비 상황을 평가하는 데 도움을 준다. 또한 주방의 인건비를 줄이는 데에도 도움을 줄 수 있다.

- **부적절한 메뉴 디자인**

  만약 식재료 원가 지출이나 이익 마진이 레스토랑에서 목표한 대로 되지 않았다면 그 이유는 메뉴 디자인이 잘못되어 발생했을 가능성이 높다. 레스토랑에서 식재료 원가가 높은 반면, 이익 마진이 적은 메뉴의 판매를 강조하고 있지는 않은지 살펴보고 문제가 있다면 메뉴 디자인에 변화를 주어야 한다. 이것은 식재료 원가를 줄이고 이익을 증가시키는 데 도움을 줄 것이다. 식재료 원가가 높은 메뉴(쇠고기 또는 해산물)가 너무 많이 포함되어 있다면 당연히 레스토랑의 식재료 원가는 많은 비중을 차지하게 된다. 반면, 낮은 원가의 메뉴가 너무 많다면 이익은 감소하게 된다는 점을 명심해야 한다. 즉 메뉴를 디자인할 때에는 두 종류의 메뉴를 알맞게 활용해야 하는 것이다.

- **실제 식재료 원가와 목표 식재료 원가의 차이 존재**

  모든 레스토랑에는 지출할 수 있는 식재료 원가의 비율범위를 정해놓는다. 이와 같이 목표 원가의 설정은 실제 발생된 원가와 비교하여 운영 효과를 가늠해 본다. 종종 매니저의 상여금은 이 식재료 원가 목표를 달성했느냐에 따라 지급되는 경우가 많다.

• **목표의 변동**

식재료 원가 목표는 매달 바뀌는 전쟁과도 같은 것이다. 실제 식재료 원가는 실제로 식재료에 지출된 금액을 의미한다. 만약 지난달의 식재료 원가 목표가 32%였지만, 실제 사용된 식재료 원가는 38%였다면, 왜 이와 같은 편차가 생겼는지 이유를 명확히 밝혀내야 한다. 식재료 원가의 통제는 레스토랑의 경영에 중요한 변수가 되기 때문이다.

▣ 식재료 원가의 절감

이익을 증가시키는 한 가지 방법은 식재료 원가를 낮추는 것이다. 다음은 식재료 원가를 절감할 수 있는 방안들이다.

• **주방 종사원과의 협동**

식재료 원가상승의 주된 원인은 바로 낭비이다. 주방에 특별한 쓰레기통을 준비해 본다. 이 쓰레기통에는 잘못 주문된 식재료, 메뉴를 준비하다가 바닥에 떨어뜨린 식재료 등 주방에서 낭비된 식재료만 버리게 한다. 주방 종사원들에게 이와 같이 시각효과를 자극하는 방법은 많은 재료 낭비를 줄여 결과적으로 비용을 감소시키는 데 효과적이다. 이것은 종사원들에게 주방에서의 낭비요소를 줄이는 데 신경을 쓸 수 있도록 도와주는 좋은 방법이다.

• **식재료 원가 감소를 위한 특별한 달을 정하여 모든 종사원들이 참여하게 한다.**

현재 38% 식재료 원가가 소요되고 있다면, 이번 달에는 모든 종사원들에게 36% 감소를 목표로 정하고 레스토랑을 운영하도록 알린다. 물론 목표 달성에 따른 인센티브를 잊어서는 안 된다. 식재료 원가 절감 목표가 달성되었으면 그 달 말일에 축하파티를 열어준다. 파티에서 선물로 줄 티셔츠나 상을 준비하여 그 달에 디저트를 가장 많이 판 서비스 종사원이나 원가 절감을 위하여 정확한 계량방법을 개발한 주방장 등에게 수여한다. 이와 같은 방법은 원가 절감의 효과를 가져 올 뿐만 아니라 종사원들의 사기 진작 및 충성심을 유발하는 데에도 효과가 있다.

- **저울 및 계량도구의 사용**

  종종 주방장들이 손대중으로 재료를 계량하는 경우가 있다. 이런 경우에는 일단 늘 하던 방식으로 손대중으로 계량을 하게 한 다음, 똑같은 재료의 계량을 저울을 이용하여 하도록 하고 두 가지 계량 결과의 차이를 비교하도록 한다.

- **납품업체의 검색**

  납품업체를 정했다면 계속 그곳을 이용하기보다는 지속적으로 비교대상을 찾아 유리한 납품업체를 찾아야 한다.

- **식품 표시사항의 관찰**

  포장 겉면의 표시사항에는 원산지 정보가 있다. 미국의 경우, 대부분 제조업자들은 그들의 생산지로부터 100마일 이상인 곳에는 유통을 하지 않는다. 즉 공급업자가 멀리 있을수록 물류비용이 상승되기 때문이다.

- **지역상인의 이용**

  지역상인의 이용은 판촉 활동의 방법으로도 사용할 수 있다. 지역 농산물을 재료로 쓰고 있다면 고객들이 이를 알 수 있도록 홍보해야 한다.

• 가공 식재료의 이용

직접 만드는 메뉴 대신에 미리 가공된 재료를 이용해 본다. 이런 경우 음식의 품질을 염려하게 되지만 최근 가공 식재료들은 품질이 우수한 편이다. 또한 가공 식재료를 이용할 경우 다른 재료를 첨가하여 맛을 높일 수 있다. 예를 들어, 시판되는 샐러드 드레싱을 사용한다면 여기에 블루치즈나 신선한 허브들을 첨가하여 맛을 높인다. 이와 같이 가공 식재료를 이용하여 식재료 원가 및 인건비를 낮출 수 있으며 원하는 메뉴의 품질을 유지할 수 있다.

▣ 산출량 테스트

산출량 테스트는 생산량에서 가식량과 폐기량을 정확히 계산하는 데 이용한다. 특히 금방 상하는 재료에 대해서는 정기적인 재고 산출량 테스트가 필요하다. 가식부가 적은 재료에 돈을 낭비하는 일은 없어야 한다. 다음은 산출량 테스트시 고려할 사항이다.

• 품질

품질이 좋은 재료는 가식부 비율도 높다. 따라서 좋은 품질의 재료를 선택하는 일은 매우 중요하다. 재료의 품질을 결정할 때에는 다음과 같은 요소들을 신경써야 한다.

■ 중량	■ 질감	■ 등급	■ 풍미
■ 포장상태	■ 온도	■ 색깔	■ 크기

• 2가지 종류의 산출량 테스트

산출량 테스트는 편의품 산출량 테스트(convenience yield test)와 신선식품 산출량 테스트(fresh-food yield test)로 나눌 수 있다. 편의품 산출량 테스트는 보통 가공 식재료에 대한 산출량 테스트로서 포장지를 벗기고 무게를 측정하면 된다. 신선식품 산출량 테스트는 좀더 복잡한 과정을 거쳐야 하는데 그 과정은 다음과 같다.

- 입고시 무게를 측정하며 출고시 다시 무게를 측정한다.
- 지방, 뼈 등 폐기부분을 제거한 후 무게를 측정한다.
- 재료의 세척 후 무게를 측정한다.
- 조리 과정 중 발생되는 중량 감소를 결정하기 위해 조리 후 무게를 측정한다.
- 1인 분량으로 나눈다.
- 1인 분량의 무게를 측정한다.

• 산출량 테스트 과정별 기록작성

이 기록은 식재료 원가부문에 낭비가 발생했는지의 여부를 확인하고 식재료비의 적절성 여부를 결정하는 자료가 된다.

▣ 표준 레시피

표준 레시피는 관리를 하는 데 있어 외식/급식 매니저에게 매우 중요한 도구이다. 표준 레시피는 메뉴의 품질을 일관되게 유지하는 데 사용되며 원가 통제와 메뉴가격 결정에도 유용한 정보가 된다.

• 표준 레시피 사용의 이점

- 생산 메뉴의 일관성을 유지시킨다.
- 1인 분량을 조절함으로써 원가 통제를 향상시킨다.
- 각 재료별 단가를 기록해 놓음으로써 메뉴가격 결정시 유용한 정보가 된다.
- 원활하고 효율적인 생산이 되도록 한다.
- 재고관리와 구매관리에 도움을 준다.
- 종사원 훈련시 이용할 수 있다.

• 표준 레시피 개발시 고려사항

■ 실험조리를 통한 레시피 완성

만약 새로 들어온 오븐이 과거 사용하던 오븐보다 빠른 시간 내에 머핀이 구워진다면 머핀에 대한 새로운 레시피를 실험조리를 거쳐 만들어야 한다. 실험조리를 거치지 않고 예전에 사용했던 베이킹 타임을 이용한다면 머핀을 계속 태울 수밖에 없다.

■ 조리 순서에 의거한 재료 순서 기입

■ 재료의 정확한 사용량 설정

■ 조리 순서 확인

■ 필요 도구 및 기기

만일 특정 메뉴 생산에 필요한 알맞은 사이즈의 프라이팬이 없어 음식을 만들 때마다 다른 크기의 팬이 사용된다면 생산되는 메뉴 품질의 일관성을 유지하기 어렵다.

■ 재료 계량

고체나 건조 식재료는 무게로 계량하며 액체로 된 재료는 부피로 계량한다. 계량 시에는 사용하는 재료의 무게를 고려하여 충분한 무게 범위를 계량할 수 있는 저울을 마련한다.

■ 레시피 변동사항 기록

■ 표준 레시피의 활용

주방 종사원들에게 표준 레시피를 적극 활용하도록 권장한다.

■ 레시피 홀더

레시피를 보관할 수 있도록 인덱스카드 및 인덱스카드 홀더를 사용한다. 또한 레시피의 깨끗한 보관을 위하여 레시피를 비닐 파일에 끼워 바인더에 보관한다.

■ 레시피 파일 정리

예를 들어, 애피타이저, 수프, 주요리, 샐러드 및 디저트로 분류하여 레시피를 보관하도록 한다.

▣ 레시피 정보

레시피의 내용은 변동사항에 따라 자주 수정되겠지만 기본 정보는 항상 기록되어 있어야 한다. 따라서 이와 같은 기본 사항이 어떻게 바뀌었는가를 알 수 있도록 하고 파일을 업데이트 해야 한다. 다음은 표준 레시피에 기본적으로 포함되어야 할 정보이다.

- **메뉴 이름**

- **레시피 번호**

  파일 정리 시스템에 따른 분류 번호를 기입한다.

- **산출량**

  표준 레시피에 의해 생산될 총 생산량을 기입한다.

- **1인 분량**

  1인 분량은 중량이나 또는 개수로 나타낼 수 있다. 또한 서빙을 위한 도구의 종류와 크기도 기록한다.(예 : 수프 - 1C용량 국자 사용)

- **가니쉬**

  같은 메뉴가 서빙될 때에는 똑같이 보이도록 해야 한다. 이것은 플레이트의 세팅 상태도 포함된다. 따라서 플레이트를 세팅하는 종사원이 칠리 페퍼치킨을 준비한다면 볶음밥 위에 어떤 방법으로 치킨이 올라가야 하는지, 또한 치킨 반대쪽에 놓일 브로콜리는 어떤 각도로 놓일 것인지 잘 알아볼 수 있도록 세팅방법을 그림으로 그려 넣거나 사진을 찍어 부착해 놓는 것이 좋다.

- **재료**

  재료들은 사용 순서에 따라 적어놓는 것이 좋다. 또한 재료의 필요량을 정확히 적어야 하며 필요량 단위에 약어를 사용했다면 모든 표준 레시피에 똑같은 약어를 사용하도록 한다. 즉 한 레시피에 작은술(tea spoon)을 'tsp'로 표시했다면 다른 레시피에도 이와 같은 방식으로 사용하도록 한다. 또한 필요 재료의 형태를 명시해 주어야 한다. 즉 아몬드의 경우 통아몬드가 필요한 것인지 다진 아몬드가 필요한 것인지 정확한 형태를 명시해 주어야 하며, 밀가루라면 체친 것을 의미하는 것인지 확실히 명시해 주어야 한다.

- **만드는 방법**

  만드는 방법에는 예열이 필요한 경우 이를 꼭 표시해 주어야 한다. 또한 만드는 방법에는 올바른 용어가 사용되어야 한다. 반죽에 달걀을 넣을 경우 마지막에 가볍게 섞어야 하는지 반죽하는 중간에 같이 섞어 반죽이 되도록 해야 하는지 확실히 해주어야 하며, 전기믹서를 사용하여 혼합해야 하는지 손으로 저어야 하는 것인지도 알 수 있도록 해야 한다. 또한 주의사항이나 특별한 손질이나 취급 방법이 있다면 이 사항도 삽입되어 있어야 한다. 예를 들면, 설탕물이 매우 뜨거우니 조심해야 한다든지 재료를 불 위에 끓이는 경우 불에서 내려 크림을 첨가해야 한다든지 하는 사항들이다. 표준 레시피에는 사용할 팬의 크기나 준비시간, 조리온도 및 시간, 익은 정도를 측정할 수 있는 기준이나 방법 및 1인 분량을 계량하는 방법도 포함하는 것이 바람직하다.

- **마무리 작업**

  메뉴가 생산되고 난 후 기름칠을 한다든지 녹인 초콜릿으로 맨 위를 장식한다든지 하는 마지막으로 처리해야 하는 부분도 표준 레시피에 설명이 포함되어 있어야 한다. 또한 조리 후 냉각방법이나 서빙시까지의 보관 온도가 실온이어야 하는지 냉장 보관이어야 하는지에 대한 저장 온도도 필요하면 명시해야 한다.

● **원가**

모든 레스토랑이 표준 레시피에 원가 항목을 기입하는 것은 아니다. 그러나 원가 항목을 포함한 레시피를 사용한다면 이것은 메뉴 디자인뿐만 아니라 식자재 주문시에도 활용이 가능하다. 원가 항목을 넣을 경우에는 재료나 가니쉬의 필요량이 정확하게 기입되어 있어야 한다. 원가는 송장의 재료 단가를 확인하여 계산할 수 있다. 각 재료 원가의 총계가 레시피의 전체 원가가 되는 것이다. 또한 전체 원가를 1인 분량으로 나누면 1인분 식재료 원가를 산출할 수 있다. 다음은 원가 항목이 포함된 표준 레시피의 예이다.

조리법 : No. 126	음식명 : 잠발라야	
일인분 크기 : 1.5 cups	산출량 : 40인분	
일인분 원가 : 900원		

재료	중량/양	가격
닭고기, 뼈를 뺀 가슴살을 1인치씩 자른 조각	2kg	16,000
프랑크 소시지, 얇게 썬 것	1kg	11,160
셀러리, 다진 것	16cups	6,320
홍피망, 다진 것	8개	12,000
양파, 다진 것	4개	800
작은 마늘, 다진 것	8개	340
쌀	6cups	9,480
맥주	1 l	7,000
치킨 스톡	2 l	3,440
통조림 토마토	6cup	4,240
타바스코 소스	4tsp	60
파슬리(장식용)		80
옥수수빵(곁들임용)		116
		72,080

조리법 : 1. 닭고기를 손질한 후 1인치씩 조각내어 자른다.
　　　　2. 큰 소테 팬에 식물성 기름을 넣고 어느 정도 온도가 오르면 치킨을 넣고 익히다가 소시지를 첨가하여 계속 가열한다.
　　　　3. 큰 스톡 팟에 양파와 셀러리, 홍 피망을 넣고 기름에 살짝 볶는다.
　　　　4. 쌀과 기름으로 코팅된 쌀을 첨가한다.
　　　　5. 불을 살짝 줄이고 쌀이 액체를 다 흡수하기 전에 맥주와 육즙을 조금씩 나누어 첨가한다.
　　　　6. 쌀을 약한 불로 15~20분간 끓이면서 토마토, 닭고기와 소시지를 첨가한다. 쌀이 부드러워질 때까지(약 1시간 정도) 계속 약한 불로 끓인다.
　　　　7. 타바스코, 소금, 후추로 간을 한다.
　　　　8. 작은 그릇에 1인분씩 잠발라야를 계량하며 냉장·냉동하거나 또는 만든 즉시 제공한다.

마무리 작업 : 디너 볼에 옥수수빵 한 조각을 옆에 곁들이고 파슬리를 위에 올려 제공한다.

레스토랑
운영
노하우

메뉴가격 결정

■ 기본 고려사항

메뉴가격 결정은 메뉴관리의 중심이라고 할 수 있다. 메뉴가격이 결정되어야 비로소 레스토랑의 수익 목표를 가시화할 수 있다. 메뉴가격은 수학적 계산이나 추측에 의해 결정되는 것처럼 보이지만 모두 아니다. 가격 결정은 기본적으로 식재료 원가, 판매 내역 및 이익 마진에 의해 결정되는 원가에 가산액을 더하여 계산된다. 그러나 가격 결정 전략은 여기서 그치는 것이 아니고 다음 사항을 고려해야 한다.

• 가격 결정인자

가격 결정은 다음과 같은 간접 요소에 영향을 받는다.

■ 고객 심리	■ 시장 상황
■ 지역	■ 레스토랑 분위기
■ 서비스 형태	■ 경쟁
■ 고객 지불 능력	

• 수요와 시장 상황

경제 상황이 악화되면 사람들은 외식이나 여행을 자제하여 레스토랑의 수익은 줄어들게 된다. 따라서 시장 상황은 가격 결정에 매우 큰 영향을 미친다. 결국 원가를 고려하여 메뉴가격을 책정했다고 해도 그 가격이 너무 높아 아무도 사먹지 않는다면 아무 소용이 없다. 따라서 가격은 원가비용을 반영하는 것은 물론 경쟁사의 유사 메뉴가격과 고객이 기꺼이 지불하고자 하는 비용도 고려되어야 한다.

- **경쟁 레스토랑**

    시장 상황을 고려한 가격 결정은 경쟁 요소를 많이 감안하게 된다. 메뉴 아이템이 햄버거, 치킨 샌드위치나 후렌치 후라이와 같이 그 지역에서 일반적인 음식이고, 이를 취급하는 레스토랑이 많다면 가격은 더욱 경쟁사를 고려하여 결정되어야 한다. 따라서 경쟁사가 유사 메뉴항목에 대해 어떤 가격을 책정하는지 항상 살펴보아야 한다. 만약 똑같은 메뉴에 대해서 그 지역의 다른 레스토랑 보다 3,000원 비싸게 받는다면 잠재적으로 고객을 잃는 것이다.

- **인기 메뉴**

    수익을 증가시키려면 수요에 의한 가격에 초점을 맞춰야 한다. 즉 인기 메뉴나 최근 수요가 많은 메뉴의 가격 설정에 신경을 써야 한다.

- **레스토랑이 위치한 지역 및 분위기**

    레스토랑이 위치한 지역 및 분위기도 메뉴가격 결정에 많은 영향을 미친다. 고객은 서울 도심의 고급 호텔 레스토랑에서 스테이크를 먹을 경우, 그 가격은 집 앞의 작은 스테이크 하우스에서 먹는 그것보다는 비쌀 것이라고 예상하게 된다. 마찬가지로 테이블 서비스를 하는 레스토랑에서 그릴 치킨 샌드위치를 먹는다면, 패스트푸드 레스토랑에서 먹는 그릴 치킨 샌드위치보다는 비쌀 것이라는 것을 인식하고 있다.

- **고객의 희망 가격**

고객이 기꺼이 지불하고자 하는 가격은 가격 결정에 있어서 매우 중요한 요소이다. 만약 고객이 서빙받는 메뉴에 대해 너무 비싸다고 느낀다면 가격 결정에 영향을 미치는 다른 요소들의 고려는 아무런 의미가 없다. 고객들은 식재료 비용이 얼마나 들어가는지 고려하지 않는다. 고객들은 단지 외식을 할 때 그들이 먹는 음식이 과연 그만큼의 돈을 지불할 가치가 있는 것인지에만 관심이 있다.

■ 수익을 증가시킬 수 있는 간접적 요소

다른 레스토랑과의 경쟁에 있어서 어떤 사항들은 경쟁사에 비해 메뉴의 가격을 높게 책정해도 무방하게 해주는 요소들이 있다. 예를 들어, 스테이크 하우스를 운영하는 경우 그 지역은 다른 레스토랑에서는 스테이크에 사용하는 쇠고기의 등급을 1A 또는 2A 등급을 사용하는 반면, 1++A등급의 스테이크를 제공한다면 사용되는 쇠고기의 품질에 차이가 나므로 높은 가격을 책정해도 무방하다. 레스토랑의 장식이 훌륭하다거나, 서비스에 자신이 있을 경우, 발렛 파킹 서비스를 하는 경우 경쟁사에 비해 높은 가격을 책정할 만한 충분한 근거가 된다. 다음 사항들을 고려해 보도록 한다.

- **메뉴 연출**

메뉴 연출에 신경을 쓰도록 한다. 세련된 메뉴 연출은 아무런 신경을 쓰지 않은 같은 메뉴에 비해 높은 가격을 책정할 수 있는 이유가 된다. 만약 고객이 주문한 메뉴가 나왔을 때 성의 없이 아무렇게나 차려진 음식보다는 음식의 모양이며 가니쉬, 색깔 등을 멋지게 연출하여 만든 음식을 받았을 때 기꺼이 높은 가격을 치를 것이다.

- **품격 있는 접시와 글라스웨어 활용**

  음식을 고급 접시에 담아 서비스하면 플라스틱이나 스티로폼 그릇에 담아 음식을 서빙하는 것보다는 음식의 가치를 높여 더 높은 가격을 책정할 수 있도록 해준다.

- **분위기와 실내장식**

  몇 년 동안 같은 실내장식을 유지해 왔다면 레스토랑의 리모델링을 고려해 본다. 식당 홀의 벽면에 페인트칠을 하는 것만으로도 편안하고 아늑한 분위기의 레스토랑으로 만들 수 있을 것이다.

- **청결**

  지저분한 레스토랑에서 불결한 식기를 사용하여 음식을 먹고자하는 고객은 아무도 없다. 따라서 청소 및 해충 구제는 정기적인 계획을 세워 관리해야 하는 사항이다. 고객이 호감을 가질 수 있도록 레스토랑을 좀더 매력적으로 만들어야 한다.

- **서비스**

  고객들이 품질이 좋은 식사를 원한다는 것은 당연히 서비스도 중요하다는 것을 의미한다. 따라서 현재의 서비스 형태 및 상태를 측정해 본다.

- **테이블 서비스**

  테이블 서비스에 좀더 신경을 써야 한다. 이것은 테이크아웃 서비스보다 메뉴가격을 높게 책정할 수 있는 사항이기 때문이다.

- **위치**

  레스토랑의 위치도 고려사항이다. 이것은 메뉴가격을 책정하는 데 매우 중요한 요소이다. 레스토랑이 위치한 지역에 중산층이 많이 산다면 아무리 식재료가 품질이 뛰어나다 하더라도 메뉴가격을 높게 책정할 수는 없을 것이다. 레스토랑이 시내에 위치해 있다면 품질이 뛰어난 식재료의 사용 및 그에 알맞은 메뉴가격 책정을 모두 고려할 수 있다.

- **주 고객층**

  만약 주 고객층이 대학생들이라면 쓸 수 있는 돈이 매우 제한적일 것이다. 따라서 주 고객층의 특징에 맞지 않는 가격 책정은 옳은 방법이 아니다.

▣ 심리학자도 모르는 고객심리

고객의 심리는 항상 염두에 두어야 하는 간접적 가격 결정 요소이다(많은 레스토랑에서 가격의 100원 단위가 5 또는 9처럼 홀수인 것을 볼 수 있다). 심리적으로 홀수는 마지막이 '0'인 것보다 저렴하게 느껴지게 한다. 즉 고객들은 12,900원이 13,000원보다 훨씬 저렴하게 느껴지는 것이다. 또한 자릿수도 매우 다른 느낌을 받게 한다. 즉 9,900원이 10,000원보다 훨씬 저렴하게 느껴지는 것이다. 따라서 몇 가지 심리적 특성들을 기억해 둘 필요가 있다.

- **고객의 인식**

  99,000원짜리 가전제품을 구입한다고 생각해 보자. 이 가격을 소비자들은 90,000원 정도로 느끼거나 100,000원보다 저렴한 것으로 생각하게 된다. 이와 같은 경우를 고려했을 때 메뉴의 가격은 이익을 최대로 내기 위하여 약간 낮은 가격으로 책정하는 것이 바람직하다.

- **머릿속 예산**

  고객들은 보통 그 달 지출할 돈에 대하여 미리 예산을 세워 놓는다. 따라서 이와 같은 머릿속 예산은 음식 값으로 지불할 돈을 결정하는 데도 중요한 역할을 한다. 우리는 모두 머릿속으로 현재 보유하고 있는 돈, 공과금으로 지출할 돈, 여가생활비로 쓸 수 있는 돈 등을 계산하고 있다. 대부분의 사람들은 식료품비는 생활비로 생각을 하며 여가생활비는 특별히 분류된 예산으로 나누는 경우가 많다.

● **편의성**

최근 대부분의 사람들은 편의에 의해 외식을 한다. 즉 가정 대용식으로서 외식을 하는 것이다. 또는 주말 여가 활동, 생일이나 결혼기념일 등의 특별한 행사를 위한 사교 활동을 위해 외식을 한다. 이와 같은 편의성도 가격 결정 요소로 고려해야 할 사항이다.

● **경험**

고객이 특정 레스토랑에 대해서 가진 인식, 즉 일반적으로 가정식사 대용으로서 그 레스토랑을 이용하는지, 아니면 특별한 날의 외식을 위하여 그 레스토랑을 이용하는지가 메뉴가격 책정에 많은 영향을 미치게 된다. 대부분의 사람들은 특별한 행사를 위한 외식에 더 많은 돈을 쓰고자 한다. 왜냐하면, 이 돈은 여가생활비로 잡힌 예산에서 나오기 때문이며, 이렇게 책정된 예산은 좀더 자유롭게 쓰고자 하는 경향이 있다. 많은 사람들이 배우자의 생일날, 선물의 일부로 새롭게 문을 연 고급 레스토랑에서 저녁을 먹기를 원할 것이다. 그러나 일부의 사람들은 이와 같이 특별한 날의 저녁을 여가생활비가 아니라 주말 식료품비 명목의 예산으로 잡아놓는 경우도 있을 것이다. 따라서 고객이 레스토랑을 단지 집에서 먹는 일상적 저녁 대신 이용할 음식점으로 인식하고 있는지, 아니면 특별한 날 가게 되는 고급 레스토랑으로 인식하고 있는지를 판단하는 것도 메뉴가격을 책정하는 데 영향을 미치게 된다.

▣ 레스토랑의 분류

패스트푸드 레스토랑을 운영하는 경우라면, 고객들의 입장에서 볼 때 일상 식사대용 목적의 레스토랑이 된다. 반대로, 고급 레스토랑의 경우는 고객들이 특별한 날의 외식 장소로 생각하는 경우가 많다. 중간 정도의 가격대를 유지하는 레스토랑이라면 둘의 경우를 모두 포함할 수가 있다. 이와 같은 정보를 이용하여 좀더 많은 이익을 낼 수 있는 방법은 무엇인지 아래의 사항을 고려해 보도록 한다.

- **일상 식사대용 목적의 레스토랑에서 고급 레스토랑으로의 전환**

  이와 같은 레스토랑 컨셉의 전환은 수익을 늘리고, 특히 주말 판매를 증가시킬 것이다.

- **특별 서비스의 제공**

  특별 할인 가격의 제공으로 외식비용에 부담을 가진 주 중 저녁 고객의 수를 증가시키는 것을 고려해 본다. 이때에는 할인 쿠폰이나 특별 가격 인하 메뉴를 이용해 볼 수 있다.

- **비교 레스토랑의 존재**

  고객에게는 늘 비교대상이 있음을 명심해야 한다. 어떤 형태의 레스토랑이든 고객들은 비슷한 곳과 늘 비교를 한다. 새로운 레스토랑을 가고자 할 경우에는 비교 레스토랑의 정보를 입수하고 좀더 친근한 레스토랑을 이용할 것이다.

- **경쟁 레스토랑의 가격구조 관찰**

  항상 경쟁사의 영업을 예의 주시하고 어떤 방법으로 레스토랑의 메뉴가격이 비교되는지를 살핀다. 만약 운영하고 있는 레스토랑의 메뉴들이 너무 비싸다면, 고객들은 제공하는 메뉴가 가격에 비해 가치가 떨어진다고 느낄 것이며, 비슷한 메뉴를 좀더 낮은 가격에 제공하고 있는 다른 레스토랑으로 발길을 돌릴 것이다.

• 시간과 장소

시간과 장소는 고객들이 지불하고자 하는 가격에 많은 영향을 미친다는 점을 기억해야 한다. 만약 핫도그나 후렌치 후라이를 휴가지에서나 놀이공원에서 사고자 하는 사람을 잡기 쉬운 고객(Captive customer)이라고 한다. 이와 같은 고객들은 그들이 집 근처에서 점심 대용으로 사먹고자 하는 핫도그에 비해 더 많은 비용을 치르는 것에 대해 매우 관대하다.

▣ 품질과 가격 결정

고객들은 보통 품질, 양, 가격, 세 가지 요소에 의해서 레스토랑의 가치를 결정한다. 레스토랑 메뉴의 가치는 음식의 질, 서비스, 분위기, 1인분 양에 의해서 어느 정도 올라갈 수 있기 때문에 가격 결정시에는 이와 같은 요소들을 고려하도록 한다.

• 주관적 가치

모든 고객들이 늘 똑같이 생각하는 것은 아니다. 똑같은 고객이라 하더라도 똑같은 음식을 날씨에 따라서 가정식사 대용으로 느낄 수도 있고, 친구의 생일축하 파티 메뉴로 느낄 수도 있는 것이다.

• 경제적 가치

보통 같은 메뉴 대비 가격이 저렴하면 가치가 있는 것으로 느낀다. 그러나 메뉴에 따르는 서비스가 너무 형편없다고 느낀다면 저렴한 가격 자체는 오히려 가치가 없는 것으로 간주하게 되고, 고객들은 좀더 나은 품질의 서비스를 제공받고자 높은 가격을 치르고 싶어 할 것이다.

- **사치**

  대부분의 사람들은 호화스럽고 고급스러운 것에 대해서는 높은 가격을 지불하고자 한다. 이 점을 명심하여 스테이크 연출시 유명하고 고급스러운 접시를 사용한다거나 시금치 샐러드나 로스트 포테이토 등의 사이드 메뉴도 이와 어울리는 접시를 이용하여 따로 서빙하는 등 음식의 품격을 높여 본다면 고객들은 높은 가격을 지불하는 것을 당연하게 여길 것이다.

- **질 좋은 재료**

  품질이 좋은 재료를 이용하여 음식을 생산한다면, 품질이 낮은 재료를 사용하여 같은 메뉴를 생산하는 다른 레스토랑에 비해서 높은 가격을 책정할 수 있다. 품질이 높은 재료의 사용으로 인하여 식재료 원가가 상승하겠지만, 이것은 메뉴가격을 높게 책정할 수 있게 됨으로써 얻는 이익으로 상쇄될 수 있다. 또한 이것은 레스토랑 영업에 일련의 변화를 가져오겠지만, 좋은 품질에 기꺼이 돈을 쓰고자 하는 고객들의 호감을 얻음으로써 수익을 상승시킬 수 있을 것이다. 즉 이것은 레스토랑의 이익을 증가시키는 데 매우 도움이 된다는 것이다.

▣ 대표 메뉴

레스토랑만이 가진 특별한 메뉴가 있다면, 그 메뉴를 준비하는 특별한 과정이나 특별한 재료를 첨가한다는 이유로 경쟁 레스토랑보다 메뉴가격을 높게 책정할 수 있다. 따라서 다음의 사항을 고려하여 대표 메뉴를 이용한 수익 상승을 고려해 보도록 한다.

● **비법 재료**

　　그 레스토랑만이 가진 특별한 바비큐 소스, 독특한 디저트 품목을 개발하여 이용해 보도록 한다. 이와 같은 비법 재료나 독특한 메뉴들은 메뉴 가격을 높이는 데 공헌을 할 수 있다.

● **특별 메뉴의 부각**

　　메뉴판에 특별 재료를 부각시키거나 다른 마케팅 도구를 이용하여 고객들이 특별한 재료가 사용된다는 것을 인식할 수 있도록 해야 한다. 이와 같은 재료들은 메뉴 이외의 부가적 판매 품목으로도 고려해 볼 수 있다.

● **독점 메뉴**

　　메뉴 중 독점할 수 있는 항목을 개발해 본다. 이와 같은 독점 메뉴는 가격을 높게 책정할 수 있으며, 결국 수익을 높일 수 있는 방법이 된다. 판매 내역을 자세히 분석하여 독점 메뉴의 가격 상승이 판매에 어떤 영향을 미쳤는지 분석해 본다. 만약 부정적인 영향이 없었다면 독점 메뉴가격의 상승은 수익 상승으로 이어질 것이다. 예를 들어, 4,300원 하는 초콜릿 케이크 값을 4,500원으로 올리고 하루에 35개를 팔았을 경우, 이것이 평소의 판매량과 비슷하였다면 가격 상승은 판매에 큰 영향을 주지 않으면서 월 수익을 210,000원을 더 올리게 되는 것이다.

▣ 유사 메뉴 간의 가격 차이

　　메뉴를 바꾸거나 새로 디자인하는 경우, 기존 메뉴 중 유사한 메뉴의 가격을 보게 된다. 이때가 메뉴의 가격에 변화를 주어 수익을 증가시키는 기회가 될 수도 있음을 상기하고 다음의 사항을 고려해 본다.

- **저렴한 단가의 메뉴항목 업그레이드**

  예를 들어, 레스토랑에서 로스트 치킨을 서빙한다면 식재료 원가는 그렇게 높지 않을 것이다. 로스트 치킨 이외에 치킨 스파게티를 서빙한다면 로스트 치킨보다는 재료도 많이 들어가고 준비단계가 길기 때문에 인건비도 많이 들어갈 것이다. 이 두 메뉴의 가격이 로스트 치킨의 경우 5,500원, 치킨 스파게티의 경우 6,000원으로 책정되어 있다면 고객들은 치킨 스파게티를 선택하는 경우가 많을 것이다. 왜냐하면, 고객들은 재료가 비슷하고 가격 차이가 크지 않기 때문에 보통의 로스트 치킨을 선택하는 것보다는 무엇인가 재료도 많이 들어가고 특별해 보이는 치킨 스파게티를 선택하는 것이 훨씬 더 좋은 선택이라고 믿기 때문이다.

- **식재료 원가의 감소**

  앞서 예로 들은 로스트 치킨과 치킨 스파게티를 생각해 보자. 치킨 스파게티가 수익을 더 많이 내는 것은 사실이지만, 식재료 원가 및 인건비가 그만큼 많이 들게 된다. 만약 레스토랑의 메뉴 디자인의 목표 중 하나가 식재료 원가의 감소에 있다면, 두 메뉴의 가격 차이가 더 벌어지도록 해야 할 것이다. 이럴 경우, 고객의 눈길을 로스트 치킨으로 옮겨 판매에 영향을 주도록 유도해야 한다. 따라서 식재료 원가가 높은 메뉴항목의 판매를 줄임으로써 식재료 원가를 감소시켜야 한다. 그러나 기억해야 할 것은 어느 특정 메뉴의 가격을 증가시켜 수익을 높이는 것보다는 기본적인 사항에 초점을 맞춰야 한다는 것이다.

- **메뉴 분류 안에서의 메뉴항목 검토**

  예를 들어, 스트립 스테이크의 가격이 햄버거보다 1,000원이 비싸다고 한다면 고객들은 보통 스테이크를 선택할 것이다. 이와 같은 경우에는 스테이크의 가격을 높여야 한다. 왜냐하면 햄버거의 경우 고객들은 저렴한 메뉴로 생각하여 스테이크와 비교하여 비싸다고 생각하는 경우가 많으며, 스테이크의 경우 고객들은 햄버거보다는 특별한 메뉴로 생각하기 때문에 조금 더 돈을 지불하는 것에 불만을 가지지 않는다.

● 대용 메뉴

다른 메뉴항목의 판매에 부정적인 영향을 주는 것을 피하기 위한 대용 메뉴는 그 수를 제한해야 한다. 메뉴 전체를 검토해 보았을 때 어떤 메뉴 항목은 대용 메뉴로, 또 어떤 메뉴는 보완적인 메뉴로 간주될 수 있을 것 이다. 고객들은 스테이크를 햄버거의 대용 메뉴로 생각할 수 있으며 이것 은 햄버거의 판매에 적잖은 영향을 줄 것이다.

▣ 부가 메뉴의 가격 결정

보통 부가 메뉴(애피타이저, 샐러드, 디저트, 음료)의 가격은 주요리의 평균 가격에 의해서 결정된다. 또한 다음의 사항들이 고려되어야 한다.

● 부가 메뉴가격 결정의 지침 사항

애피타이저의 가격 결정을 위한 가장 좋은 방법은 주요리 가격의 50% 이하로 책정하는 것이다.

● 중간 가격대의 다양한 종류의 와인 제공

와인을 제공하는 레스토랑의 경우, 대부분 고객들은 와인의 가격을 염 두에 두지만, 반면 품질이 좋은 것을 고르고 싶어 하기 때문에 중간 가격 대의 와인에 눈길을 주게 된다. 따라서 중간 가격대의 괜찮은 와인들을 다양하게 구비해 놓는 것이 좋다.

- **고객 성향 파악**

  미국 Restaurant Hospitality(2000)의 기사 중, San Francisco Convention & Visitors Bureau가 실시한 설문조사의 결과를 살펴보면 다음과 같다 : 이 설문 조사에서는 대상자를 푸디스(Foodies : 음식, 조리 및 주방에 관심이 많은 그룹)와 비푸디스로 나누었다. 설문조사 결과 푸디스는 26.27달러(약 30,000원) 이상을 와인 한 병을 구매하는데 사용하는 반면, 비푸디스는 20.45달러(약 23,000원) 이상을 지출하지 않는 것으로 나타났다. 와인을 잔으로 구매하는 경우에도 푸디스는 5.63달러(약 6,500원) 정도 지출하고, 비푸디스의 경우 4.85달러(약 5,000원)를 사용하는 것으로 나타났다. 따라서 와인의 가격을 결정할 때 위와 같은 연구조사도 참고가 될 것이다.

- **와인을 잔으로 판매할 경우의 가격 결정**

  와인을 잔으로 팔 경우 가격 결정의 가장 쉬운 방법은 와인 한 병의 가격을 살펴보는 것이다. 예를 들어, 750ml(25.4oz) 와인 한 병의 가격이 18,000원인 경우, 잔으로 팔 때에는 150ml 잔에 담아준다고 하면 18,000÷5로 계산하여 한 잔에 3,600원 정도로 책정하면 되는 것이다.

- **주류 가격**

  보통 맥주와 와인은 원가의 2~3배로 가격을 책정한다. 혼합 주류는 더 받는 경향이 있지만, 앞서 설문조사에서 보듯이, 주류의 가격을 결정하기 전에 고객의 특성을 잘 파악해야 한다.

■ 원가관리를 위한 소프트웨어

가격 결정을 할 때에는 복잡한 일이지만 수학이 필요하게 된다. 레스토랑 업계에서는 보통 다섯 가지의 가격 책정법을 이용한다. 각 책정법은 각각 장·단점을 지니고 있다.

• 5가지 가격 책정법

1. 식품비 비율가격 책정법(Food-cost-percentage pricing)
2. 요인가격 책정법(Factor pricing)
3. 실제 원가 가격 책정법(Actual-cost pricing)
4. 총이익 가격 책정법(Gross profit pricing)
5. 프라임 원가 가격 책정법(Prime-cost pricing)

어떤 가격 책정법을 사용하든지 각각의 방법에 필요한 정보를 준비해 두어야 하는데, 보통 필요한 정보는 다음과 같다.

■ 판매 내역 및 일별 영수증
■ 생산 내역서
■ 손익계산서

• 원가관리 소프트웨어

다른 부가기능들과 함께 원가관리가 가능한 소프트웨어 프로그램을 가격결정이나 원가관리에 이용할 수 있다. 국내에서도 많은 소프트웨어 개발업체에서 원가관리 프로그램을 개발해 제공하고 있으므로 이를 활용할 수 있고 엑셀과 같은 스프레드시트도 레스토랑에 맞게 원가관리에 이용할 수 있다.

▦ 식품비 비율 가격 책정법

이 방법은 메뉴가격 결정에 가장 많이 쓰이는 방법으로 대부분의 주요 메뉴 항목의 가격 결정은 이 방법에 의해서 결정되어진다. 그러나 어떤 경우에는 이 방법보다는 다른 방법이 더 적합한 경우도 있다는 것을 염두에 두어야 한다.

원가 비율을 계산하기 위해서는 다음 사항을 먼저 파악해야 한다.

> ▪목표 식품비 원가 비율(Target food-cost percentage)
> ▪실제 식재료비(Food cost)

- **이용법**

    이 방법에서는 경비, 인건비, 식재료 원가가 판매에서 차지하는 비율 및 이익 부분의 비율을 결정한다. 대부분의 레스토랑에서는 10~20% 사이의 이익을 원하지만 각 레스토랑마다 차이가 있다. 따라서 실제 및 목표로 하는 비율을 결정해야 한다.

- **계산법**

    이 방법으로 가격을 결정하기 위해서는 먼저 실제 식재료 원가와 목표 식품비 원가 비율(target food cost percentage)을 알아야 한다.

> 실제 식품 원가(Food cost) ÷ 목표 식품비 원가 비율(target food cost percentage) = 메뉴가격(menu price)

- **예**

    치킨 시저 샐러드의 예를 들어 보기로 하자. 식재료 원가는 1,840원이며 목표 식품비 원가 비율은 35%라고 한다면 가격은 1,840원÷0.35=5,260원으로 계산된다.

- **올림 또는 내림**

    위에서 계산된 실제 가격은 5,260원이다. 그러나 실제 가격을 정할 때에는 100 자리수를 5나 9로 정하는 것이 바람직하다. 만약 고객들이 이 메뉴에 대해 좀더 높은 가격을 지불할 수 있을 것으로 생각되면 5,900원으로 올려 책정할 수도 있다.

- **장점**

  계산이 매우 간단하다.

- **단점**

  이 계산법은 인건비를 포함한 다른 원가는 고려하지 않는다.

▣ 요인가격 책정법

  식품비 비율가격 책정법과 마찬가지로 원가 요소법도 목표로 하는 전체 식재료 원가 비율 및 각 메뉴항목의 식재료 원가를 이용하여 가격을 결정한다.

  원가 요소(price factor)를 계산하기 위해서는 다음 사항을 먼저 파악해야 한다.

> ▪ 목표 식품비 원가 비율(Target food-cost percentage)
> ▪ 실제 식품 원가(Food cost)

- **이용법**

  이 방법은 식재료 원가 비율을 반영하는 요소(factor)를 이용하는 것이다. 이 방법으로 가격을 결정하기 위해서는 식재료 원가에 원가 요소를 곱해야 한다. 원가 요소는 100을 목표로 하는 식재료 비율로 나눈 것이 된다.

- **계산법**

  목표 식재료 원가 비율이 35%라고 한다면 100÷35=2.86이 원가 요소가 된다. 이 원가 요소에 식재료 원가를 곱하여 가격이 결정된다.

- **예**

  메뉴의 식재료 원가가 2,670원이라고 하면 메뉴가격은 2,670원×2.86=7,650원이 된다.

> ■ 실제 식품 원가(Food cost) × 원가 요소(pricing factor) = 메뉴가격(menu price)

- **장점**

  계산이 매우 간단하다.

- **단점**

  각각의 메뉴항목이 목표로 하는 식재료 원가에 딱 맞는 것은 아니다. 어떤 메뉴는 높은 원가를, 어떤 메뉴는 낮은 식재료 원가를 가지고 있다. 이 방법은 높은 식재료 원가를 가진 메뉴가격을 너무 높이 책정한다든지, 낮은 식재료 원가의 메뉴에 대해서 너무 낮은 가격을 책정할 수 있다.

▣ 실제 원가 가격 책정법

이 방법은 식재료 원가를 계산하기 전 메뉴가격을 책정할 때 사용한다. 식재료 원가를 제외한 모든 원가를 조사하고 식재료비로 사용할 수 있는 원가 범위를 결정한다. 이 방법은 메뉴가격의 일부로 수익을 포함하게 된다. 케이터링 업체에서 일정한 예산 안에서 음식을 준비해야 하는 고객과 가격을 결정할 때 이 방법을 많이 사용한다. 일단 고객이 지불할 수 있는 비용을 계산하고, 케이터링 매니저는 그 가격 범위에서 어떤 메뉴를 제공할 수 있을지를 결정한다.

가격 요소(price factor)를 계산하기 위해서는 다음 사항을 먼저 파악해야 한다.

■ 메뉴가격	■ 각종 경비 비율
■ 인건비 비율	■ 목표 이익 비율

- **이용법**

  첫 번째로 판매액 안에 경비, 인건비, 이익이 차지할 비율을 결정해야 한다. 이것은 비율로 계산이 되기 때문에 경비, 인건비, 식재료비, 이익 비율의 합은 100%가 되어야 한다.

  100%-경비%-인건비%-이익%=식재료비%

- **계산법**

  예를 들어, 손익계산서에서 인건비가 30%, 경비가 판매액의 20%를 차지한다고 가정하자. 또한 목표 이익 비율은 15%라고 가정하면 100%-30%-20%-15%=35%, 즉 이 경우에는 메뉴가격의 35%를 식재료 원가로 사용할 수 있다.

- **예**

  예를 들어, 판매 내역서를 살펴본 결과, 지난 6개월간 10,000,000원을 벌었다고 하자. 이 중 3,000,000원을 인건비로, 2,000,000원을 경비로 사용하였으며, 1,500,000원을 순이익으로 책정하였다. 이 경우 3,500,000원이 식재료에 사용할 수 있는 돈이 된다.

  다음은 특정 메뉴항목을 살펴볼 차례이다. 스파게티를 11,000원에 판매한다고 하자. 이 중 3,300원은 인건비로, 2,200원은 경비로 사용하며, 1,650원이 순이익이다. 이와 같은 경우에는 식재료비로 3,850원을 쓸 수 있다.

- **장점**

  이 방법은 각 메뉴항목의 가격에 순이익을 포함하여 계산한다.

- **단점**

  이 방법은 메뉴가격을 결정하고 난 후, 식재료 원가를 역으로 계산하는 방식으로 메뉴가격 결정이 최우선 목표일 경우에는 별로 도움이 되지 않는 계산법이다.

▣ 총이익 가격 책정법

총수익 가격 책정법은 각 고객으로부터 얻는 특정 이익을 계산할 수 있도록 해준다.

수익을 계산하기 위해서는 다음 사항을 먼저 파악해야 한다.

■ 과거 총 매출액	■ 과거 매출 총이익
■ 과거 고객수	■ 메뉴항목별 실제 식재료 원가

● 이용법

레스토랑의 지난달 총 판매를 분석해 보니 8,000,000원의 매출을 올렸으며 식재료 원가로는 256,000원을 사용했다고 가정하자. 이 경우 총이익은 544,000원이 된다(이 시점에서는 식재료 이외의 다른 원가는 차감하지 않았으므로 순이익은 아니다.). 매출 전표를 살펴보니 지난 달 1,000명의 고객이 음식을 주문한 것으로 나타났다고 가정한다.

● 계산법

매출 총이익을 고객의 수로 나누면 고객당 평균 매출액은 5,440원이 된다.

매출 총이익(544,000원)÷고객수(1,000명)=고객당 평균 매출 이익(5,440원)

- 다음은 표준 레시피로부터 식재료 원가를 계산한다.
- 식재료 원가에 고객당 평균 매출 이익을 합하여 판매가격으로 결정한다.

식재료 원가+고객당 평균 매출 이익 = 판매가격

- **예**

  스파게티의 식재료 원가가 3,850원이라고 한다면, 라자냐의 판매가격은 3,850원+5,440원=9,290원이 된다.

- **장점**

  각 고객으로부터 얻을 수 있는 수익을 미리 결정할 수 있다. 이 방법은 고객 수의 예측이 정확하게 가능할 때 매우 유용한 방법이다.

- **단점**

  영업상 또는 고객 수 산출에 변화가 생길 경우 조절이 어렵다. 이 방법은 레스토랑과 같은 외식업체보다는 학교, 병원 등의 단체급식의 가격 결정에 적합하다. 또한 계산에 인건비나 다른 비용을 고려하지 않는 단점이 있다.

▨ 프라임 원가 가격 책정법

메뉴의 품목들은 생산에 있어 얼마나 많은 노동력이 투입되느냐에 따라 차이가 있다. 예를 들어, 직접 끓이는 수프나 직접 만드는 디저트는 반 가공 재료를 이용한 것보다는 노동력이 많이 투입된다. 따라서 이 방법은 인건비를 반영한 가격 계산법이다.

- **인건비 산출**

  인건비는 각 메뉴 품목을 준비하는 데 걸리는 시간을 측정하여 계산할 수 있다. 메뉴 품목에 들어가는 노동력에는 재료와 기구를 준비하고(세척, 다지기, 껍질까기, 혼합, 삶기 등의 예비조리), 손질 등의 과정도 포함되어야 한다. 인건비는 이와 같은 과정에 소요된 시간에 종사원의 시간당 임금을 곱하여 계산할 수 있다.

시간당 임금 × 준비시간 = 메뉴 품목당 인건비

● **서빙당 인건비**

특정 메뉴의 서빙당 인건비를 계산하기 위해서는 위에 계산된 메뉴 품
목당 인건비를 생산되는 총 인분수로 나누면 된다. 이 비용에 식재료 원
가를 더하면 프라임 원가가 결정되는 것이다.

프라임 원가를 계산하기 위해서는 다음 사항을 먼저 파악해야 한다.

■ 총 인건비 비율 ■ 메뉴 품목당 인건비
■ 메뉴 품목당 실제 식재료 원가 ■ 목표 식재료 원가 비율

● **이용법**

메뉴를 분석하여 생산과정에서 노동력이 많이 필요로 하는 품목을 결정
한다. 그 다음 이 메뉴항목에 필요한 인건비를 계산하고 여기에 식재료
원가를 더하여 항목 원가를 결정한다.

식재료 원가 + 인건비 = 항목 원가

● **다음 단계**

총 인건비에서 특정 메뉴의 항목에 들어가는 인건비 비율(%)을 결정하
여 식재료 원가 비율(%)에 더하면 프라임 원가 비율(prime food cost
percentage)이 산출된다.

● **최종 단계**

항목 원가를 프라임 원가 비율로 나누어 판매 가격을 결정한다.

● **예**

쇠고기 라자냐를 예로 들어 보자. 전처리 주방장(Prep cook)이 라자냐

12인분짜리 2판을 준비하는 데 1.5시간이 걸린다. 전처리 주방장은 시간당 8천 원을 받는다.(생산라인의 주방장은 준비된 라자냐를 재가열하기만 하면 되므로 인건비에 포함시키지 않는다). 따라서 라자냐에 들어가는 인건비는 12,000원이 되고, 1인분당 인건비는 500원이 된다.

8,000원×1.5 = 12,000원 → 12,000원÷24 = 500원

• 품목당 인건비

재무제표를 분석한 결과 총 인건비 비율이 25%가 된다면 이 메뉴에 들어가는 인건비 비율은 8%가 된다. 이 비율을 목표로 하는 식재료비 비율(예를 들어, 37%라고 가정한다)에 더하면 프라임 원가 비율이 된다.

8%+37%=45%

• 제안 메뉴가격

직접 인건비 비율+목표 식재료비 비율=프라임 원가 비율임을 상기하고, 1인분 당 인건비(500원)와 식재료 원가(4천 원으로 가정한다)를 합하여 프라임 원가 비율(45%)로 나눈다. 이 계산은 메뉴가격을 결정하도록 도와준다. 그러나 실제 가격을 정할 때에는 고객의 심리를 고려하여 9,900원이나 9,500원으로 조정하는 것이 바람직하다.

(1인분당 직접원가+1인분당 식재료 원가)÷프라임 원가 비율 = 제안 메뉴가격 : (500원+4,000원)÷0.45 = 10,000원

• 장점

이 계산법의 장점은 생산에 필요한 노동력을 고려하여 인건비를 가격에 포함시킬 수 있다는 것이다.

- **단점**

이 계산법의 단점은 계산이 매우 복잡하므로 많은 노동력이 필요한 메뉴항목의 계산에만 사용하는 것이 좋다.

▨ 샐러드바 가격 결정

샐러드바의 가격 결정은 일반 메뉴항목의 계산법과는 다른 방법을 사용해야 한다. 샐러드바는 무게에 따라 또는 한 번 가격을 지불하면 자유자재로 이용할 수 있도록 하는 방법('all-you-can-eat'라고도 한다)으로 가격을 책정한다. 다음은 샐러드바 가격을 책정할 때 고려해야 하는 가이드라인이다.

- **'all-you-can-eat' 샐러드바의 가격 책정법**

첫 번째 해야 할 일은 샐러드바의 모든 품목의 원가를 계산하는 것이다. 그 다음은 각 품목별로 영업시간 동안 얼마나 서빙되는지를 살핀다. 또한 영업시간 종료 후 남아 있는 재고 물량을 측정하여 처음 준비했던 양에서 재고량을 뺀 차이가 그날 판매된 양이 된다.

- **전표의 확인**

예를 들어, 처음에 백만 원어치의 음식을 준비하고 50만 원어치의 재고가 남았다고 하면 50만 원어치를 판매한 것이 된다. 이와 같은 정보를 인식했다면 다음은 전표를 확인하여 몇 명의 고객이 샐러드바를 이용했는지 파악한다.

- **최소 일주일 단위의 정보 입수**

위의 정보를 적어도 일주일 정도를 계속 파악하여 평균가격을 결정하는 데 이용할 수 있어야 한다. 예를 들어, 일주일 동안 샐러드바에서의 판매 금액이 250만 원이고 600명의 고객이 샐러드바를 이용했다면, 'all-you-can-eat' 샐러드바의 가격은 4,250원 정도로 책정될 수 있을 것이다.

● **무게에 따른 가격 결정법**

　이 방법은 조금 복잡하지만 'all-you-can-eat' 샐러드바의 가격 책정에서 문제가 될 수 있는 테이크아웃이나 고객들이 샐러드를 나눠먹는 경우 등에서 오는 복잡한 문제를 경감시켜 줄 수 있기도 하다. 무게당 가격을 결정하는 가장 간단한 방법은 식재료 원가의 평균을 이용하는 것이다. 예를 들어, 샐러드바에 이용되는 채소의 kg당 원가는 다음과 같이 계산된다.

양상추	1,750원
토마토	2,500원
당근	1,790원
옥수수	560원
오이	750원
치즈	4,350원

1,750+2,500+1,790+560+750+4,350=11,700원(kg당 원가)
이것을 10으로 나누면 100g당 가격이 나온다 : 11,700원÷10=1,170

● **주의점**

　위의 예에서의 계산대로 하면 샐러드바의 100g당 가격은 1,170원이 된다. 그러나 이 가격이 원가를 잘 포함하고 있는지 살펴보아야 한다. 샐러드바에 있는 품목들은 무게나 원가에 있어서 매우 다양하다. 평균 가격이 도출되면, 이것을 기본으로 하여 레스토랑의 원가 구조를 고려하면서 시장의 영향에 따라서도 가격을 조정할 수 있다.

6 메뉴와 레스토랑 마케팅

▨ 내부 마케팅과 제안 판매

내부 마케팅이란 레스토랑 안에서 고객에게 사용할 수 있는 마케팅 기술을 이야기한다. 내부 마케팅의 목표는 어떻게 하면 고객들을 만족시켜 레스토랑을 다시 찾게 만드느냐 하는 것이다. 단골고객으로 만드는 것이 이익을 증가시키는 열쇠가 된다.

내부 마케팅의 방법으로는 다음과 같은 것이 있다.

> ▪ 메뉴를 창문에 붙여 지나가는 행인들이 볼 수 있도록 한다.
> ▪ 테이블 텐트를 이용한다.
> ▪ 디저트 카트를 이용한다.
> ▪ 주방장 코너를 준비한다.

● 제안 판매

제안 판매는 매우 훌륭한 마케팅 도구이다. 이 방법을 이용하기 위해서는 서비스 종사원들이 주문을 받을 때 메뉴에 대한 제안을 할 수 있는 방법에 대한 교육을 실행해야 한다. 제안 판매란 확장된 메뉴판의 역할을 하기 때문에 제안 판매를 할 때에는 다음과 같은 접근이 필요하다.

■ **고객과 서비스 종사원과의 상호 교환의 촉진**

예를 들어, 서비스 종사원이 그날의 특별 요리나 디저트에 대해서 고객에게 설명을 하게 한다. 이와 같은 설명은 고객에게 메뉴에 대한 정보를 제공하여 만족할 만한 메뉴를 결정하는 데 많은 도움이 될 것이다. 또한 고객과 서비스 종사원 사이의 상호작용을 증진시켜 서로를 친근하게 느끼도록 만든다.

■ **부가 메뉴**

서비스 종사원으로 하여금 고객이 일반적으로 주문하는 메뉴에 곁들일 만한 애피타이저나 디저트에 대한 제안을 하도록 한다. 예를 들면, "애피타이저는 어떠십니까?"라는 간단한 질문 뒤에 "오늘 저희 레스토랑에서는 쉬림프 칵테일이 매우 신선한데요."라고 한다면 그날의 애피타이저 판매량은 틀림없이 증가할 것이다.

■ **메뉴에 대한 지식**

제안 판매를 성공적으로 하기 위해서는 서비스 종사원이 반드시 메뉴에 대한 지식을 가지고 있어야 한다. 이를 위해서는 서비스 종사원에게 와인이나 음식을 시식할 수 있는 시간을 마련하는 것이 좋고 어떤 방법으로 메뉴들이 생산되는지 정보를 알려준다. 특별한 메뉴를 판매하고자 준비 중이라면, 판매 전에 서비스 종사원들에게 메뉴를 선보이고 맛을 보게 하는 것이 바람직하다.

▨ 판매촉진

판촉은 여러 가지 방법으로 가능하나 무언가 특별한 것이 제공되어야 한다. 사람들은 다른 곳에서 얻지 못하는 특별한 것을 특정 레스토랑에서 얻을 수 있다면 그 레스토랑을 선택하게 된다. 특별한 것이란 메뉴가 될 수도 있고, 그 외 다른 것을 의미할 수도 있다. 다음의 예를 살펴보자. 오하이오에 위치한 마이애미 대학에서는 직접 만든 파스타와 볶음 메뉴를 제공하는 새로운 학생 식당의 문을 열었다. 이 특별한 식당에서는 주방장이 학생들과 대화를 즐기며 학생들

앞에서 직접 음식을 하고 제공한다. 한 피자 레스토랑의 사장은 그의 코 위에 무엇이든지 올려놓을 수 있는 재주로 유명하다. 고객들은 레스토랑 사장이 코 위에 풋볼 헬멧을 올려놓거나, 칼이나 의자 다리를 올리는 재주를 보려고 그 레스토랑을 찾는다(대부분 사람들이 이 두 번째 예와 같은 것을 시도하지는 않겠지만 여기에서 좋은 아이디어를 얻을 수는 있을 것이다). 창조적이고 혁신적인 방법을 모색하여 메뉴를 판촉할 수 있는 방법을 모색해 보도록 한다. 다음은 메뉴를 판촉할 수 있는 몇 가지 아이디어들이다.

- **테이블 텐트**

  저렴하게 만들 수 있는 테이블 텐트는 가장 많이 쓰이는 판촉 방법 중 하나이다.

- **애피타이저 트레이**

  메뉴에 새로운 애피타이저를 첨가했다면, 대기하는 고객을 대상으로 서비스 종사원이 애피타이저 트레이를 들고 다니면서 새로운 메뉴를 시식해 보도록 한다.

- **이달의 디저트**

  판매를 증가시키고자 한다면 서비스 종사원들을 대상으로 경연대회를 벌인다. 15개 디저트를 제일 먼저 판매한 서비스 종사원에게 와인 한 병 등 상품을 증정한다.

- **브런치 판매**

  고객에게 계산서를 줄 때 브런치 쿠폰을 제공하여 브런치 판매 증가를 도모한다.

- **추첨**

  계산대에 명함을 넣는 함을 마련하여 1주일에 한 번씩 명함 추첨을 한다. 당첨자에게는 2인용 무료 점심을 제공한다.

- **명함상의 고객 정보 활용**

  새로운 메뉴가 생겼거나 판촉이 진행될 때 고객에게 이메일을 보내 이 사실을 알린다. 케이터링 사업을 시작할 때도 이용할 수 있다.

- **레스토랑의 이름이나 로고가 새겨진 티셔츠 준비**

  판매대를 마련하여 티셔츠를 고객에게 판매한다.

- **신속한 점심 메뉴 제공**

  신속한 점심을 원하는 직장인을 대상으로 빠르게 제공되는 점심 특선을 마련한다.

- **저녁식사 뒤의 여흥**

  이것은 고객들이 주류, 애피타이저나 디저트를 주문하게끔 만들 수 있다.

▣ 외부 마케팅

외부 마케팅을 위해서는 주의해야 할 점이 많다. 즉 광고에 비용을 들이기 전에 정확히 무엇을 위하여 판촉이 필요한지 파악해야 한다. 광고는 많은 비용이 들면서도 성공 가능성을 보장할 수 없기 때문이다. 하지만 철저한 계획과 목표가 정해져 있다면 마케팅의 성공 가능성은 매우 높아진다. 따라서 예산을 집행하기 전에 많은 조사가 필요하다는 것을 명심해야 하며 다음은 외부 마케팅의 몇 가지 예이다.

- **지역 방송사가 설립한 푸드 뱅크 등에 음식 기증**

  이것은 지역 방송사가 후원에 감사하는 방송을 하게 함으로써 무료 광고를 가능하게 한다.

- **지역 상공회의소 방문**

  모든 도시에서는 여러 가지 축제나 이벤트를 개최한다. 이 때 레스토랑에서 참여할 수 있는 기회를 찾아본다.

- **지역 광고**

  광고 부분의 예산이 충분하다면 신문, 라디오, TV를 이용한 광고를 생각해 볼 수 있다.

- **지역 쇼핑몰에서의 요리 시연회 개최**

- **지역 내 학교를 대상으로 레스토랑 견학 유치**

  이와 같은 행사 유치로 지역신문 행사란에 실릴 수 있을 것이다.

■ 쿠 폰

자주 이용되는 외부 마케팅 도구의 하나는 쿠폰이다. 패스트푸드 레스토랑에서 고급레스토랑에 이르기까지 모든 종류의 레스토랑에서 쿠폰을 이용한다. 보통 쿠폰은 판매를 증가시키고자 할 때, 또는 레스토랑을 알리고자 할 때 이용되므로 어떤 용도로 필요한지를 파악하고 유용하게 이용해 본다. 쿠폰 이용의 주된 목적은 고객을 다시 방문하도록 유도하는 것이다. 만약 고객이 쿠폰을 받았을 때에만 레스토랑을 다시 방문한다면 이 광고 전략에는 문제가 있으며 판매 수익보다 광고 비용이 높아지게 된다. 쿠폰 이용시 다음의 사항을 고려한다.

- **레스토랑에 맞는 쿠폰을 이용한다.**

  어떤 형태의 쿠폰을 발행할 것인지, 쿠폰 사용 범위를 어떻게 할 것인지 신중하게 생각해야 한다. 만약 무료 쿠폰을 남발하면 어떤 이익도 얻을 수 없게 된다.

- **목표 설정**

  쿠폰은 무조건 또는 조건 상태에서 이용할 수 있다. 잠재고객이 어떤 성향에 가까운지 잘 관찰한 후 알맞은 형태의 쿠폰을 이용해야 한다.

  무조건적인 쿠폰은 피자 광고(예 : 하나를 사시면 두 개를 드립니다)에서 많이 볼 수 있는데, 이와 같은 형태의 쿠폰이 고객의 충성심을 어느 정도나 유발할지 고려해 보아야 한다.

  조건적 쿠폰은 특정한 제한을 두고 있다. 예를 들면, 주말에는 사용할 수 없다거나, 특정 가격 이상에서만 사용이 가능한 등의 제한을 포함하는 것이다. 레스토랑에 맞는 제한을 설정하여 쿠폰을 발행할 수 있다.

- **쿠폰 발행 목적**

  쿠폰을 마케팅 도구로 사용하고자 결정했다면, 이 쿠폰을 이용하여 어떤 목적을 달성하고자 하는지 결정할 필요가 있다.

  - 특정 시간대의 판매 증가 목적
  - 특정 메뉴의 판매 증가 목적
  - 전반적 고객 방문수의 증가 목적

▨ 쿠폰 이용 방법

쿠폰은 다양한 방법으로 잠재고객에게 전달할 수 있다. 일단 표적 시장이 정해지면, 고객들의 쿠폰 사용 여부도 조사해야 한다. 이를 행하지 않으면 쿠폰의 효과를 짐작할 수가 없게 된다. 즉 쿠폰 발행이 효과적인 마케팅 도구인지 또는 레스토랑에서 목표한 바를 이루었는지 여부를 파악할 수 없다는 것이다. 쿠폰 발행시는 다음과 같은 사항을 고려한다.

- **소규모 레스토랑 운영시 전단지 이용**

  지역 피자 레스토랑에서는 여름 방학을 맞은 청소년들을 고용하여 전단지를 지역 내 가정에 배포하도록 한다. 전단지는 주말 직전에 대량으로 배포하는 것이 효과가 있으며, 대부분 쿠폰 발행 직후에 사용하면 판매 효과를 높일 수 있다.

- **인쇄물 활용**

  지역 쿠폰 잡지 등 인쇄물 활용을 통한 광고를 고려해 본다.

- **학생 고객**

  레스토랑이 대학가에 위치해 있다면 학내 이곳저곳과 기숙사에 배부되는 대학 신문에 쿠폰을 실어보는 것도 생각해 볼 만하다.

▣ 마케팅 도구로서의 대표 메뉴

대표 메뉴는 훌륭한 마케팅 도구가 될 수 있다. 대표 메뉴란 말 그대로 레스토랑을 대표하는 메뉴를 말한다. 예를 들어, TGIF는 케이준 프라이드 치킨 샐러드가 유명하며 아웃백스테이크하우스는 립스온더바비세트가 유명하다. 대표 메뉴는 레스토랑을 그 메뉴에 대한 독점 레스토랑으로 만들어 준다. 즉 한 고객이 친구에게 "ㅇㅇㅇ레스토랑에서는 커리치킨을 꼭 먹어봐야 해."라고 하면 그 말을 들은 친구는 그 음식을 먹어보기 위해 레스토랑을 찾을 것이다. 따라서 대표 메뉴를 사람들에게 널리 홍보해야 한다. 이것이 마케팅의 시작이다.

- **대표 메뉴의 광고**

  보통 사람들의 입소문은 매우 강력한 외부 마케팅이 된다. 그러나 광고 예산을 사용하여 레스토랑 광고시 대표 메뉴를 강조하는 것도 잊지 말아야 한다.

- **포지셔닝**

  내부적으로 마케팅은 메뉴판에서의 대표 메뉴의 위치, 서비스 종사원의 대표 메뉴에 대한 판촉활동 및 테이블 텐트, 디저트 카트나 오늘의 특별 메뉴 등의 내부 마케팅을 얼마나 잘 활용했느냐에서부터 시작되는 것이다.

- **그래픽**

  대표 메뉴를 메뉴판에서 부각시키기 위해서는 다양한 그래픽 요소들을 이용하여 고객들의 관심을 끌 수 있어야 한다. 서비스 종사원들도 대표 메뉴에 고객들의 관심을 집중시킬 수 있는 중요한 마케팅 도구라는 것을 명심한다. 이 경우 서비스 종사원들이 대표 메뉴의 조리과정이나 맛을 잘 알고 있어야 하며 고객들에게 제안 판매를 할 수 있어야 한다.

- **대표 메뉴의 개발**

  대표 메뉴가 없다면, 지금이 대표 메뉴를 개발해야 할 시점이다. 주방장과 의논을 거쳐 어떤 것을 새로이 만들 수 있는지 생각해 본다. 새로운 것을 만들려고 할 때에는 최신 음식이나 식재료 경향에 주의를 기울여야 한다. 아무리 독특한 메뉴를 만들려고 하더라도 재료가 구하기 힘든 것은 바람직하지 않다. 또한 대표 메뉴는 충분히 이익을 낼 수 있는 것이라야 한다. 레스토랑의 이익 증가에 아무런 도움이 되지 못한다면 아무리 특별하고 잘 팔리는 메뉴라도 소용이 없다.

- **대표 메뉴의 확인**

  대표 메뉴가 있는데도 그것을 인지하지 못하는 경우가 있다. 예를 들어, 레스토랑에서 팔고 있는 머쉬룸 수프가 매우 인기가 있고, 다른 애피타이저 메뉴보다 에그롤이 잘 팔리고 있음에도 불구하고 이것을 인지하지 못하는 경우가 있다는 것이다. 판매 내역서를 잘 살펴보면, 기존 메뉴에 약간의 능력을 발휘하면 충분히 대표 메뉴가 될 수 있는 품목들이 존재할 것이다.

■ 레스토랑 웹사이트

레스토랑의 웹사이트를 운영하는 것은 훌륭한 마케팅 도구가 된다. 웹사이트는 직접 제작하거나 전문가에게 제작이나 관리를 의뢰할 수 있다. 웹사이트를 생각하고 있다면 다음을 고려해 본다.

- **종사원의 웹사이트 제작 가능성**

  웹사이트 제작을 전문가에게 의뢰하기 전에 종사원들에게 의견을 묻는 것이 도움이 될 것이다. 많은 레스토랑에서는 대학생을 종사원으로 채용하고 있다. 따라서 종사원 중에 웹사이트 제작이 가능한 사람이 있을지도 모른다. 이 경우 전문가보다 저렴한 가격으로 웹사이트를 제작할 수 있다.

- **전문가 의뢰**

  우리나라에서도 최근 외식/급식 업체의 웹사이트 제작을 전문으로 하는 회사나 프리랜서들이 많이 있으며, 각종 포털사이트를 통해 이들 정보를 얻을 수 있다.

- **정보**

  웹사이트에는 다음과 같은 내용들이 포함되어 있어야 한다.

> ■ 레스토랑 위치, 찾아오는 길
> ■ 간단한 예약창
> ■ 메뉴
> ■ 판촉이 필요한 메뉴 품목들

● 웹사이트 등록

야후나 네이버, 다음과 같은 주요 서치 엔진에 웹사이트를 등록시킨다. 서치 엔진의 규칙에 따라 등록을 하는 것은 초보자에게 복잡할 수 있으므로 전문가를 고용하여 일을 진행하는 것이 바람직하다.

● 대안

웹사이트의 개설이 레스토랑 마케팅 컨셉에 맞지 않는다고 판단될 때에는 지역신문 사이트를 이용하여 판매되는 메뉴를 선전하는 것을 고려해 본다. 대부분의 지역신문은 웹사이트에 가볼 만한 음식점이나 명소 소개 등의 섹션이 준비되어 있다. 따라서 지역신문사에 연락하여 메뉴를 사이트에 소개할 수 있는 방법을 모색해 본다.

● 관련 사이트 안에서의 소개

레스토랑이 관광객의 눈길을 끌 수 있는 곳이라면 인터넷 안에서 광고를 하거나 관련 사이트 안에서 소개될 수 있는 방법을 모색해 본다.

▣ 최근 식품 경향

고객들의 여가 선용의 한 부분으로써 레스토랑을 성공적으로 공략하기 위해서는 먼저 레스토랑이 위치해 있는 지역적 특성뿐만 아니라 최근 식품 경향도 파악해야 한다. 이와 같은 정보는 레스토랑의 마케팅이나 가격 결정에 있어서 많은 도움을 줄 것이다.

- **최신 경향 반영**

  에스닉 푸드, 예를 들어, 멕시칸, 아시안, 인디안, 캐러비언 및 케이준 등의 새로운 음식을 선보인다.

- **테이크아웃 마켓**

  패스트푸드 아이템이나 가정식 대용(HMR : Home Meal Replacement)으로써 구입하여 데우기만 할 수 있는 중저가 저녁 메뉴를 선보이는 것도 한 가지 방법이다.

- **기름기를 줄이고 건강에 좋은 메뉴 각광**

- **신선한 재료나 직접 만드는 메뉴의 부각**

- **그 외 식품 최신 동향 자료**

  한국외식연감을 활용해 본다. 이 자료는 (주)한국외식정보에서 출간되었으며, 과거의 외식자료분석을 통하여 앞으로 외식업계의 동향을 예측해 볼 수 있다.

레스토랑 운영 노하우

7 운영 관리 & 메뉴관리

▥ 주방 면적

통제나 조정과정 중에는 관리자가 표준을 세우거나 표준 절차를 만드는 것을 포함한다. 표준과 표준절차는 모든 종사원들이 실천할 수 있도록 교육되어야 하며, 실제 수행도를 측정하고 평가하며, 잘못된 점을 바로잡는 데 기준으로 사용된다. 운영관리와 표준을 마련하는 데 있어서 주요 고려사항의 하나는 주방 조직이다.

● 이용 가능한 시설·설비의 검토

메뉴를 새로 또는 디자인을 하기 전에, 다시 주방을 면밀히 검토하여 어떤 것이 이용 가능한지 파악해야 한다. 주방 분석시에는 다음과 같은 점을 고려하여 살펴본다.

- 주방 면적
- 작업 공간 구분의 개수
- 피크타임시의 주방 종사원수
- 보유하고 있는 시설·설비의 종류와 수
- 냉장·냉동고 개수

- **메뉴 생산시 보유하고 있는 인적·물적 자원의 활용 검토**

  바쁜 시간 동안 종사원들이 주방의 특정 작업공간에서 정신없이 혼잡하게 일을 하고 있다면 메뉴의 수정을 심각하게 고려해봐야 한다. 또는 메뉴 중 애피타이저 부분이 너무 집중되어 있지는 않은지, 애피타이저를 준비하는 데 인력이 더 필요한 것은 아닌지 등의 문제점을 파악해야 한다. 만약 기존의 애피타이저를 수정 없이 그대로 유지하고 싶다면 종사원의 충원이 필요할 것이다.

- **바쁜 시간대의 인원 충원**

  메뉴의 검토 결과, 메뉴 준비에 인원 충원이 필요한 것으로 파악된 경우, 인건비를 만회하기 위해서 애피타이저의 가격을 올리는 것이 필요할지 모른다. 만약 애피타이저의 가격 상승으로 인하여 판매 감소가 예상된다면, 애피타이저의 가짓수를 줄이는 것이 바람직할 것이다. 이것이 애피타이저 담당 주방장이 제시간에 고객이 주문한 정확한 메뉴를 생산해낼 수 있는 방법이다. 이와 같은 수정은 비록 애피타이저의 수가 줄어들지라도 효율적인 서비스로 인하여 오히려 애피타이저의 판매를 증가시킬 수 있을 것이다.

- **현재 운영 중인 생산과정 검토**

  메뉴의 수정을 고려하고 있다면, 현재 생산하고 있는 메뉴 준비과정을 평가해 봐야 한다. 즉 기존 메뉴를 부각시킬 수 있는 측면에서 준비과정이나 식재료의 변화가 필요한지, 원가를 절감하기 위해 생산과정 중 제거할 수 있는 불필요한 과정들은 없는지 파악하는 것이 메뉴의 교체나 재디자인시 필요하다.

▣ 구 매

외식업체의 매니저라면 판매 수익을 예측하고 이와 관련하여 메뉴 생산에 필요한 식재료의 양, 저장 방법 및 생산 방법 등도 함께 예측해야 한다. 이와 같은 의사 결정들은 메뉴의 영향을 직접적으로 받는 것이다. 가격 결정 시스템이 레스토랑의 이익을 낼 수 있도록 제대로 운영되려면 레스토랑의 다른 시스템들도 적절하게 운영되고 있어야 한다. 다른 시스템이란 구매, 생산, 교육·훈련 및 보안 등을 포함한다.

● 구매과정

구매 절차는 구매 품목의 명세서 작성, 레스토랑에 적절한 납품업자의 선정이 포함된다. 구매에는 다음과 같은 세 가지가 반드시 포함되어 진행되어야 한다.

> ■ 레스토랑의 식재료 원가 목표에 알맞은 범위에서 필요 품목 구매
> ■ 철저한 재고관리 및 통제
> ■ 합당한 가격으로 양질의 식재료를 납품받을 수 있도록 확실한 구매 절차의 확립

● 구매에 따른 책임

구매를 직접 하든지 종사원에게 책임을 부여하든지 간에 식품 물가 동향을 잘 파악하고 있어야 한다.

● 납품업체에 따른 가격 차이 검토

때때로 같은 품목에 대해서 납품업자마다 다른 가격을 제시할 수 있으므로 항상 필요 재료에 대해서 여러 납품업체의 가격을 파악하고 있는 것이 바람직하다.

- **저장시 식품 손실의 최소화**

  냉동식품은 -18℃를 유지해야 하며 건조 저장고의 경우는 10℃를 유지할 수 있도록 한다. 건조 창고의 경우 선반이 벽과 바닥에서 약 15cm 정도 떨어져야 한다. 육류를 전처리가 끝난 식품과 함께 보관할 경우에는 반드시 전처리 식품이 놓인 선반보다 아래 선반에 보관해야 하며, 생선은 얼음을 채워 보관하여 -1~1℃를 유지할 수 있도록 해야 한다.

- **재고 회전**

  재고 회전 시스템을 제대로 갖추지 않으면 식재료 부패 및 손상으로 인한 손실이 발생할 수 있다.

- **납품업체로부터의 납품시 적절한 규칙의 이행**

  납품업체가 납품을 할 때 손실이 발생하기 쉽다는 것을 명심해야 한다. 예를 들어, 납품이 주문과 일치하는지 감시하는 종사원이 아무도 없다고 하자. 또 어느 날의 납품이 레스토랑이 제일 바쁜 점심 중간에 들어온다고 하자. 이때에는 아무도 납품과 주문한 것을 비교할 수도 없고, 서둘러 납품 확인서에 서명만 할 것이다. 이와 같은 경우가 발생되었을 경우에는 문제가 발생한다 해도 바로잡을 길이 없다. 예를 들면, 주방장이 납품받은 식재료를 실온에 오래 방치한 뒤 음식을 만들어 고객들에게 서빙하는 것이 위생상 안전하지 않을 수도 있다.

- **창고 접근**

  특정 직원만이 창고에서 물건을 꺼내올 수 있도록 해야 한다. 창고 출입 기록 절차를 마련하고 재료의 입·출고 상황을 기록한다면 도난, 낭비 및 과도한 1인 분량으로 인한 손실을 감소시킬 수 있을 것이다.

▨ 구매 명세서

구매 명세서를 작성함으로써 구매 품목에 대한 통제가 가능하며 메뉴 생산에 일관성을 유지할 수 있다. 구매 명세서의 작성은 특히 여러 사람이 구매를 할 경우 매우 중요하다. 레스토랑에서는 다음과 같은 기본 정보에 대한 기록이 반드시 있어야 한다.

● 구매 명세서

구매 명세서에는 레스토랑에서 구매하고자 하는 품목의 양과 품질에 대한 상세한 정보가 포함된다. 명세서에 포함되어야 할 정보는 다음과 같다.

- 제품명
- 구매량(무게 등 정확한 구매 단위로 작성해야 함)
- 등급
- 구매 단위의 가격
- 제품의 사용 목적

● 구매 내역서

구매 담당 직원은 자신이 필요한 품목을 올바르게 주문했는지 확인할 수 있어야 하므로 종사원들이 쉽게 사용할 수 있는 구매 내역서를 만들어야 한다. 구매 내역서는 구매 과정 관리를 유지하여 레스토랑에서 추구하는 식재료 원가 목표를 달성할 수 있도록 도와주는 도구가 된다. 결과적으로 식재료 원가의 절감은 메뉴가격으로부터 이익을 최대화시킬 수 있도록 도와줄 것이다. 다음은 구매 명세서의 예이다.

항 목	수량	단위	판매 단위	단위당 가격	총계
토마토 페이스트 통조림	4	3.15kg	can	6,070원	24,280원
모짜렐라 치즈	10	2.3kg	pack	20,000원	20,000원

▣ 구매 및 재고관리 소프트웨어

외식업체용 구매 및 재고관리 소프트웨어는 쉽게 구할 수 있다. 규모가 큰 레스토랑에서는 재고 관리 소프트웨어를 사용함으로써 시간과 비용 절감에 효과를 보고 있다. 대부분 매니저들은 창고에 직접 들어가 남아 있는 달걀, 버터, 냉동 닭들이 얼마가 있는지 일일이 세어가며 재고조사를 실시한다. 하지만 재고관리 소프트웨어를 이용할 경우 대형 할인마트에서 볼 수 있는 레이저 스캐너를 이용하여 바코드를 스캔하는 것만으로 재고조사를 끝낼 수 있다. 어떤 소프트웨어들은 납품업체에 바로 연결하여 재고관리를 하는 시점에서 바로 전자 주문이 가능하도록 하는 것들도 있다.

▣ 소프트웨어 개발업체

최근 국내에서는 외식/급식업체에 적절한 구매 및 재고관리 시스템을 개발해 주는 업체들이 다수 있다. 각종 포털사이트에 '구매관리시스템', '원가관리시스템', '레스토랑 POS' 등으로 검색하면 적합한 구매관리시스템 구축업자를 살펴볼 수 있다.

▣ 생 산

표준 레시피는 식재료비관리에 필수적인 요소이며 생산내역서와 더불어 가격 결정시에 필요한 정보가 된다. 메뉴의 변화를 고려할 때 생산 운영이 어떻게 이루어지는지 자세히 검토해야 한다. 목표하고자 하는 변화를 위해서는 새로운 기기를 구입하거나 인력계획을 다시 세우는 등의 과정이 필요할 수도 있다. 다음의 사항을 특히 유념하여 생산과정을 검토해야 한다.

- **노동력**

  교대시간과 전처리 작업 등을 고려한 적정인력계획이 세워졌는지의 여부를 살핀다.

- **레시피**

  조리 종사원들의 표준 레시피와 생산 내역서의 활용 여부를 점검한다.

- **재고관리**

  엄격한 재고관리가 이루어지는지의 여부, 종사원의 능숙한 재고관리 가능 정도를 파악한다.

- **인력 절감을 위한 기기에의 투자**

  인력 절감을 위한 기기 도입은 인건비를 감소시킬 것이다.

- **생산과정 중 식품의 안전성 유지**

  레스토랑에서도 HACCP(식품위해요소중점관리기준)을 도입해야 하며 직원들도 식품위생과 관련된 훈련을 받을 수 있도록 해야 한다. 'Kang Food Safety Consulting(www.kangfoodsafety.co.kr)' 등에서 식품위생에 관련된 교육정보를 입수할 수 있다.

- **식품위생 관리**

  식품의 안전을 유지하기 위해서 할 수 있는 간단한 방법들은 아래와 같다.

  - 육류와 채소류의 교차오염을 방지하기 위해서 색깔이 다른 도마를 구비한다.
  - 종사원의 올바른 손씻기를 강조한다.
  - 식품과 접촉이 있는 기구들은 식품용 살균제를 사용하여 소독한다.

▣ 음식 연출

음식 연출은 어떤 메뉴에서든지 중요한 요소이다. 잘 연출된 음식은 고객에게 더욱 가치가 있는 것처럼 느껴지게 하며 이것은 높은 가격 책정으로 이어질 수 있다. 음식 연출에 있어서는 다음을 고려하기로 한다.

- 접시의 모양이나 크기
- 1인 분량
- 가니쉬

● 메뉴에 어울리는 크기의 접시 선택

접시가 너무 작은 것이 아니라면 주방장이 1인 분량을 너무 많이 담을 수 있다는 것도 생각해야 한다. 예를 들어, 샐러드용 접시에 담을 샐러드를 디너 접시에 담는다면 접시에 담을 적당한 양의 샐러드를 만들어야 하고, 결국 창고에서는 더 많은 샐러드 재료가 출고되어야 한다. 따라서 표준 레시피에 이용할 접시의 크기도 명시해 놓는 것이 좋다.

● 표준 레시피에 1인 분량 표시

레스토랑의 고객, 특히 고정 고객 만족에 있어서 특정 메뉴의 일정한 양의 제공이 매우 중요하다. 고정 고객들은 똑같은 메뉴를 반복하여 주문하는 경우가 많다. 이처럼 매번 같은 메뉴가 제공될 때 맛이나 모양이 일정해야 하는 것이다. 대부분 레스토랑에서는 여러 사람들이 일을 하기 때문에 누가 일을 하든지 특정 메뉴에 대해서 똑같은 방법으로 똑같은 모양과 맛을 낼 수 있도록 지침을 마련해야 한다. 맥도날드를 예로 들어보면, 어느 장소에 있는 맥도날드를 가든지 똑같은 맛과 모양의 치즈버거를 구매할 수 있다. 이것으로 맥도날드에서는 일정한 표준 레시피를 활용하여 똑같은 방법으로 치즈버거가 준비되고 있다는 것을 짐작할 수 있다.

• 가니쉬의 적극적 활용

가니쉬는 레시피에서나 음식 연출에 있어 종종 간과되기도 한다. 그러나 가니쉬는 최소의 비용으로 음식을 돋보이게 할 수 있는 매우 유용한 연출재료이다. 가니쉬는 간단히 다진 파슬리, 멋을 내어 뿌린 소스에서부터 연어구이 위의 레몬 한조각, 수프 위에 얹은 치즈 크루통에 이르기까지 다양한 재료들을 포함한다. 가니쉬에 대한 아이디어는 각종 요리책에서 얻을 수 있다.

• 배치

가니쉬와 함께 전체적으로 접시에 음식을 어떻게 배치할 것인지 고려해 봐야 한다. 음식을 접시에 배치할 때에는 다음과 같은 사항을 염두해 둔다.

- 레이아웃(Layout) : 고객이 무엇에 먼저 눈길이 가기를 원하는지 생각해 본다. 대부분 한 접시는 육류, 전분류와 채소 요리로 구성된다. 대부분의 경우는 고객들이 가장 비싼 재료의 음식에 눈길을 주기를 원할 것이다(이것은 전체 메뉴의 가치를 상승시켜 주는 역할을 한다). 한 접시에서 주요 요소는 육류가 되는 경우가 많으므로, 고객이 여기에 초점을 맞출 수 있도록 레이아웃을 고려한다.
- 균형(Balance) : 음식을 접시에 담을 때 균형을 생각해야 하는데 균형이란 음식의 알맞은 무게를 이야기한다.
- 선(Line) : 강한 선은 눈길을 사로잡을 수 있기 때문에 접시의 선 또한 중요하게 고려할 점이다.
- 음식의 높이와 부피감(Dimension/Height) : 음식의 높이 및 부피감도 고객의 관심을 끄는 데 중요한 요소가 된다. 감자나 쌀요리는 틀을 이용하여 모양과 부피감을 주고 그 위에 고기를 얹는 등 음식의 높이나 부피감을 주는 방법은 다양하다. 그러나 음식을 너무 높게 쌓는 것은 삼가야 한다. 음식의 모양에 압도되면 고객들은 음식 맛을 덜 느끼게 된다. 따라서 음식을 너무 높이 쌓거나 1인 분량을 과도하게 담는 것은 바람직하지 않다.

- **색깔**

  색깔은 음식 연출에 중요한 요소 중의 하나이다. 연어 요리 위에 빨간 피망을 모양내어 얹는다거나 차이브 다진 것을 올려놓는 등 고객의 눈길을 최대로 사로잡을 수 있도록 색깔 배합에 신경을 쓴다.

- **용이성**

  음식을 접시에 담는 기본은 결국 고객이 요리를 먹는다는 사실에서 출발해야 한다. 가니쉬로 인해서 주요리가 먹기 어렵다든지 또는 요리를 자르기 어렵다면 아무리 멋있는 음식 연출이 되었다 할지라도 소용이 없는 것이다.

- **전체적인 모양**

  예를 들어, 스테이크 옆에 웨지 포테이토[3]와 익힌 야채를 나란히 담는 것보다는 그 음식들을 조화롭게 담는 방법을 생각해 보자. 치즈소스와 야채를 이용해 접시에 깔고 그 위에 스테이크와 웨지 포테이토를 얹고 파슬리 가루와 주사위 모양의 토마토를 자연스럽게 뿌려 장식을 마무리한다. 음식을 담을 때에는 접시를 도화지로 생각하고 그림을 그린다는 기분으로 연출을 해야 한다.

- **서빙이 용이한 접시의 사용**

  음식을 담는 접시는 미적인 것도 고려해야 하지만 고객에게 서빙이 용이해야 하고 견고함도 간과되어서는 안 된다.

---

[3] 웨지 포테이토(potato wedges)는 프렌치프라이 변형 조리법의 하나이다. 껍질을 벗기지 않은 채로 이름에서 나타나듯이 감자를 V자 모양으로 썰어 소금, 후추로 간을 하여 굽거나 튀겨내고 사워크림, 마요네즈 등을 소스로 곁들인다.

▣ 주 류

레스토랑에서 주류를 판매하고 있다면 다른 식재료의 구매, 보관 및 생산 관리와 마찬가지로 주류에 대한 관리가 필요하다. 주류 관리를 위해서는 다음과 같은 기본 사항들을 염두에 두어야 한다.

● 레시피

주류 혼합에 대한 표준 레시피를 마련하여 품질의 일관성 유지와 원가 조절을 할 수 있어야 한다.

● 제품 목록

구매 관리시에 모든 주류 제품목록을 작성해야 한다. 제품목록에는 제시된 가격과 수량으로 구매했는지 알 수 있도록 구매량이 포함되어야 한다.

● 주류 연출

주류의 관리에는 주류의 연출도 포함되며, 사용되는 잔 및 각 음료의 장식 방법에 대한 계획이 자세하게 세워져 있어야 한다.

● 주류 관리 가이드라인

바(Bar)의 재고관리, 절도 방지법, 원가관리, 레시피 및 주류 관리를 위한 지침서들은 국내 도서 사이트에서 정보를 얻을 수 있다.

▣ 인력관리

레스토랑의 이익을 올리기 위해서 원가를 절감할 수 있는 방법 중의 하나는 인건비 부분이다. 인력 관리를 위한 몇 가지 제안은 다음과 같다.

- **반가공 식품 또는 전처리 농산물의 사용**

  원재료 식품을 사용하기보다는 반가공 식품이나 전처리 농산물을 사용하여 전처리 시간을 줄인다.

- **한가한 시간대의 인력 감축**

- **종사원 개개인의 특성에 알맞은 작업 배분**

  전처리와 같은 직무는 고임금을 받는 주방장보다는 파트타임으로 일하는 저임금 종사원에게 맡긴다.

- **유연하고 효율적인 주방 운영**

  이것은 새로운 기기를 구입하거나 기존 기기를 생산 절차에 맞게 이동하는 것을 포함한다.

- **주방 종사원의 훈련**

  처음 입사했을 때 한 번에 그치는 교육이 아니라 정기적인 교육 프로그램을 마련하여 종사원들을 훈련시킴으로써 레스토랑 전체에 이익이 될 수 있다.

- **경험 있는 주방장 고용**

▣ 서비스

서비스는 가격 결정에 직접적이고 중요한 영향을 끼치는 요소이다. 좀더 나은 서비스를 제공하는 레스토랑에서는 같은 메뉴라도 높은 가격을 책정할 수 있다. 왜냐하면 고객들은 제공받는 서비스를 포함하여 메뉴의 가치를 평가하기 때문이다. 가격 결정시에는 서비스 형태를 고려해야 한다. 다음은 고객이 레스토랑을 긍정적으로 평가하게 하는 요소들이다.

- **첫인상**

  대부분의 레스토랑은 고객들에게 기대 이상의 좋은 서비스를 제공하고 있다. 따라서 서비스를 더욱 특별하게 만드는 추가 단계가 필요하다. 고객이 레스토랑에 들어서서 처음 만나는 사람에 따라 레스토랑의 인상이 좌우되기 때문에 종사원들에게 고객에게 인사하는 방법, 서빙하는 방법과 대화를 나누는 방법 등에 대한 확실한 교육이 필요하다. 매니저들이 항상 지켜볼 수는 없기 때문에 모든 종사원들은 고객들을 최상의 방법으로 응대할 수 있도록 확실히 훈련되어 있어야 한다.

- **인사**

  종사원들은 밝은 얼굴과 명랑한 음성으로 고객들에게 인사를 해야 한다.

- **레스토랑 관리**

  고객들에게 레스토랑 관리가 이루어지고 있다는 것을 상기시켜야 한다. 매니저들은 고객들이 식사하는 동안 테이블을 돌며 불편한 점은 없는지에 대해서 물어보아야 한다. 즉 레스토랑이 항상 고객들의 만족에 신경을 쓰고 있다는 점을 상기시킬 수 있도록 해야 한다.

- **고정 고객에 대한 서비스**

  고정 고객들에 대해서는 서비스 종사원들이 가족같이 대할 수 있도록 해야 한다. 예를 들어, 화요일에 자주 오는 단골고객이 늘 크림소스 스파게티를 시키면서 김치를 같이 가져다 주기를 원한다면, 서비스 종사원은 고객이 김치를 요청하기 전에 "김치를 같이 준비해 드릴까요?" 하고 물어본다.

- **종사원을 위한 메뉴 시식**

  서비스 종사원에게 메뉴를 시식하도록 한다. 이것은 서비스 종사원들이 메뉴에 대한 더 나은 정보를 제공하도록 해준다.

- **고객 의견 경청**

  고객들의 소리에 귀를 기울여야 한다. 고객들의 제안을 받아들여 개선을 하는 것은 레스토랑이 발전할 수 있는 방법이다. 또한 고객이 항상 우선이라는 것을 명심한다.

- **POS 시스템의 사용**

  POS 시스템의 사용은 인건비를 줄여주고 서비스의 속도를 증가시킬 뿐만 아니라 고객들의 정보 입수에도 도움이 된다. POS 시스템을 신용카드 등록기에 연결하면 고객들의 지출 습관이나 생일 등과 같은 정보를 얻을 수 있다. POS 시스템의 적용으로 서비스 종사원들이 각 테이블에 음료를 가져다주어야 하는 점을 상기시키는 것부터 시작해서 재고 상황을 파악하는 것까지 레스토랑의 많은 일을 할 수 있다. POS 시스템 적용을 고려할 때에는 많은 판매업체들과 지원되는 사항들을 자세히 살펴보아야 한다.

▨ 종사원 교육·훈련

레스토랑 매니저로서 제일 많은 시간을 들여야 하는 부분은 바로 종사원 관리이다. 인력 관리는 모집, 채용에서 훈련과 보유까지를 포함한다. 메뉴관리와 목표로 하는 이익을 얻기 위해서는 종사원의 교육·훈련이 매우 중요하다.

- **신입사원**

  신입사원이 채용되었을 때 알맞은 오리엔테이션이 있어야 한다. 이때에는 신입사원에게 레스토랑 내규집과 작업 명세서를 반드시 제공하도록 한다.

• 작업 시 교육

신입사원만이 교육이 필요한 것은 아니다. 모든 종사원들에게 지속적이고 정기적인 교육·훈련이 필요하다. 레스토랑에는 품질 유지와 비용 절감을 위하여 숙련된 종사원이 필요하다. 다시 말해서 숙련된 종사원은 레스토랑에 더 많은 수익을 올릴 수 있도록 도와준다는 것이다. 외식업계 종사원의 훈련을 위한 자료는 '외식관리' 주제의 도서들에서 얻을 수 있다.

• 교육·훈련의 목표

훈련을 진행할 때에는 특정 목표가 있어야 한다. 즉 훈련을 마치고 종사원들이 습득해야 하는 것은 무엇인지, 어느 분야의 종사원들을 위한 교육·훈련인지를 결정한다.

• 훈련 주제와 연관된 정보 제시

전체 종사원을 대상으로 한 교육방법으로는 강의를 예로 들 수 있다. 이외에도 실연, 비디오 시청 및 교육 후 평가시험 등을 활용할 수 있다. 새로운 메뉴 추가 시에는 종사원 회의를 하거나 시식, 역할극 등을 활용하여 종사원에게 메뉴를 숙지시킨다.

• 이직률 감소 효과

효과적인 훈련으로 레스토랑에서는 더욱더 숙련된 종사원들을 보유하게 될 뿐만 아니라 이직률 감소 효과도 기대할 수 있다. 이외에도 종사원의 충성심을 고취시키고 고객의 불만을 줄일 수 있을 것이다.

• 긍정적 보상

종사원들의 모범적인 행동에 대해서는 될 수 있는 대로 자주 보상을 해야 한다. 긍정적 강화는 부정적인 것보다 도움이 된다. 긍정적인 보상에 대해서 종사원들은 더 나은 행동으로 보답할 것이다.

● **관리자의 모범적인 자세**

가장 좋은 훈련은 매니저가 종사원들에게 모범이 되는 것이라는 사실을 명심한다.

● **외부 교육·훈련**

외부 교육에 종사원들을 참여시키는 것도 훈련의 좋은 방법이다. 예를 들어, 각 지방자치단체의 관련부서에서는 음식점 종사자들을 대상으로 한 위생교육프로그램이 준비되어 있는 곳도 있으며, 서비스 아카데미나 조리 아카데미 등 전문교육기관을 이용해 볼 수도 있다.

▣ 내부 보안

종사원에 의한 도난은 빈번히 발생하고 있는 일이며 이것은 원가, 이익 및 메뉴가격에 영향을 미친다. 식품업계에서의 내부 도난규모는 매우 클 것으로 예상하고 있는데, 특히 레스토랑에서는 재고상 손실의 75%가 내부 도난에 의한 것으로 보고 있다. 종사원에 의한 도난행위라 하면 계산대에서의 노골적인 절도행위, 계산서 미기입에서부터 친구들이 레스토랑을 방문했을 경우 공짜 음료 제공 등 광범위하다.

● **내부 도난의 형태**

잘 이해가 안 가는 부분도 있겠지만, 대부분 레스토랑 안에서 주의해야할 내부 도난의 형태는 다음과 같다.

- 계산대의 직원이 판매 내역을 기록하지 않고 받은 돈을 다른 곳에 숨기는 행위
- 돈을 감춘 후 분실한 것으로 보고하는 행위
- 고객이 내야 할 금액보다 높은 금액이 적혀진 계산서를 고객에게 준 후, 고객이 그 금액을 지불하면 차액을 챙기는 행위

> ■급료 절도
> ■납품업자에 의한 도난

재료의 납품 시 충분한 시간을 가지고 검수할 수 있어야 한다. 부정을 일으킬 수 있는 레스토랑 종사원과 납품업자와의 긴밀한 관계를 주의해야 한다.

> ■음식값을 지불하지 않고 종사원이 먹는 행위
> ■영업이 끝난 후 종사원의 주류 시음
> ■손님이 친구인 경우 고의적인 계산 오류
> ■저장고에서 물품 도난

■ 도난 위험의 감소 방안

이와 같은 도난 위험을 감소시키기 위해서 할 수 있는 일은 무엇일까? 내부 도난을 막기 위해 사용할 수 있는 여러 방안이 있지만, 가장 좋은 전략은 항상 종사원들과 의사소통의 길을 열어놓고 긍정적인 작업 환경을 마련해 주는 것이다. 일을 잘 할 수 있도록 동기를 부여해 주고, 매니저에 대한 존경심을 유발하도록 하는 것은 내부 도난을 제거 할 수 있는 훌륭한 방법이 된다. 결국 매니저가 종사원들을 인격적으로 우대하는 모습을 보이면, 종사원들도 매니저를 존경하고 양심적으로 행동하고자 할 것이다. 하지만 현실은 현실임을 직시해야 한다. 내부 도난을 방지하고자 한다면 항상 다음과 같은 점을 염두에 두어야 한다.

● 종사원 신원 파악

이력서를 살펴보고 전 직장에 문의를 하는 등 신원을 파악해야 한다.

● 레스토랑 보안상태 평가

- **특별 품목에 대한 지속적 재고관리**

- **임무의 분리**

  레스토랑의 운영에 필요한 각 부분에 감시와 균형체제를 확립한다.

- **보안**

  납품장소와 창고지역의 보안을 강화한다.

- **확실한 검수 절차**

  주문서와 송장을 비교하여 주문한 물건이 제대로 들어왔는지 양과 품질을 검사한다.

- **정확한 생산관리**

  생산을 위한 표준 레시피와 알맞은 크기의 기기가 마련되어 있어야 한다. 이것은 친분이 있는 고객이나 동료를 위한 과도한 1인 분량 책정 등의 문제를 해결해 줄 수 있다.

- **종사원 식사**

  종사원의 식사에 대한 내규가 정해져 있어야 하며, 이를 모든 종사원들이 잘 파악하고 준수할 수 있어야 한다.

- **종사원 소지품**

  계산대에는 개인적인 지갑이나 가방들을 두게 해서는 안 된다.

- **계산 처리 절차 마련**

  예를 들어, 금전 등록이 잘못되었을 경우 반드시 매니저가 서명을 하도록 한다.

- **금전등록기 업무에 대한 책임 부여**

  매니저 이외에 오직 한 종사원만이 금전등록기를 다루도록 한다.

- **계산서와 거래내용에 대한 감사 실시**

  주 단위나 월 단위의 정기적인 감사를 실시해야 한다.

- **계산서**

  계산서에 번호를 붙여 영업이 끝난 후 순서가 맞는지 확인한다.

- **열쇠**

  열쇠의 도난이나 복사를 조심해야 한다.

- **쓰레기 처리**

  종종 종사원들이 훔친 물건을 쓰레기통에 숨겨 놓았다가 쓰레기통을 비우기 위해 밖으로 나가 훔친 물건을 처리하기도 한다. 따라서 종사원이 쓰레기통을 비우러 밖으로 나갈 때 감독자나 다른 종사원이 함께 처리하도록 한다. 쓰레기봉투는 투명한 것을 사용하고, 쓰레기 버리는 장소에는 주차를 금지한다.

- **CCTV의 사용 고려**

- **판매액은 즉시 예금하고, 지속적인 매출 기록 관리**

- **절도시 처벌 내용 공지**

  모든 종사원이 절도를 했을 경우, 형사상 고발 등의 중대한 조치가 취해진다는 것을 인지하도록 해야 한다.

▣ 외부 도난

외부인에 의한 도난도 원가관리 요소의 하나이므로 레스토랑의 위험 요소를 줄이기 위해서 적절한 보안 체제가 갖추어져 있어야 한다. 레스토랑은 늦게까지 영업을 하는 곳이 많으며 현금 거래가 활발하다는 점 때문에 범죄의 표적이 될 수 있다. 보안을 확실하게 유지하기 위하여 다음과 같은 내·외부의 점검이 필요하다.

- **출입문**

유리문을 사용할 경우 빗장을 설치해야 하며 뒤쪽 출입문이 있는 경우도 보안을 철저히 해야 한다. 특히 뒤쪽 출입문은 물건을 입고한 후 납품업자가 실수로 열고 갈 수도 있으며, 종사원이 시원한 바람을 작업장 안으로 들어오게 하기 위해서 일부러 열어 놓는 등 보안 유지가 취약하다.

- **창문**

창문의 잠금장치가 제대로 작동하는지 늘 확인한다.

- **보안 취약구역 확인**

다른 출입 방법으로는 지붕, 지하실, 비상 출입구 등의 가능성이 있다.

- **경보시스템 설치**

전형적인 경보 장치는 모든 출입구에 설치되며 동작 탐지기가 같이 부착된다. 이 시스템은 레스토랑 건물 자체에 작동하며 때로는 지역 경찰서와 연결되기도 한다.

- **조명**

레스토랑 내/외부에 충분한 밝기 및 개수의 조명이 설치되어 있어야 한다.

- **고객에 의한 도난**

  고객들도 또한 외부 도난의 한 형태이다. 특히 신용카드를 이용한 사기를 조심해야 한다.

- **영업 개시 및 폐점 시간**

  영업 개시 및 폐점에 관한 규칙도 마련되어 있어야 한다.

- **폐점 시간**

  폐점 시간, 퇴근시에 문이 잘 잠겨있는가 확인한다.

- **팀워크**

  폐점시 필요한 일들은 종사원들이 팀을 구성하여 함께 일할 수 있도록 한다.

- **잠금**

  모든 고객이 나갔는지를 확인하고 열쇠로 잠근다.

- **종사원 안전**

  종사원의 안전도 중요하다는 것을 잊어서는 안 된다. 만약 강도가 들었을 경우에 대비하여 대처방법을 사전에 교육하는 것이 좋다. 강도가 들었을 경우의 대처방법이나 행동요령은 지역 내 경찰서의 도움을 받을 수 있을 것이다.

최종 임무

▣ 메뉴의 주기

대부분의 메뉴는 주기가 있다. 이 주기는 도입기, 상승기 및 쇠퇴기로 구성된다. 따라서 메뉴의 주기를 파악하여 알맞게 관리하는 것이 필요하다. 메뉴의 주기 관리시 다음의 사항들을 고려한다.

● 식품 경향

외식업계에 영향을 많이 주는 식품 경향을 잘 파악해야 한다. 한 가지 명심할 점은 경향이라고 하는 것은 늘 변하는 것이라는 점이다. 최근 웰빙 푸드(well-being food), 컴포트 푸드(comfort food)4)가 유행인 반면, 퓨전 음식도 유행의 한 부분을 차지하고 있다. 따라서 항상 변하고 있는 식품 경향을 잘 파악하는 것이 중요하며, 업계 관련 잡지나 신문 등에서 그 정보를 얻을 수 있다.

● 메뉴 검토

식품 경향은 늘 변하는 것이라는 점을 인식하여 레스토랑의 메뉴를 주기적으로 검토할 필요가 있다. 예를 들어, 더 이상 인기를 끌지 못하는

---

4) 마음이 편안해지는 음식, 우리나라 사람에게 컴포트 푸드란 우리 입맛에 친숙한 된장국, 나물류 등 고유의 음식들을 들 수 있다.

메뉴가 있다면 과감히 없애고 잘 팔릴 수 있는 메뉴로 대치하는 것이 바람직하다.

● 경쟁업체 인식

현 상황에 만족해서는 안 된다. 항상 경쟁이 있음을 인식하고 새로운 메뉴 개발에 힘써야 한다.

▣ 가격인상

레스토랑 매니저로서 때때로 메뉴 가격인상 문제에 부딪히게 된다. 가격 인상을 검토할 때 다음과 같은 점들을 고려해야 한다.

● 가격인상의 원인 파악

일단 레스토랑의 전반적인 상황을 검토해야 한다. 지난번 시장조사 때보다 물가상승으로 인하여 전반적으로 식재료 원가가 인상되었을 수도 있으며, 레스토랑의 리모델링으로 인해 부득이하게 가격을 인상해야 할지도 모른다. 어떤 원인이든지 간에 가격을 인상하고자 할 때에는 신중을 기해야 한다.

● 특정 메뉴부터 공략

전면적인 가격 인상이 실시되면 고객 감소가 예상될 수 있다. 따라서 가격 인상이 꼭 필요한 몇 가지 메뉴를 먼저 선정하여 가격을 인상시키는 방법을 생각해 볼 수 있다.

● 가격인상을 고객에게 알리는 방법

가격인상시 새로운 메뉴판을 준비하거나 기존 메뉴판에 가격인상분만을 고쳐서 개재하고 그대로 쓰는 경우가 있다. 그러나 옛날 가격을 지우고 그 위에 새로운 가격을 제시하는 하는 것은 결코 좋은 방법이 아니다.

반면 많은 레스토랑 매니저들이 메뉴의 변화가 있을 때 새로운 메뉴판을 만들면서 가격을 올리는 것도 좋은 방법이 아니라고 생각한다. 따라서 어떤 방법을 사용하든지 고객이 가격 인상의 사실을 뚜렷이 인지하지 않는 방법을 사용하는 것이 좋다.

● 고객 테스트

기존 메뉴판에서 가격이 인상된 새로운 메뉴판으로 교체시에는 초벌 인쇄된 메뉴판을 가지고 고객이 추이를 먼저 살피는 것이 좋다. 이 방법은 새로운 가격에 대한 고객들의 반응을 살필 수 있으며 인쇄비를 절약할 수도 있다. 즉 새로 인상된 가격에서의 판매가 부진하다면 메뉴가격을 다시 수정한 후에 새로운 메뉴판의 최종 인쇄에 들어간다.

■ 업무 평가

메뉴 계획을 포함하여 메뉴관리시 가장 중요한 단계를 잊어서는 안 된다. 즉 새로운 메뉴로 판매와 수익에 어떤 영향을 미쳤는지 평가해야 하며 이를 위해서는 메뉴 계획에서 수행했던 모든 업무를 검토해야 한다.

● 종사원 참여

먼저 판매 내역서, 생산일지 및 메뉴 판매 분석의 결과 등을 검토한다. 또한 종사원들에게 고객들의 반응이 어떤지에 대한 의견을 수렴하고 새로운 메뉴가 목표로 하는 식재료 원가에 적정한지를 분석한다.

● 고객 의견 수렴

새로운 메뉴를 제공하였을 때, 또는 과감한 메뉴 변화가 있을 때 고객 카드를 비치하여 고객의 의견을 적극적으로 수렴할 수 있도록 한다. 결국 고객들이 새로운 메뉴에 대한 마지막 평가자인 것이다.

■ **외식경영연구회 역자소개** (가나다 순) ━━━━━━━━━━━━━●

김태희 : 경희대학교 외식경영학과
윤지영 : 숙명여자대학교 르꼬르동블루 외식경영전공
이경은 : 서울여자대학교 식품영양학전공
장혜자 : 단국대학교 식품영양학과
정혜정 : 우송대학교 외식조리유학과
최은희 : 연세대학교 식품영양과학연구소
한경수 : 경기대학교 외식조리학과
홍완수 : 상명대학교 외식영양학과

레스토랑 운영 노하우

2010년 10월 25일 인쇄
2010년 10월 30일 발행

저 자 ┃ 로라 알듀서 · 크리스 패리 · 소니 보드
역 자 ┃ 외식경영연구회
발행인 ┃ (寅製) 진욱상
발행처 ┃ 백산출판사
서울시 성북구 정릉3동 653-40
등 록 ┃ 1974. 1. 9. 제 1-72호
전 화 ┃ 914-1621, 917-6240
FAX ┃ 912-4438
http://www.ibaeksan.kr
edit@ibaeksan.kr

값 15,000원
ISBN 978-89-6183-378-3